Die
Gartenschule
rund ums Jahr

JANUAR

FEBRUAR

MÄRZ

JULI

AUGUST

SEPTEMBER

APRIL · MAI · JUNI

Karin Greiner · Dr. Angelika Weber · Petra Michaeli-Achmühle

Die
Gartenschule
rund ums Jahr

OKTOBER · NOVEMBER · DEZEMBER

Bassermann

Umschlaggestaltung:
Heinz Kraxenberger, München

Fotos:
FALKEN Archiv/Arius: 286; hapo Hans-Peter
Oetelshofen: 34 o.l., 35 r., 82 r.u., 84 u., 86, 90/91 (+3
o.l., 122/123 (+3 o.M.), 124, 129, 141 (2x), 164 (2x),
166 (2x), 168 l., 169, 187, 188 u., 190 (2x), 191, 192 o.,
192 u., 193, 203 (2x), 206 l.o., 206 l.u., 206 r., 207 u.,
208 u., 209 l., 210 (2x), 211 M., 215 (2x), 216 (2x),
242, 245 (2x), 246, 247 u.r., 265 u., 269 u., 282, 290,
307 r.; Gerhard Röhn 47 u., 78 (2x), 81 l., 125 o., 133 r.,
140 r., 162, 163 u., 199 u., 260 r., 301 o., 303 o.; BASF,
Landw. Versuchsstation, Limbugerhof: 202 u.,
206 M., 207 o., 208 u.l.; Bildagentur ipo, Linsen-
gericht-Altenhaßlau; 12, 17 l., 34 o.r., 47 o., 131, 153,
172/173 (+2 u.l.), 183 (3x), 185 (3x), 198 u., 199 o.,
258 l., 264 r.; Bildarchiv Sammer, Neuenkirchen:
8, 9, 11, 33, 127, 177, 252; Rolf Bühl, Stuttgart: 204 l.,
209 r.; Wolfgang Essig, Heidelberg: 204 r.; Ingrid
Gabriel, Wiesbaden-Naurod: 110 r., 221 r.; Fried-
rich Jantzen, Arolsen: 37 u., 85 o., 128, 175 o.,
211 r.u., 244; Christian Kaminski, Wiesbaden: 28/29
(+2 o.l.); Gisela Kelbert, Idstein: 279; Rainer Mors-
bach, Solingen: 49; Naturbildarchiv De Cuveland,
Norderstedt: 39 M.; W. Neudorff GmbH KG,
Emmerthal: 211 o.; OKAPIA/Manfred Uselmann,
Frankfurt: 297 o.; Reinhard Tierfoto, Heiligkreuz-
steinach-Eiterbach: 20, 22, 23, 38 (3x), 51 o., 68,
69 o., 72, 85 u., 87 u., 96, 107, 132 r., 143 r., 149 o.,
155 o.r., 155 M., 192 o., 201, 202 o., 212, 214 (2x),
217 o., 227 o.l., 227 o.r., 229, 234, 238, 260 l., 263 r.,
264 l., 266 (2x), 267 (2x), 277 u., 283, 291 (2x), 300,
301 u., 302 o., 304 u., 305 zweites von oben, 305
drittes von oben, 307 l., 309 r.; Hans-Joachim
Schwarz, Mainz: 17 r., 18, 66/67 (+2 o.r.), 146/147
(+3 o.r.), 196/197 (+2 u.M.), 224/225 (+2 u.r.),
226, 250/251 (+3 u.l.), 253 r., 274/275 (+3 u.M.);
Margit Stüber, Wiesbaden: 276, 294/295 (+3 u.r.),
296, 297 u. Max-W. Wetterwald, Offenburg: 39 u.;
alle weiteren Fotos: IFB, München

Zeichnungen:
Erik Stegeman, Hirschberg

Layout:
Cup Vellacci & Louis / Kurt Dittrich, Wiesbaden

Die Ratschläge in diesem Buch sind von den Autorinnen und vom Verlag sorgfältig erwogen und geprüft, dennoch kann eine Garantie nicht übernom-
men werden. Eine Haftung der Autorinnen bzw. des
Verlags und seiner Beauftragten für Personen-, Sach-
und Vermögensschäden ist ausgeschlossen.

Satz:
Grunewald GmbH, Kassel

Lithographie:
Kujus + Partner, Repro GmbH,
Poing (bei München)

Druck:
Neografia, Martin
Printed in Slovakia

076350102X817 2635 4453 6271

ISBN 3 8094 1549 9

INHALT

Winter im Garten muß nicht Langeweile und Däumchendrehen heißen: Jetzt ist der beste Zeitpunkt zu planen, ein Gartentagebuch anzulegen und erste Einträge zu üben

EINLEITUNG

Welche Gehölze blühen schlecht, brauchen vielleicht mehr Pflege? Hat der Teich mit Algen zu kämpfen? Fehlen noch rote Farbtupfer?
Auch wenn im Sommer einiges an Gartenarbeit anliegt: alles notieren – das lohnt sich

GARTENTAGEBUCH

Erfolgreich gärtnern

An den Anfang dieses Buches stellen wir ganz bewußt die Empfehlung für jeden Hobbygärtner, ein Gartentagebuch anzulegen. Vermerke und Notizen zu allen Gartenarbeiten, Ereignissen und Aktionen werden Ihnen nach wenigen Monaten schon wertvolle Hinweise liefern, mit deren Hilfe Sie Ihr Hobby Garten wesentlich erfolgversprechender und rationeller ausüben können – letztendlich mit dem Ergebnis, daß das Gärtnern noch mehr Spaß macht.

Nicht nur zur Erinnerung

Die Vorteile eines Tagebuches liegen auf der Hand: Zum einen ist es eine hervorragende Gedächtnisstütze, zum anderen liefert es Informationen, die Verbesserungen ermöglichen. Nicht zuletzt bereitet es auch noch an grauen Wintertagen Freude, beim Blättern im Tagebuch in Erinnerungen an die Gartenpracht der vorangegangenen Jahreszeit zu schwelgen. Vor allem aber erlauben exakte und umfassende Datenbelege eine gewinnbringende Beurteilung des bisherigen Gartengeschehens und führen auch langfristig zu mehr Erfolg.

Wichtig: kontinuierliche Notizen

Ein Tages- oder Wochenkalender mit Raum für vielfältige Notizen sollte regelmäßig mit Eintragungen gefüllt werden; je kürzer die Abstände, desto besser. Als besonders praktisch kann sich ein spezieller, im Buch- oder Fachhandel erhältlicher Gartenkalender im Taschenformat erweisen, der zusätzlich zum Raum für Notizen noch kleine Hinweise und Wissenswertes rund um den Garten bietet.
Gewöhnen Sie sich an, alle Vorgänge im Garten sorgfältig aufzuschreiben. Notieren Sie dies gleich nach dem Geschehen, also am besten nach getaner Arbeit. Je länger die schriftliche Fixierung hinausgeschoben wird, desto weniger genau kann man sich erinnern. Und Hand aufs Herz: Wissen Sie noch exakt, welches Gemüse im letzten Jahr an welcher Stelle stand, welche Salatsorte Sie gewählt hatten – und wie hieß doch gleich die hübsche Sommerblume, die man unbedingt in diesem Jahr wiederverwenden wollte?

Start zu Jahresbeginn

Am günstigsten legen Sie ein solches Gartentagebuch bereits zu Anfang des Jahres an. Nicht nur deshalb, weil Kalender im allgemeinen mit dem ersten Januar beginnen, sondern auch, weil Sie zu diesem Zeitpunkt noch genügend Ruhe und Muße haben, wichtige Termine im Kalender festzuhalten und sich an den Eintragungsmodus zu gewöhnen. Noch ist im Garten kaum etwas zu tun, entsprechend hält sich auch die Zahl der Notizen in Grenzen; aber für den Gewöhnungseffekt und für konkrete Vorstellungen vom Wie des Tagebuchführens sind die wenigen ersten Eintragungen schon sehr hilfreich. Wenn erst einmal die Gartensaison so richtig losgeht, werden Sie nur noch schwer Zeit finden, sich mit dem Thema eingehend zu beschäftigen.

Merkens- und bemerkenswert

Beste Ergebnisse erhalten Sie, wenn Sie die nachfolgend genannten Punkte stets sorgfältig eintragen. Je länger die Eintragungen zurückreichen, desto umfangreicher wird Ihr Erfahrungsschatz, Sie können besser Ihre Rückschlüsse ziehen und werden ohne große Mühe mehr Erfolg im Garten haben. Einige Fragen zu den jeweiligen Punkten, die sich mit einem Gartentagebuch beantworten lassen, sollen in der nachfolgenden Aufstellung als Hinweise dienen, welchen Nutzen Sie aus Ihren Aufzeichnungen ziehen können. Eine sehr hilfreiche Ergänzung zum Tagebuch sind Planskizzen Ihres Gartens, in denen Sie genau Lage und Plazierung von Beeten, Wegen, Pflanzen usw. vermerken können. Dazu müssen Sie sich nur einmal die Mühe machen, Ihren Garten maßstabsgerecht zu Papier zu bringen. Sie können die Grundrißzeichnung dann mit einem Fotokopiergerät auf ein handliches Format verkleinern und schließlich vervielfältigen, um für neue Planeintragungen gerüstet zu sein.

Checkliste für Eintragungen ins Gartentagebuch

● **Wetterdaten** (Maximal- und Minimaltemperatur, Luftdruck, Niederschläge, phänologische Daten usw.): Anhand des Witterungsverlaufes kann man in Zusammenhang mit anderen Daten (Erntemenge, Wuchsverhalten, Schädlingsbefall und ähnliches) Ursachen für Erfolge und Mißerfolge ergründen sowie Schlußfolgerungen für bestimmte Kulturen ziehen. Beispiele: Lag der enttäuschende Gemüseertrag an längeren Trockenperioden? Wurde die geringe Obsternte durch Spätfröste verursacht? Kam es wegen der nassen Witterung zu kräftigem Mehltaubefall?
● **Aussaat und Pflanzung** (Zeitpunkte, Sorten, besondere Vorbereitungen usw.): Mit diesen Daten können Wachstum und Entwicklung der Pflanzen besser verfolgt werden, termingerechtes Umtopfen, Umsetzen oder Verpflanzen wird erleichtert. Beispiele: Müssen die Gartentulpen dieses Jahr aufgenommen und verpflanzt werden? An welchen Stellen stehen Pflanzen, die nicht gestört werden dürfen (etwa Dahlienknollen oder Tränendes Herz nach dem Einziehen im Sommer)? Welche Saat geht an der Stelle auf, an der die Markierung verlorenging?

Wer schon einige Zeit ein Gartentagebuch geführt hat, weiß im Herbst genau, wo sorgfältiger Winterschutz nötig wird, welche Gehölze noch unbedingt einen Schnitt brauchen, wo eventuell noch etwas zu pflanzen ist . . .

● **Kulturfolgen, Mischkulturen** (Vorfrucht, Zwischenfrucht, Nachfolgefrucht, Stark-, Schwachzehrer usw.): Skizzieren Sie dazu einen Plan Ihres Gemüsegartens und tragen Sie alle Kulturen an den entsprechenden Stellen ein. So können Sie jederzeit kontrollieren, ob Sie die Regeln von Fruchtwechsel und Kulturfolge einhalten oder ob Mischkulturen Erfolg zeigten. Beispiele: Kann Kohl auf diesem Beet stehen oder waren dort letztes Jahr bereits andere Kreuzblütler in Kultur? Ist der Boden durch die Vorkulturen optimal auf die Hauptkultur vorbereitet? Kommt der Schwachzehrer auf dem Beet mit der geringsten Nährstoffversorgung zu stehen?

● **Ernten und Erträge** (Qualität und Quantität von Gemüse und Obst): Erntetermine, Erntemengen und Erntequalität lassen Rückschlüsse auf die Kulturmethoden und Standortbedingungen zu. Eine genaue Auswertung dieser Daten gibt Aufschluß über eventuell notwendige Änderungen bei Kulturverfahren, Sortenwahl oder Düngung. Beispiele: Ist das Schießen des Kopfsalates auf die falsche Sortenwahl zurückzuführen? Sind die Äpfel wegen falscher oder fehlender Düngung und Bewässerung so klein? Wurden die Möhren wegen des schlechten Bodens beinig? Gab es soviele Zucchini, daß im nächsten Jahr weniger Pflanzen reichen?

● **Bodenbearbeitung, Düngung, Mulchen** (Bodenanalysen, Bodenlockerung, Umstechen, Kompostausbringung, Mineraldüngermengen usw.): Nur wer weiß, welche Beete wann wie gedüngt und bearbeitet wurden, kann schonend mit dem höchsten Gut des Gärtners, dem Boden, umgehen und beste Erträge erwarten. <u>Beispiele:</u> Wurde im Herbst des Vorjahres gedüngt oder ist eine Nachdüngung erforderlich? Welches Beet ist mit Kompost frisch versorgt und kann mit Starkzehrern bebaut werden? Wie lange liegt die letzte Bodenanalyse zurück, welche Werte erbrachte sie und wann ist wieder eine Probennahme erforderlich?

● **Pflanzenschutz** (vorbeugende Maßnahmen, Befall, Bekämpfung, Erfolge): Schädlinge und Krankheiten werden Sie viel besser in den Griff bekommen, wenn Sie genaue Aufzeichnungen über alle getroffenen Maßnahmen haben. Vorbeugender Pflanzenschutz kann effektiver betrieben werden, die Bekämpfung kann aufgrund langjähriger Beobachtungen wirkungsvoller erfolgen. <u>Beispiele:</u> Wurden Leimringe an den Obstbäumen zur rechten Zeit angelegt und entfernt? Wann wurden Blattläuse zum ersten Mal beobachtet und wie gut greift die bisherige Bekämpfung? Haben vorbeugende Maßnahmen den Befall durch bestimmte Krankheiten und Schädlinge deutlich vermindert?

● **Arbeitsgeräte:** Hier werden alle wichtigen Daten zu den Gartengeräten, insbesondere

Wartungstermine, vermerkt. Auch Anschaffungskosten und Erfahrungen mit der Eignung von Geräten sollte man festhalten. <u>Beispiele:</u> War der Rasenmäher beim Kundendienst, wann ist der nächste Ölwechsel fällig? Wie teuer war damals der Spaten, der so lange gehalten hat?

● **Tierbeobachtungen:** Ähnlich wie die Wetterereignisse kann auch das Auftreten und Verhalten von Tieren im Zusammenhang mit anderen Daten nützliche Hinweise liefern. <u>Beispiele:</u> Halten sich im Garten Vögel auf, wenn nein, warum nicht? Finden sich in der Erde viele Regenwürmer, sind fördernde Maßnahmen nötig? Leben im Garten viele Nützlinge oder sollte ihre Ansiedlung gezielt unterstützt werden? Haben Förderungsmaßnahmen Wirkung gezeigt?

● **Gedanken, Wünsche, Vorstellungen:** Notieren Sie alles, was Sie sich noch vom Garten erwarten, für welche Blumen Ihr Herz schlägt und was Sie vielleicht einmal ändern möchten. Die so gesammelten Änderungswünsche lassen sich in stillen Stunden ausarbeiten, mit einem Plan wird aus dem Wunsch dann schnell Wirklichkeit. In Nachbargärten, auf Gartenschauen, auf Reisen werden Sie sicher vieles finden, was Sie sich merken möchten: Wenn es später darauf ankommt, sind Namen leider häufig Schall und Rauch. Die Bezeichnung einer bestimmten Pflanze, von der man sich einen Ableger mitgebracht hat, oder einer besonders schönen Sorte, die man

gerne selbst im Garten hätte, vergißt man so leicht. Besonders botanische Namen sind oft nur schwer zu merken – wie gut, wenn man sie schriftlich festgehalten hat.

BOTANISCHE NAMEN

Exakte Bezeichnungen

Beim Lesen dieses Buches wird Ihnen auffallen, daß deutsche Pflanzennamen stets durch botanische Namen ergänzt sind. Botanische Namen bezeichnen eine bestimmte Pflanze exakt und sind international gültig. Dagegen werden die deutschen Namen regional sehr unterschiedlich

„Sortennamen sind mir egal, Hauptsache Eibe" – wer so denkt, muß sich nicht wundern, wenn sich die erwartete schlanke Säule (Sorte 'Fastigiata') ...

... einige Zeit nach der Pflanzung als breites, ausladendes Gehölz (Sorte 'Nissens Kadett') entpuppt

verwendet, manchmal mit demselben Namen zwei völlig verschiedene Pflanzenarten benannt. Unter Gurkenkraut zum Beispiel versteht der eine Borretsch *(Borago officinalis)*, der andere meint damit Dill *(Anethum graveolens)*. Als Mittagsblumen werden gar mehrere Pflanzengattungen bzw. -arten bezeichnet, nämlich *Delosperma*, *Lampranthus* und *Mesembryanthemum*. Viele Pflanzen tragen andererseits gleichzeitig mehrere deutsche Namen, die in Deutschland, Österreich und der Schweiz oder auch in verschiedenen Regionen unterschiedlich verwendet werden und zu Mißverständnissen führen können, die sich durch botanische Namen vermeiden lassen. So kennt man zum Beispiel den Feldsalat *(Valerianella locusta)* auch als Vogerlsalat, Nisslsalat, Ackersalat, Rapun-

zel oder Nüsslisalat, die Stiefmütterchen *(Viola-Wittrockiana*-Hybriden) heißen in Süddeutschland Tag- und-Nacht-Schatten, Gottesaugen *(Begonia-Semperflorens*-Hybriden) werden auch Immerblühende Begonien oder Eisbegonien genannt. Machen Sie sich deshalb mit den botanischen Namen der Pflanzen vertraut, besonders, wenn Sie eine ganz bestimmte Pflanze zu kaufen suchen. Nur mit Hilfe der wissenschaftlichen Bezeichnung können Sie sicher sein, daß Sie die richtige Art bekommen. Ebenso wichtig ist die Sortenbezeichnung, die stets in einfachen Anführungszeichen und mit großen Anfangsbuchstaben hinter dem botanischen Namen steht. Durch sie wird eine bestimmte Züchtung mit ganz besonderen Eigenschaften bezüglich Wuchs, Blütenfarbe, Blüten-

füllung, Laubfärbung usw. beschrieben. Sehr anschaulich ist zum Beispiel der Sortenunterschied zwischen der Eibe *Taxus baccata* 'Nissens Kadett' (breitbuschiger Wuchs) und *Taxus baccata* 'Fastigiata' (säulenförmiger Wuchs). Vielleicht noch wichtiger ist die Beachtung der Sorten bei den Nutzpflanzen. Daß es Unterschiede zwischen verschiedenen Apfelsorten gibt, weiß jeder. Bei Gemüsen, zum Beispiel beim Salat, ist die Berücksichtigung von Sortenbezeichnungen wichtig, um optimale Erträge zu erzielen: Für die verschiedenen Wachstumszeiten gibt es jeweils nur bestimmte Sorten, die für den Anbau geeignet sind. Kopfsalatsorten zum Beispiel, die für den frühen Unterglasanbau gezüchtet wurden, „schießen", wenn man sie erst im Sommer sät bzw. pflanzt.

Die botanische Systematik am Beispiel einer Rose

Botanische Systematik

Alle Pflanzen sind nach international einheitlichen Regeln in ein sinnvolles System eingeordnet, das die verwandtschaftlichen Verhältnisse innerhalb des Pflanzenreiches widerspiegelt. Jede Pflanze trägt einen „Vor- und Nachnamen", den Gattungs- und den Artnamen. Der übergeordnete **Gattungsname** steht an erster Stelle und wird stets groß geschrieben, darauf folgt der stets klein geschriebene **Artname**, der die Pflanze genauer charakterisiert. Ein Beispiel aus dem Gemüsegarten: Der Gattungsname *Phaseolus* umfaßt verschiedene Bohnen; durch Hinzufügung des Artnamens kann man zum Beispiel

Phaseolus coccineus, die Feuerbohne, und *Phaseolus vulgaris*, die Gartenbohne, unterscheiden. Ergänzend finden sich zum Teil noch Angaben wie „var." für die **Varietät**: So bezeichnet *Phaseolus vulgaris* var. *nanus* die Buschbohne. Zum Schluß kann dann in einfachen Anführungszeichen die **Sorte** stehen, zum Beispiel *Phaseolus vulgaris* var. *nanus* 'Maxi'. Oberhalb der Gattung gibt es weitere botanische Kategorien, die die Zugehörigkeit der Pflanze zu bestimmten Gruppen kennzeichnen, wobei für den Hobbygärtner die **Familie** als nächsthöhere Rangstufe am wichtigsten ist. Die obenstehende Abbildung zeigt verdeutlicht die Systematik am Beispiel einer Rose.

WETTER

Ein wenig Wetterkunde

Das Wetter ist ein Phänomen, dessen Auswirkungen wir tagtäglich mehr oder weniger stark spüren. Der Gärtner ist in besonderem Maße vom Wetter abhängig. Wenn man auch durch einige Tricks die Natur überlisten und Ernteverluste durch Wetterunbilden ein wenig auffangen kann, so wird doch ein großer Prozentsatz allen Wachsens und Gedeihens vom Wetter und von seinen Kapriolen abhängig bleiben.

So kann man letztendlich doch nichts anderes tun, als das Wetter zu nehmen, wie es kommt. Blütenpracht und Erntemengen bleiben weitgehend vom Wetter langer Perioden beeinflußt. Einen ersten Anhaltspunkt für eine Wettervorhersage bieten Berichte zur Großwetterlage. Allerdings kann sich das Wetter regional deutlich von dem vorhergesagten Wetter der Meteorologen unterscheiden, wie schon jeder feststellen konnte. Oft ist dies ein Grund, der Kunst der Wetterfrösche zu mißtrauen. Wenn es wieder einmal regnet, obwohl der Wetterbericht Sonnenschein vorhergesagt hat, liegt dies daran, daß die überregionalen Wetterdienste nicht für jeden Landstrich eine genaue Prognose erstellen können. Lokale Wettergeschehnisse hängen sehr von den besonderen Bedingungen des Gebietes ab.

Wer also wissen möchte, ob die Gartenarbeiten am nächsten Tag in Angriff genommen werden können, ob die Gießkanne ungenutzt stehen bleiben darf oder ob schönes Wetter zum Sonnenbaden bevorsteht, sollte sich selbst um die regionale Wettervorhersage kümmern. Unsere Altvorderen konnten die Zeichen des Himmels wesentlich besser deuten als wir. Mit einigen Grundzügen und Ansätzen zur Wetterkunde möchten wir Ihnen hier Wissenswertes zum Wetter und zu seiner Vorhersage näherbringen. Durch aufmerksame Beobachtung lassen sich viele Arbeiten im Garten besser planen und viele Mühen sparen. Wer zum Beispiel die Zeichen für bevorstehenden Regen erkennt, kann sich das Gießkannenschleppen schenken.

In den Monatskapiteln finden Sie unter der Rubrik „Kleine Wetterkunde" einige Wetterphänomene näher erläutert, dazu auch immer wieder einfache, aber sehr zutreffende Hinweise zur Vorhersage. Im Zusammenhang mit Bauernregeln, Lostagsregeln und den „Zeichen der Natur" werden Sie schnell „wetterfest".

Das Wetter messen

Neben der Himmelsbeobachtung und der Kenntnis der Großwetterlage durch die Wetterberichte der Medien sind zur eigenen Wettervorhersage auch Meßgeräte dienlich. Die Messung des Luftdruckes erfolgt über ein Barometer, die der Luftfeuchtigkeit über ein Hygrometer und die der Temperatur über ein Thermometer. Diese drei Geräte sind die Grundausstattung für eine eigene Wetterstation.

Barometer

Mit dem Barometer wird das Gewicht einer Luftsäule gemessen, das auf 1 cm^2 Boden lastet. Gemessen wird der Luftdruck in der Einheit Pascal (abgekürzt Pa), oft als Hektopascal (1 hPa = 100 Pa) angegeben. Hektopascal lassen sich äußerst leicht in die früher übliche Einheit Millibar umrechnen, denn es gilt 1 hPa = 1 mbar. Da der Luftdruck mit zunehmender Höhe abnimmt, müssen Barometer auf ein einheitliches Niveau (Meereshöhe) geeicht werden, um sinnvolle Vergleiche des Luftdruckes an verschiedenen Orten durchzuführen. Auf der Grundlage von Luftdruckschwankungen, die sich durch unterschiedlich starken Druck kalter beziehungsweise warmer Luft ergeben, lassen sich Wetterprognosen erstellen. Schnelle Luftdruckänderungen deuten auf eine nur kurzzeitige Wetteränderung hin, während gleichbleibender Luftdruck oder langsame Änderungen beständiges Wetter anzeigen. Ein Barometeranstieg kündigt meist eine Schönwetterperiode an, im Winter bedeutet hoher Luftdruck allerdings auch oft anhaltende Nebelsuppe. Bei fallendem Druck ist schlechtes Wetter zu erwarten, bei rapidem Druckabfall ist mit Sturm oder Gewitter zu rechnen.

Hygrometer

Großen Einfluß auf das Wetter hat die Luftfeuchtigkeit, die mit einem Hygrometer gemessen wird. Die Luft kann je nach Temperatur mehr oder weniger Wasser in gasförmigem Zustand, also Wasserdampf, aufnehmen. Der Wassergehalt der Luft wird in Prozent relativer Feuchtigkeit gemessen. Die relative Luftfeuchtigkeit gibt an, wieviel Wasserdampf im Verhältnis zum maximal möglichen Wassergehalt bei vollständiger Sättigung der Luft enthalten ist. Eine relative Luftfeuchtigkeit von 50 % bedeutet demnach, daß die Luft zur Hälfte ihres Aufnahmevermögens mit Wasserdampf gesättigt ist. Kühlt sich warme, feuchte Luft ab, wird zu einem bestimmten Punkt, dem sogenannten Taupunkt, der Sättigungsgrad (100 % relative Luftfeuchtigkeit) unterschritten; der nun überschüssige Wasserdampf kondensiert, das heißt, er wird wieder flüssig. Es bilden sich Wolken, Niederschlag oder Nebel. Umgekehrt kann sich erwärmende Luft zunehmend mehr Feuchtigkeit aufnehmen. Wolken oder Nebel werden verschwinden, da das kondensierte Wasser bei Erwärmung verdunstet und dann als Gas, also wieder in Form von Wasserdampf, aufgenommen wird. Je höher die Luftfeuchtigkeit ist und je kälter die Luft wird, desto leichter entstehen Wolken und Niederschläge. Geringe Luftfeuchtigkeit bei warmer Luft zeigt dagegen trockenes Wetter an.

Thermometer

Mit dem Thermometer mißt man die Temperatur der Luft. Von den Temperaturverhältnissen der Atmosphäre und der Erde hängen alle Wetterereignisse und -abläufe ab. Je wärmer ein fester, flüssiger oder gasförmiger Körper ist, desto mehr dehnt er sich aus und umgekehrt. Warme Luft braucht also wesentlich mehr Raum als kalte. Da Luftmassen mit unterschiedlicher Temperatur nicht stabil nebeneinander existieren können, müssen sich die Unterschiede ausgleichen. Das bringt die Luft in Bewegung, und das macht schließlich unser Wetter aus. Wie bereits erwähnt, hat die Lufttemperatur entscheidenden Einfluß auf Luftdruck und Luftfeuchtigkeit. In Verbindung mit der Luftfeuchtigkeit lassen sich durch die Temperaturdaten Aussagen über Wolkenbildung und Niederschläge treffen. Für Wetterbeobachtungen eignen sich besonders gut sogenannte Minimum-Maximum-Thermometer, an denen man gleichzeitig die höchste und die niedrigste Tagestemperatur ablesen kann.

Einrichten einer Wetterstation

Barometer, Hygrometer und Thermometer werden an einem schattigen Platz in etwa 1,5–2 m Höhe aufgestellt oder -gehängt. Praktisch ist dafür ein kleines Häuschen, das die Geräte vor Nässe schützt. Ein Brett mit zwei seitlichen Wangen und einem schrägen Dach, auf einem Pfahl montiert, kann sich ein geschickter Bastler leicht selbst herstellen (siehe Abbildung). Vermeiden Sie eine Aufstellung der Meßgeräte in sonniger Lage, an einer Hauswand oder in der Nähe eines Luftabzuges. Dadurch würden die Meßergebnisse stark verfälscht. Sehr empfehlenswert ist die Anlage eines Wettertagebuches, in dem alle wichtigen Daten vermerkt werden und das am besten Bestandteil eines umfassenden Gartentagebuches ist.

Wetterzeichen in der Tier- und Pflanzenwelt

Nicht nur das Bild des Himmels und verschiedene Meßergebnisse lassen Rückschlüsse auf das kommende Wetter zu, auch viele Vorgänge und Ereignisse in der unmittelbaren Umgebung sind gute Hilfen für eine Wetterprognose. Durch Beobachtung von Tieren und Pflanzen kann man so manche sichere Wettervorhersage treffen.

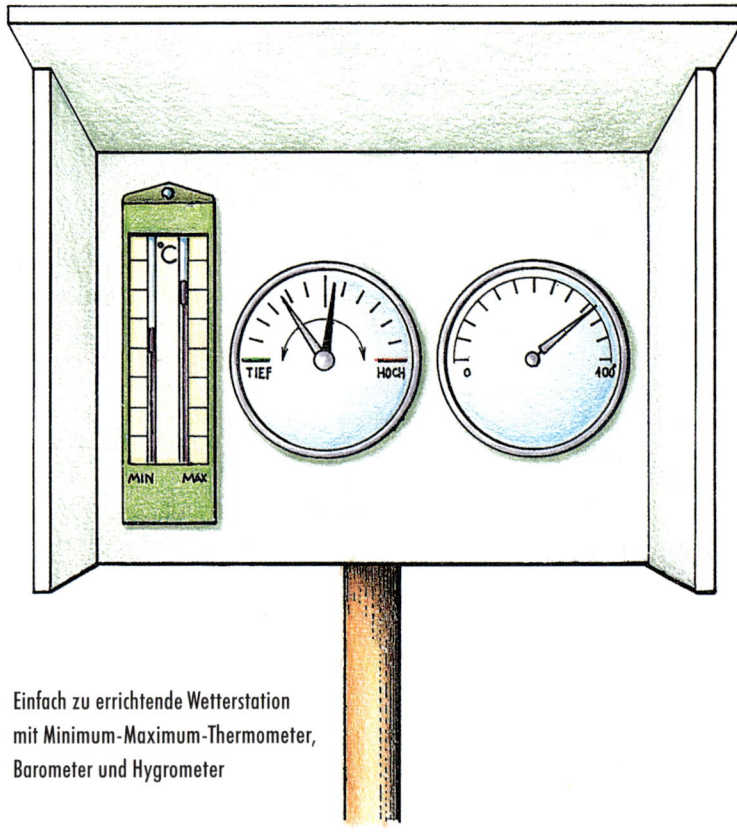

Einfach zu errichtende Wetterstation mit Minimum-Maximum-Thermometer, Barometer und Hygrometer

Die weit geöffneten Blüten der Mittagsblumen signalisieren: kein Regen in Sicht

Wenn Spinnen ihr Netz fertigen, steht eine
längere Schönwetterperiode bevor

„Wetterblumen"

Viele Blumen zeigen vor Regen oder Schlechtwetter ein typisches Verhalten. Sie schließen
ihre Blüten, lassen die Köpfe
hängen oder falten ihre Blätter
zusammen. Sicherlich haben
Sie die eine oder andere Blume
selbst im Garten, die für Sie
ein „Ersatz-Wetterfrosch" werden kann. Regenzeiger sind
zum Beispiel Mittagsblumen
(*Mesembryanthemum, Delo-
sperma*) und Mittagsgold (*Ga-
zania*), die ihre Strahlenblüten
bei bevorstehendem Regen
schließen oder morgens erst
gar nicht öffnen. Ebenso
reagiert die Große Sternmiere
(*Stellaria holostea*), sie wird
mancherorts deshalb auch Re-
genblümchen genannt. Faltet
der Klee (*Trifolium*) seine Blätter zusammen und läßt seine
Blüten hängen, ist ein Unwetter im Nahen.
Temperaturanzeiger sind Krokusse (*Crocus*) und Tulpen
(*Tulipa*): Sie öffnen ihre Blüten
nur bei zunehmender Erwärmung. Die Temperaturfühlig-
keit ist dabei erstaunlich fein,
schon eine Zunahme oder
Abnahme von wenigen Zehn-
telgrad Celsius veranlaßt die
Öffnung oder Schließung der
Blüten.

„Wettertiere"

Wenn Mücken abends hoch,
ca. 3 m über der Erde, tanzen,
wird der nächste Tag wahrscheinlich schön. Bienen, die
bereits frühmorgens emsig
ausfliegen und den ganzen Tag
Nektar sammeln, künden ebenfalls von Schönwetter. Auch
Spinnen sind Wetterpropheten:
Wenn sie ihr Netz spinnen, ist
mit einer anhaltenden Schönwetterperiode zu rechnen.
Bei bevorstehendem Schlechtwetter fliegen die Mücken
niedrig, entsprechend auch die
insektenjagenden Schwalben.
Wetterstürze oder Gewitter
werden von aufdringlichen
und aggressiven Stechinsekten
angezeigt. Kommen Spinnen
im Herbst in die Häuser, obwohl draußen noch warmes
Wetter herrscht, wird es wahrscheinlich bald kalt.

Wettersprüche
und Faustregeln

Bauernregeln

Schon lange vor den offiziellen
Aufzeichnungen von Wetterämtern und Meteorologen beobachteten naturverbundene
Menschen, wie etwa Bauern,

Winzer und Schäfer, über Jahre
hinweg und mit Sachverstand
die Wetterentwicklung. Was
man heute durch Messungen,
Statistiken und Auswertungen
akribisch belegt, wurde früher
durch aufmerksames Beobachten erfaßt, in eine leicht zu
merkende Form gebracht und
mündlich auch an nachfolgende Generationen weitergege-
ben. Als kleine Gedichtchen
formuliert, sagen die so entstandenen Bauernregeln teils
mit erstaunlicher Zuverlässig-
keit das Wetter voraus. Oft
wurden sie jedoch verball-
hornt, weil die Stadtleute den
Erfahrungswerten der Bauern
mißtrauten und sich lieber auf
konkrete Zahlen verlassen
wollten. So kamen ironisch ge-
meinte, aber sicherlich zutreffende Sprüche zustande wie
„Wenn der Hahn kräht auf
dem Mist, / ändert sich das
Wetter oder bleibt, wie es ist".
Leider drücken jedoch viele
Bauernregeln tatsächlich eher
fromme Wünsche der Land-
bevölkerung aus, die sich eine
bestimmte Witterung für eine
gute Ernte wünschte. Zum
Beispiel sagt die Regel „Ein
kühler Mai wird hoch geacht' /
und hat stets fruchtbar Jahr
gebracht" wenig über die wirk-
liche Wetterentwicklung aus,
beinhaltet um so mehr aber
den Wunsch nach einer be-
stimmten Wetterlage. Dennoch
ist auch hierin ein Körnchen
Wahrheit enthalten, denn war
der Mai kühl und feucht, gab
es meist auch eine gute Getrei-
deernte. Abgesehen von solchen „Wunschregeln" sind jedoch genügend ernstzuneh-
mende Sprüche überliefert.

Bewährte Regel: „Auf gut Wetter vertrau, / beginnt der Tag nebelgrau"

Bauernregeln beziehen sich nicht nur auf das jahreszeitlich gebundene Wetter oder gelten nicht nur für bestimmte Monate. Es gibt auch viele Sprüche für allgemeine Wettervorhersagen. „Ander' Wind – ander' Wetter" ist eine Regel, die auch in der modernen Meteorologie nach wie vor Geltung hat. Abschließend hier noch einige allgemeine Bauernregeln, die Sie sich als Eselsbrücken für die regionale Wettervorhersage durchaus merken sollten:

Auf gut Wetter vertrau, /
beginnt der Tag nebelgrau.
Der Abend rot, der Morgen
grau, / gibt das schönste Him-
melsblau.
Funkelnde Sterne, / kommt
ander' Wetter gerne.
Wenn der Himmel gezupfter
Wolle gleicht, / das schöne
Wetter dem Regen weicht.
Auf dicke Wolken folgt schwe-
res Wetter.
Ziehen die Wolken dem Wind
entgegen, / gibt's am andern
Tage Regen.

Hundertjähriger Kalender

Ein Abt bei Bamberg zeichnete im 17. Jahrhundert über einige Jahre das Wetter auf, vermischte seine Beobachtungen mit Bauernregeln und veröffentlichte so den ersten Überblick über das jährliche Wettergeschehen. Um 1700 erschien dann der erste richtige „Hundertjährige Kalender", in dem die Wetterabläufe von 1701 bis 1801 vorhergesagt wurden. Allerdings wurden hier astrologische Vorstellungen zu Prophezeiungen für einen hundertjährigen Zeitraum umgemünzt. In den auch heute noch bekannten und gebräuchlichen Hundertjährigen Kalendern sind zwar einige periodisch auftretende Wettergeschehnisse verzeichnet, sie können aber nicht als glaubwürdige Wettervorhersagen gewertet werden. Es gibt keinerlei Anhaltspunkte, daß sich die Wetterabläufe in einem hundertjährigen Rhythmus wiederholen.

Lostage

Lostage sind bestimmte Termine, die nach altem Volksglauben für das Wetter entscheidend sind. Um solche Tage (bzw. Nächte), zum Beispiel Lichtmeß, Walpurgis, Mariä Himmelfahrt und die Rauhnächte, ranken sich viele Aberglauben und Gebräuche. Trotz allem sind sie so etwas wie verfeinerte Bauernregeln, die zu einem bestimmten Tag ein kommendes Wettergeschehen vorhersagen. Namenstage der Heiligen und viele alte Festtage sind heute kaum noch bekannt, waren aber früher sehr geläufig. Etliche Regeln zu den Lostagen beschreiben Wettergeschehnisse, die mit großer Wahrscheinlichkeit eintreten. Eine Regel kennt sicherlich jeder Gärtner: Mit den **Eisheiligen** (Pankratius, Servatius, Bonifatius und Sophie) am 12. bis 15. Mai kommt oft noch einmal ein Kälteeinbruch. Die Saison für empfindliche Sommerblumen und Gemüse beginnt traditionell daher erst nach diesen Tagen.

PHÄNOLOGISCHER KALENDER

Naturereignisse als Prinzip

Unser Kalender teilt das Jahr nach astronomischen Daten in ein strenges, unverrückbares Schema. Jeder weiß, daß sich die Witterung nicht immer an dieses System hält. Mit dem kalendergemäßen Frühlingsanfang am 20. März muß keineswegs wirklich das Frühjahr Einzug halten – wie oft fällt zu dieser Zeit sogar noch Schnee. Ebenso unterscheiden sich die klimatischen Verhältnisse und der Witterungsverlauf je nach Region: Hoch gelegene, rauhe Gegenden kommen erst viel später in den Genuß lauer Frühlingslüfte als Gebicte in milden Klimalagen. Ebensowenig wie der Frühlingsbeginn scheren sich Pflanzen und Tiere um das, was der Kalender sagt. Zwar treffen Zugvögel jedes Jahr etwa zur gleichen Zeit in ihren Brutgebieten ein, beginnen Obstbäume jedes Jahr ungefähr zum selben Zeitpunkt zu blühen – die genauen Termine hängen jedoch, wie zahlreiche weitere Naturereignisse, vom jährlich und regional unterschiedlichen Witterungsverlauf ab. Pflanzen und Tiere sind so deutlich verläßlichere „Uhren", was den Eintritt bestimmter Jahreszeiten angeht, als der offizielle Kalender. Was liegt also näher, als die periodisch auftretenden Naturabläufe zur Erstellung eines eigenen, naturgemäßen Kalenders zu nutzen?

Die natürlichen Jahreszeiten

Mit Beobachtungen von Tieren und Pflanzen, deren Entwicklung und ihrer Beziehung zum Klima und Wetterverlauf befaßt sich die **Phänologie** (was frei übersetzt „Lehre von den natürlichen Erscheinungen" bedeutet). Aus der phänologi-

schen Forschung wurde bald deutlich, daß sich die Zusammenhänge zwischen Witterung und Pflanzenwuchs als Anhaltspunkte für die Feld- und Gartenarbeit wesentlich besser eignen als der astronomisch begründete Kalender, etwa um die klimatischen Verhältnisse zu erfassen und daraus die Anbaubreite für bestimmte Gemüse und Obstarten zu bestimmen. Aus langjähriger genauer Beobachtung der genannten Zusammenhänge resultierte schließlich der pflanzenphänologische Kalender, der nicht nur vier, sondern neun Jahreszeiten kennt: Vorfrühling, Erstfrühling, Vollfrühling, Frühsommer, Hochsommer, Spätsommer, Frühherbst, Vollherbst und Spätherbst. Wenn auch nicht ganz im Sinne der Wissenschaft, kann man den Winter unter praktischen Gesichtspunkten als zehnte Jahreszeit bezeichnen. Bestimmte Entwicklungsstadien charakteristischer Pflanzen, sogenannte Phänophasen, prägen jeweils diese natürlichen Jahreszeiten. Als Kennpflanzen wählte man weit verbreitete und überall zu beobachtende Arten, die von Land zu Land verschieden festgelegt wurden. Die jeweiligen Kennpflanzen in Deutschland, Österreich und der Schweiz finden Sie in den nachfolgenden Übersichten. Bei jeder Pflanze ist ein bestimmtes Stadium maßgebend, wie zum Beispiel Blühbeginn, Blattentfaltung, Reife und/oder Laubfärbung, bei Kulturpflanzen auch Aussaat, Saataufgang oder Erntebeginn – alles Kriterien, die weitgehend von der

Witterung abhängen. Durch langfristiges Erfassen dieser Termine und Mitteln der Werte lassen sich fundierte Daten für die Eintritte der phänologischen Jahreszeiten gewinnen. Die Erfassung und Auswertung solcher Daten gehört zu den Aufgaben von Wetterämtern und meteorologischen Anstalten. Ihre Ergebnisse dienen nicht nur dem Pflanzenbau, sondern erlauben auch zum Beispiel Vorhersagen zum Pollenflug oder die Untersuchung langfristiger Klimaänderungen. Wie schon erwähnt, unterscheiden sich die Eintrittstermine der phänologischen Jahreszeiten je nach Region mehr oder weniger. Zusätzlich ist es natürlich möglich, daß sich in den einzelnen Jahren Abweichungen von den gemittelten Werten ergeben. Die in den Monatskapiteln dieses Buches aufgeführten Daten sind deshalb immer Mittelwerte aus langfristigen Beobachtungen, die für mittlere Höhenlagen (300 m NN) gelten (NN = Normal Null; amtliche Angabe des Bezugsniveaus, entspricht in etwa „über Meeresspiegel"). Langjährige Aufzeichnungen ergaben, daß sich der Frühlingsbeginn durchaus um bis zu einem Monat verschieben kann, der Sommerbeginn um etwa zwei Wochen. Erstaunlich ist die Fähigkeit der Natur, Schwankungen wieder auszugleichen. Ein verspätetes Frühjahr wird oft schnell durch einen frühen und intensiven Sommer aufgeholt, eine lange Wärmeperiode im Vorfrühling und der dadurch bedingte Vegetationsvorsprung wird häufig während des Sommers wieder ausgeglichen. Fast immer pendeln sich die phänologischen Ereignisse spätestens bis zum Herbst wieder in etwa auf die langjährigen Durchschnittswerte ein.

Die phänologischen Jahreszeiten in Deutschland

Etwa 3 000 nebenamtliche Pflanzenbeobachter notieren Jahr für Jahr Daten zur Vegetationsentwicklung. Die Erfassung, Weiterverarbeitung und Auswertung erfolgt durch das Zentralamt des Deutschen Wetterdienstes in Offenbach. In der nachfolgenden Übersicht sind die durchschnittlichen Termine (langjährige Mittelwerte) für den jeweiligen Beginn der Jahreszeiten aufgeführt, bezogen auf mittlere Höhenlagen (300 m NN). Es gibt teils mehrere pflanzliche Ereignisse, die gleichzeitig vom Eintritt einer neuen Jahreszeit künden; die nachfolgend genannten Kennpflanzen stellen eine Auswahl dar. Neben diesen Pflanzen bzw. Ereignissen umfaßt das Beobachtungsprogramm über 150 weitere Phänophasen, deren Eintrittstermine Jahr für Jahr notiert werden.

Die Salweide gehört zu den vielen Jahr für Jahr beobachteten Kennpflanzen; ihre Blüte markiert den Erstfrühling

Jahreszeit	Eintritt mit . . .	Eintrittstermin
Vorfrühling	Blühbeginn des Schneeglöckchens (*Galanthus nivalis*)	10.3.
Erstfrühling	Blühbeginn der Salweide (*Salix caprea*)	28.3.
Vollfrühling	Blühbeginn des Apfels (*Malus* x *domestica*)	7.5.
Frühsommer	Blühbeginn des Holunders (*Sambucus nigra*)	5.6.
Hochsommer	Vollblüte der Winterlinde (*Tilia cordata*)	5.7.
Spätsommer	Beginn der Haferernte	9.8.
Frühherbst	Vollblüte der Herbstzeitlosen (*Colchicum autumnale*)	30.8.
Vollherbst	Aussaat von Winterroggen	30.9.
Spätherbst	Beginn des allgemeinen Laubfalls	24.10.
Winter	Ende der Feldarbeiten	Mitte Nov.

Die Jahreszeitenuhr

Besonders einprägsam lassen sich die Jahresabläufe des phänologischen Kalenders in Form einer Uhr darstellen. Auf dem „Zifferblatt" stehen die natürlichen Jahreszeiten als Kreissegmente, gleichzeitig kann man die Zusammenhänge mit den Kalendermonaten ablesen. Auf dieser und der nächsten Seite finden Sie drei solcher Uhren für verschiedene Regionen Deutschlands.

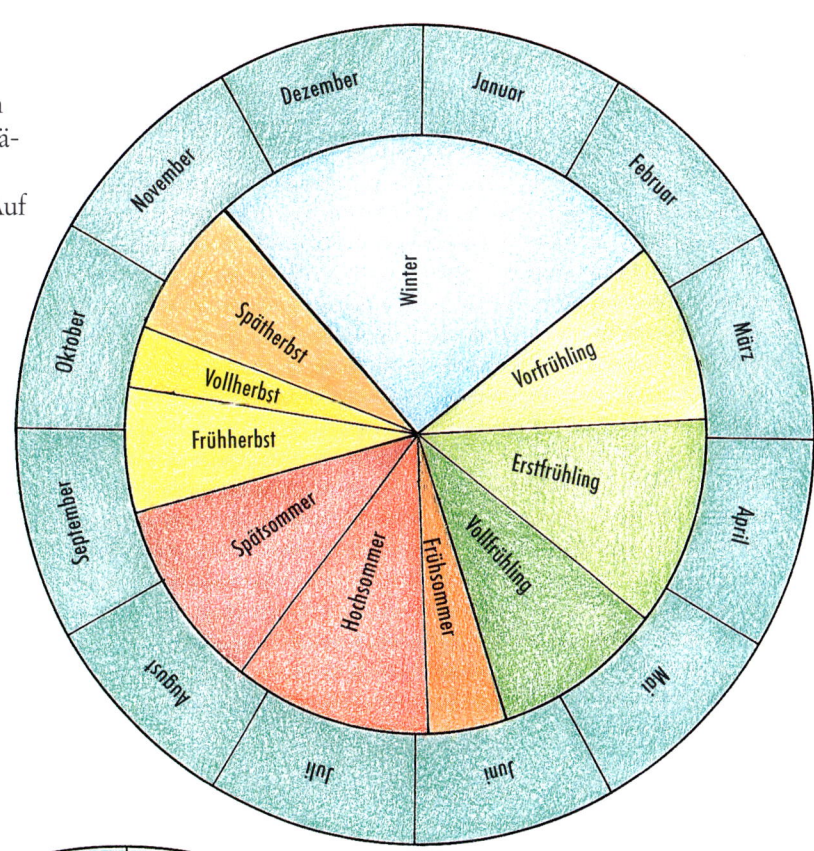

Jahreszeitenuhr für das norddeutsche Tiefland

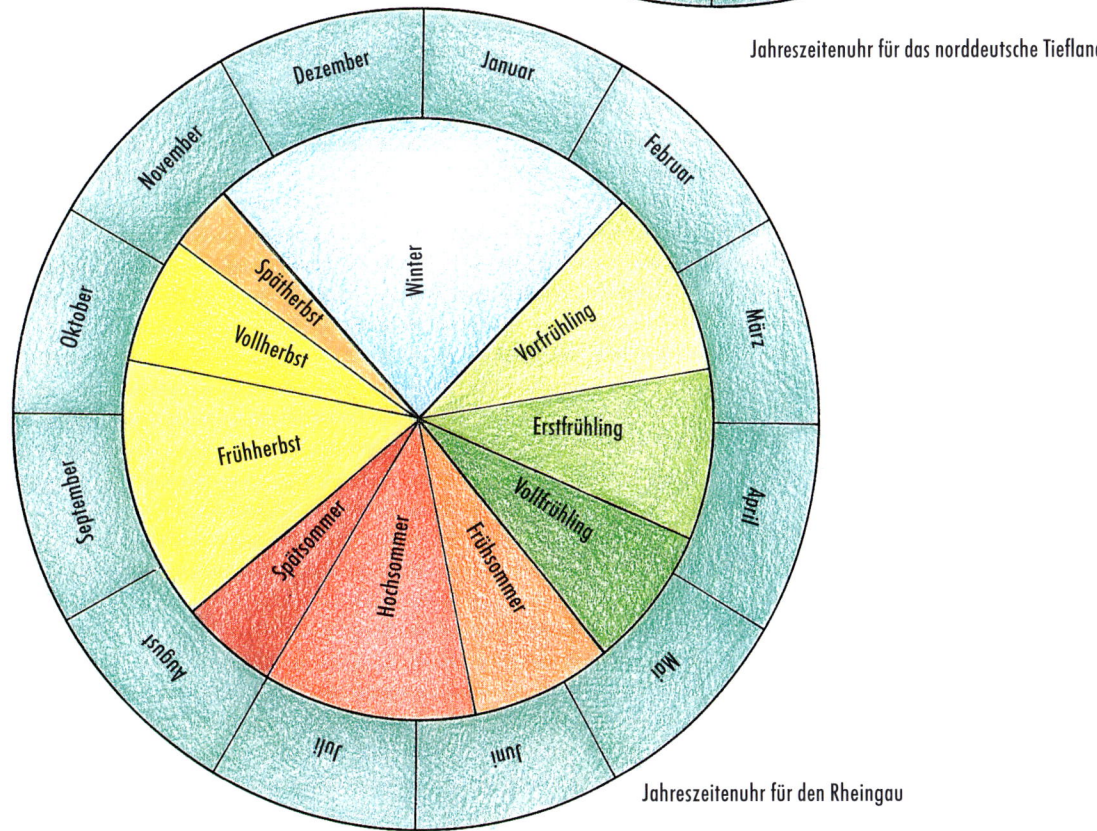

Jahreszeitenuhr für den Rheingau

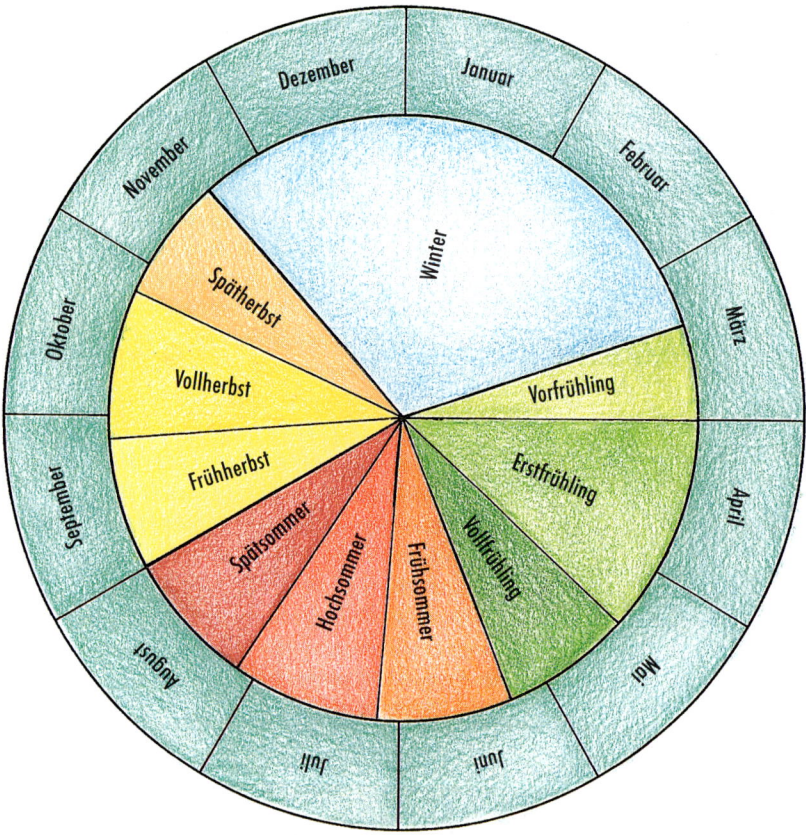

Jahreszeitenuhr für Südbayern

Die Blüte des Löwenzahns kündet in der Schweiz vom Eintritt des Erstfrühlings

Die phänologischen Jahreszeiten in der Schweiz

Die Erfassung und Auswertung der phänologischen Daten obliegt der Schweizerischen Meteorologischen Anstalt in Zürich. Beobachtet werden 70 Phänophasen, entsprechend verschiedenen Vegetationsstadien von 37 Pflanzen. Für den Eintritt des Spätsommers konnte keine geeignete Phase gefunden werden, die einerseits typisch und vielerorts zu beobachten ist, sich andererseits anhand objektiver Kriterien genau bestimmen läßt. Die Eintrittstermine der Phasen werden nicht mit dem jeweiligen Datum, sondern als Tage nach Jahresbeginn angegeben, wobei der 1. Januar dem ersten Tag entspricht. In der nachfolgenden Übersicht finden Sie die Kennpflanzen für den Beginn der Jahreszeiten sowie einige langjährige Mittelwerte für die Beobachtungsstationen Andeer (985 m/M) und Zürich-Witikon (625 m/M). Trotz einiger fehlender Werte zeigen sich zwischen den beiden Standorten deutliche Unterschiede, die sich zum Herbst hin etwas ausgleichen.

Regionale Unterschiede

Wenn man die zuvor dargestellten Uhren der drei ausgewählten Standorte vergleicht, erhält man schon einen Hinweis darauf, daß sich die phänologischen Jahreszeiten regional verschieben. Der Frühling beginnt im milden Rheingau zuerst, im rauhen Südbayern zuletzt. Diese Verschiebungen im Eintritt der Jahreszeiten werden geringer, je weiter das Jahr voranschreitet. Die Vegetationsperioden, also die für das Wachstum geeigneten Zeiträume, sind unterschiedlich lang. Im Rheingau dauert es von der ersten Blüte bis zur letzten Ernte gut neun Monate, im Norddeutschen Tiefland sind es etwa zwei Wochen weniger. In Südbayern beginnt die Wachstumsperiode erst im März, dauert aber fast ebensolange wie im Rheingau. Jährliche Abweichungen von diesen Mittelwerten sind häufig dort am größten, wo das Klima am stärksten durch den Kontinent bestimmt wird, also zum Beispiel in Südbayern. Hier fehlt das ausgleichende Moment des Meeres, hier treten viel öfter extremere Wetterlagen ein, zum Beispiel Kälteperioden im Frühling oder Herbst, die die Vegetationszeit stark beeinflussen können.

Jahreszeit	Charakteristische Phänophasen		Tage bis Eintritt	
			Andeer	**Witikon**
Vorfrühling	Phase 2:	Vollblüte des Huflattichs *(Tussilago farfara)*	85	82
Erstfrühling	Phase 9:	Vollblüte des Löwenzahns *(Taraxacum officinale)*	134	109
	Phase 11:	Nadelaustrieb der Lärche *(Larix decidua)*	123	105
Vollfrühling	Phase 12:	Vollblüte des Flieders *(Syringa vulgaris)*	148	132
	Phase 17:	Nadelaustrieb der Fichte *(Picea abies)*	147	133
Frühsommer	Phase 21:	Vollblüte des Schwarzen Holunders *(Sambucus nigra)*	183	157
Hochsommer	Phase 19:	Vollblüte der Sommerlinde *(Tilia platyphyllos)*	195	178
	Phase 23:	Vollblüte der Winterlinde *(Tilia cordata)*	–	189
Spätsommer	– – –			
Frühherbst	Phase 50:	Vollblüte der Herbstzeitlosen *(Colchicum autumnale)*	239	254
Vollherbst	Phase 26:	Blattverfärbung der Roßkastanie *(Aesculus hippocastanum)*	283	277
	Phase 28:	Blattverfärbung der Buche *(Fagus sylvatica)*	287	289
Spätherbst	Phase 36:	Weinlese	–	294

(Quelle: Schweizerische Meteorologische Anstalt, Zürich; Abdruck mit freundlicher Genehmigung von Herrn Dr. Defila)

Mit dem Blühbeginn des Flieders kehrt in Österreich der Vollfrühling ein

Die phänologischen Jahreszeiten in Österreich

In Österreich beschäftigt sich die Zentralanstalt für Meteorologie und Geodynamik in Wien neben ihren sonstigen Aufgaben mit der Phänologie. Ähnlich wie in der Schweiz konnte für eine der Jahreszeiten keine geeignete Phänophase festgelegt werden; dies betrifft den Frühherbst. Die nachfolgende Übersicht gibt Auskunft über die betreffenden Kennpflanzen und nennt langjährige Mittelwerte für die Eintrittstermine in fünf Regionen (Höhenangaben in Klammer mit Bezugsniveau Seehöhe).

Jahreszeit	Eintritt mit . . .	Eintrittstermine in einigen Regionen Österreichs				
		Nordost (200 m)	Alpenvorland (400 m)	Alpen West (1000 m)	Alpen Ost (700 m)	Südost (350 m)
Vorfrühling	Blühbeginn der Hasel	24.2.	28.2.	20.3.	8.3.	26.2.
Erstfrühling	Blühbeginn der Kirsche	14.4.	20.4.	8.5.	28.4.	16.4.
Vollfrühling	Blühbeginn des Flieders	2.5.	8.5.	28.5.	15.5.	6.5.
Frühsommer	Blühbeginn des Winterroggens	25.5.	28.5.	17.6.	7.6.	27.5.
Hochsommer	Beginn der Fruchtreife bei Kirschen	18.6.	25.6.	21.7.	7.7.	22.6.
Spätsommer	Erntebeginn bei Winterroggen	17.7.	21.7.	8.8.	1.8.	20.7.
Vollherbst	Beginn der Fruchtreife bei Roßkastanien	20.9.	25.9.	10.10.	6.10.	23.9.
Spätherbst	Laubverfärbung der Rotbuche	11.10.	10.10.	1.10.	3.10.	11.10.

(Quelle: Zentralanstalt für Meteorologie und Geodynamik, Wien)

Gärtnern nach dem phänologischen Kalender

Die dem natürlichen Jahresablauf entsprechenden phänologischen Jahreszeiten können dem Hobbygärtner wertvolle Anhaltspunkte liefern. Sie geben Aufschluß über die Klimaverhältnisse einer Region, etwa wie lange der Winter dauert oder ob der Sommer früh beginnt. An ihnen läßt sich die Dauer der Vegetationsperiode, also der für das Wachstum günstigen Zeit, ablesen. Daraus gewinnt man Erkenntnisse über die Anbaumöglichkeiten. Langwährende Vegetationsperioden ermöglichen auch den Anbau empfindlicher, spät reifender Kulturen, wie etwa von Wein.

Mit den Kennpflanzen der Phänologie hat man gute Indikatoren für den Fortschritt der Bodenerwärmung, der Bodenfeuchtigkeit und der kleinklimatischen Bedingungen. Lernen Sie die charakteristischen Pflanzen erkennen und beobachten; Sie werden schnell merken, ob die Witterungs- und Wachstumsbedingungen in normalen Grenzen liegen oder ob ein ungewöhnliches Jahr vorliegt. Beginnen zum Beispiel die Äpfel erst viel später mit der Blüte als üblich, werden auch die Frühkulturen länger bis zur Reife brauchen. Durch Folienabdeckung könnte hier einiges wettgemacht werden, was durch die kühle Witterung oder fehlende Niederschläge fehlt.

Durch stetes und genaues Beobachten bekommt man

schnell ein Gespür für die Abläufe in der Natur, ganz intuitiv wird man vieles im Garten nach diesen Gefühlen ausrichten. Zudem macht es einfach Spaß, die immer wiederkehrenden Zeichen der Natur zu entdecken, mit denen man bald vertraut wird.

Im Anhang des Buches finden Sie eine Übersicht, die zeigt, welche Gartenarbeiten in den jeweiligen Jahreszeiten am günstigsten durchzuführen sind.

„GEBRAUCHSANWEISUNG" für das vorliegende Buch

Dieses Buch begleitet Sie durch ein komplettes Gartenjahr und wird Ihnen Monat für Monat nicht nur wichtige Hinweise zu anfallenden Arbeiten geben, sondern Ihnen auch viele weitere Gartenthemen näherbringen. Alle beliebten und wichtigen Gartenbereiche sowie Pflanzengruppen werden vorgestellt. Zu komplexeren Themen wie Teichanlage, Steingartenanlage oder Obstbau wird jeweils das nötige Grundwissen vermittelt. Feinheiten und spezielle Fragen zu diesen Bereichen würden den Rahmen dieses Buches sprengen; für eine erschöpfende Behandlung aller Teilbereiche ist das Thema Garten viel zu weitläufig und umfangreich, um es zwischen zwei Buchdeckeln unterzubringen. Unsere Ausführungen sollen deshalb auch als Anregungen verstanden werden; wer dadurch

seine besondere Liebe zu bestimmten Gartenbereichen und Pflanzen entdeckt, sei auf die Literaturempfehlungen im Anhang verwiesen.

Da das Gärtnern nach dem phänologischen Kalender zunächst etwas kompliziert erscheint und einiges an Beobachtung und Übung erfordert, ist dieses Buch übersichtlich nach Monaten gegliedert. Die Kennfarben der Monate (siehe auch Inhaltsverzeichnis) helfen beim schnellen Auffinden. Alle Angaben in den Monatskapiteln beziehen sich auf durchschnittliche Gartenstandorte. Verschiedene Hinweise und Hilfen zur Orientierung nach den natürlichen Jahreszeiten erleichtern Ihnen nicht nur den Einstieg in den phänologischen Kalender, sondern auch das termingerechte Gärtnern in sehr rauhen oder ausgesprochen milden Gegenden, ebenso in Jahren mit untypischem Wetterverlauf.

Nachfolgend werden kurz die Rubriken vorgestellt, die Ihnen Monat für Monat begegnen, ebenso die zugehörigen graphischen Symbole, die innerhalb dieser Rubriken für bestimmte Themenbereiche stehen.

Kleine Wetterkunde

Gibt es eigentlich einen Unterschied zwischen Reif und Rauhreif? Ist der Wind ein zuverlässiger Wetterbote? Wie kommt es zur Quellbewölkung? Diese und viele andere Themen rund ums Wetter werden in dieser Rubrik erläutert.

Häufig wiederkehrende Wetterereignisse, in der Fachsprache Singularitäten genannt, helfen Ihnen, sich bei Ihren Gartenaktivitäten in etwa auf die kommende Witterung einzustellen. Tatsächlich gibt es mehrere Wetterlagen, die sich mit großer Wahrscheinlichkeit Jahr für Jahr zu einem bestimmten Zeitpunkt einstellen, wie etwa das Weihnachtstauwetter oder die Schafskälte im Juni.

Pflanze des Monats

Intuitiv verbindet man mit den einzelnen Monaten besondere Ereignisse und Erwartungen. Gerade bestimmte Bäume und Blumen werden gerne als Sinnbilder der Jahreszeiten aufgefaßt; so steht etwa das Schneeglöckchen ganz allgemein für den Frühlingsbeginn – nicht nur im phänologischen Kalender.

Bilder prägen sich leicht ein, die kurzen Pflanzenporträts können Ihnen deshalb als eine Art Gedächtnisstütze für den Arbeitsablauf des Monats dienen.

Das Leben der Pflanzen ist außerordentlich spannend, viele Eigenschaften und Vorgänge rufen immer wieder Überraschung hervor. Natur verstehen heißt auch, Pflanzen und ihr Wachstum zu kennen. Deshalb finden Sie zu den jeweiligen Pflanzen des Monats unter dem Stichwort **Wissenswertes** ausgewählte Informationen über das pflanzliche Leben, über Botanik und Ökologie.

Bewährtes Wissen

Hier begrüßt Sie jeden Monat eine kleine Sammlung von **Bauernregeln** und **Lostagen**, die sich als recht zuverlässige Anhaltspunkte für Wettervorhersagen erwiesen haben. Natürlich nicht in jedem Jahr in jeder Region zutreffend – aber eben doch Bestandteil eines bewährten Wissensschatzes.

Zeichen der Natur

Unter dieser Überschrift finden Sie die Verknüpfung des jeweiligen Monats mit den **phänologischen Jahreszeiten**. Vorgestellt werden die Pflanzen, die für die Jahreszeiten charakteristisch sind. Im Vergleich mit den angegebenen Mittelwerten für den Eintritt phänologischer Ereignisse (bezogen auf 300 m NN) können Sie prüfen, ob der Erstfrühling diesmal früher als üblich Einzug hält oder ob der Hochsommer noch etwas auf sich warten läßt.

Alle Arbeiten auf einen Blick

Nach dem eben skizzierten Einstieg in den jeweiligen Monat finden Sie umfangreiche Listen mit allen wichtigen Arbeiten, die im Garten zu der betreffenden Zeit anfallen. Stichpunktartig werden Sie an wichtige Termine erinnert, auf anstehende Arbeiten hingewiesen. Mit Hilfe des Inhaltsverzeichnisses und des Registers finden Sie schnell und sicher ausführliche Angaben zu der entsprechenden Tätigkeit, um sich noch einmal genauer informieren zu können. Diese Arbeitsübersicht läßt sich auch als **Checkliste** nutzen, auf der Sie alle durchgeführten Arbeiten abhaken und als erledigt vermerken. Am Monatsende können Sie dann prüfen, ob wirklich alle anfallenden Tätigkeiten durchgeführt wurden. Ganze Kästchen stehen dabei für einmal auszuführende Arbeiten, unterteilte Kästchen (☐) weisen auf Verrichtungen hin, die im Laufe des Monats eventuell mehrmals zu wiederholen sind, wie zum Beispiel die Kontrolle auf bestimmte Schädlinge. Anhand dieser Übersichten können Sie weiterhin zu Jahresbeginn die für Sie wichtigen Punkte in Ihr Gartentagebuch oder Ihren Gartenkalender übertragen und sich so die Planung erleichtern. Die aufgeführten Arbeiten sind in der Übersicht nach Gartenbereichen und Sachthemen gegliedert, damit Sie die Sie interessierenden Punkte schnell auffinden. Unter dem Begriff **Nachholtermine** wird gesondert auf Arbeiten und Handgriffe aufmerksam gemacht, die auch noch zu einem späteren Zeitpunkt durchgeführt werden können. Falls also einmal eine Maßnahme vergessen wurde oder aus Zeitgründen unberücksichtigt blieb, werden Sie hier daran erinnert.

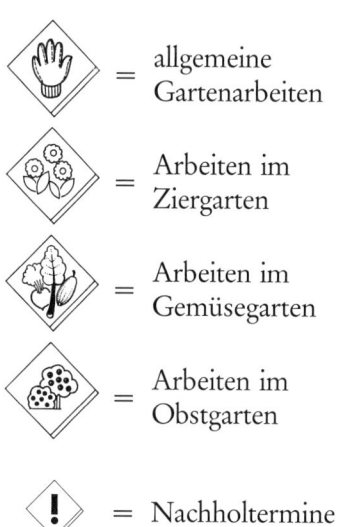

	= allgemeine Gartenarbeiten
	= Arbeiten im Ziergarten
	= Arbeiten im Gemüsegarten
	= Arbeiten im Obstgarten
	= Nachholtermine

Quer durch den Garten

In dieser Rubrik finden Sie viel Wissenswertes rund um den Garten. Informationen zu wichtigen Themen wie Pflanzenschutz, Unkrautbekämpfung, Kompost, Abfallverwertung, Boden, Standort liefern Ihnen ein Grundwissen zum Garten. Dabei werden stets möglichst umweltschonende, naturgemäße und nur sanft eingreifende gärtnerische Methoden bevorzugt dargestellt.

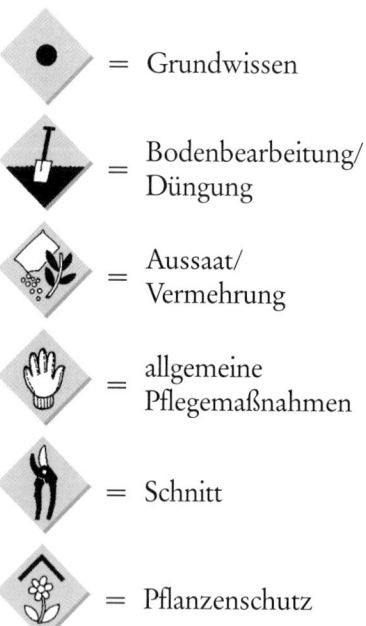

	= Grundwissen
	= Bodenbearbeitung/ Düngung
	= Aussaat/ Vermehrung
	= allgemeine Pflegemaßnahmen
	= Schnitt
	= Pflanzenschutz

Ziergarten

Die Rubrik Ziergarten umfaßt Grundlagen zu allen Zierpflanzen und Ziergartenbereichen. Angefangen bei der Blumenwiese über den Teich zu Rosen und immergrünen Gehölzen, werden alle wichtigen Zierpflanzengruppen vorgestellt. Eine weitere Unterteilung in kleinere Gruppen (Gehölze, Rosen, Stauden, Zwiebel- und Knollenpflanzen, Sommerblumen, Gräser, Farne) soll Ihnen helfen, den für Sie besonders interessanten Teil schneller zu finden.

Aus der fast unüberschaubaren Fülle der Zierpflanzenarten wurde jeweils eine Auswahl bewährter, besonders reizvoller Pflanzen getroffen; übersichtliche Tabellen zeigen das Wichtigste auf einen Blick.

 = Sommerblumen

 = Stauden, Gräser, Farne

 = Zwiebel- und Knollengewächse

 = Gehölze

 = Kletterpflanzen

 = Rasen und Blumenwiese

 = Wassergarten

 = besondere Ziergartenbereiche und Pflanzengruppen

Gemüsegarten

Von Januar bis Dezember steht diese Überschrift für Informationen, die allesamt eins zum Ziel haben: reiche Ernten von gesundem, schmackhaftem Gemüse, unter Wahrung der Fruchtbarkeit des Bodens. Deshalb werden nicht nur Kulturfahrpläne für alle wichtigen Gemüsearten angegeben, sondern auch Theorie und Praxis von Mischkultur, Fruchtfolge und Anbauplanung vermittelt.

 = Grundwissen, Anbaumethoden

 = Gewächshaus, Frühbeet, Folie

 = Wurzelgemüse

 = Blattgemüse

 = Fruchtgemüse

 = sonstige Gemüsearten

 = Kräuter

Obstgarten

Monat für Monat geht's hier um Baum- oder Strauchobst, um beliebte oder auch um weniger bekannte Obstarten, um ihre Eigenschaften und Pflegeansprüche. Darüber hinaus werden grundlegende Praktiken und Zusammenhänge erläutert, die zum Erfolg im Obstgarten beitragen.

 = Grundlagen

 = Schnitt

 = Kernobst

 = Steinobst

 = Beerenobst

 = besondere Obstarten

Gestaltung

Als besonderes Extra stellen wir Ihnen am Ende jedes Monats ein ausgewähltes Gestaltungsbeispiel vor. Es handelt sich um Bepflanzungsvorschläge, die im jeweiligen Monat geplant bzw. durch Anlegen verwirklicht werden können, oder aber um Anregungen, die eine im zugehörigen Kapitel „Zierpflanzen" vorgestellte Pflanzengruppe in die Gestaltung mit einbeziehen.

J A N U A R

So präsentiert sich der erste Monat des Jahres häufig: dicke Nebelschwaden, die sich nur allmählich auflösen

JANUAR

 ### Kleine Wetterkunde

Ein winterliches Hochdruckgebiet ist oft mit anhaltendem Nebel in den Niederungen verbunden, das Wetter bleibt unangenehm trüb und feuchtkalt. Kommt die Luft allerdings aus dem Osten, handelt es sich um trockene Festlandsluft, die sonniges, aber klirrend kaltes Wetter beschert. Wenn dann keine schützende Schneedecke liegt, drohen Kahlfröste, unter denen viele Pflanzen leiden.

Häufig wiederkehrende Wetterereignisse

Um die Jahreswende entscheidet sich meist der weitere Verlauf des Winters: War es von Weihnachten bis zum Heiligendreikönigstag mild, bleibt in der Regel auch der Hochwinter mild. War es dagegen eisig, folgt auf eine kurze Wärmeperiode, das sogenannte Weihnachtstauwetter, ein kalter Hochwinter. In das letzte Drittel des Januars fällt oft auch der kälteste Abschnitt des Winters, der sich aber damit noch nicht verabschiedet.

Schneeheide

Bewährtes Wissen
Bauernregeln

Wirft der Maulwurf seine
Hügel, / währt der Winter bis
zum Mai.
Ist der Jänner kalt und weiß, /
wird der Sommer sicher heiß.
Januar muß krachen, / soll der
Frühling lachen.
Soviel Regentropfen im Januar,
soviel Schneeflocken im April.

Lostage

20. Januar: An Fabian und
Sebastian / fängt der rechte
Winter an.
22. Januar: Wenn Agnes und
Vincentis kommen, / wird
neuer Saft im Baum vernom-
men.
30. Januar: Bringt Martina
Sonnenschein, / hofft man auf
viel Korn und Wein.

Pflanze des Monats
Schneeheide

Erica carnea
syn. Erica herbacea

Ohne große Rücksicht auf die
widrigen Witterungsbedingun-
gen öffnet die Schneeheide
schon im ersten Monat des
Jahres ihre Glockenblüten. Der
kleine Zwergstrauch trägt immergrüne, nadelartige Blätter.
Die vielen Sorten der Schnee-,
Frühlings- oder Winterheide
sorgen mit ihrem weißen, rosafarbenen oder karminroten
Blütenflor für erste Farbtupfer
im Garten.

Wissenswertes: Xeromorphie
Die Schneeheide ist durch besondere Ausbildung bestimmter Pflanzenteile gut an Trokkenheit angepaßt; diese Ei-
genschaft nennt man in der
Fachsprache xeromorph. Die
Nadelblättchen von *E. carnea*
haben nur eine kleine Oberfläche, sind von lederartiger Konsistenz und verdunsten daher
nur sehr wenig Wasser. Sie verträgt so nicht nur längere nie-
derschlagsfreie Zeiten im Sommer, sondern auch Trockenheit
im Winter. Das ist äußerst
wichtig, da die Schneeheide
mit ihrem immergrünen Laub
auch dann Wasser verdunstet,
wenn andere Pflanzen in winterlicher Ruhe verharren. Aus
gefrorenem Boden kann die
Pflanze jedoch kein Wasser
aufnehmen und ist so gezwun-
gen, mit wenig Feuchtigkeit
auszukommen.

Zeichen der Natur

Dem Winter werden im phä-
nologischen Kalender keine
besonderen Leitpflanzen zuge-
ordnet. Es gibt jedoch einige
Gehölze, die die kalte Jahreszeit prägen und in milden Jahren im Januar zu blühen beginnen, nämlich Winterjasmin
(*Jasminum nudiflorum*),
Schneeheide (*Erica carnea*)
und Zaubernuß (*Hamamelis*-
Arten).

**Die Zaubernuß bringt zuweilen schon im
Januar Farbe in den Garten**

ALLE ARBEITEN AUF EINEN BLICK

Allgemeine Gartenarbeiten
Planung und Vorbereitung

- Gartentagebuch anlegen ☐
- Belegung der Beete, Neuanlagen und Umgestaltungen planen ☐
- Mischkulturen und Folgekulturen planen ☐
- Kataloge des Gartenversandhandels anfordern, an rechtzeitige Bestellung denken ☐
- Saatgut kaufen ☐
- bei Saatgut aus dem Vorjahr Keimproben durchführen ☐
- Gartengeräte reinigen und instandsetzen ☐

Pflegemaßnahmen

- Winterschutz überprüfen, gegebenenfalls ergänzen ☐
- Knollen und Zwiebeln im Winterlager überprüfen ☐
- Kübelpflanzen im Winterquartier überprüfen ☐
- Lagergemüse und Lagerobst kontrollieren, Lager lüften ☐

Pflanzenschutz

- schwere Schneelasten von Ästen schütteln ☐
- in milden Wintern Fichten auf Befall mit Sitkalaus prüfen (ca. 1 mm große, ungeflügelte Tiere) ☐
- Schutz vor Wildverbiß anbringen ☐
- Triebknospen und immergrüne Stauden auf Fraßschäden von Mäusen überprüfen ☐
- Vorratsschädlinge wie Kellerasseln im Auge behalten ☐

Vogelschutz

- artgerechtes Futter für Vögel bereitstellen, Futterplätze täglich reinigen ☐

Arbeiten im Ziergarten
Aussaat und Pflanzung

- Frostkeimer aussäen ☐
- Samenpelargonien aussäen ☐
- Knollen- und Zwiebelblumen vortreiben ☐

Pflege

- immergrüne Gehölze wässern, wenn der Boden frostfrei ist ☐
- immergrüne Gehölze (vor allem junge) und empfindliche Stauden schattieren ☐
- Teich kontrollieren, ob eisfreie Stellen vorhanden sind ☐

Arbeiten im Gemüsegarten
Aussaat und Vorkultur

- unter Glas: Pflücksalat, Schnittsalat, Bindesalat, Saatzwiebeln, Sommerlauch, Weißkohl, Spitzkohl, Wirsing, Rotkohl, Kohlrabi ☐
- ins Freie: Spinat (evtl. mit Folie) ☐

Pflege

- bei Wintergemüse Winterschutz ausbringen ☐

Ernte

- Feldsalat und Grünkohl schneiden, Winterlauch und Rosenkohl ernten ☐

Arbeiten im Obstgarten
Pflege

- Baumstämme mit Weißanstrich versehen ☐
- Spalierobst schattieren ☐

QUER DURCH DEN GARTEN

Schneedecken, die in der Sonne glitzern, klirrende Kälte bei klarer Luft, bizarres Geäst mit dickem Rauhreif – so wünschen sich viele den Wintermonat Januar oder Jänner, wie er vielerorts auch genannt wird. Neben den schönen Seiten des Winters treten aber auch viele unangenehme Witterungserscheinungen auf: anhaltender Nebel, Matschwetter und in den Ballungsgebieten Smog.

Im Garten ist zu dieser Zeit wenig zu tun, man kann sich mit Muße den Vorbereitungen auf ein neues Gartenjahr widmen. Planen Sie neue Beete, Fruchtfolgen, Mischkulturen und Neupflanzungen; legen Sie dazu am besten auch ein Gartentagebuch an, in dem alle wichtigen Vorgänge festgehalten werden und das im nächsten Jahr als Gedächtnisstütze dient.

Während der Garten noch die letzten Ernten der im Vorjahr angebauten Gemüse liefert, beginnt im Gewächshaus und im warmen Kasten bereits wieder die Aussaat der ersten Pflanzen. Abgesehen von einigen Blüten verharrt der Ziergarten in seiner Winterruhe. Finden Vögel nicht genügend natürliche Nahrung (Beeren, Samen), sind sie für ein zusätzliches Angebot im Futterhäuschen dankbar. Achten Sie unbedingt darauf, daß die gefiederten Wintergäste nur artgerechtes und stets sauberes Futter vorfinden.

Der Januar von seiner schönsten Seite: Garten im Winterkleid

Nützlinge

Fleißige Helfer im Garten

Schädlinge gibt es in jedem Garten, einmal mehr und einmal weniger. Eine wertvolle Hilfe für den Gärtner sind die sogenannten Nützlinge, also Tiere, die sich von Schädlingen ernähren und sie dadurch im Zaum halten. Wer geeignete Lebensräume für Nützlinge schafft und ihre Ansiedelung im Garten fördert, wird mit unermüdlicher Schädlingsvertilgung belohnt und spart sich den teuren sowie ökologisch bedenklichen Griff zur Chemie. Im folgenden finden Sie Hinweise und Tips zur Förderung wichtiger Nützlinge, vor allem auch zu den bevorzugten Lebensräumen, die oft schon durch Verzicht auf allzu große „Ordnungsliebe" von selbst entstehen. Verschiedene Möglichkeiten, entsprechende Kleinstbiotope zu schaffen, werden in der Übersicht auf Seite 35 aufgezeigt.

Wer im Garten die Hilfe der zahlreichen Nützlinge in Anspruch nehmen will, sollte auf jegliche Anwendung von Pflanzenschutzmitteln verzichten. Nicht nur viele chemische, sondern auch einige pflanzliche Pflanzenschutzmittel (zum Beispiel Pyrethrum) haben neben der gewünschten eine ausgesprochen nachteilige Wirkung – sie vernichten auch Nützlinge. Mit biologischen Mitteln (Pflanzenbrühen, -jauchen, -tees, Schutzpflanzen) und mechanischen Methoden (Zäune, Netze, Absammeln, Abschneiden) lassen sich die meisten Schäden vermeiden, ohne daß Nützlinge in Mitleidenschaft gezogen werden. Bedenken Sie auch, daß Pflanzenschutzmittel außerdem auf das Bodenleben wirken und die Fauna und Flora der für das Gedeihen der Pflanzen so wertvollen Humusschicht beeinträchtigen können.

Florfliege; ihre Larve vertilgt Blattläuse

Marienkäfer – fleißige Helfer auch im Obstgarten

Igel auf Schneckenjagd

Nützlinge	Beutetiere	Fördernde Maßnahmen, bevorzugte Lebensräume
Vögel	Insekten aller Art	Nisthilfen und Vogelbad zur Verfügung stellen, Vogelschutzhecken anlegen
Spitzmäuse	Engerlinge, Drahtwürmer, Würmer u.a.	ruhige Gartenecken mit Wildwuchs
Igel	Käfer, Schnecken, Würmer, Larven, Wühlmäuse	Hecken, ungemähte Wiesenstreifen, Reisig- und Laubhaufen
Reptilien (Eidechsen, Blindschleichen)	Insekten, Schnecken, Würmer	locker geschichtete Steinhaufen, sonnige Trockenmauern, Totholzhaufen
Amphibien (Kröten, Frösche, Molche)	Schnecken, Insekten, Würmer	naturnaher Teich mit reicher Ufervegetation, Totholzhaufen, Steinhaufen
Spinnen	verschiedene Insekten	Unkrautecken, Ruderalflächen, Totholzhaufen, Steinhaufen
Wanzen, Käfer (Marienkäfer, Raubwanzen)	Blattläuse, Spinnmilben, Raupen, Blattflöhe, Schildläuse, Schnecken, Fliegen, Mehltaupilze	Totholzhaufen, Lesesteinhaufen, Reisighaufen, Unkrautecken, Ruderalflächen; Korb- und Doldenblütler pflanzen
Ohrwürmer	Blattläuse und andere Insekten, Mehltaupilze	Tontopf mit Holzwolle füllen und in Sträucher hängen; Ruderalflächen
Hautflügler (Bienen, Hummeln, Schlupfwespen, Florfliegen, Schwebfliegen)	Insekteneier und -larven, Blattläuse, Blutläuse, Spinnmilben u.a. (außerdem wichtig für die Bestäubung!)	Unkrautecken, Totholzhaufen; Strohhalm- oder Schilfhalmbündel aufhängen, vielfach durchbohrte Holzklötze aufstellen, Futterpflanzen anbauen

Florfliegenkasten (rot) und weitere Nisthilfen für Insekten

Strohbündel als Unterschlupf für Nützlinge

Anlage von Kleinstbiotopen

Planen Sie gerade jetzt im Januar schon die Anlage von kleinen Bereichen, mit denen Sie Nützlinge fördern. Gartenecken, die sich selbst überlassen bleiben, bieten einer Vielzahl von Tieren Unterschlupf und Nahrung. Neben der Anlage solcher Kleinstbiotope sollte der Garten möglichst abwechslungsreich gestaltet werden und viele verschiedene Lebensräume aufweisen, etwa einen Teich, eine Trockenmauer, eine Wildstaudenpflanzung und eine Hecke aus heimischen Gehölzen. Nachfolgend einige Beispiele mit Hinweisen zur praktischen Umsetzung.

Kleinstbiotop	Anlage
Totholzhaufen	Wurzelstrünke, trockene Zweige und Äste oder einen morschen Baumstamm an einer ruhigen, abgelegenen Stelle lose aufschichten bzw. plazieren; den sich einstellenden Wildwuchs dulden
Stein- und Sand-haufen	Feldsteine, Kiesel und/oder Sand an sonniger, trockener Stelle lose aufschichten und den Wildwuchs dulden
Unkrautecke	an einer unauffälligen Ecke den sich von selbst einstellenden Wildwuchs dulden, nicht mähen oder schneiden
Ruderalfläche	eine sandige, steinige oder feuchte Stelle im Garten sich selbst überlassen, den Wildwuchs dulden
Stroh- oder Schilf-bündel	trockenes Stroh oder Schilfhalme zu einem Bündel zusammenschnüren, an einer sonnigen, geschützten Ecke aufhängen
Holzklotz	ein Stück trockenes Holz mit vielen Bohrungen (verschiedene Durchmesser) versehen und an einem sonnigen Platz aufstellen
Vogelschutzhecke	freiwachsende Hecke aus heimischen, bedornten, fruchtenden Gehölzen pflanzen (z.B. Schlehe, Holunder, Weißdorn, Berberitze)
Bienenweide, Futterpflanzen	Gehölze und Stauden pflanzen, die Nutzinsekten (vor allem Bienen) zur Ernährung dienen: z.B. Weiden, Zierkirschen, Schlüsselblumen, Disteln, Mädesüß, Bienenfreund; Korb- und Doldenblütler, ungefüllt blühende Arten

Totholzhaufen

Geduldeter Wildwuchs

Bienenfreund (Phacelia)

An einer geschützten, warmen Hauswand als Spalier gezogen, gedeihen Aprikosen auch in klimatisch weniger begünstigten Regionen

 ## Standortwahl

Das A und O einer erfolgreichen Pflanzung, sowohl im Nutzgarten als auch im Ziergarten, ist die Wahl des richtigen Standortes. Der Standort wird bestimmt durch die verschiedenen Standortfaktoren, das sind alle Einflüsse, die auf die Pflanze an einem Ort wirken, wie Licht, Wasser, Boden, Klima, aber auch Düngung, Schadstoffe, Pflanzenschutzmittel und ähnliches. Nur wenn die Pflanze die für sie optimalen Standortfaktoren vorfindet, wird sie auch optimal gedeihen. Natürlich kann man in gewisser Weise den Standort für eine bestimmte Pflanze verändern, aber auf die Dauer ist es sicher besser, einfacher und billiger, sich mit

den vorherrschenden Gegebenheiten zu begnügen und die Pflanzen passend dazu auszuwählen.

Der Faktor, der am wenigsten verändert werden kann, ist das **Klima.** Man unterscheidet grob zwischen dem Makroklima, das einen ganzen Landstrich bestimmt, und dem Mikroklima, das auf kleinem Raum, auch innerhalb eines Gartens, völlig unterschiedlich sein kann. In ausgesprochen milden Klimaten, zum Beispiel den Weinbaugegenden, gedeihen Pflanzen wie Wein, Pfirsiche oder Aprikosen hervorragend, während sie in rauhen Höhenlagen nie zufriedenstellend wachsen. Allerdings kann man von einem Pfirsichbaum, der in günstigem Mikroklima, zum Beispiel an einer südseitigen Wand als Spalier, gezogen

wird, durchaus erfolgreiche Ernten erwarten, auch wenn man nicht im Weinbauklima wirtschaftet. Eng mit dem Klima verknüpft sind die Temperatur und die Windverhältnisse, beeinflußt durch die landschaftlichen Gegebenheiten. Auch hier kann im Garten unterstützend und korrigierend eingegriffen werden, beispielsweise durch Pflanzen einer Windschutzhecke, durch Errichten und Begrünen einer Mauer oder durch geschicktes Plazieren von Steinen und kleinen Felsen, die Wärme speichern und damit für höhere Temperaturen sorgen.

Die wichtigste Rolle im Leben der Pflanzen spielt das **Licht.** Mit Hilfe des Sonnenlichtes bilden die Pflanzen aus dem Kohlendioxid der Luft und aus dem über die Wurzeln aufgenommenen Wasser Kohlenhydrate, die die Grundlage der Nahrung für Mensch und Tier sind. Bei diesem Prozeß, der Photosynthese, wird außerdem der für uns lebensnotwendige Sauerstoff frei. Die Pflanzen haben sich jeweils an die unterschiedlichen Lichtverhältnisse an ihren natürlichen Standorten angepaßt: Es gibt ausgesprochene Sonnenanbeter, die im Schatten nur kümmern, und umgekehrt solche, die sich nur an dunklen Stellen wohl fühlen.

Ebenfalls lebensnotwendig ist das **Wasser.** Ohne Wasser gehen die Pflanzen genauso zugrunde wie Menschen und Tiere. Aber auch hier haben sich die verschiedenen Pflanzenarten auf unterschiedliche Verhältnisse eingestellt. Während manche Arten sehr durstig sind und schon beim geringsten Wassermangel „schlappmachen", stehen andere, allen voran die Wüstenpflanzen, auch längere Trockenperioden unbeschadet durch, da sie ihre Blätter zum Beispiel durch eine Wachsschicht oder einen Haarfilz vor starker Verdunstung schützen oder die Blätter zu Stacheln reduzieren. Im Garten können Sie natürlich durch Gießen und Bewässern einem Wassermangel vorbeugen. Jedoch gilt auch hier, daß man Aufwand und Geld (Wasserrechnung!) sparen kann, wenn man Pflanzen aussucht, die dem Wasserhaushalt des Standortes angepaßt sind, also trockenheitsverträgliche Arten an trockenen und feuchtigkeitsliebende an nassen Stellen pflanzt.

Ein Faktor, der leider immer noch häufig vernachlässigt wird, ist der **Boden.** Dabei bildet ein gesunder Boden die Grundlage eines gesunden Wachstums. Ein günstig beschaffener Boden stellt ein kostbares Gut dar, mit dem man auch entsprechend umgehen sollte. Dies wird um so einsichtiger, wenn man sich einmal klar gemacht hat, daß für die Entwicklung der unterschiedlichen Bodentypen meist mehrere Jahrtausende nötig waren. Ganz grob unterscheidet man leichte Böden, das sind Böden mit hohem Sandanteil, mittelschwere Böden mit hohem Lehmanteil und schwere Böden mit hohem Tonanteil. Natürlich gibt es auch viele Zwischenstufen.

Dank der filzigen Blattbehaarung hält es die Königskerze in der prallen Sonne gut aus und übersteht mit diesem Verdunstungsschutz auch längere Trockenzeiten

Ein krümeliger, humoser, belebter Boden ist ein wertvolles Gut

Ganz allgemein gilt, daß Sandböden zwar leichter zu bearbeiten sind, dafür aber Wasser und Nährstoffe schlechter halten können als Lehmböden. Ausgesprochen schwere Tonböden neigen andererseits zu Staunässe. Wichtig für das Gedeihen der Pflanzenarten ist außerdem die Bodenreaktion, ausgedrückt durch den pH-Wert, der anzeigt, ob der Boden sauer, basisch oder neutral ist. Viele Arten kommen mit einem neutralen Boden, also einem pH-Wert um 7, am besten zurecht. Es gibt jedoch auch bezüglich der Bodenreaktion Spezialisten, die nur auf saurem Moorboden oder nur auf basischem Kalkboden wachsen.

Empfehlenswert ist eine Bodenuntersuchung durch ein entsprechendes Labor, dann wissen Sie genau, wie Ihr Boden beschaffen ist und welchen Nährstoffgehalt er hat. Wenn Ihr Garten auf einem ehemaligen Fabrikgrundstück steht oder mit Klärschlamm gedüngt worden ist, sollten Sie auch eine Untersuchung auf Schadstoffe erwägen, da solche Böden oft erheblich belastet und die darauf gezogenen Gemüse alles andere als gesund sind.

Die Christrose, eine Staude, ziert den winterlichen Garten

Frühblühendes Gehölz: Winterjasmin (Jasminum nudiflorum)

ZIERGARTEN

Winterblühende Stauden:

Rosen im Schnee

Wenn der Garten fast ausnahmslos in tiefer Winterruhe verharrt, sind neben einigen Gehölzen und trockenen Grashorsten die Christrosen oft der einzige Schmuck. Gerade wegen ihrer ausgefallenen Blütezeit mitten im Winter sollte man diesen anmutigen Hahnenfußgewächsen einen festen Stammplatz im Garten reservieren.

Die Christ- oder Schneerose *(Helleborus niger)* fühlt sich besonders wohl, wenn sie einen halbschattigen Wuchsplatz mit lockerer, kalkreicher Humuserde erhält. Sie wird im August oder September gepflanzt und sollte dann lange Jahre ungestört bleiben, das heißt vor allem nicht umsetzen, im Wurzelbereich keine Grabarbeiten durchführen und auch keine Begleitstauden in unmittelbarer Nähe pflanzen. Mit etwas Glück blüht die Christrose schon im Jahr der Pflanzung. Bis zu vier Jahre Eingewöhnungsdauer sollte man ihr schon gönnen. Mit der Zeit werden die bis zu 30 cm hohen Horste mit den ledrigen Blättern und strahlend weißen Blüten immer schöner. Neben der Christrose umfaßt die Gattung Nieswurz *(Helleborus)* noch viele weitere Arten, die gut im Garten gepflanzt werden können, zum Beispiel viele farbige Hybriden mit oft erstaunlich reizvoller Blütenzeichnung. Aber Vorsicht: *Helleborus*-Arten sind giftig!

Winterblühende Gehölze

Wenn die Natur im Winterschlaf liegt, sehnt sich das Auge nach ein paar Farbklecksen, die die trübe Stimmung etwas aufheitern. Natürlich ist die Auswahl an Gehölzen, die um diese Jahreszeit blühen, gering. Dennoch muß niemand auf ein wenig Farbe verzichten, wie nachfolgende Übersicht zeigt.

Duftschneeball (Viburnum farreri)

Deutscher Name	Botanischer Name	Blütezeit	Blütenfarbe
Haselnuß	*Corylus avellana* und Sorten	II–III	gelbgrün
Schneeheide	*Erica carnea*-Sorten	XII–IV	rosa bis rot, weiß
Zaubernuß	*Hamamelis*-Arten und -Sorten	I–IV	gelb bis rot
Winterjasmin	*Jasminum nudiflorum*	II–IV	gelb
Winterkirsche	*Prunus subhirtella* 'Autumnalis'	IX–IV	rosa
Duftschneeball	*Viburnum farreri*	I–III	rosa

GEMÜSEGARTEN

Seltene Gemüse

Im Garten ist noch wenig zu tun, genügend Zeit also, sich über die Vielfalt anbauwürdiger Pflanzen zu informieren, zum Beispiel über neue Gemüse. Experimentierfreudige Gärtner oder Liebhaber ungewöhnlicher Gemüse und Genüsse werden gerne einmal die Kultur von nicht alltäglichen Arten ausprobieren. Vielleicht wird gerade ein früher beliebtes, heute jedoch in Vergessenheit geratenes oder aber auch ein exotisches Gemüse zur neuen Lieblingsspeise? Samenhandlungen und Kataloge bieten oft eine erstaunliche Auswahl. Nachfolgend einige Anregungen:

Blattgemüse
Gartenmelde
(Atriplex hortensis)
Andere Bezeichnung: Spanischer Salat; Aussaat III–X in Reihen, auf guten Böden, Ernte V–X. Verwendung: wie Spinat.

Salatchrysantheme
(Chrysanthemum coronarium)
Aussaat III–IV unter Glas und Pflanzung ab IV oder Direktsaat ab IV in Reihen, auf guten Böden, Ernte V–X. Verwendung: Triebspitzen als Salatbeigabe, Blüten wie Holunderblüten.

Löffelkraut
(Cochlearia officinalis)
Aussaat III/IV oder VIII/IX in Reihen, auf jedem Gartenboden, sehr anspruchslos, ganzjährige Ernte. Verwendung: Salatbeigabe, ähnlich Brunnenkresse.

Rauke *(Eruca sativa)*
Andere Bezeichnungen: Salatrauke, Ruca, Rucola; Aussaat III–VIII in Reihen, auf jedem Boden, am besten in Folgesaaten, anspruchslos, schnellwüchsig, gute Vor-, Bei- oder Nachkultur, Ernte V–X. Verwendung: Salat, Salatbeigabe.

Eiskraut *(Mesembryanthemum crystallinum)*
Aussaat IV–VIII in Reihen, auf trockenen Böden, anspruchslos, Ernte V–IX. Verwendung: Salat, Salatbeigabe oder wie Spinat; leicht salziger Geschmack.

Fruchtgemüse
Okra
(Abelmoschus esculentus)
Andere Bezeichnungen: Gombo, Eibisch, Griechische Hörnchen; Aussaat III unter Glas oder im Zimmer (Vorkultur), Pflanzung ab V, Kultur ähnlich Tomaten, Ernte VI–IX. Verwendung: Feingemüse.

Kapuzinererbsen
(Pisum sativum-Sorten)
Andere Bezeichnungen: Capucijners, Graue Erbsen; Aussaat III–V in Reihen, wie Gartenerbsen, Ernte VIII. Verwendung: frische Hülsen als Feingemüse, Samenkerne als deftiges Gemüse.

Okra

Eiskraut: schmackhafte Blätter

Erdmandel: leckere Knöllchen

Wurzel- und Knollengemüse
Kerbelrübe
(Chaerophyllum bulbosum)
Andere Bezeichnungen: Kälberkopf, Knollenkerbel; Aussaat VIII–X in Reihen, Kaltkeimer, Ernte VII–X. Verwendung der Wurzeln: ähnlich wie Kartoffeln (aromatischer Geschmack).

Erdmandel
(Cyperus esculentus)
Andere Bezeichnungen: Zulunuß, Tigernuß, Chufa; Aussaat III-IV unter Glas, Pflanzung V, in lockere Böden, Ernte VIII-XI. Verwendung; Knöllchen roh, gekocht oder geröstet.

Anlehngewächshaus mit Pultdach

Freistehendes Glashaus mit Satteldach

Sechseckiger Pavillon

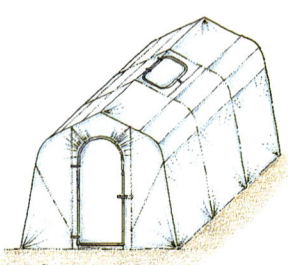

Foliengewächshaus

Einfacher Frühbeetkasten

Gärtnern unter Glas und Folie

Gewächshaus

Gewächshäuser stellen „Wärmefallen" dar und ermöglichen deshalb in unseren Breiten den Anbau wärmebedürftiger Kulturen, ja sogar Ernten im Winter. Der Fachhandel bietet eine Fülle verschiedener Modelle an, vom schlichten Foliengewächshaus bis zum luxuriösen, beheizten Isolierglashaus. Sehr einfach zu errichten sind Gewächshäuser aus Folien, die allerdings nach einigen Jahren eine neue „Verglasung" brauchen. Wie gut ein Gewächshaus isoliert ist, also seine Funktion als Wärmefalle erfüllen kann, hängt – abgesehen von der Verarbeitung – in erster Linie von der Glasart ab. Die Nutzungsart des Glashauses ergibt sich aus dem Grad der Beheizung:

● ungeheiztes Glashaus: Aussaat-, Ernteverfrühung, Vorziehen von Pflanzen, Sommernutzung

● Kalthaus (bleibt frostfrei): Aussaat-, Ernteverfrühung, Vorziehen von Pflanzen, im Winter als Zwischenstation für Kübelpflanzen, Anbau von Wintergemüse

● temperiertes Glashaus (12–18 °C im Winter): Dauerkulturen, eingeschränkter Winteranbau

Bei „selbstlüftenden" Frühbeeten regelt ein Thermostat (Wärmefühler) das Öffnen und Schließen der Fenster

● warmes Glashaus (etwa Zimmertemperatur): dauerhafter Anbau von empfindlichen Kulturen

Größe und Ausstattung bleiben den individuellen Wünschen und Anforderungen des Gärtners überlassen. Unbedingt erforderlich sind jedoch Lüftungsvorrichtungen und Schattierungsmöglichkeiten.

Behördliche Vorschriften

Gewächshäuser unterliegen unter Umständen einer Baugenehmigung. Vor dem Kauf und Aufstellen deshalb unbedingt bei der zuständigen Behörde (Bauamt) nachfragen! In Kleingartenanlagen vorher mit dem Vereinsvorstand reden!

Frühbeet

Frühbeete sind sozusagen Miniaturausführungen von Gewächshäusern. Als Anzuchthilfen und zur Ernteverfrühung leisten sie wertvolle Dienste. Man unterscheidet mehrere Typen. Grundsätzlich können Frühbeete konstruiert sein als:

● Wanderkasten: aus leichtem Material wie Holzbrettern oder Aluminiumrahmen, auf den Boden aufgesetzt, Standort einfach zu wechseln

● Dauerkasten: fest in den Boden installierte Wandungen aus Beton, Ziegeln oder Holzbohlen, bleibt ortsfest

Dem Rahmen werden dann Glas- oder Folienabdeckungen aufgelegt. Belüftet wird entweder durch Hochstellen der Scheiben oder mit Hilfe technischer Einrichtungen.

Doppelter Frühbeetkasten

Beim sogenannten warmen Kasten handelt es sich um eine Abwandlung des einfachen Frühbeetes: Der Glaskasten wird über eine Elektroheizung beheizt oder erwärmt sich durch Verrottung von organischem Material (zum Beispiel von Mist).

In den Arbeitsübersichten zu den jeweiligen Monaten finden Sie konkrete Hinweise zur Nutzung der verschiedenen Glashausarten.

OBSTGARTEN

Obstbaumformen

Zu einem „richtigen" Garten gehört unbedingt ein Obstbaum. Für welches Obst Sie sich entscheiden, hängt natürlich von Ihrem Geschmack, aber auch von den Standortbedingungen ab. Da die Stadtgärten heute meist nicht mehr so groß sind wie in früheren

Zeiten, wählt man besser kleinbleibende Gehölze. Wie starkwüchsig ein Obstbaum ist, hängt in erster Linie von der **Unterlage** ab, auf die der Baum veredelt wurde. Es gibt schwach-, mittelstark- und starkwachsende Unterlagen. Kaufen Sie Ihre Obstbäume unbedingt in einer guten Baumschule und lassen Sie sich ausführlich beraten, um vor unliebsamen Überraschungen sicher zu sein.

Neben der Unterlage entscheidet auch die **Baumform** über die spätere Größe des Gehölzes. Wenn nur wenig Platz zur Verfügung steht, ist ein Buschbaum am besten geeignet. Die Stammhöhe der Pflanzware beträgt nur 40–60 cm, und auch nach einigen Standjahren werden die Bäumchen nicht wesentlich größer. Spindelbüsche bleiben ebenfalls so niedrig. Im Unterschied zum Buschbaum werden beim Spindelbusch jedoch keine Seitenäste gezogen, sondern das Fruchtholz wächst direkt am Stamm.

Spindelbüsche bleiben im Wuchs niedrig

Für größere Gärten bieten sich Nieder-, Halb- oder Hochstämme an, die man am besten einzeln pflanzt. Der Ertrag setzt etwas später ein als bei Buschbäumen, ist dann jedoch höher. Die größeren Baumformen verlangen weniger Aufwand als der pflegeintensive Buschbaum, allerdings sind manche Arbeiten aufgrund der Höhe etwas mühseliger.

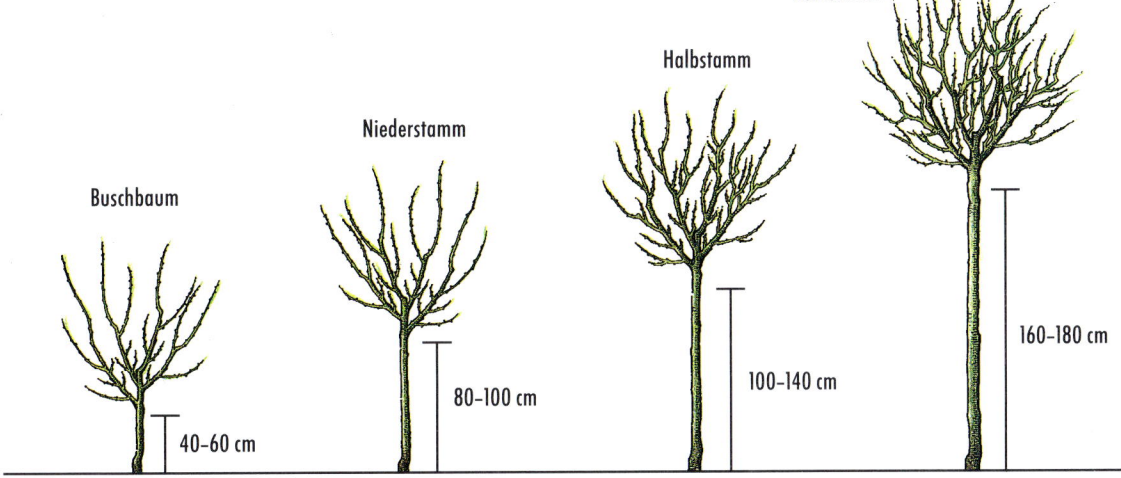

Buschbaum — 40–60 cm

Niederstamm — 80–100 cm

Halbstamm — 100–140 cm

Hochstamm — 160–180 cm

Handelsübliche Baumformen bzw. Baumgrößen auf einen Blick

Schon in den Wintermonaten hat die Pflanzung am Gehölzrand einiges zu bieten

GESTALTUNG

Gehölzrandpflanzung
Leuchtkraft im Schatten

Blau und Weiß sind die vorherrschenden Farben dieser Pflanzenkombination. Blau ergibt eine gute Fernwirkung, Weiß hellt die teils schattige Pflanzung auf und verstärkt die Intensität der anderen Farben. Das Frühjahr beginnt mit der Blüte der Schneeglöckchen, Duftveilchen, Lungenkräuter, Gedenkemein und Elfenblumen. Im Sommer bestimmen der Flor von Storchschnabel und Glockenblume sowie viele Laubfarben und -formen das Bild. Zum Herbst leuchten die Astilben und Anemonen. Wolfsmilch, Schneemarbel, Elfen-

blumen, Storchschnabel und Lungenkraut sorgen mit ihrem Laub für eine ganzjährig ansprechende Bodendecke. Im Winter setzen dann die Christrosen noch einmal Akzente.

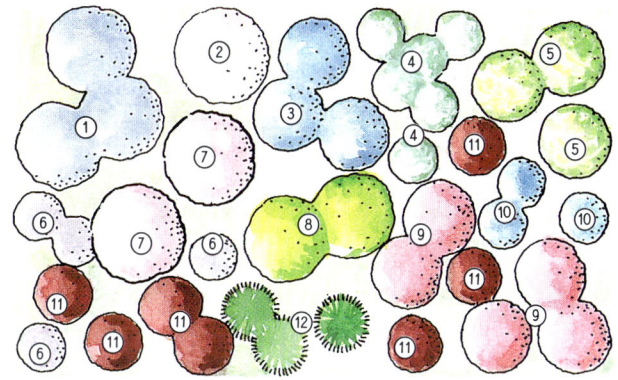

Beetgröße: 2,5 x 1,5 m; geeigneter Standort: vor und teilweise unter eingewachsenen Laubgehölzen, absonnig bis schattig, auf humosem, lockerem Boden

① Waldstorchschnabel, Geranium sylvaticum
② Waldglockenblume, Campanula latifolia 'Alba'
③ Gedenkemein, Omphalodes verna
④ Schneeglöckchen, Galanthus nivalis
⑤ Christrose, Helleborus niger
⑥ Duftveilchen, Viola odorata
⑦ Herbstanemone, Anemone japonica 'Königin Charlotte'
⑧ Mandelwolfsmilch, Euphorbia amygdaloides
⑨ Zwergastilbe, Astilbe chinensis 'Pumila'
⑩ Lungenkraut, Pulmonaria angustifolia 'Azurea'
⑪ Elfenblume, Epimedium x rubrum
⑫ Schneemarbel, Luzula nivea

Im Frühling demonstriert die Pflanzengemeinschaft deutlich, daß beschattete Ecken keine Stiefkinder der Gartengestaltung sein müssen

FEBRUAR

Wintergruß mit Rauhreif

Häufig wiederkehrende Wetterereignisse

War der Januar kalt, kann man meist auch einen kalten Februar erwarten. Häufig beginnt der Februar mild; dann folgt ein Kälteeinbruch, bis über die Monatsmitte ist mit strengem Frost zu rechnen, erst zum Monatsende wird es wärmer. Die Regel „Schaltjahr = Kaltjahr" läßt sich für den Frühling statistisch nicht belegen, sie stimmt schon eher für die Sommer der Schaltjahre.

FEBRUAR

Kleine Wetterkunde
Reif und Rauhreif

Typische Begleiter der Wintermonate sind Reif und Rauhreif, zwei Erscheinungen, die auf verschiedene Art und Weise zustande kommen. **Reif** ist eine Ablagerung von Eiskristallen am Boden und an bodennahen Gegenständen. Er entspricht dem Tau, liegt durch die Kälte der Luft allerdings in gefrorenem Zustand vor. Reif kündigt im allgemeinen schönes Wetter an. Bei **Rauhreif** (Rauhfrost, Rauheis) dagegen handelt es sich um eine Ablagerung von gefrorenem Nebel; er ist immer nur an der Windseite von Gegenständen zu finden und löst sich leicht von der Unterlage.

Reif verwandelt Grashorste in eindrucksvolle Wintergestalten

Schneeglöckchen, willkommener Bote des Vorfrühlings

Pflanze des Monats
Schneeglöckchen

Galanthus nivalis

Die anmutigen Glöckchen der kleinen Zwiebelblume läuten jedes Jahr den Vorfrühling ein. Kennzeichen des Schneeglöckchens sind grüne Flecken oder Säume an den inneren drei Blütenblättern, die äußeren bleiben rein weiß. Die robuste Gartenpflanze bietet Bienen und anderen Insekten erste Nahrung.

Wissenswertes: Myrmecochorie
Das dem Griechischen entlehnte Wort bezeichnet einen besonderen „Trick", durch den das Schneeglöckchen und andere Pflanzen die Ausbreitung ihrer Samen oder Früchte gewährleisten.
Bei der Reife der Fruchtknoten neigen sich die Blütenstengel des Schneeglöckens fast bis zum Boden, die dick angeschwollenen grünen „Knöpfe" platzen auf und bieten ihre Samen den Ameisen an. Die Samen tragen besondere Anhängsel mit Lock- und Nährstoffen, die Ameisen anziehen. Zum Ausgleich für das Nahrungsangebot helfen die Ameisen dann dem Schneeglöckchen bei der Verbreitung der Samen. Diese Art der Ausbreitung von Samen ist bei vielen Frühlingsblühern zu finden, zum Beispiel auch bei der Schlüsselblume und beim Veilchen.

Gelber Winterling

Bewährtes Wissen
Bauernregeln

Die weiße Gans (= Schnee) im Februar / brütet Segen fürs ganze Jahr.
Sonnt sich die Katz' im Februar, / muß sie im März zum Ofen gar.

Lostage

2. Februar: Ist's an Lichtmeß hell und rein, / wird's ein langer Winter sein. Wenn es aber stürmt und schneit, / ist der Frühling nicht mehr weit.
6. Februar: St. Dorothee / bringt den meisten Schnee.
24. Februar: Mattheis bricht's Eis.

Zeichen der Natur

Die Schneeglöckchenblüte *(Galanthus nivalis)* kennzeichnet den Beginn des Vorfrühlings. Etwa gleichzeitig beginnen Winterling *(Eranthis hyemalis)* und Haselnuß *(Corylus avellana)* ihren Flor zu entfalten. In der Regel hält der Frühling in Deutschland zuerst im Nordwesten sowie im Rheintal Einzug und wandert nur langsam nach Südosten. Deshalb blühen die genannten Vorfrühlingsboten in manchen Regionen häufig schon im Februar, in mittleren Höhenlagen dagegen fällt ihr durchschnittlicher Blühbeginn in den März.

ALLE ARBEITEN AUF EINEN BLICK

Allgemeine Gartenarbeiten
Bodenbearbeitung
- gegebenenfalls Bodenanalyse durchführen lassen ☐
- bei mildem Wetter und offenem Boden Beete vorbereiten ☐
- Boden im Gewächshaus vorbereiten ☐

Pflegemaßnahmen
- Baumstämme reinigen, rissige Rinde entfernen ☐
- Winterschutz überprüfen, bei anhaltend milder Witterung nach und nach entfernen ☐

Pflanzenschutz
- Eigelege von Schnecken aufsammeln und vernichten ☐
- in milden Wintern Fichten auf Befall mit Sitkalaus prüfen ☐

Vogelschutz
- Fütterung einstellen ☐

Arbeiten im Ziergarten
Aussaat und Pflanzung
- Stauden aussäen ☐
- Sommerblumen mit langer Vorkultur und Samenpelargonien säen ☐
- Knollen und Zwiebeln vortreiben ☐

Pflege
- spätblühende Clematis-Sorten zurückschneiden ☐
- sommer- und herbstblühende Gehölze bis zum Boden zurückschneiden ☐

Arbeiten im Gemüsegarten
Vorbereitungen
- Mistbeet, warmes Frühbeet anlegen ☐
- Folien zur Bodenerwärmung auflegen, in Gebieten mit mildem Klima erster Anbau unter Folie ☐

Aussaat, Vorkultur, Pflanzung
- unter Glas: Endivie, Saatzwiebeln, Blumenkohl, Sommerbrokkoli, Kohlrabi, Puffbohnen, Sommerlauch, Paprika, Tomaten säen bzw. vorziehen ☐
- unter Folie: Pflücksalat, Schnittsalat, Bindesalat, Stielmus säen ☐
- ins Freie: Spinat, Gartenkresse säen ☐
- unter Glas: Kopfsalat, Kohlrabi, Rettich pflanzen ☐
- Frühkartoffeln vorkeimen ☐

Ernte
- letzten Feldsalat schneiden, letzten Grünkohl und Rosenkohl ernten ☐

Arbeiten im Obstgarten
Pflege
- Spalierobst schattieren ☐
- Weinspalier schneiden ☐

Pflanzenschutz
- Gallmilbenknospen von Johannisbeeren wegschneiden ☐
- Johannisbeeren und Stachelbeeren: Triebe ca. 5 cm einkürzen, um Mehltau vorzubeugen ☐
- Fruchtmumien entfernen ☐

Nachholtermine
- Anbauplan erstellen ☐
- Kataloge studieren, Pflanz- und Saatgut bestellen ☐
- Obstbaumschnitt noch möglich, allerdings dann erhöhte Frostempfindlichkeit (Knospen unterhalb der Schnittstellen), reduzierte Wuchskraft ☐
- Beerensträucher schneiden; nur noch solange, bis Saftfluß beginnt ☐
- Obstbäume mit Weißanstrich oder Schattierung versehen ☐

QUER DURCH DEN GARTEN

Der zweite Monat des Jahres bringt schon wieder einiges an Arbeit im Garten mit sich. Allerdings hängt es stark von der Witterung ab, ob nun Gehölze geschnitten und ob schon Folienkulturen angelegt werden können. In klimatisch begünstigten Gebieten spitzen die ersten Blüten hervor, in milden Jahren kann man auch in rauhen Regionen schon die ersten zaghaften Blühversuche bewundern. Ein untrügliches Zeichen ist die entsprechende Leitpflanze des phänologischen Kalenders. Sobald sich die ersten Schneeglöckchen im Winde wiegen, klopft der Frühling an die Tür.

Gehölzschnitt
Wichtige Grundlagen

Das Schneiden von Gehölzen ist eine Tätigkeit, die gelernt sein will. Wie viele Gartenbesitzer greifen zur Schere oder zur Säge und schneiden unsachgemäß an ihren Bäumen und Sträuchern herum! Dabei ist es gar nicht so schwer, wenn man einige Grundregeln beherzigt. Nachfolgend werden deshalb zunächst allgemeine Schnittregeln behandelt, die man grundsätzlich kennen und beachten sollte. Besonderheiten, zum Beispiel bei verschiedenen Obstarten oder bei Hecken, werden in den entsprechenden Kapiteln ausführlicher besprochen.

Die meisten Ziergehölze brauchen keinen regelmäßigen Schnitt. Oft genügt es, altes und abgestorbenes Material herauszuschneiden. Einige Sträucher, wie zum Beispiel Fünffingerstrauch *(Potentilla fruticosa)* oder Johanniskraut *(Hypericum calycinum* und andere strauchige Arten)* vertragen einen radikalen Rückschnitt im Frühjahr gut und werden dadurch zu üppigerer Blüte und reicher Verzweigung angeregt. Andere dagegen, wie die Lorbeerrose *(Kalmia angustifolia),* reagieren fast allergisch auf einen Rückschnitt. Bäume werden im allgemeinen nicht geschnitten, mit Ausnahme der Obstgehölze.

Gerade bei Gehölzen ist es wichtig, sich vor dem Kauf und vor der Pflanzung genau zu überlegen, welches man will. Es ist doch wesentlich einfacher, für einen kleinen Garten eine niedrig bleibende und schwachwüchsige Art zu wählen, als später ein Baummonster nur durch mühsame und radikale Schnittmaßnahmen notdürftig im Zaum halten zu können. Informieren Sie sich vorher, und lassen Sie sich bei einer guten Baumschule beraten, denn oft gibt es innerhalb einer Gattung Arten und Sorten mit völlig unterschiedlichem Wuchs- und Schnittverhalten. Der Sommerflieder *(Buddleja alternifolia)* zum Beispiel verträgt keinen Rückschnitt, während beim nahe verwandten Schmetterlingsstrauch *(Buddleja davidii)* ein radikaler Schnitt Voraussetzung für eine schöne Blüte ist.

Grundlage eines erfolgreichen Schnittes ist das richtige Werkzeug. Äste und stärkere Zweige werden mit einer Baumsäge mit verstellbarem Blatt entfernt, für Zweige bis zu 2 cm Durchmesser nehmen Sie eine Baumschere. Zum sauberen Glattschneiden von Wundrändern dient eine Hippe; das ist ein Spezialmesser mit einer geschwungenen Klinge. Schnittwerkzeuge sind selbstverständlich penibel sauber und intakt, vor allem scharf zu halten. So wird vermieden, daß Krankheiten durch Unsauberkeiten übertragen werden oder unnötige Wunden durch stumpfe Werkzeuge entstehen. Alle Wunden, die einen Durchmesser über 3 cm haben, müssen sorgfältig mit einem Wundverschlußmittel behandelt werden. Diese Mittel gibt es als Balsam, Salbe, Wachs oder auch in flüssiger Form. Sie sind fungizid (wirksam gegen Pilzinfektionen) und bakterizid (gegen Bakterienbefall); diese Eigenschaften sorgen dafür, daß keine Keime in die Wunde dringen können, solange diese noch nicht ausreichend verheilt ist.

Nützliche Hilfe: eine Hippe

Was wird geschnitten?

Zuerst wird man immer die abgestorbenen Triebe entfernen. Auch stärker verletzte Zweige und Äste muß man sorgfältig abschneiden, damit sie bei Sturmböen nicht abbrechen können; außerdem besteht bei beschädigten Trieben eine verstärkte Infektionsgefahr. Auch nach innen wachsende Zweige werden beseitigt. Bei Gabelungen und zu dicht oder gekreuzt stehenden Zweigen besteht ebenfalls Handlungsbedarf: Hier läßt man jeweils die dickeren stehen und entfernt die dünneren. Bei Gehölzen, die auf eine Unterlage veredelt wurden, muß man auf Wildtriebe achten, die unterhalb der Veredelungsstelle, also aus der Unterlage, austreiben. Diese Triebe werden glatt am Stamm abgeschnitten.

Die meisten Sträucher werden nur ausgelichtet. Dabei schneidet man überalterte oder abgestorbene Triebe direkt über dem Boden weg. Zusätzlich werden zu dicht stehende Zweige und Äste ausgedünnt, indem man einige davon herausschneidet, damit der Strauchaufbau locker und licht wird. Weitere Hinweise dazu finden Sie im „September", wo im Zusammenhang mit dem Heckenschnitt das Auslichten beschrieben ist.

Wie schon erwähnt, gibt es jedoch einige Arten, die für einen radikalen Rückschnitt durchaus dankbar sind und diesen mit kräftigerem Wachstum und üppigerer Blüte lohnen. Zierbäume werden nur selten geschnitten. Bei fast allen Arten würde ein Schnitt nur der Schönheit und Natürlichkeit des Wuchses schaden. Immergrüne Laubgehölze und Nadelgehölze benötigen im allgemeinen ebenfalls keine tieferen Eingriffe mit Schere oder Säge und werden nur ausgelichtet.

Wann wird geschnitten?

Hinsichtlich des richtigen Schnittzeitpunktes scheiden sich die Geister. Bisher vertrat man immer die Meinung, die beste Zeit für den Gehölzschnitt sei der Spätwinter, solange sich die Bäume und Sträucher noch in der Saftruhe befinden. Neuere Forschungen und Versuche haben jedoch ergeben, daß ein späterer Zeitpunkt, nämlich kurz vor dem Laubaustrieb, günstiger ist, da sich die Wunden dann schneller schließen. Prinzipiell gilt, daß Ziergehölze, die am mehrjährigen bzw. älteren Holz blühen, im Frühjahr geschnitten werden, während diejenigen Arten, die am diesjährigen Holz blühen, erst nach der Blüte unters Messer kommen. Krankes Holz wird selbstverständlich immer gleich entfernt, dasselbe geschieht mit abgestorbenen Ästen und Zweigen.

Nachfolgend einige Beispiele für den Schnittzeitpunkt bei Ziergehölzen in Abhängigkeit vom Alter der blütentragenden Zweige:

Blüte am diesjährigen Holz (Schnitt nach der Blüte)	Blüte am mehrjährigen Holz (Schnitt im Spätwinter oder im zeitigen Frühjahr)
Strauchkastanie (*Aesculus parviflora*)	Forsythie (*Forsythia*-Arten)
Schmetterlingsstrauch (*Buddleja davidii*)	Ranunkelstrauch (*Kerria japonica*)
Perückenstrauch (*Cotinus coggygria*)	Magnolie (*Magnolia*-Arten)
Hortensie (*Hydrangea*-Arten)	Zierkirsche (*Prunus*-Arten)
Johanniskraut (*Hypericum*-Arten)	Flieder (*Syringa*-Arten)
Spierstrauch (*Spiraea*-Arten)	Weigelie (*Weigela*-Arten)

Die Strauchkastanie blüht an neugebildeten, diesjährigen Trieben und wird nach der Blüte geschnitten

Flieder schneidet man im zeitigen Frühjahr

Auch bei Obstbäumen stellt der meist übliche Schnitt im Winter keine unumstößliche Regel dar. Für die Hauptschnittarbeiten sind der Spätwinter und das zeitige Frühjahr sicherlich am besten geeignet, nicht zuletzt, weil die „Formgebung" des Baumes im noch unbelaubten Zustand am einfachsten ist. Das Beseitigen von Oberseitenschößlingen, wie Reitertrieben und Wasserschossen, sowie das Formieren durch Binden und Spreizen von Trieben werden dagegen meist im Sommer (etwa ab Anfang Juni) vorgenommen. Die Beerensträucher kann man in der Regel bereits nach der Ernte auslichten, wobei ein Verschieben der Schnittmaßnahmen auf den Spätherbst oder den Winteranfang meist ohne Nachteile möglich ist.

Wie wird geschnitten?

Grundsätzlich sollte man beim Schneiden keine Stummel stehenlassen, denn in solche kurzen Ast- oder Zweigstücke werden keine Nährstoffe mehr transportiert, die Wunde heilt nicht zu, sondern stirbt langsam ab und ist damit ein ständiger Infektionsherd. Man schneidet deshalb immer glatt am Stamm oder Ast ab. Bei kleineren Zweigen ist dies sicherlich kein Problem. Um das korrekte und saubere Arbeiten auch bei dicken Ästen zu gewährleisten, wird eine besondere Technik angewendet. Zuerst wird der zu entfernende Ast von allen Zweigen befreit. Dann sägt man den Ast zunächst in der Nähe des Stammes von unten bis etwa zur Mitte hin ein, um ein Splittern des herunterfallenden Astes zu verhindern. Anschließend wird der Ast von oben ganz abgesägt. Nun ist es problemlos möglich, den restlichen Stummel am Stamm zu entfernen. Die Wundränder werden mit der Hippe geglättet, die Wunde wird mit Wundverschlußmittel behandelt.

Wichtig: Man schneidet stets über einer nach außen weisenden Knospe; der Schnitt wird schräg, nicht waagrecht ausgeführt, damit auf der Schnittfläche kein Regenwasser stehenbleiben kann

① richtig

Richtige Schnittführung im Detail:
① Der Schnitt erfolgt schräg im Abstand von 0,5–1 cm über der Knospe.
Falsch: die Schnittfläche darf nicht zur Knospe hinweisen ② und weder zu dicht an der Knospe liegen ③ noch zu weit von ihr entfernt sein ④

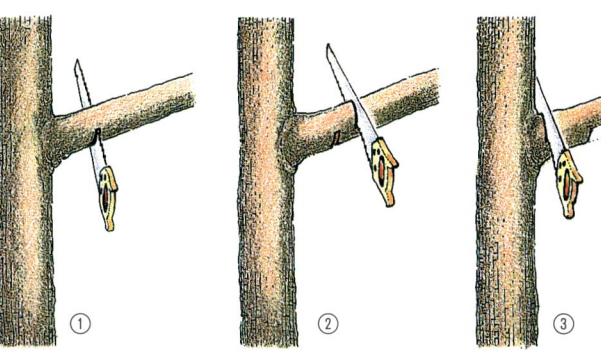

Entfernen dicker Äste: ① Zunächst sägt man den Ast nahe beim Stamm bis zur Mitte hin von unten ein. ② Dann setzt man die Säge etwa 10 cm zur Astspitze hin versetzt von oben an und sägt den Ast ganz ab. ③ Zuletzt wird der Stummel direkt am Stamm entfernt

Nach dem grauen Winter eine wahre Augenweide: die ersten Frühlingsblüher, hier vertreten durch Krokusse, Schneestolz, Primeln und Schneeglöckchen

ZIERGARTEN

Zwiebelblumen
Frühe Schönheiten

Aus manchmal winzigen, unscheinbaren Speicherorganen erscheinen als erste Blumen des Jahres vor allem kleine Zwiebelgewächse im Steingarten, in Wiesen und am Gehölzrand. Neben dem allbekannten Schneeglöckchen sorgen auch unbekanntere Arten für erste Farbtupfer, so etwa dottergelber Winterling, leuchtendes Blausternchen und extravagante Iris. Schon bald folgen die frühesten Tulpen (zum Beispiel die Seerosentulpe 'The First') und Narzissen (zum Beispiel Alpenveilchennarzissen). Fast alle in der nachfolgenden Übersicht aufgeführten Arten fühlen sich an einem halbschattigen Platz auf humosem, im Sommer trockenem Boden wohl. Gepflanzt werden die Zwiebeln im Herbst, immer in kleinen Gruppen (siehe „September"). Die meisten Arten vermehren sich selbst und bilden so Kolonien, solange sie ungestört bleiben.

Anemone (blau), Iris (gelb) und Alpenveilchen

Märzenbecher (Leucojum vernum)

Blaustern (Scilla siberica 'Spring Beauty')

Frühblühende Zwiebel- und Knollengewächse im Überblick

Deutscher Name	Botanischer Name	Blüte-zeit	Blütenfarbe	Licht-anspruch	Pflanzung
Strahlenanemone	*Anemone blanda*	II-IV	weiß, rosa, blau	◯-◐	IX-X, 5-8; W
Frühlingslicht-blume	*Bulbocodium vernum*	II-III	lilarosa	◯	IX, 8-10
Schneeglanz, Schneeruhm	*Chionodoxa luciliae, C. gigantea*	III-IV	blau, weiß	◯-◐	IX-X, 5–8
Vorfrühlingskrokus	*Crocus ancyrensis, C. chrysanthus, C. imperati, C. sieberi, C. tommasinianus* u. a. Arten	II-III	gelb, lila	◯-◐	VIII-IX, 6-9
Frühlingsalpen-veilchen	*Cyclamen coum*	II-III	rosa, weiß	◐-●	VIII-IX, 5-8; W
Winterling	*Eranthis hyemalis, E. cilicica, E. x tubergenii*	II-III	gelb	◐-●	IX, 5-7
Schneeglöckchen	*Galanthus nivalis, G. elwesii, G. ikariae*	II-III	weiß	◯-◐	VIII-IX, 5-8
Zwiebeliris	*Iris danfordiae, I. histrio, I. reticulata*	II-III	blau, weiß, gelb	◯	IX-X, 6-8; D
Märzenbecher	*Leucojum vernum*	III-IV	weiß	◐-●	VIII-IX, 8-10
Blaustern	*Scilla bifolia, S. mischtschenkoana, S. siberica*	III-IV	blau, weiß	◯-●	VIII-IX, 10-12

Erläuterungen: Blütenfarbe: Angegeben sind die Blütenfarben der Art und der bekanntesten Sorten.
Lichtanspruch: ◯ = sonnig, ◐ = halbschattig, ● = schattig
Pflanzung: Pflanzmonate in römischen Ziffern, Pflanztiefe in cm; D = Drainage in der Pflanzgrube empfehlenswert, W = Winterschutz empfehlenswert

FEBRUAR

Heidekräuter
Herber Charme

Die bekanntesten Arten der Heidekrautgewächse *(Erica-ceae)* sind die hauptsächlich im Vorfrühling blühende Schnee- oder Winterheide *(Erica carnea)* und die Herbst- oder Besenheide *(Calluna vulgaris)*. Von dieser speziellen Flora geprägte Landschaften, wie die Lüneburger Heide mit ihrem einzigartigen, spröden Charme, bestehen überwiegend aus Besenheide. Im Garten wird man die kleinen Zwergsträucher entweder am Gehölzrand ansiedeln oder mit ihnen flächige Pflanzungen gestalten (siehe auch Beetvorschlag für diesen Monat). Neben den beiden Hauptarten gibt es eine Reihe weiterer Heidekräuter, die aber nur in milden Gebieten so richtig schön werden.

Beste Pflanzzeit für Heidekräuter ist das Frühjahr und der Frühsommer. Sie wollen überwiegend sonnig und trocken stehen und bevorzugen einen sauren Humusboden. Auf kalkreichen Böden dagegen versagen die meisten Heidekräuter. Kombiniert man die verschiedenen Arten und Sorten miteinander und mischt noch Gehölze, Stauden und Gräser dazu, ergeben sich abwechslungsreiche und stets attraktive Pflanzungen. Vermehrt werden Heidekräuter gewöhnlich über Stecklinge, die man im Herbst schneidet.

Das besondere Flair einer Heidelandschaft kann man sich, entsprechende Bodenverhältnisse vorausgesetzt, in jeden Garten holen. Hier sorgen in erster Linie Erica cinerea und verschiedene Kiefern für den Heidecharakter

Einige der wenigen kalk-
toleranten Arten:
Cornwallheide (Erica vagans)

Heidekräuter für den Garten im Überblick

Deutscher Name, botanischer Name	Wuchshöhe in cm	Blüte-zeit	Blütenfarbe	Standort	Hinweise
Lavendel- oder Rosmarinheide (*Andromeda polifolia*)	30-40	V-VIII	weiß, rosa	◯-◑; f	giftig!
Herbst- oder Besenheide (*Calluna vulgaris*)	20-60	VI-X	weiß, rosa, rot, violett	◯; t	große Sorten-vielfalt
Schuppen- oder Maiglöckchen-heide (*Cassiope tetragona*)	15-25	IV-V	weiß	◑-●; f	für den Moorstandort
Irische oder Glanzheide (*Daboecia cantabrica*)	30-50	VII-IX	weiß, rosa	◯-◑; t-f	mehrere Sorten; Winterschutz
Baumheide (*Erica arborea*)	50-70	III-IV	weiß	◯-◑; t	am Gehölzrand; Winterschutz
Grauheide (*Erica cinerea*)	30-40	VI-VIII	rosa, rot	◯-◑; t	sehr kalk-empfindlich
Purpurheide (*Erica* x *darleyensis*)	30-40	III-V	rosa, weiß	◯-◑; t	mehrere Sorten; kalktolerant; Winterschutz
Irische Heide (*Erica erigena*)	50-70	III-V	rosa	◯-◑; t	Winterschutz
Schnee- oder Winterheide (*Erica carnea*, syn. *E. herbacea*)	20-30	XI-V	weiß, rosa, rot	◯-◑; t	große Sorten-vielfalt; kalk-tolerant
Glocken- oder Moorheide (*Erica tetralix*)	20-30	VII-IX	weiß, rosa, rot	◑-●; f	mehrere Sorten; Moorstandort
Cornwall- oder Mittsommer-heide (*Erica vagans*)	20-30	VIII-IX	rosa, weiß	◯-◑; t	mehrere Sorten; kalktolerant

Standort: ◯ = sonnig, ◑ = halbschattig, ● = schattig; t = trockener bis leicht feuchter Humusboden, f = feuchter Humusboden

Begleitpflanzen für Heidekräuter

Deutscher Name, botanischer Name	Wuchshöhe in cm	Blüte- zeit	Blütenfarbe	Standort	Hinweise
Katzenpfötchen (*Antennaria dioica*)	5-10	V-VI	weiß bis rot	◯; t	silberlaubige Kleinstaude
Bärentraube (*Arctostaphylos*-Arten)	5-20	IV-V	weiß, rot	◯-◑; t-f	immergrüne Zwergsträucher
Rundblättrige Glockenblume (*Campanula rotundifolia*)	5-20	VI-VIII	blau	◯; t	zierliche Kleinstaude
Geißklee (*Cytisus*-Arten)	40-80	V-VI	gelb	◯; t	Zwergsträucher
Seidelbast (*Daphne cneorum*)	20-30	V	rosa	◯; t	duftender Zwergstrauch
Heidenelke (*Dianthus deltoides*)	5-15	VI-IX	rosa, rot	◯; t	bodendeckende Kleinstaude
Scheinbeere (*Gaultheria*-Arten)	15-50	VI-VIII	weiß, rosa	◑-●; f	Zwergsträucher
Ginster (*Genista*-Arten)	10-120	V-VIII	gelb	◯; t	Sträucher; giftig!
Schafschwingel (*Festuca ovina*)	20-30	VI-VII	unschein- bar	◯; t	blaugrüne Grashorste
Wacholder (*Juniperus*-Arten)	40-400			◯-◑; t	vielgestaltige Nadelgehölze
Bibernellrose (*Rosa pimpinellifolia*, syn. *R. spinosissima*)	80-120	V	weiß	◯; t	robuster Strauch

Links: Scheinbeere (Gaultheria miqueliana)
Rechts: Ginster (Genista lydia)

GEMÜSEGARTEN

Blattgemüse
Spinat
Spinacia oleracea

Spinat wird in Reihen gesät

Aus der Familie der Gänsefußgewächse (*Chenopodiaceae*) ist Spinat das bekannteste Gemüse. Vorwiegend wird er im Frühjahr und Herbst angebaut, jeweils geeignete Sorten vorausgesetzt, kann man ihn aber auch ganzjährig ziehen. Spinat ist ein mineralstoff- und vitaminreiches Blattgemüse, das wegen eines vermeintlich überaus hohen Eisengehaltes lange Jahre bevorzugt auf den Speiseplan der Kinder gesetzt wurde. In jüngerer Zeit kam Spinat durch Warnungen vor gefährlichen Nitratgehalten in Verruf. Tatsächlich weist Spinat bei starker Stickstoffdüngung hohe Nitratwerte auf; aus dem Nitrat kann das gesundheitsschädliche Nitrit entstehen, vor allem wenn Spinat länger aufbewahrt oder aufgewärmt wird. Deshalb gilt: vorsichtig und mit Bedacht düngen, auf überdüngtem Boden auf Spinatanbau verzichten, nur an sonnigen Tagen in den Nachmittagsstunden ernten (der Nitratgehalt ist dann am niedrigsten), bei Winter- und Unterglasanbau jegliche Stickstoffdüngung unterlassen, keine Spinatreste aufheben und nicht als Babynahrung (für Kinder unter 4 Monaten) verwenden.
Standort: sonnig, bei Sommeranbau leicht schattig; humus- und nährstoffreiche, gleichmäßig feuchte und leicht kalkhaltige Böden mit pH-Wert 6,5–7,5; Stickstoffüberdüngung vermeiden.
Aussaat: in Reihen; Boden glattrechen, mit einem Brettchen Oberfläche zusammendrücken (in zu lockerem Boden keine Keimung). Reihenabstand 25 cm, Saattiefe 1-2 cm.

Sortengruppe	Saatzeit
frühe Sorten	II – III
Frühsommersorten	
Sommersorten	IV – V
Herbstsorten	VI – VII
Wintersorten	VIII – IX
	ab Ende IX

Folgesaaten in zweiwöchigem Rhythmus sorgen für langanhaltende Ernte.
Kultur: Dauer je nach Jahreszeit und Sorte vier bis zwölf Wochen. Gleichmäßig feucht halten, im Frühjahr und Herbst unter Folie anbauen.
Ernte: einzelne Blätter abpflücken oder die ganze Pflanze dicht über der Erde abschneiden.
Kulturfolge/Mischanbau: geeignet als Vor- oder Nachkultur sowie als Mischkulturpartner für fast alle Gemüse außer Mangold und Rüben.
Anbau unter Glas: Aussaat breitwürfig oder in Reihen, von Dezember bis Januar. Keine Stickstoffdüngung!

Hinweise: Sorten unbedingt entsprechend der Aussaatzeit wählen, sonst Neigung zum Schossen (vor allem im Sommer); mehltauresistente Sorten wählen.

Mangold
Beta vulgaris ssp. *vulgaris*

Ebenfalls zur Familie der Gänsefußgewächse (*Chenopodiaceae*) gehört der Mangold. Man unterscheidet Blattmangold (Schnittmangold, Beißkohl), der groß gewachsenem Spinat ähnelt, und Stielmangold (Rippenmangold, Römischer Kohl), für den die kräftigen Blattrippen typisch sind.

Blattmangold 'Lukullus' (auch Stiele eßbar)

Stielmangold, Sorte 'Rotblättriger'

Folien für die Ernteverfrühung und Kulturzeitverlängerung sind im Gemüsegarten nahezu unentbehrlich geworden. Sie schützen vor kalten Temperaturen und sorgen für eine frühere bzw. verlängerte Ernte. Unter dem Schutz der Folie liegen die Temperaturen einige Grade höher als draußen, und die Feuchtigkeit wird besser gespeichert. Es gibt zwei Möglichkeiten, Folien einzusetzen: als Flachfolien und als Folientunnel.

Flachfolien werden einfach auf den Boden gelegt. Sie finden Verwendung bei der Anzucht sowie beim Anbau flach wachsender Gemüse (Salat, Radieschen, Kohlrabi und andere), außerdem können sie schon vor der Kultur zur Bodenerwärmung dienen. Besonders günstig ist die Schlitzfolie (auch wachsende Folie genannt), die mit ca. 30 000 Schlitzen pro Quadratmeter eine Dehnungskapazität von 25 % aufweist und mit den Gemüsekulturen nach und nach „mitwächst". Sie läßt ebenso wie die Lochfolie (Flachfolie mit Stanzlöchern) Regen und Gießwasser hindurch und sorgt selbst für eine gewisse Belüftung.

Mulchfolien sind schwarz; sie unterdrücken Unkraut, halten den Boden feucht und sorgen im Frühjahr für bessere Erwärmung. Zum Pflanzen versieht man die Folie mit kreuzförmigen Einschnitten in den entsprechenden Abstän-

Das vitamin- und mineralstoffreiche Gemüse stellt eine gute Ergänzung bzw. einen geeigneten Ersatz für Spinat im Sommer dar. Mangold ist zweijährig, das heißt, er bildet im Jahr der Aussaat Sproß und Blätter aus und kommt erst im darauffolgenden Jahr zur Blüte. Die im ersten Jahr gebildeten Rosetten dienen der Haupternte. Überwinterte Kulturen liefern im Frühjahr noch einmal eine Ernte, dann allerdings kommt es zur Blütenbildung.

Standort: sonnig; tiefgründige, nährstoffreiche, gleichmäßig feuchte, neutrale Böden mit pH-Wert 6,5–7,5.

Aussaat: April bis Juni in Reihen; Reihenabstand 20 cm für Blatt-, 30 cm für Stielmangold; Saattiefe 1–3 cm. Keimlinge auf 30 cm Abstand vereinzeln.

Kultur: Dauer acht bis zehn Wochen. Gleichmäßig feucht halten, gelegentlich hacken, unkrautfrei halten.

Ernte: Blattmangold bei 10–15 cm Blattgröße ernten; Stielmangold: mehrmals die äußeren Stiele abschneiden.

Kulturfolge/Mischanbau: Vorkultur für fast alle Gemüse außer Rüben und Spinat. Mischkultur günstig mit Bohnen, Kohl, Möhren.

Anbau unter Glas: zur Vorkultur ab Januar oder zur Winterkultur von August bis September aussäen. Reihenabstände wie bei Freilandanbau. Frostfrei halten.

Hinweise: Stielmangold kann unter Glas vorgezogen und ab Mai ausgepflanzt werden. Zu dicht stehende Kulturen werden leicht von Mehltau befallen.

den; die in diese Kreuzschnitte gesetzten Gemüse können später sauber geerntet werden. Lange Einschnitte ermöglichen auch Reihensaat unter Folie. Schwarze Folien werden vor allem für empfindliche Kulturen wie Paprika, Tomaten oder Gurken verwendet.

Zur Errichtung eines **Folientunnels** steckt man Drahtbügel in die Erde und überspannt sie mit Folie. Dadurch entsteht ein Kulturraum, der einem sehr einfachen Gewächshaus ähnelt. Hierunter können auch hochwachsende Gemüse kultiviert werden. Zur Überspannung verwendet man Klarsichtfolien aus UV-Licht-stabilisiertem Kunststoff, mit eingeschweißtem Maschendraht verstärkte und dadurch besonders strapazierfähige Folien oder Noppenfolien, die sich durch hervorragende Wärmeisolierung auszeichnen.

Leichtes Vlies aus feinen Kunststofffäden, ein sogenanntes Spinnvlies, über Kohlpflanzen

Vliese werden ähnlich wie Flachfolien verwendet. Sie bestehen aus feinen, dünnen Kunststofffäden, haben ein sehr geringes Gewicht und sind reißfest. Sie lassen Licht und Feuchtigkeit gut hindurch. Die leichten Vliese wie auch Gaze kommen darüber hinaus beim Pflanzenschutz zum Einsatz: Sie isolieren nicht nur, sondern sind auch undurchdringlich für Schädlinge wie etwa die Möhrenfliege.

① Wenn man die Pflanzen in kleine Gräben zwischen niedrigen Erdwällen sät oder setzt, wirkt die Folie wie ein Miniaturtunnel (Treibhauseffekt). ② Nach dem Abnehmen der Folie ebnet man die Gräben und Wälle ein; das ergibt zum Beispiel bei Lauch besonders schöne gebleichte Stangen

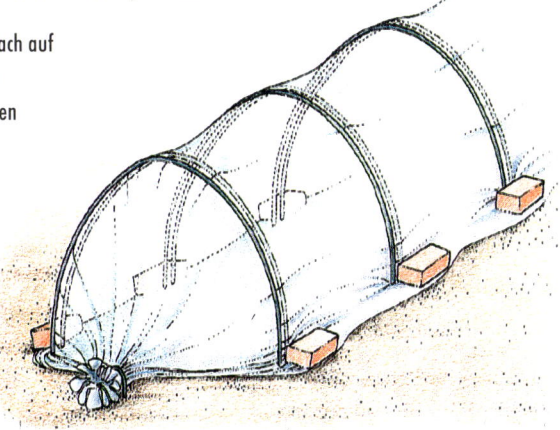

Verlegen von Schlitzfolien: Folie flach auf dem Beet auslegen, an den Seiten je 10 cm breit falten und einschlagen (Dehnungsreserve); die Seiten mit Steinen beschweren oder mit kleinen Drahtbügeln feststecken

Errichten eines Folientunnels: Folie über Drahtbügel ziehen, an den Seiten beschweren oder eingraben. Zum Lüften wird die Folie an der Seite einfach hochgeschoben

OBSTGARTEN

Spalierobst
Gut in Form

Eine Sonderform der Gehölzerziehung ist das Spalier. Hierbei werden die Seitentriebe bzw. Leitäste nicht in Form einer Krone rund um den Mitteltrieb oder Stamm angeordnet, sondern stehen nur links und rechts von diesem, sozusagen in einer Ebene. Zur Unterstützung sind Gerüste aus Holzlatten oder Draht nötig. Die Spaliererziehung findet vor allem bei Obstgehölzen Anwendung und ermöglicht im Schutz einer südseitigen Wand das erfolgreiche Kultivieren auch empfindlicher Obstarten und -sorten in rauheren Klimaten (Hinweise hierzu finden Sie bei Ausführungen zu den einzelnen Obstarten). Außerdem ist diese Methode sehr platzsparend und verhilft auch dem Besitzer

eines kleinen Gartens zu seinem Lieblingsobst frisch vom Baum. Spaliere können nicht nur an einer Hauswand gezogen werden. Unterstützt durch eine geeignete Konstruktion aus Draht oder Holzlatten, lassen sich mit einem Obstspalier sowohl Mauern verschönen als auch Grundstücksgrenzen gestalten. So erhält man einen attraktiven Sichtschutz, der zugleich dem Gaumen zugute kommt. Mancher Gartenbesitzer schreckt vor der Anlage eines Spaliers zurück, aus Sorge, es könnte zu pflegeaufwendig sein. In der Jugendphase muß das Spalier natürlich regelmäßig geschnitten und erzogen werden. Im Lauf der Jahre wird die Pflege jedoch immer einfacher, da dann das einmal erzogene Spalier nahezu von allein wächst. Man unterscheidet verschiedene Formen des Spaliers; die wichtigsten werden hier kurz vorgestellt. Für alle Spalierformen gilt wie

beim normalen Obstbaumschnitt, daß im Sommer nur Holztriebe weggeschnitten oder entspitzt werden, keinesfalls jedoch das Fruchtholz.

Palmette

Für ein Palmettenspalier werden die Holzlatten bzw. die Drähte waagrecht in mehreren Etagen gespannt. Der Mitteltrieb wird entspitzt und dadurch zum Austreiben angeregt. Nur der Mitteltrieb und zwei kräftige Seitentriebe bleiben stehen; die Seitentriebe werden am Holz oder am Draht befestigt, den Mitteltrieb leitet man nach oben und entspitzt ihn wieder, um eine erneute Verzweigung anzuregen. Alle anderen Triebe werden entfernt. Im nächsten Jahr befestigt man wieder zwei neue kräftige Seitentriebe an der nächsthöheren Querverstrebung; so wird im Laufe der Jahre Etage für Etage aufgebaut.

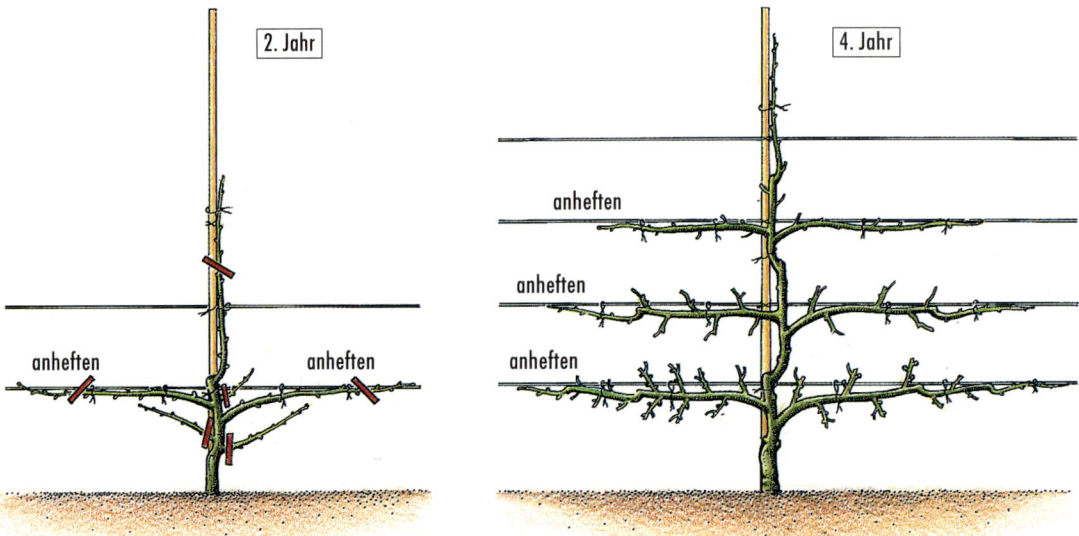

Aufbau einer einfachen Palmette (Schnitt mit roten Balken gekennzeichnet)

Aufbau eines Fächerspaliers

Fächerspalier

Beim Fächerspalier wird das Draht- oder Holzgerüst bereits vor der Erziehung des Gehölzes fächerförmig an die Wand geheftet. Man beginnt zunächst wie bei der Palmette. Der Jungbaum wird entspitzt, zwei Triebe werden waagrecht befestigt. Wenn sich die Seitentriebe gut entwickelt haben, entspitzt man sie. Die dadurch aus ihnen neu entstehenden Triebe werden am Fächergerüst befestigt, wieder entspitzt usw., bis der Fächer schön ausgebaut ist.

Weitere Spalierformen

U- und V-Form
Bei diesen Varianten werden lediglich zwei Triebe senkrecht (U-Form) oder schräg (V-Form) nach oben gelenkt.

Formloses Spalier
Hier werden nur einige kräftige Triebe formlos angeheftet; Zweige, die nach innen oder außen wachsen, schneidet man immer wieder ab.

Besondere Obstarten

Tafeltrauben
Vitis vinifera

Schon jetzt sollten Sie sich Gedanken machen, ob Sie Ihren Garten nicht um einen Weinstock bereichern; denn ein Weinspalier bringt nicht nur süße Früchte, sondern ist auch ein dekorativer Wandschmuck. Wenn die Entscheidung für ein oder mehrere Exemplare dieser traditionsreichen Kulturpflanze fällt, sollten bis zur Pflanzzeit im April und Mai die Spaliergerüste angebracht, die Pflanzgrube vorbereitet und das Pflanzgut besorgt sein.

Seit über 5000 Jahren wird Wein angebaut; heute gibt es eine Vielzahl verschiedener Sorten, von denen sich viele auch für die Gartenkultur eignen, wobei die sogenannten Tafeltrauben dem Frischverzehr dienen. Da Wein selbstfruchtbar ist, kann man bedenkenlos auch einen einzelnen Stock pflanzen. Wein braucht zum Gedeihen sonnige, warme Lagen. Robustere Sorten lassen sich auch in weniger günstigen Gebieten anbauen, vor allem wenn man ein günstiges Kleinklima ausnützt, zum Beispiel an einer südseitigen Hauswand (Spalier). An günstigen Stellen kann Wein auch als freistehendes Spalier oder als Rebenhecke gezogen werden. Neben Sonne und Wärme braucht der Wein nährstoffreichen, tiefgründigen, gut durchlässigen und gleichmäßig leicht feuchten Boden. Bevorzugen Sie beim Kauf veredelte, einjährige Topfreben aus Baum- und Rebschulen. Leider bleiben die Reben nicht immer von Schädlingen und Krankheiten verschont: Mehltau, Grauschimmel und Wespen müssen rechtzeitig bekämpft werden.

Da Wein selbstfruchtbar ist, kommt man auch mit einem einzelnen Stock aus; hier die bewährte Tafeltraubensorte 'Weißer Gutedel'

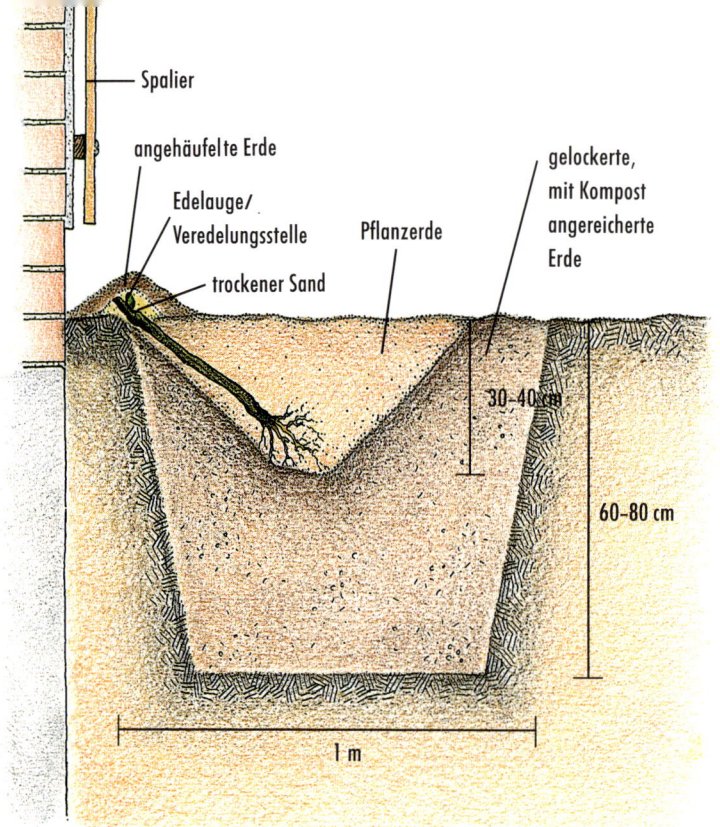

- Spalier
- angehäufelte Erde
- Edelauge/ Veredelungsstelle
- trockener Sand
- Pflanzerde
- gelockerte, mit Kompost angereicherte Erde
- 30–40 cm
- 60–80 cm
- 1 m

Pflanzung der Weinrebe (bei Spaliererziehung)

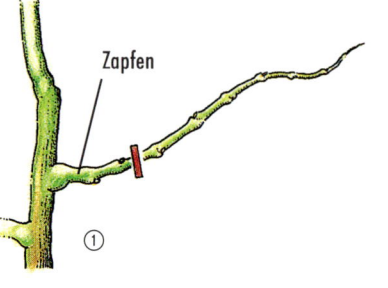

- Zapfen
- ①

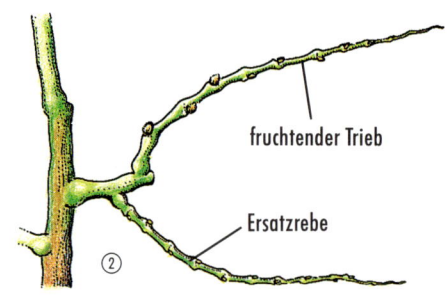

- fruchtender Trieb
- Ersatzrebe
- ②

- abgetragene Rebe
- neuer Zapfen
- ③

Zapfenschnitt: ① Schnitt im Winter auf Zapfen. ② Aus den beiden Augen wachsen im Frühling Rebentriebe, der obere Trieb fruchtet. ③ Nach der Ernte entfernt man die abgetragene Rebe samt altem Zapfenstück und schneidet die Ersatzrebe zum neuen Zapfen

Pflanzung: Pflanzstelle 1 x 1 m breit und etwa 60–80 cm tief lockern. Abstand zwischen mehreren Reben 2–2,5 m. In die Erde reichlich Kompost oder Langzeitdünger einarbeiten. Ein Pflanzloch ausheben, ca. 10–20 cm vom Spalier entfernt und nach außen tiefer werdend (30–40 cm). Rebe schräg zum Spalier einsetzen; die Veredelungsstelle muß ein paar Zentimeter über der Erdoberfläche liegen. Pflanzerde auffüllen und festtreten, Wurzeln gut einschlämmen. Schließlich das Edelauge mit trockenem Sand bedecken und die Rebe bis zur Veredelungsstelle mit Erde anhäufeln.

Schnitt: Grundsätzlich wird beim Wein stets 1–2 cm über dem Auge geschnitten, also nicht, wie bei anderen Obstarten üblich, direkt über dem Auge.

Spaliererziehung: Der erste Trieb bzw. der stärkste unter den ersten Trieben (schwache entfernen) wird senkrecht am Spalier angeheftet, alle Seitentriebe entfernt man während des ersten Sommers. Wein kann in mehreren Spalierformen erzogen werden, am gebräuchlichsten ist die freie Fächerform. Dazu werden im Spätwinter der Haupttrieb auf fünf bis sechs Augen, die Seitentriebe auf vier bis fünf Augen eingekürzt. Auf diese Weise verfährt man auch in den nächsten Jahren und formt so das Spalier.

Fruchtholzschnitt: erfolgt parallel zur Spaliererziehung. Trauben werden nur an einjährigem Holz gebildet, das aus zweijährigen Trieben hervorgeht. Je nach Sorte und Wuchseigenschaften werden unterschieden:

● Zapfenschnitt: bei schwachwachsenden Sorten, die am kurzen Holz tragen (Trauben aus der ersten bis dritten Knospe) → scharfer Rückschnitt auf kurze Triebe mit zwei Augen (Zapfen)

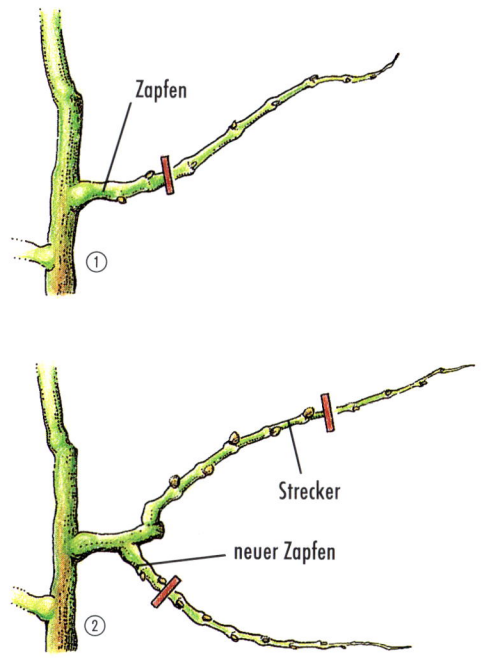

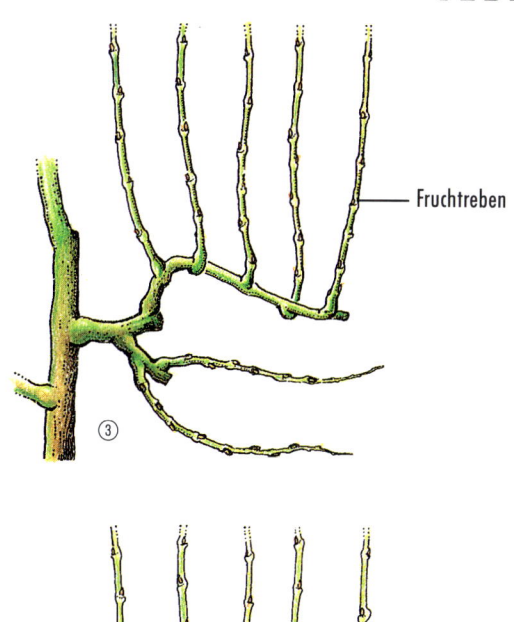

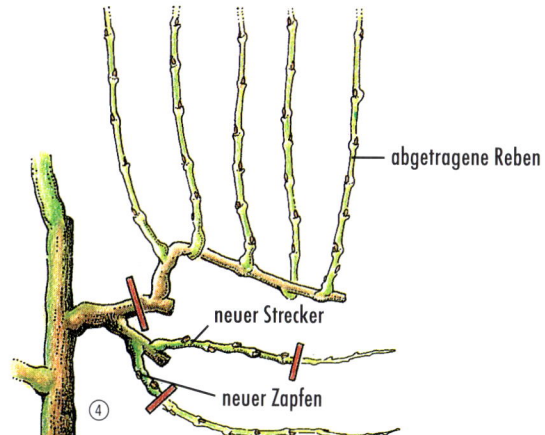

● Streckerschnitt: bei Sorten, die am langen Holz (vierte bis achte Knospe) fruchten → schwacher Schnitt auf Triebe mit vier bis fünf Augen (Strecker)

● Bogenschnitt: bei starkwachsenden Sorten, die am langen Holz tragen → schwacher Schnitt auf lange Triebe (Bogen); im Garten kaum üblich

Sommerschnitt: im Juni alle Wasserschosse aus dem alten Holz ausbrechen, zu dicht stehende Jungtriebe entfernen. Pro Zapfen nur die zwei kräftigsten Triebe mit deutlich sichtbaren Blütenansätzen stehen lassen. Im Juli zu lange und überhängende Triebe entspitzen. Im August die fruchtenden Triebe auf zwei bis fünf Blätter über der Traube einkürzen. Aus den Blattachseln wachsende Geiztriebe ausbrechen.

Streckerschnitt: ① Schnitt im Winter wie beim Zapfenschnitt. ② Im nächsten Winter schneidet man den oberen Trieb lang (Strekker), den unteren kurz. ③ Am Strecker bilden sich fruchtende Triebe. ④ Im dritten Winter: Entfernen der abgetragenen Rebe samt altem Zapfenstück, an den Neutrieben (untere Gabelung) verfährt man wie gehabt

Empfehlenswerte Tafeltraubensorten

Sorte	Traubenfarbe	Art des Schnittes
'Blauer Portugieser'	blau	alle Schnittarten
'Gelbe Seidentraube'	weiß	Zapfen, Strecker
'Perle von Czaba'	weiß	Zapfen
'Roter Gutedel'	blau	Zapfen, Strecker
'Volta'	blau	Zapfen
'Weißer Gutedel'	weiß	Zapfen, Strecker

GESTALTUNG

Heidebeet
Sanftes Spiel der Farben

Heidebeete begeistern immer mehr Menschen. Ihr eigenartiger, herber Charme grenzt sie von den übrigen Beetpflanzungen mit der gewohnt bunten Vielfalt an Farben und Formen ab. Die flächigen Pflanzungen, in denen die Heide dominiert, wirken ruhig und dennoch abwechslungsreich. Aus dem Teppich der Heidekräuter heben sich Wacholdersäulen, Ginsterbüsche oder Grashorste wohltuend ab.

Für die Anlage ist der Untergrund wichtig, Heide gedeiht nur auf durchlässigen und sauren Böden. Viele Arten bevorzugen einen eher trockenen, sandigen Boden, andere Arten wie die Moorheide feuchte, rohhumusreiche Böden. Entsprechend lassen sich zwei unterschiedliche Typen von Heidebeeten konzipieren, einmal die trockenen Besen- und Winterheidebeete mit Wacholder, Thymian und Schwingel, zum anderen die feuchten Pflanzengesellschaften mit Moor-, Irischer und Schuppenheide, Krähenbeere sowie Rhododendren.

Lehmige und tonige Böden sind für die Anlage eines Heidebeetes nur wenig geeignet, vor allem wenn sie auch noch kalkhaltig (basisch) sind. Auch umfangreiche Bodenveränderungen (Sand-, Torf-, Rindenhumuszugabe) ergeben nur eine Standortveränderung auf Zeit. Durch Auswaschung werden die für Heide wichtigen Bodenbestandteile schnell in den Untergrund gespült, das Wachstum der Heide wird nach einiger Zeit stocken. Der Aufwand, künstlich den entsprechenden Standort zu schaffen, lohnt sich also längerfristig nicht. Auf sandig-sauren Böden läßt sich jedoch eine langlebige Pflanzengesellschaft ansiedeln. Gestaltungsprinzip ist stets eine flächige Pflanzung von Heidekräutern, unterbrochen von Gehölzen, Gräsern und Stauden in kleinen Gruppen oder als Solitäre. Abwechslung wird durch Kombination verschiedener Heidearten und -sorten erreicht, so daß rotblühende neben weißen und rosafarbenen stehen. Zusätzlich sollten Arten mit unterschiedlicher Blütezeit kombiniert werden, etwa die im Sommer bis zum Herbst blühende *Calluna vulgaris* mit der Winterheide (*Erica carnea*, syn. *E. herbacea*). Frühblühende Winterheide in verschiedenen Farben wurde im Gestaltungsvorschlag mit einigen sommerblühenden Stauden wie Edelgarbe und Kriechendem Thymian kombiniert, Grashorste bilden einen zentralen Blickfang. Einige schöne hellgraue Findlinge und ein alter, dunkler Baumstamm ergänzen die Pflanzung und unterstreichen ihr besonderes Flair.

Im Winter sorgen verschiedene Sorten von Erica herbacea für nahezu konkurrenzlosen Blütenzauber

① Weiße Schneeheide, Erica carnea 'Springwood Queen'
② Rosa Schneeheide, Erica carnea 'Winterbeauty'
③ Rote Schneeheide, Erica carnea 'Vivelii'
④ Kriechender Thymian, Thymus serpyllum
⑤ Kissenaster, Aster dumosus 'Lady in Blue'
⑥ Edelgarbe, Achillea clypeolata
⑦ Schafschwingel, Festuca ovina 'Blaufuchs'

Beetgröße: 2,5 x 1,5 m;
geeigneter Standort: sonnig, auf nährstoffreichem, lockerem Boden

Im Sommer übernehmen verschiedene Stauden den Blütenpart; den Hintergrund können
kleinbleibende Gehölze wie zum Beispiel die
Prachtglocke bilden

F E B R U A R

65

MÄRZ

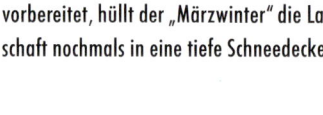

Durchaus keine Seltenheit: Während sich die Salweide schon langsam auf den Frühling vorbereitet, hüllt der „Märzwinter" die Landschaft nochmals in eine tiefe Schneedecke

MÄRZ

Häufig wiederkehrende Wetterereignisse

Beinahe jedes zweite Jahr tritt Anfang März noch einmal ein Wintereinbruch mit Frost und Schnee auf, der sogenannte Märzwinter. Mitte März herrschen dann oft lang anhaltende Schönwetterperioden, die Temperaturunterschiede zwischen Nacht und Tag sind wegen der noch starken nächtlichen Abkühlung und der schon wieder intensiven Sonneneinstrahlung sehr groß.

Kleine Wetterkunde
Föhn

Föhn kündigt Schlechtwetter an. Der warme Fallwind von den Alpen bringt eine kurzzeitige Erwärmung und bereitet wetterfühligen Menschen Kopfschmerzen sowie körperliches Unbehagen. Auf die Wärme folgt stets ungünstige Witterung. Föhn tritt nicht nur im Alpenvorland auf, auch von den Mittelgebirgen und den norwegischen Gebirgen geht der Fallwind aus.

Pflanze des Monats
Salweide, Kätzchenweide
Salix caprea

Vielerorts leuchten im März die goldgelben Kätzchen der Salweidensträucher. Bevor die eigentliche Blüte beginnt, tragen die Knospen ein silbriges „Fell". Die Zweige werden gerne für den Osterstrauß geschnitten. Aus der Rinde der Salweide wurde früher ein weltweit bekanntes Fiebermittel gewonnen, das Salicyl – heute stammt es aus synthetischer Herstellung und trägt den nicht minder bekannten Namen Aspirin.

Wissenswertes: Zweihäusigkeit
Männliche und weibliche Blüten befinden sich bei der Salweide getrennt auf zwei verschiedenen Pflanzen, so daß man von männlichen und weiblichen Sträuchern sprechen kann. Die auffälligen, später gelb stäubenden Kätzchen sind die männlichen Blüten, die weiblichen sitzen in grünen, walzenförmigen Blütenständen beisammen. Ebenfalls zweihäusige (diözische) Pflanzen sind zum Beispiel Pappel, Eibe und Kiwi.

Bewährtes Wissen
Bauernregeln

Märzensonne – kurze Wonne. Wenn der März zum April wird, wird der April zum März. (In der Schweiz heißt es entsprechend: Maielet's im Märze, dann märzelet's im Maie).

Die Kätzchen der Salweide leiten zum Erstfrühling über

Lostage
3. März: Kunigund' / macht warm von unt'.
12. März: Am Gregorstag schwimmt das Eis ins Meer.
17. März: Friert's an Gertrud, / der Winter noch zwei Wochen nicht ruht.

Zeichen der Natur

Im Laufe des März erreicht der Frühling auf seiner Wanderung meist auch den Südosten Deutschlands sowie höher gelegene Regionen. In mittleren Höhenlagen künden die Blüten von Haselnuß (im Durchschnitt am 4.3.) und Schneeglöckchen (10.3.) vom beginnenden Vorfrühling. Weitere prägnante Blühtermine sind die des Huflattichs (20.3.) und der Salweide (28.3.). Die Kätzchen der Salweide leiten dann auch zum Erstfrühling über.

Vorfrühlingsbote Hasel (Corylus avellana)

Frühlingsbote Huflattich (Tussilago farfara)

ALLE ARBEITEN AUF EINEN BLICK

Allgemeine Gartenarbeiten
Bodenbearbeitung

- Beete vorbereiten: wenn der Boden abgetrocknet ist, mit Grabgabel lockern, anschließend glattrechen ☐
- Mulchschichten entfernen, damit sich der Boden erwärmen kann ☐

Pflegemaßnahmen

- Unkraut jäten ⊡

Pflanzenschutz

- auf Schnecken achten! Absammeln, gegebenenfalls Schneckenzaun errichten, Bierfallen aufstellen usw. ⊡
- unter Glas behutsam gießen und viel lüften, um Pilzbefall vorzubeugen ⊡
- Frostrisse und Frostplatten an Bäumen behandeln ☐

- Rosen abhäufeln, Winterschutz entfernen, schneiden ☐
- Hochstammrosen wieder aufbinden und schneiden ☐
- verfilzten Rasen belüften (vertikutieren oder aerifizieren) ☐
- Rasen durch Sandzugabe abmagern: dünne Sandschicht aufbringen, mit Rechen einarbeiten ☐
- Kübelpflanzen schneiden, verjüngen, wieder mehr gießen und düngen; robuste Arten können langsam wieder ins Freie ☐

Pflanzenschutz

- Krokusse und Zwiebeliris vor Amseln schützen (Windrädchen, Alustreifen anbringen, Ersatznahrung anbieten) ☐
- Fichten auf Befall mit Sitkalaus prüfen ⊡

Arbeiten im Ziergarten
Vermehrung, Aussaat, Pflanzung

- Sommerblumen aussäen (Direktsaat und Vorkultur) ☐
- frühblühende Stauden (*Doronicum, Aubrieta*) teilen ☐
- Stecklinge von immergrünen Kleinstauden schneiden ☐
- Gehölze, Rosen, Stauden pflanzen ☐

Pflege

- Winterschutz nach und nach entfernen ☐
- abgestorbene Staudenhorste zurückschneiden, alle welken, abgefaulten und abgestorbenen Teile entfernen ☐
- empfindliche Stauden (z. B. *Dicentra, Lilium*) vor Nachtfrost schützen: Papphaube überstülpen oder mit Leintuch abdecken ☐

Arbeiten im Gemüsegarten
Aussaat und Vorkultur

- unter Glas: Endivien, Bleichsellerie, Tomaten, Paprika, Aubergine, Sellerie, Knollenfenchel, Sommerbrokkoli, Kopfsalat, Rettich, Radieschen, Kohlrabi ☐
- unter Folie: Kopfsalat, Pflück- und Schnittsalat, Bindesalat, Eissalat, Rote Bete, Radieschen, Rettich, Mairüben, Herbstlauch, Weißkohl, Spitzkohl, Rotkohl, Wirsing, Rosenkohl, Kohlrabi ☐
- ins Freie: Spinat, Löwenzahn, Gartenkresse, Feldsalat, Palerbsen, Zuckererbsen, Puffbohnen ☐

Pflanzung

- Steckzwiebeln und Frühkohl pflanzen, evtl. unter Folie ☐
- Frühkartoffeln vorkeimen ☐

Pflege

- überwinterte Gemüsesaaten (Spinat, Frühlingszwiebeln) wenn nötig düngen, Folienschutz geben ☐
- Gewächshaus und Frühbeet häufig lüften, bei starker Sonneneinstrahlung schattieren ☐
- Rhabarber verfrühen: Kiste über die Pflanze stülpen, mit schwarzer Folie abdecken, gelegentlich lüften; ab Ende März ernten ☐

Arbeiten im Obstgarten
Pflanzung

- Aprikose, Pfirsich, Nektarine, Quitte, Weinrebe pflanzen ☐
- Beerensträucher pflanzen ☐

Pflege

- bei frisch gepflanzten Obstgehölzen Erziehungsschnitt durchführen ☐
- letzte Schnittmaßnahmen bei Obstgehölzen durchführen; Aprikose und Pfirsich können bis kurz vor der Blüte geschnitten werden ☐
- Wintermulch und Gründüngung einarbeiten ☐
- auf Baumscheiben Kompost ausbringen, ansonsten unbedeckt lassen ☐
- Erdbeeren und Beerensträucher mit Kompost versorgen ☐

Pflanzenschutz

- Leimringe erneuern ☐
- Bäume und Sträucher mit Schachtelhalmbrühe oder Wermutauszug vorbeugend gegen Pilzinfektionen behandeln ☐
- Baumkrebs, Kragenfäule, Rotpusteln bekämpfen ☐
- Fruchtschalenwickler (Apfelschalenwickler) durch Entfernung der Raupennester bekämpfen ☐
- Mehltauspitzen bei Stachelbeeren abschneiden ☐

! Nachholtermine

- Anbauplan erstellen ☐
- warmes Frühbeet packen ☐
- versäumte Herbstdüngung nachholen (besonders bei Frühlingszwiebelblumen) ☐
- Knollenbegonien und Blumenrohr (*Canna*) vortreiben ☐
- letzte Wintergemüse ernten ☐
- Apfel, Birne, Kirsche, Pflaume können noch gepflanzt werden (besser jedoch im Herbst) ☐
- Rinde säubern, alte Leimringe entfernen ☐
- Fruchtmumien entfernen ☐

Die frühen Blüher feiern das erste Gartenfest

QUER DURCH DEN GARTEN

Nach den langen kalten Wochen des Winters erwacht endlich wieder die Natur. Erste Zeichen im Garten sind die weithin leuchtenden Krokusse, Vogelgezwitscher in den Baumzweigen – und die zunehmende Unruhe des Gärtners, der sich wieder uneingeschränkt seinem Hobby widmen will. Viele Leute bezeichnen den Vorfrühling mit seinen zaghaften Versuchen, wieder Leben in die graue Flur zu bringen, als die schönste Jahreszeit.

Im Garten ist nun wieder jede Menge zu tun; vor allem muß rechtzeitig mit der Aussaat von Sommerblumen und Gemüse begonnen werden. Bei früher Aussaat kann man schon bald die ersten zarten Wurzelgemüse wie Radieschen und Rettiche ernten. Mit rechtzeitig geplanten Mischkulturen nutzt man im Gemüsegarten die Flächen optimal aus, als „Nebeneffekt" gedeihen zudem die Pflanzen besser. Unter Glas keimen die Samen schnell, rasch wächst eine Vielzahl neuer Pflanzen heran.

Pflanzen richtig vermehren

Generative Vermehrung: Aussaat und Vorkultur

Fast alle Pflanzen bilden Samen, mit deren Hilfe sie ihre Vermehrung sichern. Aus den oft winzigen, unscheinbaren Samenkörnchen wachsen unter geeigneten Bedingungen innerhalb kurzer, bei einigen Arten erst nach sehr langer Zeit, wiederum meist vermehrungsfähige Pflanzen heran. Die generative oder geschlechtliche Vermehrung durch Samen läßt sich ohne allzu großen Aufwand bei einigen Gehölzen und Stauden, bei den meisten ein- und zweijährigen Sommerblumen sowie bei Gemüse und Kräutern erfolgreich durchführen.

Vermeintliche Fehlschläge bei Aussaatversuchen sind zuweilen darauf zurückzuführen, daß man es mit einer langsam keimenden Pflanze zu tun hat. So beträgt zum Beispiel die Keimdauer von Petersilie 15 bis 30 Tage, von Eibisch und Löwenmaul 20 bis 30 Tage, während die Samen des Eisenhutes sogar 60 bis 100 Tage bis zum Aufbrechen ihrer Hülle benötigen. Ausgesprochene Schnellkeimer sind dagegen Kresse und Radieschen, deren Sämlinge schon nach wenigen Tagen erscheinen; auch Malve (5 bis 15 Tage) und Buschbohnen (7 bis 15 Tage) zählen zu dieser Gruppe.

Vor der Aussaat

Achten Sie unbedingt darauf, nur einwandfreies und für den jeweiligen Zweck geeignetes Saatgut zu verwenden. Wählen Sie die für den Anbauzeitraum passenden Sorten, zum Beispiel Sommerkopfsalat für die Kultur im Sommer, und beachten Sie die empfohlenen Aussaattermine. Lesen Sie die Angaben auf den Samentüten sehr genau und halten Sie die darauf vermerkten Vorgaben ein. Die „Gebrauchsanweisungen" auf den Tüten informieren Sie meist über alle wichtigen Punkte, die es zu beachten gilt, zum Beispiel über Saattiefe, Licht- und Bodenansprüche und Keimdauer.

Keimprobe

Von selbst gesammeltem oder älterem Saatgut sollte man vor der Aussaat eine Keimprobe machen, um zu erfahren, wie gut die Samen aufgehen. Eine bestimmte Anzahl Samen (10 bis 50, je nach Samengröße) werden zwischen zwei mit Wasser durchtränkten Streifen Löschpapier in eine flache Schale mit feuchtem Sand gelegt oder direkt auf feuchten Sand gestreut. Im warmen Zimmer (20 °C) aufgestellt und durch Folie oder ein übergestülptes Glas feucht gehalten, beginnen die Samen bald zu keimen. Nach einigen Tagen wird gezählt, wie viele Samen aufgegangen sind. Bei einer Keimrate von 75 % ist das Saatgut einwandfrei, bei 50 % muß doppelt so dicht gesät werden wie üblich. Saatgut mit einer Keimrate unter 25 % lohnt keine Aussaat mehr.

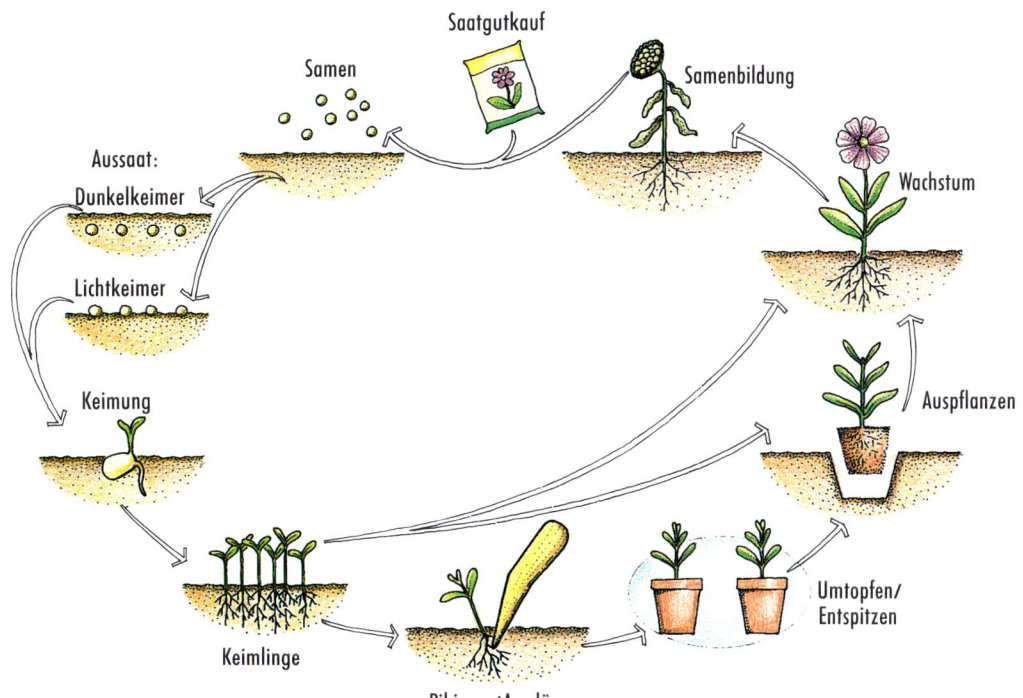

Saatgutkauf

Samen

Samenbildung

Aussaat:
Dunkelkeimer

Wachstum

Lichtkeimer

Keimung

Auspflanzen

Umtopfen/
Entspitzen

Keimlinge

Pikieren/Ausdünnen

Vom Samenkorn bis zur Blüte: Nach Bestäubung der Blüte bilden sich
Früchte mit neuen Samen, der Kreislauf des Wachstums beginnt von vorn

Licht- und Dunkelkeimer

Neben Feuchtigkeit und Wärme spielt das Licht eine entscheidende Rolle bei der Keimung. Während die Samen einiger Arten unbedingt Licht benötigen, keimen andere nur bei Dunkelheit. Samen von **Lichtkeimern** (zum Beispiel Möhre, Kopfsalat, Glockenblume, Salbei) werden nur auf die Anzuchterde aufgestreut und leicht festgedrückt, damit sie direkten Kontakt mit der Erde haben. Bis zur Keimung muß das Aussaatgefäß an einem hellen Ort stehen. **Dunkelkeimer** (zum Beispiel Petunie, Stiefmütterchen, Rittersporn) werden auf das Substrat gestreut und mit feiner Erde übersiebt (dreimal so hoch wie der Samendurchmesser) und/oder mit Pappe abgedeckt oder gleich im Freiland in kleine Rillen gestreut und

dann mit Erde abgedeckt. Sobald die ersten Blättchen erscheinen, brauchen auch Dunkelkeimer Licht zum weiteren Wachstum.

Frost- und Kaltkeimer

Ähnlich wie manche Samen nur bei Licht keimen, ist bei einigen Arten eine Kälte- oder Frosteinwirkung nötig, um die Keimung in Gang zu setzen. Den Kaltkeimern genügen dafür einige Wochen mit Temperaturen zwischen 0 und 5 °C; hierzu zählen zum Beispiel Ahorn *(Acer)*, Zierquitte *(Choenomeles)*, Primeln, Lilien und Tulpen. Starker Fröste bedarf es dagegen, um bei Samen von Enzian *(Gentiana)*, Adonisröschen *(Adonis)*, Eisenhut *(Aconitum)* und Christrose *(Helleborus)* die Keimruhe zu durchbrechen; entsprechend werden solche

Pflanzen, die meist dem Hochgebirge entstammen, als Frostkeimer bezeichnet.

Frost- und Kaltkeimer werden bereits im Herbst ausgesät und im Freien überwintert, man kann sie aber auch direkt im Winter säen. Als Notbehelf läßt sich die Tiefkühltruhe einsetzen. In kleinen Töpfen ausgelegt und dann in Plastikfolie verpackt, kommen die Samen für einige Wochen in die Kühltruhe (bei Kaltkeimern reicht der Kühlschrank), danach erfolgt die eigentliche Aussaat.

Direkt- oder Freilandsaat

Viele Stauden, einige Sommerblumen und die meisten Gemüse (Bohnen, Erbsen, Radieschen, Spinat usw.) kann man direkt auf die Beete säen, eine Vorkultur unter Glas ist nicht nötig. Der Boden wird vor der Aussaat gut gelockert

Von den Profis lernen: vorgezogene Gemüsepflanzen in einer Gärtnerei

Pflege der Sämlinge

Meist nach einigen Tagen, manchmal aber auch erst nach mehreren Monaten, erscheinen die Keimblätter. Bis dahin muß für gleichbleibende Wärme und Feuchtigkeit (zum Beispiel durch eine aufgelegte Glasscheibe oder Folienhaube) gesorgt werden. Sobald die Keimlinge deutlich sichtbar sind, wird vorsichtig gelüftet, damit keine Pilzinfektionen die Saat vernichten. Nach und nach sorgt man für mehr Luftzufuhr, schließlich wird die Abdeckung ganz entfernt. Wenn die Keimlinge sich gegenseitig berühren und neben den vollentwickelten Keimblättern schon die ersten richtigen Laubblätter zu sehen sind, werden sie ausgedünnt oder pikiert, das heißt verzogen bzw. vereinzelt. Man zupft zu dicht stehende Keimlinge aus und läßt in Abständen von 10–15 cm die bestentwickelten Pflanzen stehen oder pflanzt die Keimlinge mit einem Pikierholz um.

Die Pflänzchen werden weiterhin warm und feucht gehalten, bei Bedarf entspitzt und vor dem Auspflanzen abgehärtet, das heißt langsam an kühlere Temperaturen gewöhnt.

und glattgerecht, bei Bedarf vorher gedüngt. Gesät wird breitwürfig oder in Reihen, danach gießt man vorsichtig mit feiner Brause.

Vorkultur

Pflanzen mit langer Entwicklungsdauer und empfindliche Arten werden vorgezogen bzw. vorkultiviert, das heißt, man sät sie zunächst unter Glas aus, um sie später, in einem robusteren Entwicklungsstadium, ins Freie zu pflanzen.

Dazu verwendet man Saatkisten, kleine Töpfe oder spezielle Anzuchtgefäße, die mit Anzuchterde (keimfreie, nährstoffarme, sehr feine Erde) gefüllt werden. Die Samen werden ausgestreut oder ausgelegt, die Erde feuchtet man vorsichtig an. Die Gefäße erhalten einen hellen und warmen Platz am Fensterbrett, im Frühbeet oder im Gewächshaus, wobei die Temperaturansprüche der einzelnen Arten zu beachten sind.

Aussaatgefäße:
① Torfquelltöpfe: die Preßtorftabletten werden in eine Schale gestellt und gewässert; dann legt man die Samen einzeln auf
② Multitopfplatte: Erde in die topfartigen Vertiefungen füllen, Samen ausbringen
③ Obstkiste: mit Folie wasserdicht auslegen, Erde einfüllen, kleine Rillen ziehen, in die dann ausgesät wird
④ Joghurtbecher als Anzuchttöpfe

Ausdünnen: Nach dem Aufgehen wird's den Keimlingen zu eng. Man zupft deshalb soviele aus, daß der Abstand zwischen den übriggebliebenen Keimlingen so groß ist wie die Pflänzchen hoch sind. Wenn nicht pikiert wird und die Jungpflanzen noch eine Zeitlang im Aussaatgefäß bleiben, wird ein zweites Ausdünnen auf 10–15 cm Abstand nötig

Pikieren: ① Wenn die Keimlinge nach den beiden Keimblättern zwei Laubblätter gebildet haben, nimmt man sie vorsichtig heraus, am besten mit Hilfe eines Pikierholzes. ② Nun setzt man den Keimling in einen Topf oder mit 10–15 cm Abstand in eine Pikierschale. Durch das Pikieren wird das Wurzelwachstum angeregt

Vegetative Vermehrung

Bei der vegetativen, ungeschlechtlichen Vermehrung macht man sich zunutze, daß in vielen Fällen aus einem Pflanzenteil wieder eine vollständige, der Mutterpflanze völlig identische Pflanze nachwächst. Es gibt mehrere Methoden der vegetativen Vermehrung, die vor allem bei solchen Pflanzen angewandt werden, die keine Samen bilden, die nur schwer aus Samen zu ziehen sind oder die von der Aussaat bis zur Vollentwicklung sehr lange brauchen.

Teilung

Die einfachste Methode ist die Teilung. Alle mehrjährigen Pflanzen, die keine Pfahlwurzel haben und nicht nur einen Trieb bilden, können im Frühjahr oder Herbst geteilt werden, zum Beispiel Gräser, Stauden und Dauergemüse. Dazu wird die Pflanze aus der Erde genommen und der Wurzelballen, nachdem er von lose anhaftender Erde befreit ist, mit einem scharfen Messer bzw. Spaten in zwei oder mehrere Teilstücke zertrennt, von

denen jedes über ausreichend Wurzelwerk und zwei oder drei Triebknospen verfügen muß. Zu lange Wurzeln kürzt man ein. Danach werden die Teilstücke wieder eingepflanzt. Anwendung zum Beispiel bei Iris, Pfingstrose, Rhabarber und Bambus.

Stecklinge

Stecklinge sind Triebe oder Triebstücke einer Mutterpflanze, die wieder zu einer neuen Pflanze wachsen. Man unterscheidet:
● Kopfstecklinge: von krautigen oder verholzten, einjährigen, blütenlosen Trieben, 5–15 cm lang, zwei bis vier Blattpaare, Schnitt im Frühjahr, Sommer, Herbst. Anwendung bei Heckenkirsche, Weigelie, Pfeifenstrauch
● Triebstecklinge: von krautigen oder verholzten Trieben, 5–15 cm lang, zwei bis drei Blattpaare, Schnitt im Frühjahr, Sommer, Herbst

Bei der Teilung wird der Wurzelballen mit Messer oder Spaten durchtrennt

Kopfsteckling   Triebsteckling   Steckholz

Wurzelschnittling

Knollenteilstück

● Steckhölzer: von verholzten, noch jungen Trieben, 10–20 cm lang, ein bis drei Augen (Triebknospen), Schnitt im Frühjahr oder Herbst. Anwendung bei Rosen, Spierstrauch, Beerenobst

● Wurzelschnittlinge: von Gehölzen oder Stauden mit dicken Wurzeln, 3–5 cm lang, Schnitt im Herbst. Anwendung bei Primeln, Scheinquitte, Essigbaum

● Stecklinge aus Knollenteilung: große Knollen mit einem Messer zerschneiden, Einzelstücke mit mindestens einer Triebknospe; Schnitt im Frühjahr. Anwendung bei Knollenbegonie, Winterling, Dahlien

Nach dem Eintopfen überstülpt man die Stecklinge mit einer Plastikhaube als Verdun-

stungsschutz und stellt sie warm. Ausgepflanzt wird, wenn sie sich ausreichend bewurzelt haben. Ein untrügliches Zeichen dafür ist die Neubildung von Blättern und Trieben; im Zweifelsfall kann man auch eine Pflanze vorsichtig aus der Erde nehmen, um zu prüfen, ob sich Wurzeln entwickelt haben.

Ableger und Absenker
Biegsame Triebe von Gehölzen werden auf den Boden gebogen, an der Berührungsstelle mit dem Boden eingeschnitten und am Boden fixiert. Wenn sich an dieser Stelle Wurzeln entwickelt haben, trennt man den abgesenkten Teil von der Mutterpflanze. Anwendung bei Beerenobst, Rhododendron, Ahorn.

Brutzwiebeln und Brutknollen
Tochterzwiebeln und -knollen von vielen Arten können nach der Blüte von der Mutterzwiebel oder -knolle abgenommen und weiterkultiviert werden. Anwendung bei Krokus, Lilien, Gladiolen.

Absenker: Trieb herunterbiegen, einschneiden und am Boden fixieren. An der Schnittstelle, die mit einem Steinchen offengehalten wird, bilden sich Wurzeln

ZIERGARTEN

Sommerblumen
Bunte Blütenpracht

Ohne die vielen prächtigen Sommerblumen wären unsere Balkone und Gärten während der warmen Jahreszeit geradezu leer und langweilig. Auch wenn diese Pflanzen nur kurzlebig sind, lediglich ein oder zwei Jahre wachsen, so zeigen sie doch eine herrliche Farben- und Formenfülle, die für die zeitlich begrenzte Freude entschädigt. Man schmückt mit ihnen vor allem Balkonkästen und Pflanzgefäße, füllt Lücken in dauerhaften Pflanzungen oder gestaltet nur mit ihnen ganze Beete und Rabatten. Viele Sommerblumen lassen sich sehr einfach und mit Erfolg selbst heranziehen, zum Beispiel die robusten Ringelblumen, der Duftsteinrich mit seinen überschäumenden Blütenkissen oder die leuchtendbunte Kapuzinerkresse. Manche brauchen nicht einmal am Fenster oder im Gewächshaus vorgezogen zu werden, man streut die Samen einfach direkt ins Beet. Wem die eigene Anzucht zu mühsam ist, kann bei dem reichhaltigen Angebot der Gärtnereien aus dem vollen schöpfen und mit fertig vorgezogenen Jungpflanzen sehr schnell eine üppige Pflanzgemeinschaft zusammenstellen. Aus der großen Zahl vorwiegend tropischer und subtropischer Sommerblumen finden Sie im folgenden eine Auswahl mit den wichtigsten Daten für die Kultur.

Zinnien, Salbei, Ziertabak & Co. geben sich in diesem Beet ein farbenfrohes Stelldichein

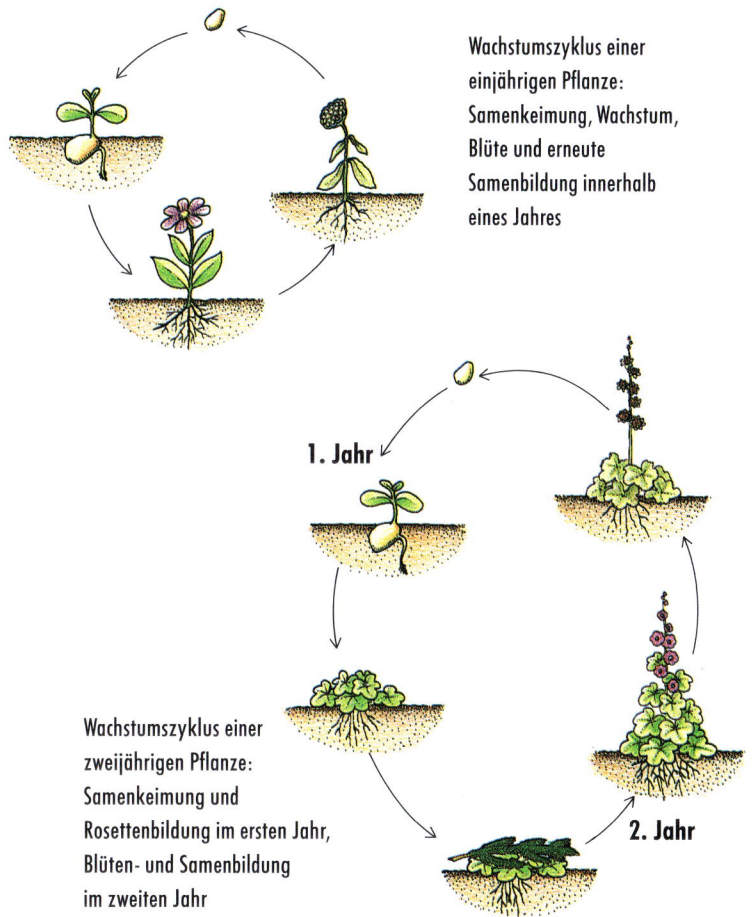

Wachstumszyklus einer einjährigen Pflanze: Samenkeimung, Wachstum, Blüte und erneute Samenbildung innerhalb eines Jahres

1. Jahr

Wachstumszyklus einer zweijährigen Pflanze: Samenkeimung und Rosettbildung im ersten Jahr, Blüten- und Samenbildung im zweiten Jahr

2. Jahr

Beliebte Sommerblumen für Beet und Balkon

Deutscher Name	Botanischer Name	ein- oder zweijährig	Lichtanspruch	Blütenfarbe; Blütezeit	Aussaat	Pflanzung; Pflanzweite in cm
Leberbalsam	*Ageratum houstonianum*	⊙	○	violett; V-IX	II-III, uG, D	V; 20-30
Löwenmäulchen	*Antirrhinum majus*	⊙	○	verschiedene; VI-IX	II-IV, uG, D	V; 20-30
Tausendschön, Maßliebchen	*Bellis perennis*	⊙⊙	○-◑	weiß-rot; III-VI	VI-VII, uG, L	X/III; 15-20
Blaues Gänseblümchen	*Brachycome iberidifolia*	⊙	○-◑	violett; VI-IX	III, uG, D	V; 15-20
Pantoffelblume	*Calceolaria integrifolia*	⊙	○-◑	gelb; V-IX	XII-II, uG, D	V; 25-30
Ringelblume	*Calendula officinalis*	⊙	○	gelb-orange; VI-X	III-IV, iF, L	–
Sommeraster	*Callistephus chinensis*	⊙	○-◑	verschiedene; VI-X	III-IV, uG, D	V; 20-25
Kornblume	*Centaurea cyanus*	⊙	○	blau, rosa; V-VIII	IV-V, iF, D	–
Goldlack	*Cheiranthus cheiri*	⊙⊙	○	gelb-rot; V-VI	V-VII, uG, D	IX/III; 15-20

Erläuterungen der Symbole und Abkürzungen siehe Seite 80

Tausendschön (Bellis perennis)

Ringelblume (Calendula officinalis)

Sommeraster (Callistephus chinensis 'Prachtmischung')

Vanilleblume (Heliotropium arborescens 'Marine')

Beliebte Sommerblumen für Beet und Balkon (Fortsetzung)

Deutscher Name	Botanischer Name	ein- oder zweijährig	Licht-anspruch	Blütenfarbe; Blütezeit	Aussaat	Pflanzung; Pflanzweite in cm
Spinnenpflanze	*Cleome spinosa*	☉	○	weiß, rosa; VI-IX	III-IV, uG, D	V; 40-60
Zwergmargeriten	*Coleostephus multicaulis, Hymenostemma paludosum*	☉	○	weiß, gelb; VI-IX	III, uG, D	V; 20-30
Schmuck-körbchen	*Cosmos bipinnatus, C. sulphureus*	☉	○	weiß - rot; VII-IX	III-IV, uG, D	V; 25-40
Kaisernelke, Heddewigsnelke	*Dianthus chinensis*	☉	○-◗	weiß - rot; VI-IX	II-IV, uG, D	V; 20-25
Strohblume	*Helichrysum bracteatum*	☉	○	weiß - rot; VII-X	III-IV, uG, D	V; 20-30
Vanilleblume, Sonnenwende	*Heliotropium arborescens*	☉	○-◗	violett; V-IX	II-III, uG, L	V; 25-30
Fleißiges Lieschen	*Impatiens-Walleriana-*Hybriden	☉	○-●	weiß - rot; VI-IX	II-III, uG, L	V; 20-30

Erläuterungen der Symbole und Abkürzungen siehe Seite 80

Beliebte Sommerblumen für Beet und Balkon (Fortsetzung)

Deutscher Name	Botanischer Name	ein- oder zweijährig	Licht-anspruch	Blütenfarbe; Blütezeit	Aussaat	Pflanzung; Pflanzweite in cm
Duftwicke	*Lathyrus odoratus*	☉	○	verschiedene; VI-IX	IV, iF, D	–
Bechermalve	*Lavatera trimestris*	☉	○	weiß, rosa; VII-X	IV-V, iF, D	–
Männertreu, Lobelie	*Lobelia erinus*	☉	○-●	blau, weiß; V-VIII	I-III, uG, L	V; 15-20
Duftsteinrich, Steinkraut	*Lobularia maritima*	☉	○-◑	weiß, lila; VI-X	III-V, iF, D	–
Vergißmeinnicht	*Myosotis sylvatica*	☺	○-◑	blau; V-VII	VII, uG/ iF, D	X/IV; 15-20
Klatschmohn	*Papaver rhoeas*	☉	○-◑	rot, rosa; V-VII	IV-V, iF, L	–
Pelargonie, Samenpelargo-nie, „Geranie"	*Pelargonium*-F1-Hybriden	☉	○	weiß - rot; VI-X	XII-II, uG, D	V; 20-30
Petunie	*Petunia*-Hybriden	☉	○-◑	weiß - blau; V-IX	II-III, uG, D	V; 20-30
Sommerphlox, Flammenblume	*Phlox drummondii*	☉	○	weiß - blau; VII-IX	II-IV, uG, D	V; 20-25
Ziersalbei	*Salvia farinacea*	☉	○	blau, weiß; V-X	III, uG, D	V; 20-30
Husarenknopf	*Sanvitalia procumbens*	☉	○-◑	gelb; VI-X	III, uG, D	V; 15-20

☉ = Einjahrsblume: Aussaat im Frühjahr, Blüte noch im selben Jahr
☺ = Zweijahrsblume: Aussaat im Sommer, Blüte erst im darauffolgenden Jahr
Lichtanspruch: ○ = sonnig; ◑ = halbschattig; ● = schattig
Blütenfarbe: Angegeben sind die häufigsten Farben; weiß - blau z. B. bedeutet hier alle Farbtöne zwischen Weiß und Blau, also auch Gelb, Orange, Rosa, Rot, Violett.
Aussaat: uG = Aussaat unter Glas (am Fenster, im Frühbeet, im Gewächshaus); iF = Aussaat direkt ins Freie; L = Lichtkeimer; D = Dunkelkeimer

Petunie (Petunia-Hybride)

Bechermalve (Lavatera trimestris)

Studentenblume (Tagetes tenuifolia 'Lulu')

Beliebte Sommerblumen für Beet und Balkon (Fortsetzung)

Deutscher Name	Botanischer Name	ein- oder zweijährig	Licht-anspruch	Blütenfarbe; Blütezeit	Aussaat	Pflanzung; Pflanzweite in cm
Studentenblume, Samtblume	*Tagetes*-Hybriden	☉	○-◑	gelb – orange; VI-X	I-III, uG, D	V; 15-30
Kapuzinerkresse	*Tropaeolum*-Hybriden	☉	○-◑	gelb – rot; VI-X	IV-V, iF, D	–
Eisenkraut, Verbene	*Verbena*-Hybriden	☉	○-◑	weiß – blau; VI-X	II-IV, uG, D	V; 20-25
Stiefmütterchen	*Viola-Wittrockiana*-Hybriden	⊙	○-◑	weiß – blau; IX-XI, III-VI	VI-VII, uG/iF, D	X/III; 10-20
Zinnie	*Zinnia elegans*	☉	○	weiß – rot; VII-IX	II-III, uG, D	V; 20-30

GEMÜSEGARTEN

Mischkultur
Gute
Partnerschaft

Lange Jahre wurde die Mischkultur eher stiefmütterlich behandelt. Seit einiger Zeit besinnen sich jedoch immer mehr Hobbygärtner auf die keineswegs neuen Erkenntnisse zu den Vorteilen, die sich aus der Kombination verschiedener Gemüsearten ergeben.

Manche Gemüsearten wurzeln nur flach, andere bilden tief reichende Wurzeln. Da sie Wasser und Nährstoffe aus unterschiedlichen Bodenschichten entnehmen, treten sie bei Mischkulturpflanzung nicht in Konkurrenz und können so optimal gedeihen

Salat und Kohlrabi in Mischkultur

Bewährte Partnerschaft: Zwiebeln und Möhren

Rosenkohl, Rettich, Kohlrabi, dazwischen Salat und Sellerie

Ein klassisches Beispiel für die Mischkultur ist die Anlage von Gemüsebeeten im Bauerngarten, bei der neben Kräutern sogar noch Zierpflanzen mit einbezogen werden.

Der Grundsatz der Mischkultur ist ganz einfach: Verschiedene Gemüsearten werden auf einem Beet zusammengepflanzt. Dadurch erreicht man eine bessere Durchwurzelung des Bodens, wie es aus der Abbildung auf Seite 81 deutlich wird. Da ihm die Nährstoffe aufgrund der verschiedenen Ansprüche der kombinierten Arten unterschiedlich stark entzogen werden, bleibt er fruchtbarer. Typische Schädlinge, die sich in Monokulturen ungebremst verbreiten können, treten in Mischkulturen wesentlich schwächer auf, die Pflanzen können sich gegenseitig günstig beeinflussen und, was ebenfalls eine wichtige Rolle spielt, man erspart sich und seiner Familie das Problem, zur Erntezeit wochenlang ein- und dieselbe Gemüseart essen zu müssen.

Im Gegensatz zur herkömmlichen Methode, bei der mit einer Gemüseart jeweils ein ganzes Beet bepflanzt wird, baut man bei der Mischkultur die einzelnen Gemüse in sich abwechselnden Reihen an. Grundsätzlich unterscheidet man Stark-, Mittel- und Schwachzehrer, je nachdem, wie groß der Nährstoffverbrauch ist. Diesen unterschiedlichen Bedarf macht man sich bei der Mischkultur zunutze. Ähnlich wie bei Fruchtwechsel und Fruchtfolge (siehe „April") wechseln auch hier Schwachzehrer und Starkzehrer ab, und zwar sowohl zeitlich (innerhalb eines Jahres sowie von Jahr zu Jahr) als auch räumlich (Reihenanordnung).

Starkzehrer (Pflanzen mit hohem Nährstoffbedarf) sind zum Beispiel Blumenkohl, Brokkoli, Kohlrabi, Sellerie, Weißkohl, Wirsing. Zu den **Mittelzehrern** gehören Kopfsalat, Möhren, Rosenkohl und Kohlrabi.

Zu den **Schwachzehrern** (Pflanzen mit geringem Nährstoffbedarf) zählen Buschbohnen, Stangenbohnen, Erbsen, Feldsalat und Kräuter. Wo zuerst ein Starkzehrer stand, folgt ein Mittelzehrer und zuletzt ein Schwachzehrer. Mit einer geschickten Planung lassen sich so aufwendige Düngemaßnahmen vermindern, was langfristig auch besser für den Boden ist.

Das Miteinander der Pflanzen wirkt sich darüber hinaus in bezug auf den Pflanzenschutz positiv aus, denn auf einige Gemüse- und Kräuterarten reagieren bestimmte Schädlinge „allergisch". So vertreiben zum Beispiel Knoblauch und Zwiebeln die Möhrenfliege, Kerbel hält Ameisen und Schnecken fern, Sellerie den Kohlweißling. Im Geschmack können sich manche Pflanzen ebenfalls beeinflussen: Bohnenkraut fördert das Aroma von Buschbohnen, während Petersilie den Geschmack von Salat beeinträchtigt.

Eine altbekannte Weisheit ist auch, daß sich manche Gemüse im Wachstum gegenseitig begünstigen, andere sich dagegen in ihrer Entwicklung behindern. Die nebenstehende Übersicht zeigt die wechselseitige Beeinflussung und Kombinationseignung der wichtigsten Gemüsearten und kann als Grundlage bei der Zusammenstellung von Mischkulturen dienen. Natürlich gelten all diese Grundsätze auch für die Bepflanzung von Hügelbeeten (siehe „September").

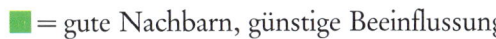

Mischkulturtabelle

	Auberginen	Buschbohnen	Chicorée	Endivien	Erbsen	Erdbeeren	Feldsalat	Fenchel	Gurken	Kartoffeln	Knoblauch	Kohl	Kohlrabi	Kopfsalat	Lauch	Mangold	Möhren	Paprika	Petersilie	Pflücksalat	Radicchio	Radies/Rettich	Rote Bete	Sellerie	Spinat	Stangenbohnen	Tomaten	Zucchini	Zwiebeln
Auberginen																		🟧									🟧		
Buschbohnen					🟧	🟩		🟩	🟩		🟩	🟩		🟧		🟩	🟩					🟩		🟩	🟩				🟧
Chicorée								🟩							🟩											🟩			
Endivien								🟩						🟩															
Erbsen		🟧							🟩		🟧	🟩			🟩		🟩										🟧		
Erdbeeren							🟩					🟩		🟩	🟩				🟩										
Feldsalat												🟩																	
Fenchel		🟧	🟩	🟩					🟩					🟩		🟩											🟧		
Gurken		🟩			🟩			🟩				🟩		🟩	🟩						🟧		🟩	🟩			🟩		
Kartoffeln		🟩			🟩							🟩					🟩						🟧			🟩	🟧		
Knoblauch		🟧			🟧	🟩				🟩				🟩		🟩	🟩										🟧		
Kohl		🟩			🟩	🟩		🟩		🟩	🟧			🟩	🟩		🟩					🟩	🟩	🟩	🟩	🟩	🟩		🟧
Kohlrabi		🟩			🟩									🟩			🟩					🟩		🟩	🟩				
Kopfsalat		🟩			🟩	🟩			🟩	🟩	🟩	🟩	🟩				🟩	🟧				🟩				🟩	🟩		🟩
Lauch		🟧	🟩		🟧			🟩	🟩		🟩	🟩					🟩					🟧		🟩		🟧	🟩		🟩
Mangold		🟩						🟩			🟩																		
Möhren		🟩			🟩					🟩	🟩	🟩	🟩	🟩	🟩				🟩			🟩					🟩		🟩
Paprika	🟧																										🟧		
Petersilie						🟩									🟧												🟩		
Pflücksalat		🟩																											
Radicchio																										🟩			
Radies/Rettich		🟩			🟩				🟧			🟩	🟩		🟩		🟩						🟩	🟩					
Rote Bete		🟩						🟩	🟩	🟧	🟩	🟩		🟩	🟧							🟩		🟩		🟩			
Sellerie		🟩						🟩				🟩			🟩										🟩	🟩	🟩		
Spinat					🟩				🟩	🟩		🟩	🟩	🟩												🟩	🟩		
Stangenbohnen	🟩			🟩	🟧		🟩	🟧	🟩		🟧	🟩		🟩			🟩					🟩	🟩		🟩				🟧
Tomaten	🟧		🟩		🟩		🟩		🟧		🟧	🟩		🟩	🟩	🟩	🟩	🟧	🟩				🟩	🟩	🟩				🟩
Zucchini																										🟩			
Zwiebeln		🟧			🟩	🟩			🟩		🟧			🟩			🟩					🟩	🟩			🟧	🟩		

🟩 = gute Nachbarn, günstige Beeinflussung
🟧 = schlechte Nachbarn, ungünstige Beeinflussung
⬜ = kein Einfluß

Radieschen, Sorte 'Hilds Sora'

Wurzelgemüse
Radieschen

Raphanus sativus var. *sativus*

Radieschen, auch Monatsrettiche genannt, zählen zum beliebtesten Gemüse im Garten. Die zur Familie der Kreuzblütler *(Brassicaceae)* gehörenden Pflanzen wachsen schnell, brauchen wenig Platz, stellen kaum Ansprüche an den Boden und können auch von Ungeübten und Kindern problemlos und erfolgreich angebaut werden. Mit ihrem scharf-würzigen Geschmack sind die knackigen Knollen eine Bereicherung für gemischte Salate, sie schmecken aber auch gut zu Butterbrot.

Standort: sonnig; leichte, lockere, humose Böden mit gleichmäßigem Feuchtigkeitsgehalt. Bei Bedarf rechtzeitig vor der Aussaat mit Kompost verbessern.

Aussaat: ab Mitte März etwa 1 cm tief in Reihen mit 15 cm Abstand direkt ins Beet. Wenn bis zum August alle zwei bis drei Wochen nachgesät wird, kann man durchgehend bis zum Herbst ernten.

Kultur: Jungpflanzen auf 5 cm in der Reihe vereinzeln. Regelmäßig gießen. Sehr frühe oder späte Aussaaten reifen schneller unter Folienschutz.

Ernte: Reife vier bis sechs Wochen nach der Aussaat; Ernte bei einem Knollendurchmesser von 1-2 cm. Mehrfach die jeweils größeren Knollen ernten, die kleineren reifen nach und werden nicht pelzig. Blattschopf packen und unter Drehen die Knollen aus dem Boden holen.

Kulturfolge/Mischanbau: Schwachzehrer; wegen ihrer kurzen Wachstumszeit sind Radieschen hervorragend als Vor- und Nachkultur (außer zu anderen Kreuzblütlern) und als Mischkulturpartner geeignet. Vorsicht ist nur bei Gurken als Nachbarpflanzen geboten, sonst gibt es keine Probleme. Mischanbau mit Salat schützt vor Erdflöhen.

Anbau unter Glas: ganzjährig möglich, üblich von September bis März. Reifezeit im Winter vier bis zehn Wochen. Keimtemperaturen 12–15 °C, danach reichen 8–10 °C.

Hinweis: bei der Sortenwahl die Jahreszeit beachten: Sommersorten zum Beispiel, die im Frühjahr gesät werden, neigen zum Schießen.

Rettich

Raphanus sativus var. *niger*

Wie das Radieschen zählt auch der Rettich zu den Kreuzblütlern *(Brassicaceae)* und ist mit Kohl eng verwandt. Er wird schon seit Tausenden von Jahren kultiviert und hat von seiner Beliebtheit bis heute nichts eingebüßt. Von einer bayerischen Brotzeit ist der „Radi" nicht wegzudenken. Aber auch in Japan beispielsweise gibt es kaum ein Gericht, das ohne ihn auskommt, und sei es nur als Dekoration.

Standort: sonnig; lockere, nährstoffreiche, gleichmäßig feuchte Humusböden; bei Bedarf vorher Kompost ausbringen. Keine Staunässe!

Aussaat: ab März in Reihen mit 25-30 cm Abstand, dabei alle 15-20 cm zwei bis drei Samen etwa 2 cm tief legen. Unter Folie Aussaat bereits ab Februar möglich. Folgesaaten alle zwei Wochen bis Mitte August. Spätsorten von Juli bis August säen.

Kultur: Jungpflanzen vereinzeln, nur die jeweils stärkste Pflanze bleibt stehen. Gleichmäßig feucht halten. Boden vorsichtig lockern (hacken).

Ernte: Reife nach neun bis zwölf Wochen; Blattschopf packen und unter Drehen die Knolle herausziehen. Mehrfach ernten.

Rettichsorten für Frühjahr und Sommer sind meist weiß

Kulturfolge/Mischanbau:
Mittelzehrer; als Vorkultur vor Sommerrettich eignen sich Spinat, Salat, vor Winterrettich alle Gemüse außer Kreuzblütlern und Mais. Mischkultur günstig mit Spinat, Salat, Bohnen; Salat hält Erdflöhe ab.
Anbau unter Glas: Direktsaat oder Pflanzung von Dezember bis März.
Hinweis: auf richtige Sorten je nach Jahreszeit achten. Die Frühjahrs- und Sommersorten sind meist weiß, die späten Sorten schwarz oder rot.

Speiserüben
Brassica rapa var. *rapa*

Weitere Vertreter aus der Familie der Kreuzblütler, dem Kohl näher verwandt als dem Rettich, sind die Speiserüben. Auch sie werden schon sehr lange angebaut, wurden allerdings viele Jahre hauptsächlich zu Viehfutter degradiert. Heute besinnt man sich jedoch wieder zunehmend auf die kulinarischen Vorzüge der Speiserüben. Unterschieden werden Mairüben, Herbstrüben (Stoppelrüben), Teltower Rübchen und Rübstiel (Stielmus). **Mairüben** reifen früh, sind nicht nur gesund und kalorienarm, sondern auch sehr wohlschmeckend, sowohl roh im Salat als auch gekocht oder gebraten als Gemüse. Ihre Form ist mehr oder weniger rund, die Farbe reicht von Weiß oder Weißviolett bis zu Gelb.
Herbstrüben reifen im Oktober, sind etwas intensiver im Geschmack und werden wie Mairüben verwendet. **Teltower**

Mairübe, Sorte 'Goldball'

Rübchen, auch kleine Speiserüben genannt, bleiben klein und zart und werden ebenfalls erst im Herbst geerntet. **Rübstiel** wird aus Blattstielen und Blattgrün der Weißen Mairübe gewonnen und gedünstet oder als Salat verzehrt.
Standort: sonnig; alle Gartenböden, besonders lehmige Sandböden; Teltower Rübchen gedeihen besser auf leichten Böden.
Aussaat: Boden tiefgründig lockern. Aussaat der Mairüben im März in Reihen mit 20 – 25 cm Abstand; Herbstrüben von Ende Juli bis Mitte August in Reihen mit 30 cm Abstand; Teltower Rübchen von Ende Juli bis Mitte August in Reihen mit 15 cm Abstand; Rübstiel von März bis Oktober breitwürfig oder in Reihen mit 15 cm Abstand.
Kultur: außer beim Rübstiel alle Jungpflanzen auf Abstände von 10-20 cm in der Reihe vereinzeln. Regelmäßig Boden lockern, gießen und Unkraut jäten.

Ernte: im Mai bzw. im Oktober ernten. Mairüben und Teltower Rübchen herausziehen, Herbstrüben besser mit der Grabgabel aus der Erde heben; bei Rübstiel gesamte Pflanze oder nur die Blätter ernten.
Kulturfolge/Mischanbau:
Schwachzehrer. Gute Vor- und Nachkulturen, außer zu anderen Kreuzblütlern. Mischkultur günstig mit Bohnen, Erbsen, Möhren, Lauch, Sellerie, Kartoffeln, Salat, Spinat, ungünstig mit Tomaten.
Anbau unter Glas: Aussaat der Mairüben von Dezember bis Januar, Teltower Rübchen von August bis September, Rübstiel von Januar bis März (geringe Wärmeansprüche).
Hinweise: Mairüben und Rübstiel werden frisch verzehrt, Herbstrüben und Teltower Rübchen können gelagert werden.

Bei Rübstiel oder Stielmus erntet man die Blätter oder die ganze Pflanze

OBSTGARTEN

Steinobst
Pfirsich
Prunus persica

Pfirsichsorte 'Redhaven'

Zu den edelsten und zugleich anspruchsvollsten Obstarten gehört der Pfirsich. Schon seit Jahrtausenden wurde er in China kultiviert und kam über Persien zu uns. Insofern ist der botanische Name *(Prunus persica)* etwas irreführend. Das ändert aber nichts an der Tatsache, daß der Pfirsich einen wahren Siegeszug angetreten hat. Neben den köstlichen Früchten hat diese Obstart nämlich auch noch wunderschöne rosa Blüten zu bieten, die zudem im allgemeinen selbstfruchtbar sind und deshalb keine Befruchtersorte benötigen.

Standortansprüche

Die Freude für den Hobbygärtner wird allerdings durch die Tatsache etwas getrübt, daß Pfirsichbäume nur in sehr milden Klimaten zufriedenstellend wachsen. Sie sind bei uns typische Pflanzen der Weinbauregionen. Wenn Sie nicht in derartig bevorzugten Gegenden leben, brauchen Sie jedoch nicht auf Ihren Pfirsich frisch vom Baum verzichten; denn auch in weniger günstigen Lagen lassen sich reiche Ernten erzielen, wenn man den Pfirsich an einer geschützten Hauswand als Spalier zieht (am besten als Fächerspalier).

An den Boden stellen Pfirsichbäume ebenfalls hohe Ansprüche. Er sollte nährstoffreich und durchlässig sein, nicht zu schwer und nicht zu leicht. Im Herbst sollten Sie den Boden mit Hornmehl und reifem Kompost oder abgelagertem Stallmist versorgen.

Sorten

Die Sorten werden heute meist auf Pflaumenunterlagen veredelt, wodurch sich vor allem auch ihre Anfälligkeit für den Gummifluß deutlich verringert. Als Gummifluß bezeichnet man das Austreten einer klebrigen Masse an Stamm und Zweigen, das durch verschiedene Ursachen (zum Beispiel durch übermäßige Bodenfeuchte) hervorgerufen sein kann. Die bei uns wohl beliebteste Sorte ist der 'Kernechte vom Vorgebirge', auch 'Vorgebirgspfirsich' oder 'Roter Ellerstädter' genannt. Er reift als letzte Sorte im Jahr. 'Redhaven' ist eine gut tragende Sorte mit kräftigem Wuchs. 'South Haven' zeichnet sich durch sehr große Früchte von leuchtender Farbe aus. 'Rekord aus Alfter' ist eine weißfleischige Sorte, eine Besonderheit mit hohen Ansprüchen.

Schnitt

Noch weit wichtiger als die Wahl der Sorte ist der richtige Schnitt, der beim Pfirsich sehr sorgfältig durchgeführt werden muß, will man lange Jahre Freude an seinem Baum haben. Als Solitär wird der Pfirsich meist mit Hohlkrone erzogen. Dazu nimmt man den Mitteltrieb heraus, aus vier Leitästen wird dann die Krone gebildet. Die Stammhöhe bis zum Ansatz der Leitäste beträgt ca. 60–80 cm. Diese Leitäste sollen möglichst gleichmäßig am Stamm verteilt sein, damit die Hohlkrone gezogen werden kann. Sie werden regelmäßig im Frühjahr geschnitten. Die nebenstehende Abbildung zeigt das Prinzip des Schnittes. Nach der Blüte werden außerdem dürre Zweige herausgenommen.

Ein besonderes Augenmerk gilt auch dem Fruchtholzschnitt. Pfirsichbäume bilden drei verschiedene Arten von Trieben aus. Falsche Fruchttriebe tragen keine Blattknospen, sondern nur die kugeligen Blütenknospen. Da hier keine Blätter gebildet werden, die die Ernährung übernehmen, bleiben die aus den Knospen entstehenden Früchte unterentwickelt. Diese Triebe werden auf zwei Augen zurückgenommen. Holztriebe bilden dagegen nur Blätter aus. Man erkennt sie an den spitzen Blattknospen. Sie werden ebenfalls auf zwei Augen zurückgeschnitten. Die wahren Fruchttriebe tragen gemischte Knospen, das heißt, eine Blatt- und eine Blütenknospe stehen zusammen, oder Dreifachknos-

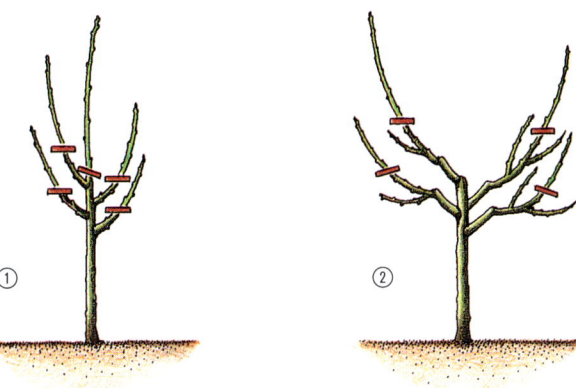

Hohlkronenerziehung: ① Pflanzschnitt, ② Erziehungsschnitt. Die vier Leitäste werden so angeordnet, daß sie von oben gesehen jeweils etwa im 90°-Winkel zueinander stehen

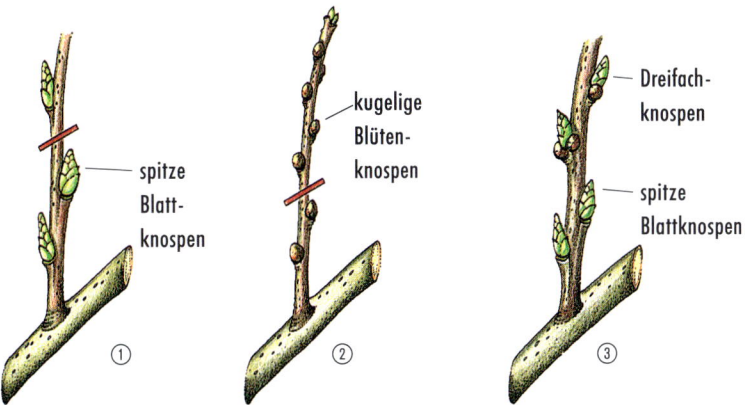

Triebarten des Pfirsichs: ① Holztrieb, ② falscher Fruchttrieb, ③ wahrer Fruchttrieb

pen, bei denen zwei Blatt- und eine Blütenknospe beieinander sitzen. Nur die wahren Fruchttriebe bringen gute Früchte. Sie werden auf sechs bis acht Augen geschnitten.

Reife Nektarinen am Baum

Nektarine
Prunus persica var. *nucipersica*

Die Nektarine ist eine Varietät des Pfirsichs und keine Kreuzung aus Pfirsich und Pflaume, wie oft behauptet wird. Im Gegensatz zum Pfirsich besitzt sie eine glatte Haut, weiterhin ist ihr Fruchtfleisch fester. Wie der Pfirsich gedeiht auch die Nektarine nur in ausgesprochen mildem Klima. Ansprüche und Pflege entsprechen dem, was beim Pfirsich ausgeführt wurde. Gute Sorten sind zum Beispiel 'Nectared 2', 'Nectared 4', 'Nectared 5', 'Nectared 6', 'Sonnengold', 'Crimson Gold' und 'Goldfleisch-Edel-Nektarine'.

Aprikose, geschützt an einer Hauswand

Aprikose
Prunus armeniaca

Die Aprikose oder Marille stammt ebenfalls aus China und ist dort seit etwa 4000 Jahren bekannt. Auch sie benötigt das milde Weinbauklima zum optimalen Wachstum, kann aber wie Pfirsich und Nektarine in weniger günstigen Regionen als Spalier erfolgreich gezogen werden. Die Aprikose benötigt vor allem wegen ihrer frühen Blüte (oft schon im März) einen geschützten Standort. Der Boden sollte sehr nährstoffreich und gut durchlässig sein. Im Herbst wird die Erde durch Zugabe von Kompost und Hornmehl verbessert.
Die Sorten werden ebenfalls meist auf Pflaumen veredelt. Im Gegensatz zum Pfirsich ist die Pflege der Aprikose wesentlich einfacher. Ein formloses Spalier oder ein freier Wuchs ist am besten. Nach der Ernte kann bei Bedarf ein Verjüngungsschnitt durchgeführt werden.
Empfehlenswerte Sorten sind: 'Aprikose von Nancy', 'Ungarische Beste', 'Mombacher Frühe', 'Marena' und 'Wahre Große Frühaprikose'.

GESTALTUNG

Sommerblumenbeet
Zarte Töne

Sommerblumen können die meist an sich schon reiche Blumenvielfalt des Gartens zusätzlich beleben. Mit den kurzlebigen Gewächsen lassen sich jedes Jahr neue Blickpunkte schaffen, der Phantasie sind keine Grenzen gesetzt. Man kann die Pflanzungen unter bestimmte Gesichtspunkte stellen, zum Beispiel lebhaft bunte, zart pastellfarbene oder auch in einer Farbe gehaltene Beete gestalten. Experimentieren Sie auf solchen Beeten ruhig mit verschiedenen Varianten – Sie werden jedes Jahr überrascht sein, in welchem neuen Licht Ihr Garten erstrahlt.

Interessant sind Beete, bei denen ein Farbton dominiert. Weiße und blaue Pflanzungen vermitteln optische Weite, Beete in Gelb und Orange geben einen heiteren Anstrich, rote Kombinationen wirken signalartig, während sanfte, zurückhaltende Töne einen Hauch von Romantik mit sich bringen. Langweilig wirken solche Ensembles keinesfalls, sie leben von den unterschiedlichen Abstufungen innerhalb der gewählten Grundfarbe, von den Formen und Strukturen der Pflanzen. Besondere Akzente kann man durch gezielte Ein-

pflanzung einer Art in kontrastierender Farbe setzen, zum Beispiel durch eine rote oder blaue Sommerblume inmitten eines weißen Teppichs. Sommerblumen eignen sich gut für Beete vor Hecken; hier bilden die Gehölze einen idealen Hintergrund, vor dem die Blumen voll zur Geltung kommen. Ebenso gern werden Sommerblumen aber auch in Rabatten entlang von Wegen, an der Terrasse oder im Vorgarten eingesetzt. Die meisten Arten gedeihen am besten in voller Sonne auf nährstoffreichen Humusböden. Aber auch

für Halbschatten und sogar für Schattenpartien steht eine reiche Auswahl zur Verfügung. Zarte Pastelltöne zusammen mit kräftigem Blau und strahlendem Weiß geben dem hier gezeigten Pflanzvorschlag ein romantisches Flair. Den Hintergrund bilden die unermüdlich blühenden Bechermalven, besondere Blickpunkte sind die bizarren Spinnenpflanzen. Die wolligen Grashorste des Federborstengrases sollte man noch bis weit in den Winter stehen lassen, denn die trockenen Halme bleiben lange ein dekorativer Blickfang.

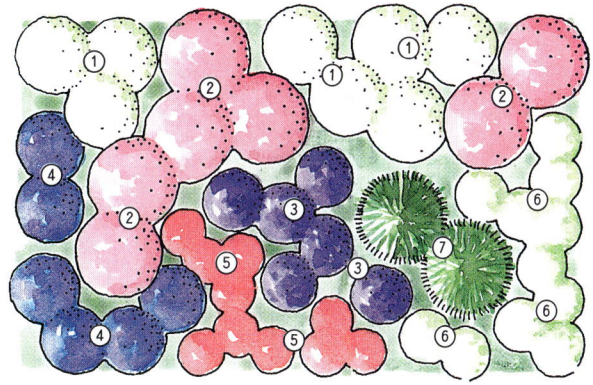

① Bechermalve, Lavatera trimestris 'Silver Cup'
② Spinnenpflanze, Cleome spinosa 'Kirschkönigin'
③ Vanilleblume, Heliotropium arborescens 'Marine'
④ Ziersalbei, Salvia farinacea 'Blauähre'
⑤ Kaisernelken, Dianthus chinensis 'Crimson Charme'
⑥ Sommerphlox, Phlox drummondii 'White Beauty'
⑦ Federborstengras, Pennisetum villosum

Beetgröße:
2,5 x 1,5 m;
geeigneter Standort:
sonnig, auf
nährstoffreichem,
lockerem Boden

MÄRZ

APRIL

Tulpenmagnolie, Sorte 'Nigra'

APRIL

Ausgehend vom Wind lassen sich einige grundsätzliche Regeln für die regionale Wettervorhersage ableiten:

- Eine Änderung der Windrichtung deutet auf Änderung des Wetters.
- Eine plötzliche Winddrehung deutet auf Wetterumschwung.
- Ziehen die Wolken dem bodennahen Wind entgegen, fällt bald Regen.
- Westwind bringt überwiegend feuchte, Ostwind überwiegend trockene Luft. Nordwind bringt überwiegend kaltes Wetter, Südwind überwiegend warmes.

Häufig wiederkehrende Wetterereignisse

Der „Eulenspiegel" unter den Monaten wird der April wohl nicht zu Unrecht genannt. Das Wetter gestaltet sich ausgesprochen launenhaft, Sonne und Wärme wechseln mit Schnee und Graupel, Stürme fegen über das Land. Die schnellen Wetterwechsel werden durch große Luftdruckunterschiede verursacht, wenn sich kalte Luft aus Nordwest über dem von der schon kräftigeren Sonne aufgeheizten Land erwärmt.

Kleine Wetterkunde
Wind

Wind ist schlicht als Luft in Bewegung definiert. Wir bezeichnen als Wind vor allem horizontale (sich parallel zur Erdoberfläche bewegende) Luftströmungen. Daneben gibt es vertikale Luftbewegungen, die Auf- und Abwinde. Das Auftreten von Wind wird durch Druck- und Temperaturunterschiede in der Atmosphäre verursacht. Selten tritt er als gleichförmige Bewegung auf; durch die unregelmäßige Erdoberfläche und durch Reibung kommt es in der Regel zu Turbulenzen in Bodennähe, also zu einem Nebeneinander von auf- und absteigender Luft. Thermische Effekte führen zu hochreichenden Turbulenzen. Sie entstehen, wenn sich einige Gebiete stärker erwärmen, die Luft über ihnen erhitzt wird und nach oben steigt, um an anderen Stellen abzukühlen und wieder herabzusinken.

Pflanze des Monats
Tulpenmagnolie
Magnolia x *soulangiana*

Einer der auffälligsten Blütenbäume des Frühjahrs ist sicher die üppig blühende Tulpenmagnolie. Die aufrecht stehenden, weißrosa Blüten erinnern ein wenig an Tulpen, daher auch der Name. Neben dieser prachtvollen Hybride sollte man aber die ebenso eindrucksvollen anderen Magnolien-Arten nicht vergessen, zum Beispiel die weißblühende Baummagnolie *(M. kobus)*, die Sternmagnolie *(M. stellata)* mit ihren schmalen weißen Blütenblättern oder die Sommermagnolie *(M. sieboldii)*.

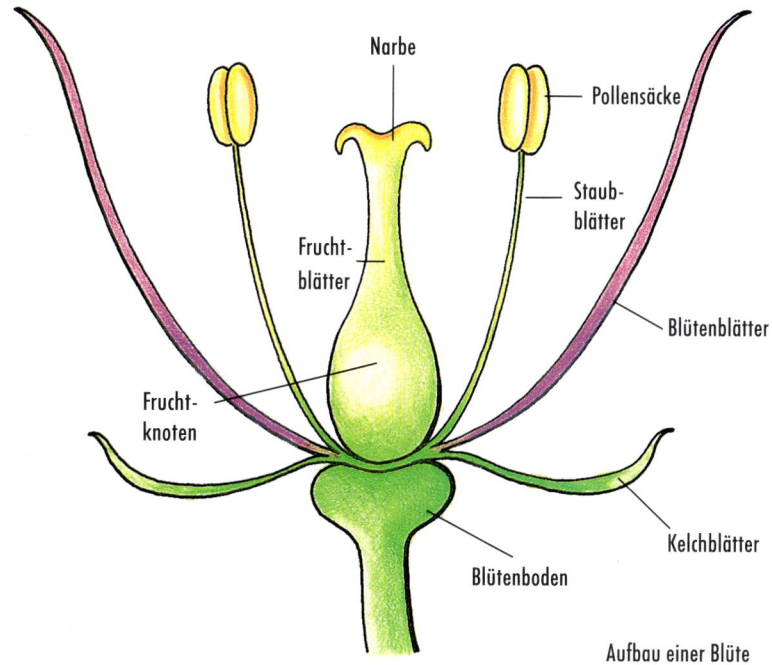

Aufbau einer Blüte

(Beschriftungen: Narbe, Pollensäcke, Staubblätter, Fruchtblätter, Blütenblätter, Fruchtknoten, Kelchblätter, Blütenboden)

Wissenswertes: Blütenbau

Attraktive Blüten wie die der Tulpenmagnolie sind ein wichtiger Bestandteil dessen, was die Freude am Gärtnern ausmacht. Eher nüchtern ist die Betrachtungsweise der Botaniker: Für sie stellt der Blütenaufbau ein wesentliches Merkmal zur Einteilung der Pflanzen in Familien, Gattungen usw. dar. Bei Blüten handelt es sich eigentlich nicht um eigene Pflanzenorgane, sondern um gestauchte Sprosse mit umgebildeten Blättern. Blüten dienen der Fortpflanzung; sie tragen Staub- und Fruchtblätter mit Keimzellen. Je nach Art sind sie mehr oder weniger kompliziert gebaut. Trotz der großen Unterschiede in Form und Aufbau setzen sich Blüten jedoch im Prinzip aus folgenden Teilen zusammen:

- Kelchblätter (schützen die Knospe)
- Blüten- oder Kronblätter (locken die zur Bestäubung notwendigen Insekten an)
- Staubblätter (männlich, erzeugen den Pollen)
- Fruchtblätter (weiblich, tragen den Fruchtknoten)

 ## Bewährtes Wissen
Bauernregeln

April, April – macht, was er will.
Hat der April mehr Regen als Sonnenschein, / wird's im Juni trocken sein.
Wenn schon einige Falter tanzen, / kann man getrost im Garten pflanzen.
Im April tiefer Schnee, / keinem Ding tut er weh.

Lostage

14. April: Wenn Tiburtius schellt, / grünt das Feld.
23. April: Soviel Tage vor Georgi die Kirschen und Schlehen blühen, / soviel Tage vor Jakobi (25. Juli) kann der Bauer die Sense ziehen.
25. April: Solange es vor St. Markus warm ist, solange ist es nachher kalt.

 ## Zeichen der Natur

Mit der Schlüsselblumenblüte (durchschnittlicher Beginn am 7.4.) setzt sich der Erstfrühling fort. Langjährige Mittelwerte für weitere wichtige Wachstumsereignisse dieser Jahreszeit sind: Blüte des Buschwindröschens *(Anemone nemorosa)* am 2.4., Blüte der Süßkirsche *(Prunus avium)* am 23.4., Laubentfaltung der Roßkastanie *(Aesculus hippocastanum)* am 28.4.

Wenn die Roßkastanie ihre Blätter entfaltet, läßt der Vollfrühling nicht mehr lange auf sich warten

ALLE ARBEITEN AUF EINEN BLICK

Allgemeine Gartenarbeiten
Vorbereitungen

- Rasenmäher funktionsbereit machen (Ölwechsel, tanken) ☐
- Wasserhähne, Regentonnen, Brunnen in Betrieb setzen ☐
- Balkonkästen und Kübel bereitstellen ☐
- bei Bedarf neue Kompostanlage aufstellen ☐

Bodenbearbeitung

- offene Beete lockern und glattrechen ☐
- Unkräuter ausstechen ☐
- Mulchdecken ergänzen bzw. neu aufbringen ☐
- wo zunächst keine Kulturen vorgesehen sind, Gründüngung zur Bodenvorbereitung aussäen ☐
- überwinterte Gründüngungspflanzen in den Boden einharken ☐

Pflegemaßnahmen

- bei längeren Trockenperioden gießen (Keimpflanzen brauchen viel Feuchtigkeit) ☐☐
- Unkraut jäten ☐☐

Pflanzenschutz

- Gartenapotheke durchsehen und auffüllen (Kräuterauszüge, Schmierseife etc.) ☐
- Saaten vor Vogelfraß schützen (durch Folien, Vogelscheuche) ☐
- auf Schnecken achten; absammeln, evtl. Schneckenzaun aufstellen ☐☐

Vogelschutz

- Vogeltränke aufstellen und regelmäßig mit frischem Wasser füllen ☐☐
- Nistkästen vor Katzen schützen ☐☐

Arbeiten im Ziergarten
Vermehrung, Aussaat, Pflanzung

- Sommerblumen aussäen bzw. vorziehen ☐
- Stauden pflanzen, vor allem Arten, die Herbstpflanzung schlecht vertragen (Gräser, Farne, Herbstanemonen, Gartenchrysanthemen, Sommermargeriten, Fackellilie, Lupine, Katzenminze u.a.) ☐
- Stauden teilen und verpflanzen (vor allem Herbstblüher und Gräser) ☐
- Stecklingsschnitt bei Stauden durchführen ☐
- Dahlien und Gladiolen pflanzen ☐

Pflege

- immergrüne Polsterstauden zurückschneiden ☐
- Rasen erneuern und ausbessern ☐

Neuanlage

- Blumenwiesenaussaat ab Mitte des Monats möglich
- beste Zeit für Steingartenanlage
- beste Zeit für Teichanlage

Pflanzenschutz

- Lilienhähnchen bekämpfen ☐☐

Arbeiten im Gemüsegarten
Aussaat und Vorkultur

- unter Glas: Sellerie, Tomaten, Paprika, Gurken, Zucchini, Brokkoli, Bohnen ☐
- unter Folie: Salat, Blumenkohl, Kohlrabi, Bleichsellerie, Knollenfenchel ☐
- ins Freie: Spinat, Erbsen, Rettich, Radieschen, Zwiebeln, Lauch, Mangold, Möhren, Kohl (Herbstanbau), Gewürzkräuter ☐

Pflanzung
- vorgekeimte Kartoffeln legen ☐
- Kohl (Frühanbau) pflanzen ☐

Ernte
- Spinat, Rhabarber ☐

Arbeiten im Obstgarten
Pflanzung
- Beerensträucher, Kiwi, Wein, Monatserdbeeren pflanzen ☐

Pflege
- vor allem starkwüchsige Bäume kurz vor der Blüte schneiden, um das Wachstum zu bremsen (weiterer Vorteil: schnellere Wundverheilung, dadurch geringerer Krankheits- und Schädlingsbefall) ☐
- Baumscheiben offen halten, Mulchdecken entfernen, Erdoberfläche glätten (beugt Strahlungsfrösten vor) ☐

Pflanzenschutz
- harzende Stellen an Obstbäumen ausschneiden, Wunden sorgfältig verschließen ☐
- Obstschorf und Apfelmehltau bekämpfen ☐
- auf Schädlinge achten: Birnengallmücke, Frostspanner, Goldafter, Schwammspinner, Sägewespe, Blutläuse, Spinnmilben ☐
- neben den Obstgehölzen Schutzpflanzungen mit Gewürzen anlegen (Salbei, Weinraute, Dost, Zitronenmelisse) ☐

Nachholtermine
- letzte Winterabdeckungen entfernen ☐
- Balkonkästen und Kübel gründlich säubern ☐
- Staudenhorste zurückschneiden ☐
- Stauden düngen, falls nicht im Herbst geschehen ☐
- Rosen abhäufeln und schneiden ☐
- Rosen pflanzen ☐
- Gehölze pflanzen ☐
- Kübelpflanzen zurückschneiden, umtopfen ☐
- Rasen vertikutieren ☐
- Pfirsich und Aprikose schneiden (bis zur Blüte möglich) ☐
- Frostplatten an Bäumen behandeln ☐
- Leimringe anbringen ☐

Das Gesicht des Gartens im April:
Zwiebelblumen in voller Pracht

QUER DURCH DEN GARTEN

„April, April, der weiß nicht, was er will!" – so beschreibt ein geflügeltes Wort die wetterwendischen Launen des Vorfrühlingsmonats. Die Sonne hat nun aber schon wieder erheblich mehr Kraft und spendet wohltuende Wärme, nicht nur für uns, sondern auch für den Garten. Die zahlreichen Niederschläge werden vom Boden gespeichert und lassen frühe Freilandsaaten schnell aufgehen.

Im Ziergarten berauschen jetzt vor allem die Tulpen und Narzissen mit ihrem farbenfrohen Flor, blühende Ziergehölze bilden ein wogendes Dach. Unter Glas laufen die Vorarbeiten für die Gartensaison auf Hochtouren, Sommerblumen und Gemüse müssen für das Auspflanzen im kommenden Monat herangezogen werden. Nach und nach fallen auch die ersten Gartenabfälle wieder an – höchste Zeit also für die Anlage einer Kompoststelle, sofern sie nicht bereits einen festen Platz im Garten hat.

Kompost

Kompostierung ist die einfachste und effektivste Methode, aus Abfällen wertvolle Erde herzustellen. Eine Kompostanlage gehört in jeden Garten, besonders heutzutage, wo Abfälle mehr und mehr zum Problem werden. Nicht zu Unrecht trägt Kompost so eindrucksvoll klingende Namen wie „Gold des Gärtners" oder auch und „ewiger Jungbrunnen im Garten".

Pflanzenwachstum verbraucht Bodeninhaltsstoffe, die in der Natur durch Verrottung von abgestorbenen Pflanzen wieder nachgeliefert werden. Die Natur kompostiert praktisch selbst. Während hierbei ein steter Kreislauf von Nehmen und Geben abläuft, sind die Vorgänge im Garten überwiegend nur auf das Nehmen ausgerichtet. Durch die Entnahme der geernteten Pflanzen werden dem Boden Nährstoffe entzogen. Kompost schließt im Garten den Kreislauf der Natur wieder; die Pflanzenreste verrotten und bringen dem Boden Nährstoffe und Humus zurück.

Wo wird der Kompost aufgesetzt?

Zur Kompostierung brauchen Sie eine geeignete Vorrichtung, um Pflanzenreste zu sammeln und zur Rotte zu bringen. Wählen Sie dafür einen ausreichend großen Platz (etwa 3–5 m²) in halbschattiger, geschützter Lage. In voller Sonne trocknet der Kompost zu stark aus, im Schatten entsteht dagegen schnell Fäulnis. Kompost braucht Erdkontakt, das heißt, er wird direkt auf den Boden aufgesetzt, damit Bodenlebewesen, die zur Verrottung nötig sind, einwandern und Sickersäfte ablaufen können. Kompostanlagen werden in verschiedenen Formen vom Handel angeboten, man kann sie aber auch sehr einfach selbst bauen (zum Beispiel aus Ziegelsteinen, Palisaden, Latten). Bei einer frei aufgesetzten Miete spart man sich den Behälter, sie braucht aber mehr Platz. Silos bestehen meist aus Holzlatten; durch die Spalten kann überall Luft an den Kompost dringen. Thermokomposter sind spezielle Behälter, die den Rottevorgang beschleunigen. Kompostbehälter müssen gut belüftet sein und sollten abgedeckt werden können, um eine Vernässung bei Dauerregen zu vermeiden. Achten Sie auch darauf, daß sich der Behälter leicht öffnen und entleeren läßt, etwa durch Holzlatten, die einzeln herausnehmbar sind.

Für einen Garten durchschnittlicher Größe empfiehlt sich eine dreiteilige Kompostanlage: Im ersten Silo wird das Kompostmaterial gesammelt, im zweiten kann bereits aufgesetztes Material reifen; der dritte schließlich enthält den reifen Kompost, der bei Bedarf entnommen wird.

Was kann kompostiert werden?

Grundsätzlich gilt: Alle organischen Materialien, die frei sind von Fremdstoffen und Verunreinigungen, können auf den

Kompost; alle nicht organischen Abfälle dagegen gehören in den Hausmüll bzw. in die getrennte Stoffsammlung.

Wie wird richtig kompostiert?

Je vielfältiger die kompostierten Stoffe sind und je besser man sie miteinander vermischt, desto günstiger läuft der Rottevorgang ab und desto wertvoller wird schließlich die Komposterde. Laub und Grasschnitt sollten nur in dünnen Lagen und in nicht zu großen Mengen aufgebracht werden; sie bilden schnell luftundurchlässige Schichten, der Kompost kann dann faulen. Holz braucht lange zur Verrottung, deshalb dürfen Hecken-, Obstbaum- und sonstige Schnittabfälle nur stark zerkleinert auf den Kompost, am besten fein gehäckselt.

Als unterste Schicht des Kompostes hat sich eine 10–20 cm starke Lage aus gröberem Holzschnitt bewährt, die für eine gute Bodenlüftung sorgt. Zwischen stark wasserhaltige und sich leicht verdichtende Stoffe sollten immer wieder gröbere, faserige und lüftungsfördernde Materialien gemischt werden, damit keine faulenden Schichten entstehen.

Zusatzstoffe braucht ein gut gepflegter Kompost ebensowenig wie ständiges Umsetzen. Zur Beschleunigung der Kompostreife können allerdings Kompoststarter zugesetzt werden. Am besten eignen sich dafür einige Schaufeln reifen Kompostes, damit „impfen" Sie den Kompost mit Kleinstlebewesen.

Geeignete Kompostrohstoffe	Ungeeignete Materialien
• Pflanzenreste • Laub • Grasschnitt (nur in dünnen Schichten) • zerkleinerte Holzreste (Gehölzschnitt) • Küchenabfälle (Gemüsereste, Obstreste) • Unkräuter (Blattmasse) • unbedrucktes Papier (Küchentücher, Zellstoff) • Zimmerpflanzen- und Balkonpflanzenerde • Eierschalen (zerkleinert) • Kaffee- und Teesatz • verblühte Schnittblumen • Mist von Kleintieren, Haustierstreu • kleine Mengen von unbehandelten Zitrusfruchtschalen	• Steine, Bauschutt • Glas • Metalle (Dosen) • Plastik, Kunststoffe • Fleischreste • Knochen, Fischgräten • farbig bedrucktes Papier • Zeitungspapier, Kartonagen (Altpapier) • behandelte Zitrusfruchtschalen • Obst- und Gemüsereste, die mit Konservierungsmitteln behandelt sind • Öl- und Farbreste • Inhalt von Staubsaugerbeuteln • Pflanzenschutzmittel

Am richtig angelegten Kompostplatz werden Abfälle zum „Gold des Gärtners"

Achten Sie darauf, daß der Komposthaufen stets ausreichend Feuchtigkeit enthält. Das Material sollte sich wie ein gut ausgedrückter Schwamm anfühlen. Gießen Sie bei Trockenheit nach oder schützen Sie ihn mit einer Abdeckung aus Stroh bzw. Erde vor der austrocknenden Sonne.

Nach etwa drei bis vier Monaten ist Roh- oder Frischkompost entstanden, der gut zum Mulchen oder zur Herbstdüngung der Gemüsebeete verwendet werden kann. Mit den obersten Bodenschichten vermischt, rottet der Rohkompost weiter. Nach neun bis zwölf Monaten ist der Kompost dann reif, er erscheint und riecht wie frische Erde, ist feinkrümelig und dunkel. Reifer Kompost wird durchgesiebt und kann vielseitig verwendet werden. Zur Bodenverbesserung wird er nur leicht in die obersten Erdschichten eingearbeitet.

Kompost ist nicht nur Humuslieferant, er hat auch eine Düngerwirkung. Je nach den Ausgangsmaterialien enthält reifer Kompost reichlich Nährstoffe. Wenn neben den Kompostgaben zusätzlich gedüngt wird, kann dies leicht zu Überdüngung und damit zu Pflanzenschäden führen.

ZIERGARTEN

Zwiebel- und Knollenpflanzen

Nun ist die hohe Zeit der Narzissen und Tulpen gekommen. Nach den ersten zarten Blütenteppichen der kleinen Zwiebelblüher, wie Blausternchen, Krokus oder Winterling, eröffnen weithin leuchtende Narzissen den Reigen der opulenten Blumenzwiebelpracht. Tulpen, Hyazinthen, Kaiserkronen und andere Arten schmücken dann den Garten bis zur Frühsommerblüte.

Narzissen
Narcissus-Arten

Der schöne Jüngling Narziß betrachtete eines Tages verzückt sein Spiegelbild im Wasser und ertrank, weil er vor lauter Liebe sein eigenes Bildnis umarmen wollte. Zur

Erinnerung an den selbstsüchtigen Narziß – so heißt es – ließen die Götter goldene Blumen wachsen, die Narzissen. Noch heute wiegen die schönen Amaryllisgewächse ihre Blütenköpfe über Wasserspiegeln, aber auch in Wiesen, Rabatten und Beeten.

Narzissen gibt es in einer reichen Formenfülle:
Trompetennarzissen (Blüte III–IV, Höhe 40–50 cm), die klassischen Osterglocken, tragen eine lange Trompete zwischen der Hauptkrone.
Schalen- oder **Bechernarzissen** (Blüte IV–V, Höhe 40–50 cm) haben eine schalenförmige Innenkrone, die meist anders gefärbt ist als die äußeren Kronblätter.
Tellernarzissen (Blüte IV–V, Höhe 30–40 cm) besitzen sternförmige Kronen mit einer kleinen Innenkrone.
Gefüllte Narzissen (Blüte IV–V, Höhe 30–40 cm) tragen gelbe, weiße oder mehrfarbige, dicht gefüllte Blüten.

Beliebte Trompetennarzisse: Narcissus pseudonarcissus 'Dutch Master'

Ansprechend: gefüllt blühende Narzissen

Narcissus cyclamineus 'Peeping Tom' mit nickenden Blütenkronen

Engelstränen- oder **Triandrus-Narzissen** (Blüte IV–V, Höhe 30–60 cm) entfalten mehrere kleine Blüten pro Stiel.

Alpenveilchen- oder **Cyclamineus-Narzissen** (Blüte III–IV, Höhe 10–40 cm) zeigen nickende, zierliche Krönchen.

Duftnarzissen oder **Jonquillen** (Blüte V–VI, Höhe 20–50 cm) sind anmutige, stark duftende Schönheiten.

Tazetten oder **Poetaz-Narzissen** (Blüte IV–V, Höhe 30–45 cm) prunken mit mehreren kleinen, oft gefüllten Blüten pro Stiel.

Dichter- oder **Poeticus-Narzissen** (Blüte V, Höhe 40–60 cm) haben duftende sternförmige Blüten.

Wildnarzissen (Blüte III–V, Höhe 5–50 cm) umfassen alle Wildarten, von denen viele sehr empfindlich sind.

Verschiedene Narzissen (Blüte IV–V, Höhe 30–50 cm) sind ein Sammelbegriff für die Gruppe der sonstigen, andersartigen Narzissen; hierzu zählen auch die orchideenblütigen Formen.

Die länglichen Zwiebeln („Nasen") werden ab Anfang September gepflanzt. Sie kommen doppelt so tief in den Boden, wie sie hoch sind. Zum Schutz und zur Bodenverbesserung werden die Pflanzstellen dünn mit Kompost überzogen. Verblühtes wird entfernt, das Laub bleibt stehen, bis es vergilbt. Vermehren kann man durch Teilung der Zwiebeln. Narzissen wirken am schönsten in Gruppen zusammen

mit anderen Frühlingsblühern. Zum Verwildern am Gehölzrand oder in Wiesen eignen sich vor allem Trompeten- und Dichternarzissen.

Tulpen
Tulipa-Arten

Es gibt kaum einen Garten, der im Frühjahr ohne diese farbenfrohen Zwiebelblumen auskommt. Früher Objekte

Frühe Tulpe 'Peach Blossom' mit hübschen gefüllten Blüten

Lilienblütige Tulpen, begleitet von weißen Tausendschön und gelben Hornveilchen

Blausternchen unterstützen hier die aparten Blüten von Tulipa kaufmanniana

für Spekulanten, die wahre Phantasiepreise erzielten, sind Tulpen heute in zahlreichen Farben und Formen überall erhältlich. Ihre klaren, leuchtenden Blütenfarben können überall zum Blickfang werden, vom Steingarten bis zum Beet, in Schalen auf der Terrasse ebenso wie in Rabatten.

Zur besseren Übersichtlichkeit teilt man die Formenvielfalt in verschiedene Tulpenklassen ein:

Frühe Tulpen (Blüte IV, Höhe 25–35 cm) mit einfachen oder gefüllten Blüten, besonders für Schalenbepflanzung geeignet.

Mittelfrühe Tulpen (Blüte IV–V, Höhe 35–50 cm) umfassen Mendel-Tulpen, das sind besonders kräftige, für den Schnitt geeignete Sorten; Triumph-Tulpen, mit wetterfesten, großen Blüten, und Darwin-Tulpen, die durch auffallend große, leuchtende Blüten bestechen.

Späte Tulpen (Blüte V–VI, Höhe 30–70 cm); dazu gehören die ausdrucksstarken Darwin-Hybrid-Tulpen, die eleganten Lilienblütigen Tulpen, die spätblühenden Cottage-

Tulpen, die bizarr gefärbten Rembrandt-Tulpen, die geflammten Papagei-Tulpen sowie schließlich die päonienförmigen Gefüllten Späten Tulpen.

Tulpenarten und ihre Sorten umfassen die frühblühenden Kaufmann- oder Seerosen-Tulpen (Blüte III–IV, Höhe 15–30 cm), die Fosteriana-Tulpen (Blüte IV–V, Höhe 20–40 cm) mit den größten Blüten unter den Tulpen und die Greigii-Tulpen (Blüte IV–V, Höhe 20–40 cm) mit schön gemusterten Blättern.

Wildtulpen stehen für eine große Artenfülle verschiedenartigster Formen, etwa die eleganten Weinbergtulpen (*Tulipa sylvestris*), die Anmutigen Tulpen (*T. pulchella*) und die sehr früh blühenden Zwergtulpen (*T. tarda*).

Gepflanzt werden die Zwiebeln im Oktober; sie benötigen einen sonnigen bis leicht halbschattigen Standort auf durchlässigen, humosen Böden, die nicht sauer oder staunaß sein dürfen. Auch bei Tulpen sollte das Laub nach der Blüte ausreifen dürfen, damit

die Zwiebeln kräftig werden. Vermehrt wird durch Brutzwiebeln. Gartentulpen (frühe, mittelfrühe und späte Tulpen) werden nach etwa vier bis fünf Jahren aufgenommen und neu gepflanzt, also umgesetzt.

Weitere Zwiebel- und Knollengewächse für den Garten

Die nachfolgende Tabelle gibt einen Überblick über eine größere Auswahl von Zwiebel- und Knollenblumen, die den Garten im Sommer und Herbst, teilweise bereits ab dem späten Frühjahr, schmücken können (Pflanzung siehe „September").

Kaiserkrone (Fritillaria imperialis)

Deutscher Name	Botanischer Name	Wuchshöhe in cm	Blüte- zeit	Hinweise
Zierlauch	*Allium*-Arten	15-150	V-VIII	vielgestaltige Arten
Blumenrohr	*Canna-Indica*-Hybriden	40-150	VI-IX	exotische Prachtstauden
Montbretie	*Crocosmia* x *crocosmiiflora*	60-100	VII-IX	leuchtendorange Trauben
Lilienschweif	*Eremurus*-Arten	100-250	V-VII	große Blütenkerzen
Kaiserkrone	*Fritillaria imperialis*	90-120	IV-V	majestätische Beetstauden
Schachbrettblume	*Fritillaria meleagris*	30-50	IV-V	anmutige Wildstauden
Kaphyazinthe	*Galtonia candicans*	100-120	VII-X	weiß, hyazinthen- ähnlich
Hyazinthe	*Hyacinthus orientalis*	20-30	IV-V	auffällige Beetpflanzen
Lilie	*Lilium*-Arten	60-150	VI-VIII	große Formenfülle
Milchstern	*Ornithogalum*-Arten	10-50	IV-V	zarte, weiße Blütendolden
Tigerblume	*Tigridia pavonia*	40-60	VII-IX	mehrfarbige Blütensterne

Hyazinthen; die dazwischen gepflanzten Stiefmütterchen unterstreichen die Wirkung der blauvioletten Blütentrauben

Lilium regale, die Königslilie, blüht im Juli und August und wird etwa
120 cm hoch

APRIL

Frühsommerliches Blütenereignis: Sommerflieder (Buddleja alternifolia) in vollem Flor

Blütengehölze

Bunter Flor im Frühjahr und Sommer

Gehölze sind das Gerüst des Gartens. Sie gliedern und prägen ihn, um sie werden die anderen Gartenteile und Pflanzen gruppiert. Da Gehölze nur unter größerem Aufwand wieder verpflanzt werden können, muß man sie mit Bedacht auswählen. Das Angebot ist inzwischen so groß geworden, daß jeder seinen Lieblingsbaum oder -strauch finden kann. Wenn man geschickt plant, bringt man mit Gehölzen das ganze Jahr über Leben und Farbe in den Garten, sei es durch Blüten, bunte Früchte, attraktive Herbstfärbung oder auch durch eine auffällige, schöne Rinde.

Im Kapitel Januar wurden bereits die winterblühenden Gehölze vorgestellt. Hier folgt nun eine Auswahl an schönen frühjahrs- und sommerblühenden Bäumen und Sträuchern für den Garten. Es wurden jedoch nur Arten berücksichtigt, die sich von ihrer Größe her für den normalen Hausgarten eignen. Kletterpflanzen werden in einem gesonderten Kapitel behandelt (siehe „Juni").

Blütengehölze im Überblick

Deutscher Name	Botanischer Name	Blütezeit	Blütenfarbe	Wuchshöhe in m
Strauchkastanie	*Aesculus parviflora*	VII-VIII	weiß	3-4
Felsenbirne	*Amelanchier*-Arten	III-VI	weiß	bis 8
Sommerflieder	*Buddleja alternifolia*	VI	lila	2-2,5
Schmetterlingsstrauch	*Buddleja davidii*-Sorten	VII-VIII	lila, rosa, weiß	2-3
Zierquitte	*Choenomeles*-Arten	III-IV	verschiedene	1-2
Blumenhartriegel	*Cornus kousa, C. florida*	V-VI	weiß	6-8
Perückenstrauch	*Cotinus coggygria* *C. coggygria* 'Royal Purple'	VI-VII VI-VII	gelbgrün rot	2-3 2-3
Geißklee	*Cytisus*-Arten	V-VII	verschiedene	0,2-2
Seidelbast	*Daphne cneorum* *D. mezereum*	III-V III-V	rosa rosa	0,3 1
Deutzie	*Deutzia*-Arten	V-VI	weiß, rosa	bis 3
Prachtglocke	*Enkianthus campanulatus*	V	rosa	2-3
Prunkspiere	*Exochorda*-Arten	V	weiß	3-4
Forsythie	*Forsythia*-Arten	IV	gelb	2-3

Zierquitte, Choenomeles-Hybride 'Fire Dance'

Prunkspiere, Exochorda giraldii

Blütengehölze im Überblick (Fortsetzung)

Deutscher Name	Botanischer Name	Blütezeit	Blütenfarbe	Wuchshöhe in m
Ginster	*Genista*-Arten	V-VIII	gelb	0,6-1
Eibisch	*Hibiscus syriacus*-Sorten	VIII-X	verschiedene	1,5-2
Hortensie	*Hydrangea*-Arten	VI-VIII	verschiedene	2-3
Johanniskraut	*Hypericum*-Arten	VI-IX	gelb	bis 1,5
Lorbeerrose	*Kalmia latifolia, K. angustifolia*	V-VII	weiß, rosa, rot	2-3 1
Kerrie	*Kerria japonica, K. japonica* 'Pleniflora'	V-VI	gelb	1-2
Kolkwitzie	*Kolkwitzia amabilis*	V-VI	rosa	2-3
Goldregen	*Laburnum anagyroides, L.* x *watereri* und Sorten	V-VI	gelb	7-8
Lavendel	*Lavandula angustifolia*	VII-IX	blau	0,6
Buschklee	*Lespedeza*-Arten	VIII-X	violett bis rot	1-2
Magnolie	*Magnolia*-Arten	III-V	weiß, rosa, rot	3-6
Zierapfel	*Malus*-Arten	V	weiß, rosa	4-8
Strauchpfingstrose	*Paeonia suffruticosa*-Sorten	V-VI	verschiedene	1-2
Pfeifenstrauch	*Philadelphus*-Arten	VI-VII	weiß	2-5

Goldregen, Laburnum x watereri 'Vossii'

Vom Zierapfel (Malus) gibt es zahlreiche Arten und Hybriden

Blütengehölze im Überblick (Fortsetzung)

Deutscher Name	Botanischer Name	Blütezeit	Blütenfarbe	Wuchshöhe in m
Fingerstrauch	*Potentilla fruticosa*-Sorten	V-VIII	gelb, weiß	0,6-2
Zierkirsche	*Prunus*-Arten	IV-V	weiß, rosa	8-10
Traubenkirsche	*Prunus laurocerasus*-Sorten	V-VI	weiß	1-3
Rhododendron	*Rhododendron*-Arten	IV-VI	verschiedene	0,6-4
Blutjohannisbeere	*Ribes sanguineum* und Sorten	IV-V	rot	2-2.5
Robinie	*Robinia hispida* 'Macrophylla'	VI-IX	rosa	1,5-2
Rose	*Rosa*-Arten und Sorten	V-X	verschiedene	0,5-4
Holunder	*Sambucus*-Arten	V-VII	gelb bis weiß	3-4
Fiederspiere	*Sorbaria*-Arten	VI-VII	weiß	2-3
Spierstrauch	*Spiraea*-Arten	V-IX	weiß, rosa, rot	0,5-3
Flieder	*Syringa*-Arten	V-VI	lila, blau, weiß	1,5-5
Tamariske	*Tamarix*-Arten	V-IX	rosa	2-5
Schneeball	*Viburnum*-Arten	IV-VI	weiß, rosa	2-4
Weigelie	*Weigela*-Arten	V-VIII	rosa, rot	1,5-3

Pfingstrose, Paeonia suffruticosa 'Beauté de Twickel'

Mit über 80 Arten kann der Spierstrauch (Spiraea) aufwarten

Rasen
Wann wird gesät?

Grüne Grasteppiche sind und bleiben mit die wichtigsten Elemente in den Gärten. Bei sachgemäß ausgeführter Neuanlage und guter Pflege bietet der Rasen über viele Jahre hinaus einen schönen Anblick. Rasen kann zu mehreren Terminen ausgesät werden, die alle ihre Vor-, aber auch Nachteile haben. Im Frühsommermonat Mai bietet der Boden optimale Voraussetzungen: Er ist in der Regel genügend durchfeuchtet, und die Saat kann gut aufgehen. Warme Temperaturen beschleunigen die Keimung der Rasengräser, leider aber auch die der Unkräuter. Im Spätsommer (September) gehen dagegen die Unkräuter kaum noch auf, dafür ist der Boden nach der sommerlichen Hitze oft stark ausgetrocknet, und früh einsetzende Kälte kann das erste Wachstum der Gräser schnell zum Stocken bringen. Während der hochsommerlichen Hitze sollte keinesfalls Rasen ausgesät werden; die empfindlichen Jungpflänzchen können leicht verbrennen, gleichzeitig schluckt die erforderliche Bewässerung viel kostbares Naß. Den raschesten und dichtesten Wuchs des Rasens erzielen Sie bei Maiaussaat.

Rasensaatgut

Entscheidend ist die Wahl einer Rasensamenmischung, die den Standortbedingungen Ihres Gartens genau entspricht. Berücksichtigen Sie dabei die Lage (sonnig, halbschattig, schattig), die Bodenqualität (schwer, leicht, steinig, sauer, basisch) und die Anforderungen, die Sie an den Rasen stellen (Spiel- und Sportrasen, reiner Zierrasen). Achten Sie auf eine möglichst vielfältige Artenmischung; gute Rasensaat enthält mindestens fünf verschiedene Grasarten. Je nach Rasenmischung werden pro Quadratmeter 15–40 g Saatgut benötigt.

Bodenvorbereitung und Aussaat

Zunächst steckt man den gewünschten Bereich für den Rasen ab und berechnet aus der Grundfläche die benötigte Saatgutmenge. Lockerer, gut durchlässiger Boden ist Voraussetzung für einen langlebigen Rasen, der keine Probleme bereitet. Verdichtete Böden müssen tiefgründig gelockert werden, entweder durch eine vorausgehende Gründüngung mit Tiefwurzlern (Kartoffeln, Inkarnatklee, Lupinen, Bienenfreund) und/oder durch Fräsen (mit Spezialgerät). Auch zu sandige oder zu tonige Böden bedürfen einer entsprechenden Verbesserung; durch Humusgaben bzw. durch Sandzuschlag kann der Boden Nährstoffe und Wasser besser speichern und freigeben. Gleichzeitig mit der Bodenvorbereitung wird das Gelände geebnet, werden Senken und Mulden aufgefüllt, Hügel abgetragen und sämtliche Unkrautwurzeln entfernt. Anschließend erfolgt die Grobplanierung, das heißt Zerkleinern von Erdklumpen, Beseitigen von Steinen und Entfernen der noch übriggebliebenen Wurzelreste. Durch die Feinplanierung mit dem Rechen bereitet man schließlich das Saatbett; die oberste Erdschicht muß fein krümelig werden. Bei diesem Arbeitsschritt können Sie auch noch kleinere Ungleichmäßigkeiten des Untergrundes ausgleichen, beispielsweise zu lockere Stellen etwas verdichten.

Auf den abgetrockneten, keinesfalls nassen Untergrund wird nun das Saatgut ausgebracht: Mit einem fahrbaren Düngerstreuer (Dosierung einstellen) können die Samen besonders gleichmäßig verstreut werden. Gehen Sie dabei in Reihen vor, damit auch wirklich überall die gleiche Menge Saatgut hinfällt. Die einzelnen Saatbahnen sollen sich dabei nicht überschneiden, die Bahnränder dürfen sich aber auch nicht verfehlen. Die Samen muß man anschließend gut andrücken, damit sie nicht vom Wind weggeblasen werden können und guten Erdkontakt haben. Professionell geschieht dies mit Hilfe einer Walze. Zuerst drückt eine Igelwalze mit ihren Dornen die Samen leicht in die Erdoberfläche, anschließend glättet eine glatte Walze die Oberfläche. Es geht aber auch mit Brettchen, die man unter seinen Schuhen befestigt und mit denen man Schritt für Schritt die Saat andrückt, besonders auf kleinen Flächen. All diese Arbeitsgänge erledigt eine Sämaschine in einem Gang; solche Geräte kann man häufig mieten.

Das Grün des Rasens bringt Sommerblumen- und Staudenrabatten erst so richtig zum Leuchten

Von der Keimung zum ersten Schnitt

Sobald die Saat feucht wird und genügend Wärme vorhanden ist, erscheint das erste, zarte Grün. Falls es nicht regnet, muß bewässert werden. Unter günstigen Bedingungen erfolgt schon nach drei bis vier Tagen die Keimung, nach etwa zwei Wochen sind die Graspflanzen gut entwickelt und eingewurzelt. Im Spätsommer dauert dieser Vorgang meist länger. Sobald die Gräser etwa 6–8 cm hoch sind, wird zum ersten Mal gemäht. Dadurch werden die Pflanzen angeregt, sich besser zu bestocken und einen geschlossenen Bestand zu bilden. Achten Sie darauf, daß die Rasenmähermesser scharf sind, damit die feinen Halme nicht abgerissen werden, und stellen Sie eine Mähhöhe von 3,5–4 cm ein. Wenn man wöchentlich mäht und wenn genügend Feuchtigkeit vorhanden ist, wird der Rasen nach und nach immer dichter und gleichmäßiger.

Rasenpflege

Gräser gehören zu den widerstands- und regenerationsfähigsten Pflanzen des Gartens. Sie ertragen Tritt, Schnitt, Austrocknung und Nässe. Dennoch braucht der Rasen gute Pflege, wenn er dicht und gesund bleiben soll. Wichtigste Pflegemaßnahme ist das **Mähen.** Durch regelmäßigen Schnitt werden die Graspflanzen angeregt, sich gut zu bestocken, viele Halme zu treiben und dicht miteinander zu verwachsen. Mähen Sie Ihren grünen Teppich regelmäßig, etwa alle ein bis zwei Wochen. Je kürzer die Gräser bleiben, desto leichter läßt sich mähen, außerdem werden Unkräuter kurz gehalten und können nicht aussamen. Als Regel für das Mähen gilt: Je heißer und trockener, desto höher die Mähereinstellung, um Vertrocknungsschäden zu vermeiden. Um stets schön grün zu bleiben, benötigt der Rasen eine gleichmäßige **Bodenfeuchtigkeit.** Bei Hitzeperioden im Sommer wird er schnell trocken und braun. Dennoch sollten Sie kritisch abwägen, ob eine Bewässerung der Grünfläche aus der Leitung nötig ist. Wasser ist ein kostbares Gut und unser wichtigstes Lebensmittel – zum Rasengießen eigentlich viel zu wertvoll. Verwenden Sie lieber Regenwasser, falls vorhanden, oder nehmen Sie einen zeitweise nicht so grünen Anblick in Kauf; wenn dann wieder Niederschläge fallen, erholt sich der Rasen erstaunlich schnell.

Gräser sind robust und machen einiges mit; ohne Pflege kommt jedoch kein Rasen aus

Die Gräser brauchen **Licht** und **Luft** zum Gedeihen, Luft vor allem im obersten Wurzelbereich. Breitblättrige Unkräuter und eine verdichtete Bodenoberfläche hemmen den Graswuchs. Deshalb sollten Sie Ihrem Rasen jedes Jahr eine Belüftungskur mit dem Vertikutierer gönnen. Mit diesem Spezialgerät wird zu dichter, alter Rasenfilz zerschnitten und so der Neuaustrieb der Gräser gefördert.

Der **Nährstoffbedarf** der Gräser ist in den meisten Gärten über viele Jahre hinaus durch das gedeckt, was der Boden an Reserven enthält. Eine zusätzliche Düngung des Rasens sollten Sie nur vornehmen, wenn sie bei offensichtlichem Mangel unbedingt nötig wird. Denn übermäßig gedüngter Rasen zeigt schnell Schäden, starke Verunkrautung und Anfälligkeit für Krankheiten. Als natürliche Art des Düngens hat sich das „Mulchmähen" bewährt: Lassen Sie das Mähgut einige Zeit auf dem Rasen liegen, bis es zu Heu geworden ist, dadurch führen Sie dem Rasen wieder Nährstoffe zu. Das Heu wird dann abgerecht und weiterverwendet (Kompost, Mulch). Bei anhaltenden Niederschlägen sollte man allerdings vorübergehend auf diese Methode verzichten, um Fäulnis zu vermeiden.

Zur Bodenverbesserung können Sie einmal im Jahr je nach Bodenart Sand, reifen Kompost oder Humus in kleineren Portionen auf der Rasenfläche ausbringen und mit dem Rechen fein zwischen die Grasbüschel verteilen.

Blumenwiese

Statt eintöniger, steriler Rasenflächen bevorzugen viele Gartenbesitzer eine farbenfrohe, lebendige Wiese mit vielen Blumen. Die Anlage einer langlebigen Blumenwiese erfordert allerdings gründliche Vorbereitung, wenn sie dauerhaft und vielfältig Bestand haben soll. Nachfolgend werden verschiedene Möglichkeiten beschrieben, wie der Traum von der bunten Wiese Wirklichkeit werden kann.

Rasen zur Wiese umgestalten

Bestehende Rasenflächen können sich durch Einpflanzung von Wiesenblumen nach und nach zu wiesenähnlichen Pflanzendecken entwickeln. Der Einsaat von Wildblumenmischungen ist dagegen oft nur geringe Zeit Erfolg beschieden, denn die kurzlebigen Arten dieser Mischungen (Klatschmohn, Kornblume, Glockenblume) haben keine großen Chancen, sich zwischen den konkurrenzstarken Gräsern durchzusetzen. Oftmals ist auch der Boden viel zu fett, also zu nährstoff- und humusreich, für die im allgemeinen an karge Böden angepaßten Blumen.

Eine Alternative zu einer „echten" Blumenwiese bietet die Wildkräuterwiese, wo sich im Rasen nach und nach verschiedene „Unkräuter" ansiedeln und ausbreiten dürfen. Gänseblümchen, Hahnenfuß, Ehrenpreis und Margeriten verwandeln die rein grüne Fläche dann in einen bunten Flicken-

Geduldete Kräuter wie Löwenzahn, Gänseblümchen & Co. lassen aus dem Rasen bald von selbst eine Wiese werden

teppich. Dazu stellt man alle Pflegemaßnahmen ein, das Mähen wird nach und nach immer seltener durchgeführt (anfangs vier- bis siebenmal, später zweimal pro Jahr) und das Schnittgut sofort entfernt, um den Boden abzumagern. Mit den Jahren entsteht so eine lustig-bunte Pflanzendecke, die durch Kombination mit verwilderten Blumenzwiebeln noch ihren letzten Schliff erhält.

Durch gezieltes Einpflanzen von Wiesenblumen kann man die Umgestaltung fördern und beschleunigen. Selbst aus Samen vorgezogene oder in Gärtnereien erworbene, kräftige Pflanzen werden inselartig in den Rasen eingesetzt. Die Wiesenpflanzen müssen den Standortbedingungen entsprechend ausgesucht werden. Ein Schnitt der gepflanzten Wiese darf erst erfolgten, wenn die Blumen ihre Samen ausgestreut haben. Die Wildkräuterwiese wie die gepflanzte Blumenwiese haben den Vorteil, daß man auch Teilbereiche des Rasens zur Wiese umgestalten kann.

Blumenwiese neu anlegen

Auf nährstoffarmen, mageren Böden kann eine Blumenwiese direkt durch Aussaat angelegt werden. Trockene Sand-, Kies- oder Steinböden eignen sich für die Anlage von Trockenrasengesellschaften, feuchte Böden für Feuchtwiesen. Die für den jeweiligen Standort passende Samenmischung stellt man am besten selbst zusammen, wobei auf zwei Drittel Grassamen ein Drittel Blumensamen kommt. Im Fachhandel sind Gräsermischungen speziell für Wiesen erhältlich,

die sich nur aus schwachwüchsigen, horstbildenden Arten zusammensetzen (Rotschwingel, Wiesenrispengras, Kammgras, Goldhafer, Zittergras). Fertige Blumensamenmischungen gibt es für verschiedene Standorte; Saatgut für kalkreiche, trockene Böden besteht zum Beispiel aus Ochsenauge, Kugelblume, Frühlingsfingerkraut und Ährigem Ehrenpreis, für nährstoffreichere, frische Lehmböden aus Schafgarbe, Wiesenstorchschnabel, Knäuelblume und Moschusmalve. Die beste Zeit für die Aussaat ist von Mitte April bis Ende Mai. Die Samen werden annähernd gleichmäßig ausgebracht, leicht angedrückt und feucht gehalten.

Neu angelegte Blumenwiesen werden nach zwei bis drei Monaten erstmals mit der Sense gemäht, künftig dann nur noch ein- bis zweimal pro Jahr. Bei zweischürigen Wiesen erfolgt der erste Schnitt im Juli, der zweite Schnitt Ende September; einschürige mäht man nur im September. Weitere Pflege ist nicht erforderlich.

Wie wär's mit einer bunten Primelwiese? (Geeignet für trockene bis frische Standorte)

Wiesenblumen für Aussaat oder Pflanzung

Deutscher Name	Botanischer Name	Blütezeit	Standortansprüche
Schafgarbe	*Achillea millefolium*	VI-IX	trockene bis frische Böden
Günsel	*Ajuga reptans*	V-VII	frische bis feuchte Böden
Färberkamille	*Anthemis tinctoria*	VI-IX	trockene Böden
Wiesenkerbel	*Anthriscus sylvestris*	IV-VII	frische Böden
Knäuelglockenblume	*Campanula glomerata*	VI-VII	trockene bis frische Böden
Wiesenglockenblume	*Campanula patula*	V-VII	trockene bis frische Böden
Wiesenflockenblume	*Centaurea jacea*	VI-IX	frische Böden
Kartäusernelke	*Dianthus carthusianorum*	VI-IX	trockene Böden
Wiesenstorchschnabel	*Geranium pratense*	VI-IX	frische Böden
Wiesenknautie	*Knautia arvensis*	VII-IX	trockene bis frische Böden
Wiesenplatterbse	*Lathyrus pratensis*	VI-VIII	frische bis feuchte Böden
Margerite	*Leucanthemum vulgare*	V-VI	trockene bis frische Böden
Kuckuckslichtnelke	*Lychnis flos-cuculi*	VI-VIII	frische bis feuchte Böden
Moschusmalve	*Malva moschata*	VII-IX	trockene bis frische Böden
Schlüsselblume	*Primula veris*	IV-V	trockene bis frische Böden
Hahnenfuß	*Ranunculus acris*	V-IX	frische bis feuchte Böden
Wiesensalbei	*Salvia pratensis*	V-VII	trockene Böden
Rote Lichtnelke	*Silene dioica*	V-IX	frische bis feuchte Böden
Wiesenbocksbart	*Tragopogon pratensis*	V-VIII	frische Böden
Weißklee	*Trifolium repens*	V-X	frische Böden

Links: weißblühende Schafgarbe, in reizvoller Kombination mit Klatschmohn; rechts: Wiesenstorchschnabel

GEMÜSEGARTEN

Fruchtwechsel und Kulturfolge

Wenn man die verschiedenen Kulturzeiten der einzelnen Arten geschickt ausnutzt und auf eine geeignete Aufeinanderfolge der Kulturen achtet, lassen sich nachhaltig hohe Erträge bei Schonung des Bodens gewährleisten. Neben der Mischkultur sind Fruchtwechsel und Kulturfolge die wichtigsten Grundlagen für erfolgreiches und naturgemäßes Gärtnern. Das regelmäßige Wechseln der Anbaufrüchte ist ein Verfahren, das schon sehr lange praktiziert wird. Die Erfahrung hatte Ackerbauern schon früh gelehrt, daß die Ernten höher ausfallen, wenn auf derselben Fläche jedes Jahr eine andere Kultur angebaut wird. So entstand im 16. Jahrhundert die Dreifelderwirtschaft. Im dreijährigen Turnus wechselten Wintergetreide, Sommergetreide und Brache (Verzicht auf Bestellung) miteinander ab. Das System wurde um 1800 durch Anbau von Futterpflanzen (statt Brache) entscheidend verbessert, die Erträge stiegen stark an. Auch heute noch hat die Regel, daß die Ernte sicherer und größer ist, je weniger oft dieselbe Kultur auf einer Fläche angebaut wird, ihre Gültigkeit, in der Landwirtschaft wie im Gemüsegarten.

Fruchtfolge ist der Fachbegriff für das Aufeinanderfolgen verschiedener Pflanzenarten auf einem Beet über mehrere Jahre hinweg. Dabei können sich

Anbauverfahren auf einen Blick

1. Jahr	1. Jahr	1. Jahr	Frühling / Vorkultur	
			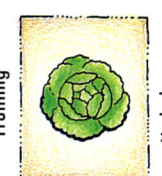	
Blumenkohl	Salat	Zwiebel (Liliengewächs)	Salat	Blumenkohl

2. Jahr	2. Jahr	2. Jahr	Sommer / Hauptkultur	
				**Reinkultur:** Anbau von nur einer Pflanzenart auf einem Beet
Blumenkohl	Schwarzwurzel	Kohlrabi (Kreuzblütler)	Bohne	

3. Jahr	3. Jahr	3. Jahr	Herbst / Nachkultur	

Blumenkohl	Gründüngung	Tomaten (Nachtschattengewächs)	Endivie	Blumenkohl Bohnen Salat

<u>Monokultur:</u> jährlicher Anbau derselben Pflanze

<u>Fruchtfolge:</u> jährliche Aufeinanderfolge verschiedener Pflanzenarten

<u>Fruchtwechsel:</u> jährliche Aufeinanderfolge von Pflanzen aus verschiedenen Familien

<u>Kulturfolge:</u> Aufeinanderfolge mehrerer Pflanzenarten innerhalb eines Jahres

<u>Mischkultur:</u> gleichzeitiger Anbau mehrerer Pflanzenarten auf einem Beet

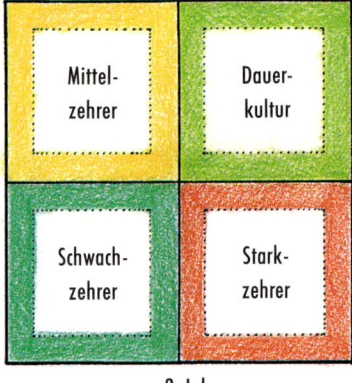

| 1. Jahr | 2. Jahr | 3. Jahr |

Fruchtfolge in dreijährigem Rhythmus, unter Beachtung der verschiedenen Nährstoffansprüche

Gemüse auch mit Zierpflanzen und Gründüngungspflanzen abwechseln. Vielseitige Fruchtfolge bedeutet also, daß auf einer bestimmten Fläche mehrere verschiedene Gemüsearten und andere Pflanzen hintereinander angebaut werden. Eine einseitige Fruchtfolge, also der Anbau derselben oder nahe verwandter Gemüse über mehrere Jahre auf einem Beet, führt oft dazu, daß Schädlinge und Krankheiten vermehrt auftreten, daß sich Schadstoffe anreichern, daß der Boden einseitig ausgelaugt wird und somit die Erträge sinken. Der Wechsel von Gemüsearten aus verschiedenen Pflanzenfamilien, beispielsweise wenn Doldenblütler (wie Möhren) auf Liliengewächse (zum Beispiel Zwiebeln) folgen, wird **Fruchtwechsel** genannt.

Um die Vorteile dieser Kulturverfahren zu nutzen, sollte Gemüseanbau nach genauer Planung erfolgen. Teilen Sie dazu Ihre Gemüsefläche in vier Bereiche auf: ein Teil für Starkzehrer, ein Teil für Mittelzehrer, ein Teil für Schwachzehrer und schließlich ein Teilbereich für Dauerkulturen

(Rhabarber, Spargel). Falls keine Dauerkulturen gewünscht werden, reicht natürlich eine Dreiteilung der Fläche. Jährlich wechselt dann die Belegung der einzelnen Bereiche. Auf dem Beet der Starkzehrer folgen Mittelzehrer, wo Mittelzehrer standen, kommen Schwachzehrer hin, und Starkzehrer pflanzt man auf das vorherige Schwachzehrerbeet, nachdem dort wieder gedüngt wurde. Dieses Verfahren veranschaulicht die obenstehende Abbildung.

Durch den jährlichen Wechsel von Gemüsearten mit unterschiedlichen Ansprüchen errei-

chen Sie, daß die Nährstoffe optimal genutzt werden. Zusätzliche Düngung ist kaum erforderlich. **Starkzehrer** (Pflanzen mit hohem Nährstoffbedarf) kommen grundsätzlich auf ein Beet, das vorher mit Kompost oder Mist frisch aufgedüngt wurde. **Mittelzehrer** (Pflanzen mit mittlerem Nährstoffbedarf) begnügen sich meist mit den noch vorhandenen Nährstoffen nach Starkzehreranbau, eventuell kann man zusätzlich etwas Kompost geben. **Schwachzehrer** nutzen die restlichen Nährstoffvorräte, hier braucht nicht gedüngt zu werden.

Nährstoffansprüche der Gemüsearten

Starkzehrer	Mittelzehrer	Schwachzehrer
Chicorée	Auberginen	Bohnen
Gurken	Kartoffeln	Erbsen
Kohlarten	Kohlrabi	Feldsalat
Kürbis	Möhren	Knollenfenchel
Lauch	Rettiche	Radieschen
Mangold	Rosenkohl	Speiserüben
Paprika	Rote Bete	Spinat
Sellerie	Salate	Winterendivie
Tomaten	Schwarzwurzel	Kräuter
Zucchini	Zwiebeln	

Als **Kulturfolge** bezeichnet man das planmäßige Aufeinanderfolgen verschiedener Anbaufrüchte innerhalb eines Jahres. In unserem Klima sind pro Jahr drei Ernten von drei Kulturen auf derselben Fläche das Optimum und meist auch das, was maximal überhaupt möglich ist. Ebenso wie die Anbaufolge über größere Zeiträume unterliegt auch die Kulturfolge innerhalb einer Vegetationsperiode gewissen Regeln. Diese müssen bei einem erfolgreichen Gemüsebau gleichzeitig ebenso Beachtung finden wie viele andere Gesetzmäßigkeiten. Man unterscheidet dabei schnell wachsende und reifende Gemüse, die sogenannten **Vor- und Nachkulturen**, sowie langsam reifende Arten, die **Hauptkulturen. Zwischenkulturen** sind ebenfalls raschwüchsige Gemüse, die

sich mit der Hauptkultur die Fläche teilen. Sie werden gesät und geerntet, solange die Hauptkultur noch wenig Fläche beansprucht.

Weitere Regeln für Fruchtfolge, Fruchtwechsel und Kulturfolge:

- Gemüsearten, die zu den Hauptkulturen gehören, frühestens nach drei Jahren wieder am selben Platz anbauen.
- Vor- und Nachkulturen derselben Art nicht hintereinander auf dem gleichen Beet anbauen.
- Auf frisch gedüngten Beeten für Starkzehrer auf Vorkulturen verzichten.
- Als Nachkulturen auch Gründüngungspflanzen einsetzen, die den Boden verbessern (zum Beispiel winterharte Arten wie Inkarnatklee oder rasch wachsende

Saatmischungen; Näheres siehe im „September").

- Gänsefußgewächse (Spinat, Mangold, Rote Bete, Gartenmelde) sind selbstunverträglich, nicht hintereinander anbauen.
- Ebenso Kreuzblütler (Kohlarten, Kohlrabi, Rettiche, Radieschen, Senf zur Gründüngung) nicht hintereinander anbauen, sonst droht die gefürchtete Pilzkrankheit Kohlhernie.

Anbauplan für Gemüse

Durch eine sorgfältige Planung lassen sich die vielen Anforderungen und Grundsätze von Fruchtwechsel, Kulturfolge und Mischanbau leichter „unter einen Hut bringen", als es auf den ersten Blick aussieht. Dazu zeichnen Sie am besten einen Grundrißplan Ihres Gemüsegartens und tragen die Beete ein (siehe auch „Gartentagebuch" in der Einleitung). Notieren Sie in einer Liste die Gemüsearten, die Sie bevorzugen. Aus dieser Liste wählen Sie im nächsten Schritt die Hauptkulturen aus und verteilen sie nach den Regeln von Fruchtfolge und Mischkultur auf den Beeten. Abschließend werden Vor- und Nachkulturen ausgesucht, die zu den Hauptkulturen passen. Achten Sie hierbei stets auf die Verträglichkeit der kurzlebigen Gemüse mit den Hauptkulturen (vergleiche Mischkulturtabelle im „März").

Kulturformen von Gemüse

Hauptkulturen (langlebige Gemüse)	Vor-, Nach- und Zwischenkulturen (kurzlebige Gemüse)
Auberginen	Blattmangold
Bohnen	Frühkohlrabi
Erbsen	Frührettich
Gurken	Kresse
Kartoffeln	Mairüben
Kohlarten	Neuseeländer Spinat
Kürbis	Radieschen
Lauch	Rübstiel
Melone	Salate
Möhren	Spinat
Paprika	
Rote Bete	
Schwarzwurzel	
Sellerie	
Tomaten	
Zwiebeln	

keine VORKULTUR

Radies — Blumen-kohl — Eissalat — Blumen-kohl — Radies

NACHKULTUR:
Winterlauch

Starkzehrerbeet

VORKULTUR:
Spinat

Möhren — Zwiebeln — Möhren — Zwiebeln — Möhren

NACHKULTUR:
Feldsalat

Mittelzehrerbeet

Die nebenstehenden Abbildungen zeigen Beispiele, wie ein solcher Plan für den Gemüsegarten aussehen könnte. Auf einem vierten Beet könnten zusätzlich die Dauerkulturen wie Rhabarber, Spargel, Erdbeeren oder Artischocken stehen.

Beispiel für eine Gemüseanbauplanung unter Berücksichtigung von Mischkultur, Fruchtwechsel und Kulturfolge. Diese Beetbelegungen könnten dann jährlich „rotieren", ähnlich wie es die Abbildung auf Seite 112 zeigt.

Starkzehrerbeet: Auf den frisch gedüngten Boden kommen als Hauptkultur zwei Reihen Blumenkohl. Zwischenkulturen sind Radieschen und Eissalat, die längst abgeerntet sind, wenn der Blumenkohl mehr Platz braucht. Als Nachkultur kann Winterlauch gepflanzt werden.

VORKULTUR:
Kohlrabi
(Mairüben)

Bohnen — Schnitt-salat — Bohnen — Schnitt-salat — Bohnen

NACHKULTUR:
Endivien

Schwachzehrerbeet

Mittelzehrerbeet: Nachdem die Vorkultur Spinat abgeerntet ist, folgen als Hauptkulturen Zwiebeln und Möhren (gegenseitige Schädlingsabwehr). Eine mögliche Nachkultur ist Feldsalat.

Schwachzehrerbeet: Als Vorfrüchte kommen frühe Mairüben oder Kohlrabi in Frage. Bohnen bilden die Hauptkultur, Schnittsalat kann als Zwischenfrucht genutzt werden, solange die Bohnenpflanzen noch klein sind. Nach der Salaternte setzt man Bohnenkraut in die Lücken, das später schmackhafte Würze für die Bohnen liefert und gleichzeitig das Aroma der Nachkultur Endivie fördert.

Der Rhabarber akzeptiert auch einen halbschattigen Standort

Beliebte Gemüse

Rhabarber

Rheum rhaponticum

Die wohlschmeckenden Stiele des Rhabarbers werden zwar in der Küche wie Obst behandelt, die Pflanze zählt aber gärtnerisch gesehen zum Gemüse. Das mächtige Knöterichgewächs *(Polygonaceae)* ist mehrjährig und überdauert die Zeit nach dem Einziehen im Sommer bis zum Frühjahr mit Hilfe eines dicken Rhizoms. Dabei handelt es sich um unterirdische, verdickte, fleischige Sproßachsen, die als Speicherorgane dienen.

Standort: sonnig bis halbschattig; tiefgründige, humose Sand- oder Lehmböden mit saurer bis basischer Reaktion.

Pflanzung: im Herbst große Rhizomstücke („Klumpen") mit einem Gewicht von etwa 500 g flach einsetzen, die Knospen dürfen nur einige Zentimeter unter der Oberfläche liegen; Pflanzabstand 1 x 1 m.

Kultur: Verfrühen ab Februar möglich, dazu mit großer Kiste abdecken, dick in schwarze Folie oder Stroh einpacken. Nach etwa drei bis vier Wochen kann erstmals geerntet werden. Ab Mai Blütenstengel entfernen. Sonst recht anspruchslos.

Ernte: im ersten Jahr nach der Pflanzung nicht ernten. Ab dem zweiten Jahr kann ab April nach Bedarf geerntet werden; dazu die Blattstiele mit einer leichten Drehung herausziehen, nicht abschneiden. Letzte Ernte etwa Mitte Juli.

Kulturfolge/Mischanbau: Rhabarber sollte nicht nach sich selbst wieder angebaut werden, besser den Standort wechseln. Er kann auch im Ziergarten stehen; Mischkulturen sind ungebräuchlich.

Hinweise: Blätter des Rhabarbers eignen sich nicht zum Verzehr, da sie sehr viel Oxalsäure enthalten. Man kann sie aber gut zum Mulchen oder zur Herstellung eines Pflanzentees gegen Zwiebelfliege und Lauchmotte verwenden.

Die erntereifen Stiele zieht man mit einer leichten Drehung heraus

APRIL

Neben schmackhaften Knollen haben Kartoffeln auch hübsche Blüten zu bieten

Kartoffeln
Solanum tuberosum

Kartoffeln haben längst ihren Ruf als „Dickmacher" und als „Arme-Leute-Essen" verloren, die leckeren Knollen gelten zu Recht als wertvolles, vitaminreiches Grundnahrungsmittel. Als die Nachtschattengewächse *(Solanaceae)* Mitte des 16. Jahrhunderts nach Europa kamen, wurden sie als reine Zierpflanzen angebaut, da sich ihre oberirdischen Früchte als ungenießbar erwiesen. Das „Gold der Erde" entdeckte man erst viel später. Den Durchbruch schaffte die tolle Knolle erst durch eine Zwangsverordnung Friedrichs des Großen, in Notzeiten erwies sich die Kartoffel dann in der Folge als verläßliches Nahrungsmittel. Im Garten werden überwiegend Frühkartoffeln angebaut, die ansehnliche Erträge bringen, besonders guten Geschmack haben und im Frühsommer den Geldbeutel schonen, weil die Marktpreise zu dieser Zeit sehr hoch liegen.

Standort: sonnig; leichte, sandige oder lehmige Böden, die man vor der Pflanzung mit Kompost oder Mist aufbessern sollte.

Pflanzung: Saatkartoffeln vorkeimen; dazu Mitte bis Ende März Kartoffeln dicht in eine Kiste mit Rindenhumus-Sand-Gemisch legen und hell bei etwa 15°C aufstellen. Vorgekeimte Kartoffeln ab Mitte/ Ende April auspflanzen, sonst bereits ab Ende März (eventuell unter Folie). In 40–50 cm Abstand etwa 15 cm tiefe Furchen ziehen, alle 30–45 cm Kartoffeln legen. Furchen zuhäufeln.

Kultur: sobald das Laub erscheint, anhäufeln; alle zwei bis drei Wochen weiter anhäufeln (bis etwa 20 cm Höhe). Unkraut entfernen, auf sandigen Böden bei Bedarf wässern.

Ernte: Reife nach etwa zwei bis drei Monaten (Ende Juni/ Juli). Frühkartoffeln werden zur Zeit der vollen Blüte geerntet. Mit Grabgabel die Pflanzen aus der Erde heben, Knollen einige Zeit abtrocknen lassen, dann dunkel lagern.

Kulturfolge/Mischanbau: Mittelzehrer. Als Nachkulturen eignen sich späte Kohlarten, Buschbohnen, Endivien. Mischanbau günstig mit Bohnen, Dill, Kohlrabi, Meerrettich, Spinat, Speiserüben. Ungünstig mit Gurken, Sellerie und Sonnenblumen. Tagetes, Knoblauch und Kapuzinerkresse als Zwischen- oder Randpflanzung wirken schädlingsabwehrend.

Kartoffeln hinterlassen nach der Ernte einen tiefgründig gelockerten Boden

Hinweise: Kartoffeln sind ausgezeichnete Bodenverbesserer. Bei Gartenneuanlagen bereiten sie als erste Kultur den Boden optimal für eine nachfolgende Pflanzung vor.
Wichtig: Grüne Teile der Knolle müssen vor dem Kochen entfernt werden, da sie das giftige Solanin enthalten.

OBSTGARTEN

Wildobst

Lange Jahre galt beim Obst die Devise: Je makelloser und größer die Frucht ist, desto besser. Leider ließ als Folge entsprechender Bemühungen der Geschmack oft zu wünschen übrig. Flugzeuge bringen das ganze Jahr über auch die exotischsten Früchte zu uns. Die Auswahl ist so groß geworden, daß einheimische Obstarten schon fast in Vergessenheit geraten sind. Mit der Rückbesinnung auf Ursprüngliches und Natürliches erfreuen sich jedoch inzwischen auch die vielen Wildobstarten wieder wachsender Beliebtheit. Vielen sind Schlehen, Sanddorn und Vogelbeeren ein Begriff, werden sie doch häufig auch als Vogelschutzgehölze gepflanzt. Aber es gibt noch eine Anzahl weiterer Arten, deren Früchte sich ebenso wie die der vorgenannten zu schmackhaften Produkten verarbeiten lassen, zum Beispiel die Mispel, die Büffelbeere oder die Wildbirne. Allen Wildobstarten gemeinsam ist ihre Anspruchslosig-

Der Sanddorn setzt wie manch andere Wildobstart bunte Akzente im herbstlichen Garten

keit. Sie kommen mit nahezu jedem Boden zurecht und sind auch sonst sehr pflegeleicht, die meisten stehen allerdings gerne in der Sonne. Aufwendige Dünge- und Schnittmaßnahmen wie beim Kulturobst erübrigen sich, zudem erweisen sich diese robusten Arten gegenüber Krankheiten und Schädlingen als widerstandsfähiger.

Neben ihrer Bedeutung für die Küche und als Vogelschutz-

und Vogelnährgehölze sind die Wildobstarten eine Freude fürs Auge, denn sie bestechen sowohl durch hübsche Blüten als auch mit leuchtend buntem Fruchtschmuck bis in den Winter. Die Früchte sind meist nicht roh verzehrbar, aber ausgezeichnet für Säfte, Gelees, Konfitüren, Liköre und dergleichen geeignet. Einige, wie zum Beispiel der Sanddorn, sind sogar ausgesprochene Vitaminbomben.

117

Kornelkirsche (Cornus mas)

Mispel
(Mespilus germanica)

Wildobst für den Garten im Überblick

Deutscher Name	Botanischer Name	Blütezeit, Blütenfarbe	Fruchtreife, Fruchtfarbe	Verwendung der Früchte
Felsenbirne	*Amelanchier ovalis*	V-VI, weiß	VII-VIII, schwarz	Konfitüre, Alkoholika
Kupfer-Felsenbirne	*Amelanchier lamarckii*	IV-V, weiß	VII-VIII, rot	Sirup, Gelee, Frischverzehr
Sauerdorn	*Berberis vulgaris*	V-VI, gelb	VIII-IX, rot	Saft, Konfitüre
Zierquitte	*Choenomeles japonica*	III-IV, rot	VIII, gelb bis grün	Saft, Gelee
Kornelkirsche	*Cornus mas*	III-IV, gelb	IX-X, rot	Saft, Gelee, Konfitüre, Alkoholika
Sanddorn	*Hippophaë rhamnoides*	IV, gelb	IX, rot	Saft, Gelee, Konfitüre
Wildapfel	*Malus sylvestris, M. prunifolia*	V, weiß	IX-X, gelb bis grün	Gelee, Konfitüre
Mispel	*Mespilus germanica*	V-VII, weiß	X-XI, gelb bis braun	Konfitüre, Kompott, Frischverzehr
Maulbeere	*Morus nigra*	V, grün	VI-VIII, schwarz	Gelee, Konfitüre, Sirup, Alkoholika, Frischverzehr

Wildobst für den Garten im Überblick (Fortsetzung)

Deutscher Name	Botanischer Name	Blütezeit, Blütenfarbe	Fruchtreife, Fruchtfarbe	Verwendung der Früchte
Kirschpflaume	*Prunus cerasifera*	III-IV, weiß	IX-X, gelb bis rot	Saft, Gelee, Konfitüre, Kompott, Alkoholika
Schlehe	*Prunus spinosa*	III-IV, weiß	IX-X, schwarz	Saft, Gelee, Konfitüre, Sirup, Alkoholika
Wildbirne	*Pyrus communis*	V, weiß	IX-X, grün bis gelb	Gelee, Saft, Konfitüre
Wildrosen	*Rosa*-Arten	VI, weiß bis rot	IX, rot bis schwarz	Saft, Konfitüre, Alkoholika, Tee, Mus
Schwarzer Holunder	*Sambucus nigra*	VI-VII, weiß	IX-X, schwarz	Saft, Konfitüre, Sirup, Alkoholika
Büffelbeere	*Shepherdia argentea*	III-IV, gelb	VI-VII, rot	Gelee, Konfitüre
Ebereschen	*Sorbus*-Arten	V-VI, weiß	IX-X, rot, gelb bis grün	Saft, Gelee, Konfitüre, Alko-holika, Mus

Kirschpflaume (Prunus cerasifera)

Mehlbeere (Sorbus aria)

GESTALTUNG

Wildstaudenensemble
Natürliche Anmut

Wer sagt denn, daß Wildstauden nicht mit den Prachtstauden konkurrieren können? Sicherlich ist ihre Blütenpracht eher verhalten, sie überzeugen jedoch mit Attraktionen, die im Detail liegen. Wer den Reiz schlichter Schönheit entdeckt hat, wird den Wildstauden und Beetstauden mit Wildcharakter den Vorzug vor manchmal gar so plakativen Prachtstauden geben. Bei **Wildstauden** handelt es sich um Arten, die ohne züchterische Veränderung in Gartenkultur genommen wurden. **Stauden mit Wildcharakter** sind dagegen züchterisch überarbeitet, es wurden Auslesen mit besonders hervorstechenden Eigenschaften herangezogen; sie stehen aber der ursprünglichen Art noch sehr nahe. Beispielsweise zeichnet sich der Garten-Wiesenknöterich *(Polygonum bistorta* 'Superbum') gegenüber seinem wilden Verwandten durch größere und lebhafter gefärbte Blüten aus, sieht sonst aber dem in freier Natur wachsenden Wiesenknöterich *(Polygonum bistorta)* sehr ähnlich. Mit Wildstauden lassen sich attraktive und abwechslungsreiche Beete gestalten, die meist äußerst pflegeleicht sind, vorausgesetzt, man wählt die Arten entsprechend den Standortansprüchen aus. Man kann sich bei den Kombinationen ganz auf heimische Arten

beschränken oder auch Stauden aus anderen Florengebieten dazugesellen. Solche Beete mit ihrer verhaltenen Ausstrahlung wirken besonders in naturnahen Gärten und sind ein wichtiger Beitrag für die Ansiedlung von Nützlingen. Lebhaft bunt, in überwiegend klaren Farben präsentiert sich unser Vorschlagsbeet, das ausschließlich mit heimischen Wildstauden bestückt wurde. Im Spätfrühling beginnt die Blüte des Goldranunkels und des Wiesenknöterichs, umrahmt von den duftigen Wolken des Frauenmantels. Die blauen Blüten des Wiesenstorchschnabels leiten über zur Sommerblüte des Blutweiderichs, des Mädesüß und der eleganten Sibirischen Iris in kräftigen Rot-Weiß-Blau-Tönen.

Die Poleiminze, eine alte Heil- und Nutzpflanze, sorgt für einen ruhigen Hintergrund. Die markante Gestalt des Wasserdostes beschließt mit sanft-rötlichen Blüten das Farbenschauspiel, ihre trockenen Blütenstände schmücken das Beet noch bis weit in den Herbst hinein.
Ergänzende Wildstaudenarten für diesen Standort sind:

Akelei *(Aquilegia vulgaris)*, Wiesengladiole *(Gladiolus imbricatus)*, Roßminze *(Mentha spicata)*, Himmelsleiter *(Polemonium caeruleum)*, Schlüsselblume *(Primula vulgaris)*, Wiesenknopf *(Sanguisorba officinalis)*, Wiesenraute *(Thalictrum aquilegifolium)*, Trollblume *(Trollius europaeus)*.

① Goldranunkel, Ranunculus acris 'Multiplex'
② Wiesenknöterich, Polygonum bistorta 'Superbum'
③ Wasserdost, Eupatorium cannabinum
④ Blutweiderich, Lythrum salicaria
⑤ Sibirische Iris, Iris sibirica
⑥ Frauenmantel, Alchemilla mollis
⑦ Wiesenstorchschnabel, Geranium pratense
⑧ Mädesüß, Filipendula ulmaria
⑨ Poleiminze, Mentha pulegium

Beetgröße 2,5 x 1,5 m;
geeigneter Standort: absonnig bis halbschattig, auf frischem bis feuchtem Boden, auch vollsonnig auf ständig feuchtem Boden (zum Beispiel am Gewässerrand)

MAI

„Abendrot – Gutwetterbot'..."

MAI

Kleine Wetterkunde
Morgenrot und Abendrot

Eine tiefe **Rotfärbung** von Wolken schon **vor Sonnenaufgang** ist ein Zeichen für kommende Wetterverschlechterung. Weht dazu ein kräftiger Wind, steigt der Nebel und herrscht gute Fernsicht, kann man mit großer Sicherheit ei-

nen Wetterumschwung erwarten. **Abendrot** gilt dagegen als Schönwetterbote, vor allem am wolkenlosen Himmel. Beständiges Schönwetter kann man erwarten, wenn gleichzeitig morgens starke Taubildung beobachtet wird und Ostwind herrscht.

Häufig wiederkehrende Wetterereignisse

Wichtige Termine für die Gartenbestellung sind die Eisheiligen um die Monatsmitte. Ein Kälterückfall mit Nachtfrösten, manchmal sogar mit Schnee, stellt sich um diesen Zeitpunkt sehr häufig ein. Frostempfindliche Pflanzen bringt man deshalb erst nach diesen Tagen ins Freie. Die „kleinen Eisheiligen" (Urban und Philipp am 25./26. 5.) gelten zwar als harmloser, werden aber im Obst- und Weinbau als nochmalige Kältebringer respektiert.

Pflanze des Monats
Maiglöckchen, Maiblume
Convallaria majalis

Die anmutigen Blütenglöckchen dieses Maiboten sind wie Perlen an einer Schnur aufgereiht und verströmen einen intensiven, leicht süßlichen Duft, der häufig für Parfums verwendet wird. In lichten Laubund Mischwäldern, aber auch in vielen Gärten finden sich ganze Kolonien der kleinen Liliengewächse, aus deren weißen Blüten sich im Spätsommer rote Beeren entwickeln.

Wissenswertes: Giftpflanze

Maiglöckchen enthalten in allen Pflanzenteilen stark wirkende Giftstoffe, sogenannte Glykoside. Diese haben, wie einige andere Pflanzengifte, in geringer Dosierung eine Heilwirkung und werden in der Medizin als Herzmittel verwendet. Der Verzehr, aber auch schon die Aufnahme von Pflanzensaft (zum Beispiel nach Pflücken oder Pflanzen und anschließendem Ablecken der Finger oder auch durch Aufnahme von Vasenwasser) führen zu schwerwiegenden Vergiftungen, manchmal mit tödlichem Ausgang. Lernen Sie stark giftige Pflanzen erkennen und beachten (siehe auch „Dezember"), gehen Sie bei der Gartenarbeit entsprechend damit um (Schutzhandschuhe, gründliches Händewaschen). Warnen Sie Kinder eindringlich davor, irgendwelche Pflanzenteile zu essen, verzichten Sie, wenn Sie Kinder haben, sicherheitshalber auf Giftpflanzen im Garten.

Wer könnte dem Maiglöckchen die Ernennung zur Pflanze des Monats streitig machen?

Bewährtes Wissen
Bauernregeln

Viel Gewitter im Mai, / singt der Bauer juchhei.
Mai kühl und naß, / füllt dem Bauern Scheune und Faß.
Ist der Mai recht heiß und trocken, / kriegt der Bauer kleine Brocken. / Ist er aber feucht und kühl, dann gibt's Frucht und Futter viel.

Lostage

1. Mai: Regen auf Walpurgisnacht / hat stets ein gutes Jahr gebracht.
4. Mai: Der Florian, der Florian, / noch einen Schneehut setzen kann.
12. bis 15. Mai: Pankrazi, Servazi, Bonifazi / sind drei frostige Bazi, / und zum Schluß fehlet nie / die kalte Sophie.
25. Mai: Wie das Wetter um St. Urban sich verhält, / so ist's noch viele Tage bestellt.

Zeichen der Natur

Mit der Apfelblüte (7. 5.) beginnt der Vollfrühling, er endet mit der Holunderblüte Anfang Juni, um vom Frühsommer abgelöst zu werden. Einige weitere durchschnittliche Blühbeginntermine, die den Vollfrühling prägen: Fliederblüte am 12. 5., Roßkastanienblüte am 13. 5., Weißdorn- und Ebereschenblüte am 18. 5.

Sobald sich die ersten Blüten der Apfelbäume öffnen, melden die phänologischen Beobachter den Eintritt des Vollfrühlings

ALLE ARBEITEN AUF EINEN BLICK

Allgemeine Gartenarbeiten
Pflegemaßnahmen

- frisch aufgegangene und gesetzte Pflanzen bei Trockenheit gießen ⬜
- Unkraut jäten ⬜

Pflanzenschutz

- auf Schnecken achten; absammeln, evtl. Schneckenzaun aufstellen ⬜
- Blattläuse, Spinnmilben, Dickmaulrüßler bei Auftreten bekämpfen ⬜

Arbeiten im Ziergarten
Vermehrung, Aussaat, Pflanzung

- Zweijährige aussäen (Nelken, Stockrosen, Fingerhut u.a.) ⬜
- einjährige Sommerblumen pflanzen ⬜
- Balkonkästen bepflanzen ⬜
- Polsterstauden teilen und verpflanzen ⬜
- sommerblühende Zwiebel- und Knollengewächse pflanzen (Montbretien, *Canna*, *Tigridia* u.a.) ⬜
- Sumpf- und Wasserstauden pflanzen ⬜

Pflege

- Verblühtes regelmäßig entfernen ⬜
- verblühte Zweijährige von den Beeten räumen ⬜
- Frühsommerblüher aufbinden ⬜
- empfindlichen Arten über Nacht Frostschutz geben (z. B. Dahlien, Tränendes Herz) ⬜
- frühlingsblühende Sträucher auslichten ⬜
- Edelrosen entspitzen, Kletterrosentriebe aufleiten ⬜
- Kübelpflanzen ins Freie stellen ⬜
- Rasen mähen, wenn keine Zwiebelpflanzen darin stehen ⬜

Neuanlage

- beste Zeit für Rasenneuanlage
- beste Zeit für Blumenwiesenaussaat
- beste Zeit für Teichanlage

Arbeiten im Gemüsegarten
Aussaat und Vorkultur

- unter Glas: Paprika, Gurken, Kürbis, Auberginen, Stangenbohnen ⬜
- ins Freie: Salat, Spinat, Mangold, Möhren, Rote Bete, Radieschen, Rettich, Schwarzwurzeln, Grünkohl, Brokkoli, Busch- und Stangenbohnen, Chicorée ⬜

Pflanzung

- ins Freie (nach den Eisheiligen): Tomaten, Paprika, Gurken, Kürbis, Auberginen, Zucchini, Knollensellerie, Kohl, Kohlrabi, Bohnen ⬜

Ernte

- frühe Salate, Schnitt- und Pflücksalat, Spinat, erste Mairüben, Radieschen, Rettiche, Kohlrabi, Rhabarber

Arbeiten im Obstgarten
Pflege

- Mulch auf Baumscheiben ausbringen ⬜
- Erdbeeren mit Stroh, Holzwolle oder Pappe mulchen (auch als Vorbeugung gegen Grauschimmel) ⬜
- Obstgehölze wässern (mindert Junifruchtfall) ⬜

Pflanzenschutz

- Kapuzinerkresse auf Baumscheiben säen (dient als Fangpflanze für Läuse) ⬜
- Grauschimmel, Schorf, Mehltau und Kräuselkrankheit beim Pfirsich bekämpfen ⬜
- Kirschfruchtfliege, Stachelbeerblattwanze, Frostspanner, Ringelspinner, Knospenwickler bekämpfen ⬜
- gegen Apfel- und Pflaumenwickler Wellpappegürtel an Obstbäumen befestigen ⬜

⚠ Nachholtermine

- Rasenmäher funktionsbereit machen ☐
- Wasserhähne, Regentonnen, Brunnen in Betrieb setzen ☐
- „Gartenapotheke" durchsehen und auffüllen ☐
- Sommerblumen nachkaufen, falls nicht selbst vorgezogen ☐
- Gehölze pflanzen; bis zum Austrieb möglich, danach erst wieder im Herbst (Containerware ausgenommen) ☐

QUER DURCH DEN GARTEN

Der „Wonnemonat" Mai gilt vielen Menschen als der schönste des Jahres, weil nun endlich die Natur wieder vollends erwacht ist. Laue Lüfte, warmer Regen und milde Sonne fördern das Pflanzen- und Tierleben gewaltig und lassen keinen Gärtner mehr stillsitzen. Inmitten der frühlingshaf-

Im „Wonnemonat" gibt's kein Halten mehr: weder für Pflanzen und Tiere noch für den Gärtner

M A I

ten Blütenpracht läßt es sich gut werkeln, die Arbeit macht so doppelte Freude.

Nach den Eisheiligen, den letzten frostigen Gesellen, kommt dann die Gartenarbeit unter freiem Himmel voll in Gang. Vor allem die vielen bunten Sommerblumen müssen ausgepflanzt werden, auch „Balkonien" erhält einen neuen Anstrich durch die Kästen und Kübel. Schon reifen die ersten Salate, blühen die Obstbäume. Üppiges Wachsen und Blühen braucht Kraft, deshalb ist für die Pflanzen eine gute Nährstoffversorgung jetzt besonders wichtig.

Pflanzen richtig ernähren
Nährstoffe

Ebenso wie Menschen und Tiere brauchen auch Pflanzen zum Wachsen und Gedeihen mehr als Wasser und Sonne. Ohne Nährstoffe kann keine Pflanze leben, blühen oder Samen bilden. Menschen und Tiere nehmen solche „Betriebsstoffe" mit der Nahrung auf. Jeder weiß, wie wichtig eine ausgewogene und vernünftige Ernährung für den Körper ist. Essen wir zu einseitig und ohne ausreichende Vitaminversorgung, treten bald Mangelerscheinungen auf. Bei den Pflanzen ist das ähnlich. Nur wenn das Nährstoffangebot ausgewogen ist, können sie optimal wachsen. Fehlt ein wichtiges Element, kommt es auch hier zu Mangelkrankheiten, oft zu erkennen am Vergilben von einzelnen Blattpar-

tien und ähnlichen Symptomen. Pflanzen nehmen die Nährstoffe, die im Bodenwasser gelöst oder an Bodenteilchen gebunden sind, fast gänzlich über die Wurzeln auf. Die Wurzeln scheiden kleine, elektrisch geladene Teilchen aus und nehmen im Austausch dafür die Nährstoffe in Form ähnlicher Teilchen auf. Von den Wurzeln werden sie in den Leitungsbahnen der Pflanze mit dem Wasser dorthin transportiert, wo gerade Bedarf besteht.

Ganz grob unterscheidet man Makronährstoffe, auch Hauptnährstoffe genannt, und Mikro- oder Nebennährstoffe. Jedes Element ist in den Zellen für ganz bestimmte Funktionen zuständig und hat auch seinen ganz bestimmten Platz. Kein anderes Element kann es ersetzen. **Makronährelemente** benötigen die Pflanzen in größeren Mengen. Es sind dies Stickstoff (N), Phosphor (P), Kalium (K), Magnesium (Mg), Calzium (Ca) und Schwefel (S). Stickstoff ist für die Pflanze am wichtigsten, da er einen wesentlichen Bestandteil des

Häufig deuten Kümmerwuchs, Blattverfärbungen und -aufhellungen wie hier beim Meerrettich auf eine Nährstoffunterversorgung hin

Eiweißes und der Nukleinsäuren, also der Erbsubstanz, darstellt. Auch in Enzymen (Substanzen, die die verschiedensten Stoffwechselprozesse in Gang bringen und steuern) und Vitaminen kommt er vor. Phosphor findet sich ebenfalls in Nukleinsäuren und anderen organischen Verbindungen. Vor allem ist dieses Element ein bedeutender Energielieferant für alle Lebens- und Wachstumsvorgänge der Pflanze. Kalium spielt beim Wasserhaushalt in den Zellen eine wichtige Rolle und ist auch verantwortlich für die Stabilität und Standfestigkeit der Pflanze. Magnesium bildet das sogenannte Zentralatom im Blattgrün, dem Chlorophyll. Calzium ist ein Baustein in einigen organischen Verbindungen, zum Beispiel dem Pektin. Außerdem wirkt es aktivierend auf Enzyme. Schwefel schließlich ist ebenfalls ein wichtiger Baustein des Eiweißes, von Enzymen, Vitaminen und anderen Stoffen.

Mikronährstoffe werden von der Pflanze in nur ganz geringen Dosierungen benötigt, sind aber trotzdem lebensnotwendig. Man bezeichnet sie auch als Spurenelemente. Die wichtigsten seien hier genannt: Eisen (Fe) braucht die Pflanze für die Photosynthese, die Atmung, verschiedene Stoffwechselfunktionen; es ist auch Bestandteil verschiedener Enzyme. Mangan (Mn) ist ebenfalls Bestandteil von Enzymen und dadurch am Aufbau verschiedener Stoffe beteiligt; es wirkt auch bei der Photosynthese, dem wichtigsten Lebensprozeß der Pflanze, mit. Auch Zink (Zn) und Kupfer (Cu) werden für die Photosynthese benötigt. Molybdän (Mo) ist wiederum Bestandteil wichtiger Enzyme, Bor (B) dient als Baustein für die Zellwand, Chlor (Cl) besitzt Einfluß auf Enzyme und andere Ionen.

Düngung

„Viel hilft nicht viel" ist ein Grundsatz, den jeder Gartenbesitzer in bezug auf die Düngung beherzigen sollte. Allzu häufig wurde in der Vergangenheit großzügig zur Düngerfertigmischung gegriffen, wenn die Pflanzen nicht so richtig wachsen wollten. Mit dem Ziel, auch zu Hause die schönsten und größten Früchte zu ernten, wurden vielerorts unsinnig hohe Düngermengen verteilt. Wie Untersuchungen ergeben haben, sind eine erhebliche Anzahl an Privatgärten so überdüngt, daß sie in den nächsten Jahren keine Düngung mehr benötigen. Ein gewisses Maß an Düngung ist aber gerade im Nutzgarten nötig. Anders als in freier Natur, wo die abgestorbenen Pflanzen zersetzt und so die Nährstoffe dem Boden wieder zurückgegeben werden, entzieht man im Gemüsegarten dem Boden durch die Ernte ja ständig Nährstoffe. Wie groß der Nährstoffbedarf ist, hängt von der Pflanzenart ab: Starkzehrer benötigen viel, Schwachzehrer weniger. Genaueres hierzu finden Sie in den Kapiteln „Mischkultur", „Fruchtfolge und Fruchtwechsel" und „Boden".

Mit jeder Ernte werden dem Boden Nährstoffe entzogen. Nach der Höhe dieses Entzuges teilt man die Gemüse in Gruppen ein: Rettich zum Beispiel gehört zu den Mittelzehrern

Um Fehler zu vermeiden, empfiehlt es sich, von Zeit zu Zeit eine Bodenanalyse durchführen zu lassen. Sie gibt genauen Aufschluß darüber, wie der Boden beschaffen ist, welchen Nährstoffgehalt er hat, welche Elemente fehlen und dergleichen mehr. Dies ermöglicht die ganz gezielte Verabreichung und Dosierung einzelner fehlender Elemente und verhindert, daß mit einer überflüssigen Volldüngung ein Überschuß an manchen Stoffen auftritt. Überdüngung ist nämlich genauso schädlich wie ein Nährstoffmangel. Als Folge von zuviel Stickstoff kommt es beispielsweise zu mastigem Gewebe bei Gemüse. Blätter und Früchte sind dann zwar groß, aber völlig wäßrig und schmecken fade; bis zur Erntereife ist außerdem die Anfälligkeit für Krankheiten und Schädlinge höher.

Mineralische Dünger

Mineralische oder anorganische Dünger, auch Kunstdünger genannt, gerieten in den letzten Jahren stark ins Kreuzfeuer der Kritik. Ihre Vorteile: Sie sind in jedem Gartencenter erhältlich, einfach zu handhaben und wirken schnell. Das birgt aber auch die Gefahr einer unbedachten und unsachgemäßen Anwendung. Unter Mineraldünger versteht man all die Düngemittel, die – anders als Kompost, Mist und ähnliches – nicht organischen Ursprungs sind. Auch Gesteinsmehle gehören zu den anorganischen Düngern. Anorganische Dünger gibt es als Flüssigdünger und als kornförmiges Granulat. Das Granulat wird entweder in den Boden eingeharkt oder aber in Wasser aufgelöst und gegossen. Achten Sie darauf, daß beim Düngen keine oberirdischen Pflanzenteile benetzt werden, das gibt Verbrennungen. Weiterhin empfiehlt es sich, bei bedecktem Wetter zu düngen. Wenn allerdings heftige Regengüsse zu erwarten sind, düngen Sie besser nicht, denn sonst werden die Nährstoffe weggeschwemmt oder in tiefere Schichten bzw. ins Grundwasser befördert, bevor sie wirken können. Halten Sie sich genau an die Dosierungsanweisung auf der Packung. Lieber etwas weniger nehmen als mehr! Auch der genaue Düngezeitpunkt ist wichtig. Die meisten Mineraldünger gibt man nicht „vorbeugend" oder „auf Vorrat", sondern genau dann, wenn die meisten Nährstoffe benötigt werden, nämlich zu Beginn des Wachstums oder, bei manchen Gemüsearten, vor der Pflanzung. Einige Starkzehrer benötigen im Sommer noch eine weitere Düngergabe.

Man unterscheidet bei den Mineraldüngern zwischen Einnährstoff- und Mehrnährstoffdüngern. Einnährstoffdünger bestehen, wie der Name schon sagt, aus einem Nährelement. Sie dürfen nur nach vorheriger Bodenanalyse und ganz genau dosiert gegeben werden. Einige Präparate sind stark ätzend, wie zum Beispiel Kalkstickstoff, oder verändern den pH-Wert des Bodens, wie Ammoniumdünger. Mehrnährstoffdünger oder Volldünger (zum Beispiel Blaukorn) enthalten die wichtigsten Elemente (vor allem N, P, K, Mg) in meist hoher Dosierung. Hier ist besondere Vorsicht geboten, um Überdüngung zu vermeiden.

Organische Dünger

Im Gegensatz zu den anorganischen Düngern ist der Einsatz von organischen Düngern relativ harmlos und unproblematisch. Organische Dünger wirken als Langzeitdünger, das heißt, sie müssen von den Bodenlebewesen erst nach und nach umgesetzt werden, bevor die Pflanzen sie aufnehmen können. Im allgemeinen enthalten sie alle nötigen Haupt- und Spurenelemente. Organische Dünger werden im Frühjahr bei der Vorbereitung des Beetes und/oder im Herbst ausgebracht; in beiden Fällen sollte man sie nicht tief untergraben, sondern nur oberflächlich einarbeiten.

Wer sich mit der Kunst des Kompostierens vertraut macht, kann sich den Kauf von Düngemitteln weitgehend sparen

Besonders wertvoll für den Garten ist der mit Recht als „Gold des Gärtners" bezeichnete Kompost. Er führt nicht nur in ausgewogenem Verhältnis Nährstoffe zu, sondern verbessert auch nachhaltig den Boden. Wenn Sie den Boden regelmäßig mit gutem Kompost versorgen, brauchen Sie nur in Ausnahmefällen noch andere Dünger zu geben. Näheres hierzu lesen Sie bitte in dem entsprechenden Kapitel (siehe „April"). Mist wird ebenfalls gerne verwendet. Hierbei ist jedoch unbedingt zu beachten, daß der Dung gut abgelagert sein muß, bevor er auf die Beete kommt, denn als Frischmist kann er zu schweren Verbrennungen führen. Daneben gibt es noch verschiedene Knochenmehle, Hornmehl, Blutmehl und Guano, die die Nährelemente in unterschiedlichen Zusammensetzungen enthalten. Wie bei den Mineraldüngern gilt auch bei diesen Düngern, daß vor der Anwendung eine Bodenuntersuchung erfolgen sollte, um den genauen Nährstoffbedarf zu ermitteln.

Spurenelementedünger

Beim Fehlen eines bestimmten Mikronährelementes kann man auch einen Spurenelementedünger verabreichen, der ganz gezielt eingesetzt wird. Da es sich bei fast allen Spurenelementen um Schwermetalle handelt, die für Menschen und Tiere schädlich sein können, dürfen solche Dünger nur in genauer Dosierung ausgebracht werden. Ein Zuviel bringt oft negative Begleiterscheinungen mit sich, zum Beispiel eine Beeinträchtigung des Bodenlebens oder auch des Pflanzenwachstums. Außerdem können sich Schwermetalle in den Pflanzen anreichern und damit zu Gesundheitsschäden bei Menschen führen.

ZIERGARTEN

Polsterstauden und Bodendecker

Farbenfrohe Teppiche

Polsterstauden zeigen eine charakteristische Wuchsform, auf die ihr Name bereits einen Hinweis gibt. Sie bleiben niedrig und bilden dichte Kissen, die zur Blütezeit oft eine überschäumende Farbenpracht zeigen. Ihre Hochzeit haben Polsterstauden im Frühjahr und Frühsommer, wenn sie ihre üppigen Blütentuffs in Steingärten, an Hängen und in Rabatten entfalten. Die meisten Arten bevorzugen einen sonnigen Stand auf nicht zu nährstoffreichen, durchlässigen Böden. Man pflanzt sie in bunten Gemeinschaften, stets in kleineren Gruppen, denn nur in größerer Anzahl können sie ihre wahre Pracht entfalten. Als **Bodendecker** bezeichnet man alle Pflanzen, die durch einen flächigen, ausgebreiteten Wuchs schnell größere Flächen überziehen können und eine geschlossene, grüne Decke bilden. Zu ihnen zählen auch die Polsterstauden, daneben viele Schattenpflanzen und Zwerggehölze. Mit Bodendeckern lassen sich attraktive Teppiche gestalten, zudem sind sie pflegeleicht und robust. Pflanzen Sie Bodendecker mit genügend Zwischenraum, damit sich die Pflanzen gut entwickeln können. Anfangs wird der noch offene Boden zwischen den Pflanzen gemulcht (zum Beispiel mit Rindenmulch oder Grasschnitt), um Unkraut zu unterdrücken.

Polsterstauden und Bodendecker lassen sich vielfältig einsetzen

Polsterstauden und Bodendecker im Überblick

Deutscher Name	Botanischer Name	Blüte-zeit	Blüten-farbe	Licht-anspruch
Steinkraut	*Alyssum montanum, A. saxatile*	IV-V	gelb	○
Gänsekresse	*Arabis*-Arten	IV-V	weiß, rosa	○
Grasnelke	*Armeria*-Arten	V-VII	weiß, rosa, rot	○
Blaukissen	*Aubrieta*-Hybriden	IV-V	blau, rosa, violett	○
Glockenblume	*Campanula*-Arten	VI-VIII	weiß, blau, violett	○-◑
Hornkraut	*Cerastium tomentosum*	V-VII	weiß	○-◑
Nelken	*Dianthus*-Arten	VI-IX	weiß, rosa, rot	○-◑
Trugerdbeere	*Duchesnea indica*	V-IX	gelb	○-◑

Polsterstauden und Bodendecker im Überblick (Fortsetzung)

Deutscher Name	Botanischer Name	Blüte-zeit	Blüten-farbe	Licht-anspruch
Elfenblume	*Epimedium*-Arten	IV-V	weiß, gelb, rot	◐-●
Storchschnabel	*Geranium*-Arten	VI-VII	weiß, rosa, violett	○-●
Schleifenblume	*Iberis*-Arten	IV-VI	weiß	○
Ysander	*Pachysandra terminalis*	IV-V	weiß	◐-●
Polsterphlox	*Phlox subulata, P. douglasii*	IV-V	weiß, rosa, rot, violett	○
Scheckenknöterich	*Polygonum affine*	VII-X	rosa, rot	◐-●
Seifenkraut	*Saponaria ocymoides*	V-VIII	weiß, rosa	○
Steinbrech	*Saxifraga* x *arendsii*, *Saxifraga*-Arten	V-VI	rosa, rot, weiß	○
Fetthenne	*Sedum*-Arten	VI-VII	weiß, gelb, orange, rot	○
Hauswurz	*Sempervivum*-Arten	VI-VII	rot, rosa, gelb	○
Schaumblüte	*Tiarella*-Arten	V-VI	weiß, rosa	◐
Immergrün	*Vinca*-Arten	V-VI	weiß, violett	◐-●

Glockenblume (Campanula carpatica)

Storchschnabel (Geranium magnificum)

Fetthenne (Sedum spurium)

Bodendeckende Gehölze im Überblick

Deutscher Name	Botanischer Name	Blüte-zeit	Blüten-farbe	Licht-anspruch
Teppichhartriegel	*Cornus canadensis*	VI-VII	weiß	○-◑
Kriechmispel	*Cotoneaster*-Arten	V-VI	weiß	○-◑
Kriechspindel	*Euonymus fortunei*	VI	grünlich	○
Johanniskraut	*Hypericum calycinum*	VII-X	gelb	○
Kriechwacholder	*Juniperus communis* 'Repanda'	–	–	○
Tamarisken-wacholder	*Juniperus sabina* 'Tamariscifolia'	–	–	○-◑
Fünffingerstrauch	*Potentilla fruticosa*	VI-X	weiß, gelb, orange, rot	○
Bodendeckerrosen	*Rosa* in Sorten	VI-IX	weiß, gelb, rosa, rot	○
Kisseneibe	*Taxus baccata* 'Repandens'	–	–	○-◑

Johanniskraut (Hypericum calycinum)

Teppichhartriegel (Cornus canadensis)

Rhododendren und Azaleen

Rhododendron-Arten

Neben den Rosen gehören die Rhododendren zu den beliebtesten Gartengehölzen. Wie ihr anderer deutscher Name, nämlich „Alpenrose", verrät, sind die Gehölze mit der überwältigenden Blütenpracht bei uns in den Alpen zu Hause. Aber auch in Ostasien, im Himalaya, im Kaukasus und in Nordamerika sind die Rhododendren weit verbreitet und kommen selbst in großen Höhen noch vor. Es gibt schätzungsweise 1 200 verschiedene Arten, dazu noch viele Sorten und Formen. Alle Arten, egal, wo sie beheimatet sind, mögen keine kalkhaltige Erde. Jedoch ist der Grad an Kalkempfindlichkeit unterschiedlich. Während manche Arten etwas Kalk noch hinnehmen (zum Beispiel Azaleen), reagieren andere wie die großblumigen *Catawbiense*-Hybriden ausgesprochen allergisch darauf. Die meisten stehen lieber an halbschattigen Plätzen als in praller Sonne und mögen außerdem Feuchtigkeit, allerdings keine Staunässe. Mehr als Staunässe macht ihnen jedoch Trockenheit zu schaffen. Da die meisten Arten und Sorten immergrün sind und deshalb auch im Winter über die Blätter Wasser verdunsten, müssen sie im Spätherbst nochmals ausgiebig gewässert werden. Empfindliche Pflanzen sollte man im Winter an zugigen Lagen gegen austrocknenden Eiswind schützen.

Bei den Azaleen findet man häufig gelbe und orange Farbtöne

In vielen Gegenden Mitteleuropas finden Rhododendren keine optimalen Bedingungen vor, weil der Boden nicht sauer genug ist; ein pH-Wert um 5 bekommt ihnen am besten. Wer bei kalkhaltigem Boden trotzdem nicht auf Alpenrosen verzichten möchte und die Mühe nicht scheut, kann sich ein Moorbeet anlegen. Die Erde muß tief ausgehoben werden, das Loch wird mit Folie ausgekleidet und anschließend mit Rhododendronerde aufgefüllt. Zum Gießen sollte man immer nur entkalktes Wasser verwenden, wenn gedüngt wird, nimmt man sauer reagierende Präparate (zum Beispiel Ammoniumdünger).

In diesem Kapitel werden die wichtigsten und gängigsten Garten-Rhododendren vorgestellt. Es gibt, wie schon erwähnt, natürlich weitaus mehr Arten und Hybriden, aber nicht alle sind für unser relativ rauhes Klima empfehlenswert. Vor allem ostasiatische Züchtungen erweisen sich oft als zu empfindlich, um in Mitteleuropa kultiviert zu werden.

Großblumige Rhododendron-Hybriden

Sie zählen zu den beliebtesten Garten-Rhododendren. Diese Kreuzungen bestechen durch riesengroße Blüten in den unterschiedlichsten Farben, die von Anfang Mai bis Anfang Juni in großen, zum Teil fast ballförmigen Ständen erscheinen. Je nach Sorte werden sie 1,50 – 3 m hoch. Die bekannten *Catawbiense*-Hybriden gehören ebenso in diese Gruppe wie zum Beispiel die Sorten 'Cunningham's White' oder 'Hachmann's Feuerschein'.

Rhododendron Williamsianum-Hybriden

Diese Gruppe bleibt mit etwa 1 – 1,50 m niedriger als die großblumigen Hybriden. Die Blüten sind glockenförmig und sitzen in lockeren Büscheln zusammen. Sie erscheinen oft schon Ende April. Schöne Sorten sind zum Beispiel 'August Lamken', 'Gartendirektor Glocker', 'Stockholm' oder 'Lissabon'.

Williamsianum-Sorte 'August Lamken'

Rhododendron Yakushimanum-Hybriden

Die *Yakushimanum*-Hybriden zeichnen sich aus durch niedrigen, kompakten Wuchs sowie durch eine üppige Blütenfülle in prächtigen Farben und sind weniger empfindlich gegenüber Kalk. Sie gedeihen auch noch bei einem pH-Wert von 6,5 und eignen sich deshalb für die meisten Gärten besser als andere Rhododendren. Blütezeit ist etwa ab Mitte Mai. Als empfehlenswerte Sorten wären zum Beispiel 'Bad Zwischenahn', 'Lumina', 'Anilin' oder 'Morgenrot' zu nennen.

Rhododendron Repens-Hybriden

Wie der Name repens (= kriechend) schon besagt, sind die Hybriden dieser Gruppe von niedrigem Wuchs, dafür aber häufig recht breit. Die Blüten präsentieren sich glockenförmig und fast immer rot, sie erscheinen teils schon Ende April. Einige beliebte Sorten: 'Baden Baden', 'Frühlingszauber', 'Gertrud Schäle'.

Sommergrüne Azaleen

In dieser Gruppe werden einige Untergruppen zusammengefaßt, deren Vertreter im Winter das Laub abwerfen. Sie vertragen auch noch pH-Werte um 6 und leuchten in besonders auffälligen Farben von Mai bis Anfang Juni. Sie werden 1,50 – 2,50 m hoch und müssen nicht unbedingt im Schatten stehen. Hierher gehören die Knap-Hill-Hybriden, die *Mollis*-Hybriden, *R. molle x sinensis*-Hybriden, *Ponticum*-Hybriden, *Occidentale*-Hybriden und *Rustica*-Hybriden.

Japanische Azaleen

Auch bei den Japanischen Azaleen handelt es sich um eine Zusammenfassung verschiedener Sorten mit unterschiedlicher Herkunft. Sie werden grob in großblumige und kleinblumige Sorten eingeteilt. In der Regel sind sie niedriger als die sommergrünen Azaleen, halbimmergrün oder

Rhododendron x praecox

immergrün und blühen von Anfang Mai bis Anfang Juni in vielen bunten Farben. Beliebte Sorten sind 'Orange Beauty', 'Beethoven', 'Geisha' und die 'Diamant'-Serie.

Wildarten und verwandte Hybriden

Für unsere Gärten sind nur einige Wildarten und den Wildarten ähnliche Hybriden von Bedeutung. Hierunter zählen zum Beispiel *R. ferrugineum*, *R. hirsutum*, *R. impeditum*, *R.* x *praecox*, *R. russatum* und *R.* 'Blue Tit'. Sie werden häufig im Steingarten eingesetzt.

Auch als Bodendecker einsetzbar: Rhododendron Repens-Hybride 'Gertrud Schäle'

Steingarten
Gebirge en miniature

Natürlicher Steingarten: Wenn kein natürliches Gefälle vorhanden ist, kann man einen Unterbau aus Bauschutt oder großen Steinen errichten. Darauf kommt eine Erdschicht, anschließend wird das Gelände grob modelliert. Nun setzt man Steinblöcke ein, wobei einmal auf die optische Wirkung zu achten ist, zum anderen darauf, daß die Steine steile Stellen sichern und den Erdabtrag (Erosion) verhindern. Anschließend wird die Erde gründlich durchfeuchtet; nach einigen Tagen füllt man eingesunkene Stellen auf und nimmt die Feinmodellierung vor. Danach kann gepflanzt werden

Seit langer Zeit sind Steingärten feste Bestandteile japanischer Gartenkunst. Beim Schaffen von liebevoll der Natur nachgebildeten Miniaturlandschaften verbanden die Gärtner Japans schon früh Pflanzenwuchs mit den Elementen Wasser, Stein und Erde. Im 18. Jahrhundert wurden dann auch in Europa die ersten Steingärten angelegt, heute sind sie ein weit verbreitetes Gestaltungselement. Die reizvolle Kombination von farbenprächtigen Blumen mit den strengen Formen und herben Tönen der Steine hat viele Liebhaber gefunden, die sich immer wieder aufs neue mit dem Thema befassen und verschiedene Steingartenformen entstehen lassen.

Natürliche Steingärten sind, wie der Name schon sagt, weitgehend der Natur nachempfunden; Boden, Gestein und Bepflanzung bilden einen kleinen Ausschnitt aus dem Gebirge nach. Steile Hangpartien wechseln mit flachen Mulden, Geröllflächen mit Erdsenken. Grobe Findlinge symbolisieren Gebirgsspitzen, kleinere Steine zwischen magerem Boden entsprechen dem natürlichen kargen Lebensraum.

Architektonische Steingärten sind dagegen durch eine klare Geometrie mit strengen Linien gekennzeichnet. Hänge werden in mehrere Ebenen gegliedert, Terrassen und Mauern bilden ein Gerüst, das von einer reichhaltigen Flora ausge-

Architektonischer Steingarten: Mehrere Trockenmauern gliedern den Hang; so entstehen Pflanzterrassen für eine vielseitige Steingartenflora. Pflanzen, die in den Fugen siedeln und die Mauerkronen überwallen, kontrastieren und mildern den strengen geometrischen Eindruck

Steingarten in Hohlwegform: Ein flacher Hang wird an der Sohle durch eine niedrige Mauer oder durch Natursteine gestützt und begrenzt, die Hangfläche bepflanzt

füllt wird. Einfacher bleibt die **Hohlwegform**, bei der ein schwach geneigter Hang mit niedrigen Mauern gestützt wird, über deren Krone und in deren Ritzen Steingartenpflanzen siedeln. Steingärten setzen nicht unbedingt eine Hanglage voraus, sie lassen sich auch **in der Ebene** ausführen: Steinplatten, Kiesflächen und einzelne Pflanzentuffs wechseln dann miteinander ab.

Steine für den Steingarten

Wählen Sie als charakterbildendes Element für Ihren Steingarten stets nur einen Gesteinstyp, also entweder hellen Kalkstein, dunklen Schiefer oder Gneis. Die Wahl des Gesteins bestimmt dann auch die Pflanzerde und die Bepflanzung selbst: Eine kalkliebende Flora auf basischem Boden wird mit basischen Gesteinen (Kalkstein, Dolomit) kombiniert, eine kalkfliehende Flora auf saurem Boden mit sauren Gesteinen (Urgestein, Gneis). Verwenden Sie auch lieber wenige große Steine als zu viele kleine; denn ein paar gezielt plazierte mächtige Blöcke ergeben einen guten optischen Eindruck, während kleinere Steine schnell unter der Bepflanzung verschwinden.

Erde für den Steingarten

Wie erwähnt, muß die obere Erdschicht des Steingartens, was den pH-Wert betrifft, auf die gewählte Gesteinsart abgestimmt werden. Grundsätzlich soll der Boden im Steingarten mager, also nährstoffarm, und gut durchlässig sein. Um dies zu erreichen, vermischen Sie den Gartenboden mit Sand, feinem bis mittelgrobem Kies und Split. Leichte Böden erhalten eine Lehmzugabe, schwere Böden werden mit einer größeren Sandzugabe aufgebessert.

Pflanzen für den Steingarten

Schier unübersehbar ist die Fülle der für den Steingarten geeigneten Pflanzen. Zum architektonischen Steingarten passen vor allem die vielen herrlichen Polsterstauden (siehe Seite 131–132), die malerisch über die Mauern wallen. Im natürlichen Steingarten finden eher viele kleine Kostbarkeiten Platz, die zu Pflanzgemeinschaften zusammengestellt werden, wie sie auch in freier Natur anzutreffen sind. Kombinieren Sie alle Lebensformen zu einer abwechslungsreichen Pflanzendecke, beachten Sie dabei die Unterschiede der kleinräumig dicht nebeneinander liegenden Standorte. Neben wärmespeichernden Steinen bleiben empfindliche Kleinstauden geschützt, in feuchten Mulden gedeihen feuchtigkeitsliebende Pflanzen gut und an windigen Ecken robuste Grashorste. Kleine Zwiebel- und Knollenpflanzen (Wildkrokus, Wildtulpen, Iris und andere) sorgen für einen frühen Flor, Zwerggehölze bilden den Hintergrund oder einen besonderen Blickfang, und in den Mauerritzen wachsen Überlebenskünstler. Die Übersichten auf den nachfolgenden Seiten können nur eine kleine Auswahl aus der großen Vielfalt der Steingartenpflanzen zeigen.

Pflanzengemeinschaft zwischen basischem Gestein und auf kalkhaltiger Erde, mit Edelweiß als dezentem Blickfang

Zwerglaubgehölze für den Steingarten

Deutscher Name	Botanischer Name	Licht-anspruch	Ansprüche an den Boden	Hinweise
Goldahorn	*Acer japonicum* 'Aureum'	○-◑	frisch	attraktive Herbstfärbung
Rosmarinheide	*Andromeda polifolia*	○-◑	frisch; sauer	immergrün
Zwergscheinhasel	*Corylopsis pauciflora*	○	frisch	schöne Blüte
Zwergginster	*Cytisus decumbens, C. x kewensis*	○	trocken; basisch	schöne Blüte
Rosmarinseidelbast	*Daphne cneorum*	○-◑	frisch; basisch	Blütenduft
Krähenbeere	*Empetrum*-Arten	○-◑	frisch; sauer	Fruchtschmuck
Sonnenröschen	*Helianthemum*-Hybriden	○	trocken; basisch	lang anhaltende Blüte
Lorbeerrose	*Kalmia angustifolia* 'Pumila'	◑-●	frisch; sauer	immergrün
Zwergmandel	*Prunus tenella*	○	trocken	schöne Blüte, Fruchtschmuck
Rhododendron	*Rhododendron*-Arten	◑-●	frisch; sauer	auffallende Blüte
Zwergweide	*Salix*-Arten	○	trocken bis frisch; (basisch)	schöne Sträucher

Zwergscheinhasel (Corylopsis pauciflora)

Zwergweide (Salix hastata 'Wehrhahnii')

Monte-Baldo-Segge (Carex baldensis)

Hirschzungenfarn (Phyllitis scolopendrium)

Gräser und Farne für den Steingarten

Deutscher Name	Botanischer Name	Licht-anspruch	Ansprüche an den Boden	Hinweise
Mauerraute	*Asplenium ruta-muraria*	○-◑	trocken bis frisch; basisch	zierlicher Wuchs
Monte-Baldo-Segge	*Carex baldensis*	○	trocken bis frisch; basisch	schöne Blüte
Schwingel	*Festuca*-Arten	○	trocken; basisch	dichte Horste
Zwergmarbel	*Luzula pilosa*	◑-●	frisch; sauer	immergrün
Perlgras	*Melica ciliata*	◑	frisch; basisch	schwingende Blütenhalme
Hirschzungenfarn	*Phyllitis scolopendrium*	◑-●	frisch	immergrün
Tüpfelfarn	*Polypodium vulgare*	◑-●	frisch	immergrün
Kopfgras	*Sesleria*-Arten	○	trocken bis frisch	robuste Horste

Stauden mit ausgedehnter Blütezeit

Deutscher Name	Botanischer Name	Blüte-zeit	Blüten-farbe	Licht-anspruch	Ansprüche an den Boden
Perlkörbchen	*Anaphalis triplinervis*	VI-IX	silbrig	○	trocken; basisch
Bergaster	*Aster amellus*	VIII-IX	blau, rosa, rot	○	trocken bis frisch; basisch

Stauden mit ausgedehnter Blütezeit (Fortsetzung)

Deutscher Name	Botanischer Name	Blüte-zeit	Blüten-farbe	Licht-anspruch	Ansprüche an den Boden
Zwergglocken-blume	*Campanula carpatica, C. cochleariifolia, C. poscharskyana*	VI-IX	blau, violett, weiß	○	trocken bis frisch; basisch
Mädchenauge	*Coreopsis verticillata*	VI-IX	gelb	○	trocken bis frisch
Zwergnelke	*Dianthus carthusiano-rum, D. plumarius, D. gratianopolitanus*	V-IX	rot, rosa	○	trocken
Silberwurz	*Dryas octopetala*	V-VIII	weiß	○	trocken bis frisch; basisch
Enzian	*Gentiana asclepiadea, G. sinoornata, G. septemfida*	VI-IX	blau	○-◑	frisch
Edelweiß	*Leontopodium*-Arten	VI-VIII	silbrig	○	trocken; basisch
Lein	*Linum flavum, L. narbo-nense, L. perenne*	V-IX	blau, gelb	○	trocken
Fingerkraut	*Potentilla*-Arten	VI-IX	gelb bis orange	○	frisch
Braunelle	*Prunella grandiflora*	VI-IX	rosa bis violett	○	trocken bis frisch
Hornveilchen	*Viola cornuta*	V-X	gelb, blau, violett	○	frisch

Mädchenauge (Coreopsis verticillata)

Zwergnelke (Dianthus gratianopolitanus)

Hornveilchen (Viola cornuta)

Krachig bis knackig: Eissalat

GEMÜSEGARTEN

Blattgemüse
Kopfsalat
Lactuca sativa
var. *capitata*

Schon seit 2500 Jahren werden verschiedene Formen des Gartensalates angebaut. Kopfsalat, ein Korbblütler *(Compositae)*, gehört auch heute noch zu den beliebtesten Gartengemüsen, wohl weil er so leicht zu kultivieren ist und als überaus populäres Gemüse in keiner Küche fehlen darf. Wegen seiner zarten Blätter, die auf der Zunge fast schmelzen, wird er auch Buttersalat genannt. Neben dem schlichten grünen Kopfsalat bereichern heute viele Züchtungen das Sortiment. Farbe in die Salatschüssel bringen rote Sorten, zum Beispiel die Batavia-Typen. Krachendknusprige Blätter hat der Eissalat, auch Eisberg- oder Krachsalat genannt, ein haltbarer, schmackhafter Salattyp.
Standort: sonnig (sonst keine Kopfbildung) und warm; leichte bis mittelschwere Böden mit hohem Humusgehalt, die nicht zu stickstoffhaltig sind.
Aussaat/Pflanzung: frühe Sorten ab Februar unter Glas vorziehen, Freilandsaat von April bis September. Vorgezogene Pflanzen kann man von April bis September setzen. Pflanzabstand 25–30 cm; dabei darf das „Herz" (Mitte der Blattrosette) nicht zu tief in die Erde kommen. Aussaat und Pflanzung in mehreren Folgesätzen ermöglicht kontinuierliche Ernte.
Kultur: frühe und späte Kulturen durch Folien schützen. Für gleichbleibende Feuchtigkeit sorgen (Wässern und Mulchen).
Ernte: Nach etwa sechs bis acht Wochen sind die Köpfe erntereif, sie werden dicht über dem Boden abgeschnitten. Kopfsalat sofort verbrauchen; Eissalat hält sich im Kühlschrank mehrere Tage.
Kulturfolge/Mischanbau: Mittelzehrer. Salate sind wegen ihrer kurzen Kulturzeit gute Vor-, Zwischen- und Nachkulturen. Mischanbau günstig mit fast allen Gemüsen, außer Petersilie.
Anbau unter Glas: ganzjährig möglich, üblicherweise nur in der kühlen Zeit. Verfahren wie im Freiland.
Hinweise: unbedingt auf die richtige Sortenwahl achten, sonst besteht die Gefahr des „Schießens"; geschossene Köpfe nicht mehr verwenden.

Blatt-, Schnitt- und Pflücksalat
Lactuca sativa var. *crispa*

Wieder zunehmende Verbreitung finden Pflück- und Schnittsalate, die einfach in Reihen ausgesät werden und mehrfache Ernten liefern. Zu ihnen zählen auch die attraktiven Eichenlaubsalate mit der Eiche ähnlichen Blättern und die Lollo-Sorten (manchmal auch als Batavia bezeichnet) mit stark gekrausten Blättern. Mit einer bunten Mischung dieser Sorten läßt sich Abwechslung auf den Salatteller zaubern.
Standort: wie Kopfsalat.
Aussaat: von April bis Mai in Reihen mit 20 cm Abstand. Eichenlaub- und Lollo-Salate werden mit 25 x 25 cm Abstand gepflanzt, damit sich Rosetten bilden.
Kultur: zu dichte Reihen auslichten, sonst wie bei Kopfsalat.
Ernte: nach fünf bis sieben Wochen einzelne Blätter abschneiden oder die ganzen Pflanzen schneiden.
Kulturfolge/Mischanbau: wie Kopfsalat.
Anbau unter Glas: wie Kopfsalat.
Hinweise: Pflück- und Schnittsalat eignen sich nur für den Frühjahrsanbau, andernfalls ist die Gefahr des Schossens zu groß. Eichenlaubsalat wird als 'Red Salad Bowl' angeboten, stark krausblättrige Rosetten (Lollo-Sorten) bilden 'Lollo' (gelbgrün) und 'Lollo Rossa' (rot).

Blattsalat 'Rotkäppchen'

Römischer Salat (vorn), dahinter Raddicchio,
Sorte 'Roter von Verona'

Römischer Salat

Lactuca sativa var. *longifolia*

Obwohl der Römische Salat
auch Sommerendivie heißt, hat
er nichts mit der Endivie zu
tun, sondern gehört in die
nächste Verwandtschaft des
Kopfsalates. Die Pflanze bildet
lange, aufrecht stehende Blätter in lockerer Rosette. Sie
werden meist zum Bleichen
zusammengebunden, daher
auch der Name Bindesalat.
Standort: wie Kopfsalat.
Aussaat/Pflanzung: wie
Kopfsalat.
Kultur: wie Kopfsalat. Kurz
vor der Reife bindet man die
Köpfe nicht selbstbleichender
Sorten oder zu weit voneinander stehender Pflanzen zusammen, damit das Innere hellgelb
und zart wird.
Ernte: Reife nach etwa vier
bis sechs Wochen, Pflanzen abschneiden.
Kulturfolge/Mischanbau: wie
Kopfsalat.
Hinweis: Gebleichte Köpfe
werden meist gekocht, immer
mehr wird der Römische Salat
aber auch roh verzehrt.

Chicorée, Radicchio

Cichorium intybus var. *foliosum*

Zartbitterer Geschmack zeichnet diese Zichoriengewächse
aus, die wie die anderen Salate
zu den Korbblütlern (*Compositae*) zählen. Die nach dem
Treiben zartgelben Köpfe des
Chicorée liefern ein wertvolles
Frischgemüse im Winter.
Fleischkraut (Zuckerhut) ist
ein weniger bekannter Vertreter mit dicken, schweren Köpfen; bei Radicchio handelt es
sich um eine noch relativ neue
Salatspezialität.
Standort: sonnig; tiefgründige, mittelschwere, gleichmäßig
feuchte Böden.
Aussaat: Chicorée ab Mitte
Mai, Radicchio von Juni bis
August (frühe Saaten mit Folie
abdecken), Fleischkraut von
Juni bis Juli. Reihensaat mit
30 cm Abstand.
Kultur: Chicorée auf 15 cm in
der Reihe vereinzeln; Bestände
unkrautfrei halten und regelmäßig gießen.
Ernte: Chicorée im Oktober
mit der Grabgabel aufnehmen,
Blätter abschneiden, Wurzeln
aufrecht und dicht nebeneinander in Gefäße stellen, mit Erde
auffüllen und zum Treiben aufstellen. Nach fünf bis sechs
Wochen die zapfenförmigen
Köpfe abschneiden. Radicchio
und Fleischkraut werden von
September bis in den Winter
geerntet.
Kulturfolge/Mischanbau:
Chicorée: Starkzehrer; Radicchio und Fleischkraut: Mittelzehrer. Anbau nicht nach anderen Korbblütlern. Mischanbau günstig mit Möhren,
Tomaten, Fenchel.

OBSTGARTEN

Beerenobst
Erdbeere

Fragaria x *ananassa*

Die „Speise der Seligen" gehört
zum beliebtesten Gartenobst.
Noch vor etwa 250 Jahren waren die großfrüchtigen Sorten
bei uns völlig unbekannt; man
sammelte bis dahin die kleinfrüchtigen, sehr aromatischen
Walderdbeeren (*Fragaria vesca*)
oder die leicht nach Muskat
schmeckenden Zimterdbeeren
(*F. moschata*). Bei den modernen Gartenerdbeeren unterscheidet man einmal tragende
Sorten, die im Juni und Juli
die Haupternte bringen, sowie
mehrmals tragende (remon-
tierende) Sorten, die von Juni
bis Oktober beerntet werden
können.
Standort: sonnig und geschützt; frische bis feuchte,
leicht saure Humusböden.
Pflanzung: einmal tragende
Sorten im Juli/August, mehrmals tragende Sorten im September. Boden gründlich vorbereiten, Unkraut vollständig
entfernen, reifen Kompost
oder organischen Mischdünger
(Hornmehl, Blutmehl, Kno-
chenmehl) etwa 20 cm tief einarbeiten. Pflanzen in Reihen
mit 40–60 cm Abstand,
Pflanzabstand 30–45 cm. Das
„Herz" der Pflanzen soll gerade noch aus der Erde herausragen.
Kultur: während der Wachstumszeit auf gleichmäßige
Feuchtigkeit achten. Mulchschichten (Stroh, Grasschnitt,
Rinde, Folie) halten den Bo-

Erdbeeren haben einen hohen Vitamin-C-Gehalt

den feucht und warm, unterdrücken Unkräuter und schützen die Früchte vor Fäulnis und Schimmel. Nach der Ernte einmal tragender Sorten kann das Blattwerk zurückgeschnitten werden, um Krankheitsbefall vorzubeugen, nach einigen Wochen haben sich die Pflanzen regeneriert. Manche Sorten können unter Folie bzw. mit Hilfe eines Folientunnels verfrüht werden.

Ernte: reife, rote Früchte mitsamt dem Stengel abzupfen. Bei mehrmals tragenden Sorten können die ersten Blütentrauben entfernt werden, damit sich die späteren Ernten vergrößern. Man pflückt die gesamten Trauben einschließlich der unreifen Früchte, um

neuen Blütenansatz zu fördern. Früchte sofort verbrauchen; einige Sorten lassen sich gut einfrieren.

Vermehrung: Nach etwa drei bis vier Jahren haben Erdbeeren abgetragen, daher rechtzeitig für neue Bestände sorgen. Dazu Ausläufer seitlich ableiten, nach der Bewurzelung von der Mutterpflanze trennen und neu pflanzen.

Kulturfolge/Mischanbau: wegen der späten Pflanzzeit viele Vorkulturen möglich, zum Beispiel Salat, Rettich, Frühkohl, Frühkartoffeln. Mischanbau günstig mit Knoblauch, Bohnen, Möhren, Lauch, Spinat, Zwiebeln. Ungünstige Nachbarn sind Gurken und Kohlarten.

Hinweis: Für den Garten eignen sich auch Monatserdbeeren *(Fragaria vesca* var. *semperflorens)*, die von Juni bis Oktober kleine, wohlschmeckende Früchte tragen.

Kulturheidelbeere
Vaccinium corymbosum

Im Gegensatz zu den kleinen Sträuchern der heimischen Waldheidelbeere *(Vaccinium myrtillus)* bilden Kulturheidelbeeren große Sträucher von bis zu 2 m Höhe. Entsprechend höher sind die Erträge und entsprechend einfacher ist auch die Ernte. In Geschmack und Aroma erreichen die von der amerikanischen Sumpfbeere abstammenden Kulturformen nicht ganz die Qualität der kleinen Blaubeeren.

Standort: sonnig; kalkarme, saure, gut durchlässige Hu-

musböden mit ausreichender Feuchtigkeit. Auf ungeeigneten Böden wird die Anlage eines Moor- oder Hochbeetes empfohlen: Pflanzgrube (Größe 150 x 150 cm, Tiefe 60 cm) ausheben, Seiten mit Folie auskleiden und mit saurem Substrat („Rhododendronerde", Sand-Lehm-Gemisch mit Rindenhumus, Kompost, Lauberde, Sägespänen) füllen oder niedriges Hochbeet mit Palisaden bzw. Brettern anlegen, mit Substrat füllen.

Pflanzung: im Herbst mit 150 x 150 cm Abstand.

Kultur: stets gleichmäßig feucht halten. Nach einigen Jahren durch Schnitt verjüngen. Vermehrung durch Stecklinge im Frühjahr.

Ernte: etwa im August. Dunkelblau gefärbte, weich werdende Früchte abpflücken. Kühl gelagert sind sie einige Tage haltbar.

Hinweise: Waldheidelbeeren können auf ähnlichem Substrat kultiviert werden, sie vertragen auch Halbschatten; Pflanzabstand 40 x 40 cm. Eine weitere Möglichkeit ist der Anbau von Preiselbeeren *(Vaccinium vitis-idaea)*, die bald einen dichten Teppich bilden; Pflanzabstand 25 x 25 cm.

Sehr vorteilhaft wirkt sich eine Mulchschicht aus Stroh oder ähnlichem Material aus

Kulturheidelbeeren

GESTALTUNG

Balkonkastenbepflanzung
Blütenfest im Sommer

Nach den Eisheiligen werden unzählige Balkone wieder mit bunten Kästen geschmückt. Experimentierfreudige Balkongärtner schöpfen bei dem umfangreichen Angebot aus dem vollen, sie kombinieren immer neue Farben und Formen. Wenn Sie die üblichen Pelargonien und Petunien satt haben, können Ihnen vielleicht unsere Bepflanzungsvorschläge einige Anregungen geben. Folgende Grundregeln sollten bei der Balkonbepflanzung beachtet werden:

● Unbedingt muß die Tragfähigkeit des Balkons berücksichtigt werden: Gefüllte Blumenkästen sind sehr schwer!

● Balkonkastenhalterungen müssen sicher tragen, auch bei Sturm.

● Überlaufendes Gieß- und Regenwasser darf nicht auf Balkone darunter tropfen oder an der Fassade herablaufen.

● Balkonkästen müssen ausreichend Wurzelraum bieten und Abzugslöcher für überschüssiges Gieß- und Regenwasser haben.

● Es sollte nur gute Pflanzerde Verwendung finden, zum Beispiel Einheitserde oder selbst hergestellte Balkonblumenerde (humose Gartenerde, reifen Kompost und scharfen Sand im Verhältnis 2:2:1 mischen).

● Die Pflanzen sind entsprechend der Balkonlage auszuwählen, also schattenverträgliche Arten für den schattigen, licht- und wärmeliebende für den sonnigen und windunempfindliche für den zugigen Balkon.

● Die Farben der Balkonblumen sollten zum Hintergrund (Fassadenfarbe) passen.

Bepflanzung in Cremetönen: (sonniger Standort)
① Kapringelblume (Dimorphotheca sinuata)
② Wandelröschen (Lantana camara 'Goldsonne')
③ Spanisches Gänseblümchen (Erigeron karvinskianus)
④ Hängepelargonie (Pelargonium-Peltatum-Hybride 'Weiße Perle')
⑤ Duftsteinrich (Lobularia maritima)
⑥ Harfenstrauch (Plectranthus coleoides)

Bepflanzung in Rot-Weiß-Blau: (sonniger Standort)
① Vanilleblume (Heliotropium arborescens)
② Schnee-auf-dem-Berge (Euphorbia marginata)
③ Feuersalbei (Salvia coccinea)
④ Zigarettenblümchen (Cuphea ignea)
⑤ Zwergmargerite (Hymenostemma paludosum)
⑥ Blaue Mauritius (Convolvulus sabatius)

Bepflanzung in blauen Pastelltönen:
(halbschattiger Standort)
① Kapaster (Felicia amelloides)
② Becherblume (Nierembergia hippomanica)
③ Fleißiges Lieschen (Impatiens-Walleriana-Hybride)
④ Fächerblume (Scaevola saligna)
⑤ Australisches Gänseblümchen (Brachycome iberidifolia)

Bepflanzung in kräftigen Farben:
(schattiger Standort)
① Ziertabak (Nicotiana x sanderae)
② Fuchsie (Fuchsia-Hybride)
③ Fleißiges Lieschen (Impatiens-Walleriana-Hybride)
④ Efeu (Hedera helix)
⑤ Männertreu (Lobelia erinus)

Bepflanzung mit zarten Raritäten: (sonniger Standort)
① Hasenschwanzgras (Lagurus ovatus)
② Duftpelargonie (Pelargonium odoratissimum, P. fragrans)
③ Goldmünze (Asteriscus maritimus)
④ Felberich (Lysimachia congestiflora)
⑤ Hornklee (Lotus berthelotii)

145

JUNI

Wenn sich solche Wolkenberge auftürmen, steht unzweifelhaft ein heftiges Gewitter bevor

Viel häufiger als die Eisheiligen im Mai tritt im Juni die sogenannte Schafskälte auf (die zu dieser Zeit frisch geschorenen Schafe leiden unter der Kälte). Zu diesem Kaltlufteinbruch kommt es meist zu Anfang des Monats; er kann ein bis zwei Wochen anhalten. Schönwetterperioden sind im Juni zwar häufig, aber selten von längerer Dauer.

JUNI

Pflanze des Monats
Ackerrittersporn
Consolida regalis

Leider findet man die blitzblauen Ackerrittersporne in den jetzt reifenden Getreidefeldern nur noch sehr selten. Sie sind zum großen Teil der intensiven Landbewirtschaftung zum Opfer gefallen, ebenso wie Klatschmohn, Kornblume, Kornrade, Blutströpfchen und andere Ackerwildkräuter. Im Garten finden sich diese hübschen Rittersporne dagegen häufig, ebenso der einjährige Rittersporn (*C. ajacis*) und die majestätischen Gartenrittersporne (*D.*-Hybriden).

Wissenswertes: Hybriden
Der eindrucksvolle Wuchs und die gefüllten Blüten der *Delphinium*-Hybriden sind Ergebnisse züchterischer Bemühungen. Ein wichtiges Mittel der Pflanzenzucht ist die Kreuzung. So kann man Pflanzen verschiedener Sorten kreuzen, um mit Geduld und etwas

Kleine Wetterkunde
Gewitter

Gewitter sind mit die eindrucksvollsten Wetterschauspiele. In der Meteorologie kennt man verschiedene Gewitterarten, zum Beispiel die am häufigsten auftretenden Kaltfrontgewitter. Sie entstehen, wenn sich eine Kaltfront wie ein Keil unter feuchte Warmluft schiebt. Wärmegewitter bilden sich durch starke Erhitzung bodennaher Luft, vor allem im Sommer bei intensiver Sonneneinstrahlung.

Gewitterbildung läßt sich daran erkennen, daß sich massige, sehr hohe Quellwolken (Cumulonimbus) bilden, die rasch ihre Formen ändern. Unten sind sie meist flach, oben dagegen amboßförmig. Mit Blitz und Donner gehen oft starke Niederschläge, manchmal in Form von Hagel, einher sowie kräftige Windböen. Werden Mücken und Wespen besonders aggressiv, läßt der Klee seine Blütenköpfe hängen und faltet seine Blätter zusammen, steht wahrscheinlich ein Unwetter bevor.

Der Ackerrittersporn teilt das Schicksal von Kornblume und Kornrade: Auf den Feldern sieht man ihn kaum noch

Bewährtes Wissen
Bauernregeln

Auf den Juni kommt es an, /
ob die Ernte soll bestahn.
Juni feucht und warm, / macht
keinen Bauern arm.
Wenn naß und kalt der Juni
war, / verdirbt er meist das
ganze Jahr.
Juniregen / bringt reichen
Segen.

Lostage

8. Juni: Regnet's am Medar-
dustag, / regnet's vierzig Tag'
danach.
24. Juni: Johannis tut dem
Winter die Tür auf.
24. Juni: Vor Johanni bitt' um
Regen, / nachher kommt er
ungelegen.
27. Juni: Das Wetter am
Siebenschläfertag / sieben
Wochen bleiben mag.

Zeichen der Natur

Mit der Holunderblüte (5. 6.
im langjährigen Mittel) hält
der Frühsommer Einzug.
Durchschnittlich am 12. 6. beginnt die erste Heuernte. Weitere prägnante Termine sind
die Winterroggenblüte ab 4. 6.,
die Robinienblüte ab 7. 6. und
die Frühkartoffelblüte ab 24. 6.
Gegen Ende des Monats
(26. 6.) können meist die ersten Frühkirschen geerntet
werden.

Glück eine neue Sorte mit anderen oder besseren Eigenschaften zu erhalten. Die
Züchtung kennt jedoch, übrigens ebenso wie die Natur,
auch das Kreuzen verschiedener Arten und Gattungen
(vergleiche „Botanische Systematik", Seite 14). Solche Ba-
starde oder Hybriden erhalten
einen neuen botanischen Namen und werden mit einem
Kreuz gekennzeichnet. Bei
Kreuzung zweier Gattungen,
zum Beispiel von Berberitze
und Mahonie, steht das Kreuz
vor dem Gattungsnamen:
Berberis x *Mahonia* = x *Maho-
berberis*. Ein x zwischen Gat-
tungs- und Artnamen weist
dagegen auf eine Arthybride
hin: *Salix* x *helix* (Rotweide)
= *S. purpurea* (Purpurweide)
x *S. viminalis* (Korbweide).

Auch der Gartenrittersporn ist
ein Bastard aus verschiedenen
Arten, deshalb die Bezeichnung *Delphinium* x *cultorum*
oder *Delphinium*-Hybriden.
Aus den ersten Kreuzungspro-
dukten entstanden durch
züchterische Bearbeitung verschiedene Hybridgruppen mit
ähnlichem Charakter, so zum
Beispiel die Belladonna-Hybri-
den, die Pacific-Hybriden oder
die Elatum-Hybriden.

Die Blüte des Holunders (Sambucus nigra)
zeigt den Beginn des Frühsommers an

ALLE ARBEITEN AUF EINEN BLICK

Allgemeine Gartenarbeiten
Pflegemaßnahmen
- offene Bodenflächen lockern ☐
- Mulchschichten um Jungpflanzen ausbringen ☐

Pflegemaßnahmen
- Unkraut jäten ⊞
- bei Trockenheit gießen ⊞

Pflanzenschutz
- auf Schnecken achten ⊞
- Blattläuse, Blutläuse, Dickmaulrüßler bekämpfen ⊞
- Netze oder Vogelscheuchen zum Schutz vor Vogelfraß anbringen ☐

Arbeiten im Ziergarten
Vermehrung, Aussaat, Pflanzung
- Zweijährige im Frühbeet oder Saatbeet aussäen, schattieren ☐
- frühlings- und sommerblühende Stauden pflanzen ☐
- Sumpf- und Wasserstauden pflanzen ☐
- Frühsommerstecklinge von Polsterpflanzen schneiden ☐
- Stecklinge von Sträuchern schneiden ☐

Pflege
- Verblühtes regelmäßig entfernen ⊞
- Zwiebel- und Knollenpflanzen einziehen lassen, nur bereits vergilbtes Laub entfernen ☐
- Rasen mit Zwiebelblumen erst nach deren Einziehen mähen ☐
- Rasen ausbessern, evtl. neu anlegen ☐
- Blütengehölze auslichten ☐
- hohe Stauden aufbinden ☐
- Hecken schneiden (erst wenn Jungvögel flügge sind!) ☐

Pflanzenschutz
- Lilienhähnchen absammeln ⊞

Arbeiten im Gemüsegarten
Aussaat
- ins Freie: Salat, Spinat, Mangold, Möhren, Rote Bete, Radieschen, Rettich, Rüben, Fenchel, Grünkohl, Blumenkohl, Kohlrabi, Bohnen, Radicchio ☐

Pflanzung
- Knollensellerie, Knollenfenchel, Kohl, Kohlrabi, Tomaten, Paprika, Gurken, Kürbis, Zucchini, Auberginen ☐

Pflege
- Geiztriebe von Tomaten ausbrechen ⊞

Ernte
- Salate, letzter Schnitt- und Pflücksalat, Spinat, erste Möhren und Rote Bete, Blattmangold, Zuckererbsen, Kohlrabi, Frühkohl, Radieschen, Rettich, Rhabarber ☐

Arbeiten im Obstgarten
Vermehrung
- Absenker von Beerenobst auf dem Boden verankern ☐

Pflege
- Fruchtbehang ausdünnen ☐
- Himbeeren auslichten (zehn bis zwölf kräftige Ruten pro Meter) ☐

Pflanzenschutz
- Raupengespinste an Kern- und Steinobst entfernen ⊞
- Schorf und Mehltau bekämpfen ⊞
- Zweigmonilia bekämpfen (scharfer Rückschnitt befallener Zweige) ⊞
- Kirschfruchtfliege bekämpfen ⊞

Ernte
- Süßkirschen, Erdbeeren, erstes Strauchbeerenobst ☐

Nachholtermine

- Mulchdecke auf Baumscheiben ausbringen ☐
- Gehölze, Rosen und herbstblühende Stauden können gepflanzt werden, wenn es sich um Containerware handelt (besser im Herbst oder Frühjahr) ☐
- Wellpappegürtel an Obstbäumen anbringen ☐

Rosen prägen den Garten im Juni

QUER DURCH DEN GARTEN

Mit verschwenderischer Fülle strafen die Rosen in ihrer unzähligen Vielfalt die scheinbar kaum zu überbietende Blütenpracht des Frühlings Lügen. Die zunehmend intensivere Sonne lockt aus den Sträuchern Knospen über Knospen hervor, die sich zu einem Meer von Blüten öffnen. Ein Blick in die Gärten macht schnell klar, warum der Juni Rosenmonat genannt wird.

Zum Blütenfest gehören berauschende Düfte, die nicht nur die Rosen zu bieten haben. Die vielen Gewürzkräuter zeichnen sich durch herrliche Aromen aus, die die Nase und darüber hinaus auch den Gaumen kitzeln. Außerdem sind viele von ihnen bei Bienen und anderen geflügelten Helfern als Nektarquellen sehr beliebt. Die fleißigen Brummer bedanken sich auf ihre Weise für einen wohlgefüllten Speiseplan, durch die Bestäubung stellen sie die erneute Auffüllung unserer Obstvorräte sicher.

Unkraut
Nur eine Plage?

Als „Un"-Kräuter bezeichnet man alle Pflanzen, die nicht an den Platz „gehören", an dem sie wachsen, und die anderen Pflanzen Wuchsraum und Nährstoffe wegnehmen, sie bedrängen oder gar überwuchern. Objektiver betrachtet, sind es Pflanzen, die sich durch besondere Wuchskraft und schnelle, weit reichende Verbreitung auszeichnen und an die Standorte, wo wir sie als lästig empfinden, besonders gut angepaßt sind. Zum „Un"-Kraut werden sie erst dann, wenn sie zwischen den von uns bevorzugten Nutz- und Zierpflanzen wachsen; am Naturstandort mögen wir sie viel-

Die Kornrade, ein besonders hübsches Ackerunkraut, ist mittlerweile fast ausgerottet

leicht sogar besonders hübsch und ansprechend finden. Unkräuter stellen natürliche Begleiter unserer Kulturpflanzen dar, aus einigen sind sogar wichtige Nutzpflanzen hervorgegangen, so zum Beispiel der Chicorée aus der Wegwarte (*Cichorium intybus*), die Karotte aus der wilden Möhre (*Daucus carota*) und das Tausendschön aus dem Gänseblümchen (*Bellis perennis*). Viele der so sehr geschmähten Unkräuter sind außerdem verläßliche Anzeiger für bestimmte Bodenzustände und erweisen sich somit als sehr nützlich. Durch konsequente Bekämpfung wurden viele Unkräuter so selten, daß sie heute schon zu den aussterbenden Arten zählen, wie etwa die Kornrade (*Agrostemma githago*) oder der Ackermeister (*Asperula arvensis*). Nicht zuletzt aufgrund des Ausschaltens dieser „Konkurrenz" konnten sich andere, äußerst wuchsstarke Arten derart ausbreiten, daß sie schon fast zur Plage geworden sind, zum Beispiel die mächtige, weißblühende Herkulesstaude (*Heracleum sphondylium*).

Mechanische Bekämpfung

Trotz der zuvor dargestellten Bedeutung der Unkräuter wird man sie im Garten nicht oder nur zum Teil dulden, wenn sie die Kulturpflanzen bedrängen und uns die Ernte streitig machen. Durch das oft erstaunlich rasche Wachstum und die ungeheure Samenproduktion haben Unkräuter meist entscheidende Vorteile gegenüber den Kulturpflanzen. Je früher man aber etwas gegen die unerwünschten Kräuter unternimmt, desto erfolgreicher wird der Wettstreit sein. Jäten war und ist die beste Methode zur Bekämpfung aller Unkräuter. Zwar gestaltet sich diese Arbeit manchmal mühsam und zeitaufwendig, sie bringt aber schnell Erfolg. Für ältere oder körperlich behinderte Menschen bietet der Fachhandel Jätestäbe an, die das Herauszupfen der Unkräuter im Stehen ermöglichen. Wenn man in regelmäßigen, kurzen Abständen jätet, bleibt auch der jeweilige Arbeitsaufwand gering, und die Unkräuter werden durch das ständige Entfernen geschwächt. Besonders wichtig ist frühzeitiges Jäten und die Entfernung aller Blütenstände der Unkräuter, um eine Samenbildung und vor allem die Ausbreitung der Samen zu verhindern. Aus einem Löwenzahnblütenstand entstehen unzählige „Fallschirme", die der Wind über weite Strecken treibt und verbreitet, aus einer Pflanze wird so innerhalb weniger Wochen eine ganze Schar. Noch eindrucksvoller,

Eine Mulchschicht, hier aus Grasschnitt, behindert das Wachstum der Unkräuter und verschafft so den Kulturpflanzen einen Vorsprung

aber weniger auffällig ist das Beispiel der Vogelmiere: Eine Pflanze kann bis zu 15 000 Samen bilden!

Ausdauernde Unkräuter wie die Quecke oder den Giersch wird man nur schwer wieder los; die Wurzeln sitzen sehr tief im Erdreich, brechen leicht, und aus jedem Teilstück kann sich eine neue Pflanze entwickeln. Solche Unkräuter sticht man tief aus und entfernt die Wurzeln so gründlich wie möglich. Durch ständiges Ausstechen werden die Pflanzen geschwächt und im Wuchs gebremst. Abhilfe gegen sich flächig ausbreitende Unkräuter kann man durch Mulchen schaffen. Die gesamte Fläche wird dick mit Rindenmulch, Grasschnitt, schwarzer Mulchfolie oder Pappkarton abgedeckt. Dadurch entzieht man den Unkräutern das zum Wachsen nötige Licht. Mulchen und Folienabdeckung sind im Nutzgarten mit die besten Methoden, um Unkrautwuchs gar nicht erst aufkommen zu lassen.

Chemische Bekämpfung

Meist ökologisch bedenklich ist die Bekämpfung der Unkräuter mit chemischen Unkrautbekämpfungsmitteln, sogenannten Herbiziden. Moosvernichter, „Unkraut-Ex" und andere Substanzen sind giftig, und ihre Rückstände können sich im Boden anreichern. Im Privatgarten sollten Sie auf solche Mittel verzichten, denn der gesparte Aufwand für das Jäten steht in keinem Verhältnis zu möglichen Umweltschäden.

Unkräuter dulden

Es empfiehlt sich, in einer stillen Gartenecke einige Unkräuter einfach wachsen zu lassen, denn viele von ihnen sind wichtige Nahrungspflanzen für Insekten oder können auch als Heilpflanzen Verwendung finden. Aus Brennesseln läßt sich ein Pflanzenstärkungsmittel herstellen, Löwenzahn ergibt einen schmackhaften Salat, Giersch kann als Gemüse verzehrt werden, ein Tee aus zerkleinerten Queckenwurzeln wirkt blutreinigend.

Die Blätter des Giersch kann man als Gemüse zubereiten

ZIERGARTEN

Kletterpflanzen
Streben nach Höherem

Nach wenigen Jahren macht die Pfeifenwinde mit ihren großen Blättern die Terrasse zur schattigen Oase

Mit Blättern und Blüten kletternder Gewächse lassen sich Mauern verdecken, Gerätehäuschen verschönen, Pergolen bepflanzen, Windschutzvorrichtungen anlegen und vieles mehr. Wände im „grünen Pelz" sind im Sommer vor Hitze und im Winter vor Kälte geschützt. Blüten in der Höhe ergänzen den Blumenflor am Boden und sorgen für neue Blickpunkte.

Kletterpflanzen erschließen sich die Höhe mit unterschiedlichen Techniken. Schlingpflanzen wie Geißblatt oder Hopfen winden ihre Sprosse um alles, was ihnen eine Stütze bietet. Rankpflanzen wie Clematis und Wein klammern sich mit elastischen Trieben (umgebildete Blätter, Seitentriebe oder Sproßteile) an die Unter-

lage. Wurzelkletterer wie der Efeu „kleben" sich gleichsam mit Haftscheiben an der Wand fest. Spreizklimmer wie Kletterrosen oder Brombeeren verkeilen sich mit steifen, langen Trieben in der Kletterhilfe, dabei geben ihnen Dornen oder Stacheln zusätzlichen Halt. Kletterpflanzen gibt es in reicher Artenfülle und für alle Gelegenheiten. Bei der Auswahl sollte man die Standortansprüche und die Wuchshöhe der Pflanze berücksichtigen; ob eine Kletterhilfe erforder-

lich ist und ob die Pflanzen gestalterisch zum Zweck passen, sind weitere wichtige Gesichtspunkte. Als Kletterhilfen eignen sich verschiedene Vorrichtungen, zum Beispiel Holzlattengerüste oder Spanndrähte. Sie müssen sicher im Boden oder am Mauerwerk verankert werden, damit sie die Last der Pflanze auch dann tragen können, wenn diese ausgewachsen ist.

In der nachfolgenden Übersicht finden Sie eine Auswahl bewährter Kletterpflanzen. Viele davon sind mehrjährig und botanisch den Gehölzen zuzurechnen. Entsprechend gestaltet sich ihre Pflege recht einfach; einen Auslichtungsschnitt vertragen sie meist ebenso wie einen gelegentlichen Rückschnitt. Die einjährigen Kletterpflanzen dagegen zählen zu den Sommerblumen; mit ihrer Blütenfülle sind sie gut geeignet, um zum Beispiel Zäunen ein freundliches Gesicht zu geben.

Beliebte Kletterpflanzen im Überblick

Deutscher Name	Botanischer Name	Lichtanspruch	Wuchshöhe in m	Hinweise
Strahlengriffel	*Actinidia*-Arten	◯-◑	3-8	duftende Blüten, Fruchschmuck; Kh
Pfeifenwinde	*Aristolochia macrophylla*	◑-●	5-10	große Blätter, gute Beschattung; Kh
Trompetenblume	*Campsis radicans*	◯	4-10	auffallende Blüten, wärmeliebend; Kh
Clematis	*Clematis*-Hybriden	◯-◑	2-4	große Sortenvielfalt, verschiedene Blütenfarben; Kh

Kh = Kletterhilfe nötig

Beliebte Kletterpflanzen im Überblick (Fortsetzung)

Deutscher Name	Botanischer Name	Licht-anspruch	Wuchs-höhe in m	Hinweise
Waldrebe	*Clematis*-Arten	◐ - ◑	2-10	kleinblütige Wildarten, starkwüchsig; Kh
Glockenrebe	*Cobaea scandens*	◐ - ◑	3-5	blaue Blüten, einjährig; Kh
Schönranke	*Eccremocarpus scaber*	○	2-3	rote Blüten, einjährig; Kh
Schlingknöterich	*Fallopia aubertii*	○ - ●	8-10	Blütenduft, robust; Kh
Efeu	*Hedera helix*	◑ - ●	20-30	ansprechendes Laub, Fruchtschmuck
Kletterhortensie	*Hydrangea anomala*	◑ - ●	5-10	weiße Blütenschirme; Kh
Prunkwinde	*Ipomoea tricolor*	○	2-3	zarte Trichterblüten, einjährig; Kh
Winterjasmin	*Jasminum nudiflorum*	○ - ◑	2-4	Winterblüher, wärme-liebend; Kh
Duftwicke	*Lathyrus odoratus*	○	1-2	Blütenduft, einjährig; Kh
Geißblatt	*Lonicera*-Arten	○ - ◑	2-6	Blütenduft, z.T. immergrün; Kh
Wilder Wein	*Parthenocissus*-Arten	○ - ◑	8-15	ansprechendes Laub, Herbstfärbung
Kletterrosen	*Rosa*-Arten und -Sorten	○	2-5	große Sortenvielfalt, verschiedene Blütenfarben, z.T. Blütenduft; Kh
Schwarzäugige Susanne	*Thunbergia alata*	○	1-2	gelbe Blüten, einjährig; Kh
Kapuzinerkresse	*Tropaeolum peregrinum*	○ - ◑	1-3	gelbe Blüten, einjährig; Kh
Wilde Reben	*Vitis*-Arten	○ - ◑	4-12	ansprechendes Laub, robust; Kh
Glyzine	*Wisteria*-Arten	○ - ◑	5-12	blaue Blütentrauben, wärmeliebend; Kh

Kh = Kletterhilfe nötig

Clematis-Hybride

Die Schwarzäugige Susanne ist einjährig

Rosen
Adel verpflichtet

Rosen sind in den Augen ihrer Liebhaber die Königinnen unter den Blumen. „Extravagant" sind sie jedoch nicht nur im Aussehen. Auch in ihren Anforderungen an Umgebung und Pflege haben sie durchaus aristokratische Ansprüche. Ein schönes Rosenbeet ist der Wunschtraum vieler Gartenbesitzer. Die richtige Rosenpflege gestaltet sich gar nicht so schwierig, wenn Sie einige Grundregeln der Rosenpflanzung und -pflege beherzigen und gerade in etwas ungünstigeren Klimagebieten auf bewährte Sorten zurückgreifen.

ADR – ein Qualitätssiegel

Kaum eine andere Pflanzengruppe wurde züchterisch so intensiv bearbeitet wie die Rosen. Die schier unüberschaubare Anzahl ständig neu vorgestellter Sorten machte schon bald objektive Bewertungen und Qualitätskontrollen notwendig. In vielen Ländern führte man deshalb verbindliche Rosenprüfungen durch Fachgremien ein. In Deutschland wurde die Alldeutsche Rosen-Neuheitsprüfung ins Leben gerufen, die seither als die schwerste Rosenprüfung gilt. In verschiedenen Prüfungsgärten mit den unterschiedlichsten klimatischen Verhältnissen und Standortbedingungen werden die vom Züchter eingeschickten Sorten gepflanzt und kultiviert, wobei keine Pflanzenschutzmittel verwendet werden dürfen. Die Rosen werden nach Kriterien wie Blüte, Wuchs, Widerstandsfähigkeit usw. geprüft und bewertet. Nur wenn eine Sorte eine bestimmte Punktzahl erreicht, erhält sie das begehrte Prädikat ADR, was „Anerkannte Deutsche Rose" bedeutet.

Natürlich heißt dies nicht, daß nur Rosen mit dem ADR-Prädikat angepflanzt werden sollten. Bei der außerordentlich strengen Prüfung fallen viele Sorten nur ganz knapp durch und sind deshalb trotzdem gut für den Garten geeignet. Die Auswahl der richtigen Sorte ist ein entscheidender Schritt zur erfolgreichen Rosenpflanzung. Eine robuste und widerstandsfähige Rose wird auch an einem weniger guten Standort größere Überlebenschancen haben als eine empfindliche Sorte. Aber mangelnde Pflege und schlechte Bedingungen können auch ei-

Rosen und Geißblatt beim gemeinsamen Verschönen eines Zaunes

ner bewährten Sorte mit der Zeit ein unrühmliches Ende bereiten. Es ist jedoch sehr schwierig, eine allgemeingültige Bewertung für eine bestimmte Sorte abzugeben, denn eine Rose, die in Süddeutschland bestens gedeiht, kann in norddeutschen Gärten kümmern und umgekehrt.

Rosenkauf

Am Anfang einer erfolgreichen Rosenpflanzung steht der Kauf. Rosen werden heute fast in jedem Supermarkt angeboten, was natürlich nicht unbedingt falsch sein muß. Aber diese Pflanzen sollten Sie vor dem Kauf auf jeden Fall gründlich prüfen, denn es könnte zum Beispiel sein, daß die Rosen schon eine lange Reise vom Anbauort zum Supermarkt hinter sich haben. Mehr Sicherheit bietet auf jeden Fall der Weg zum Fachhandel. Am besten ist es, wenn Sie eine gute Baumschule oder eine Rosenschule in der Nähe Ihres Wohnortes finden, um dort die Pflanzen anzusehen und auszusuchen. Die meisten Rosenschulen haben auch einen Versand; Sie können die Rosen in aller Ruhe im Katalog ansehen und das Gewünschte bestellen. Die Ware wird dann zur Pflanzzeit geliefert. Aber Vorsicht, die Farben in den Katalogen sind manchmal stark verfälscht. Seien Sie also nicht enttäuscht, wenn der Farbton in Wirklichkeit nicht genau dem auf dem Papier entspricht.

Standort

Wie schon erwähnt, hat man es bei Rosen mit anspruchsvollen Artistokratinnen zu tun. Der richtige Standort und eine gute Pflege sind ausschlaggebend für gesunden Wuchs und Blütenpracht. Rosen wollen frei stehen und lieben einen sonnigen Standort, der möglichst windumweht ist, damit nach einem Regen die Blätter schneller abtrocknen. Dadurch sinkt die Gefahr einer Pilzinfektion. Ein heißes, windstilles Kleinklima an einer Südwand dagegen ist meist ungünstig. Der Boden sollte weder zu leicht noch zu schwer sein und einen neutralen pH-Wert aufweisen. Eine normale, gute Gartenerde ist in den meisten Fällen völlig ausreichend. Wenn am Pflanzort vorher schon Rosen oder eng verwandte Rosengewächse (Rosaceae) wie Apfel, Birne oder Feuerdorn standen, sollten Sie einen anderen Platz aussuchen oder aber die Erde sehr tief austauschen. Solche Vorsichtsmaßnahmen sind nötig, da diese Pflanzen über die Wurzeln Sekrete absondern, die für die Rosen unverträglich sind und auch nach dem Entfernen der Gehölze noch wirken.

Pflanzung

Am besten pflanzt man Rosen im Herbst, dann können sie bis zum Winter einwurzeln. Möglich ist aber auch noch eine Pflanzung im Frühjahr (März bis Anfang April). Seit einiger Zeit gibt es auch Rosen im Pflanzcontainer, einem gro-

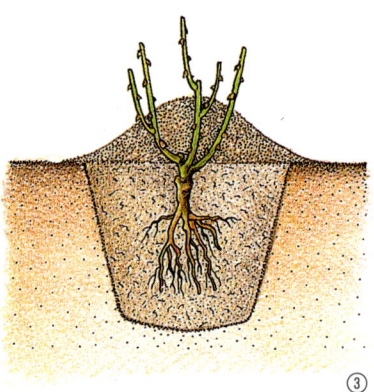

① Vor der Pflanzung werden beschädigte Wurzeln entfernt, zu lange auf ca. 20 cm eingekürzt. ② Der Rosenstock wird so in die Pflanzgrube gesetzt, daß die Veredelungsstelle 5 cm unter der Oberfläche zu liegen kommt. Nun füllt man Erde auf, spart dabei eine Gießmulde aus und wässert anschließend kräftig. ③ Die oberirdischen Triebe werden angehäufelt, um sie im Winter vor Frost zu schützen

ßen Kunststofftopf, der einen bereits gut durchwurzelten Ballen umschließt. Solche Containerware kann das ganze Jahr über gepflanzt werden. Wenn Sie die Pflanzen nicht gerade direkt in einer Baum- oder Rosenschule gekauft haben, sind die Rosen im allgemeinen verpackt. Die Verpackung wird entfernt; dann wässert man die Rosen und schneidet die Wurzeln um etwa ein Drittel zurück. Wenn eine Pflanzung nicht gleich möglich ist, werden die Rosen bis zu 10 cm über der Veredelungsstelle in feuchte Erde eingeschlagen.

Das Pflanzloch muß ausreichend groß sein, damit die Wurzeln gut Platz haben. Veredelte Rosen setzt man so tief, daß die Veredelungsstelle etwa 5 cm unter der Erde liegt. Die Erde um die Rosen wird gut festgedrückt, anschließend wird gewässert. Geben Sie keinesfalls Kompost ins frische Pflanzloch, eine Düngung sollte erst im nächsten Jahr erfolgen. Im Herbst werden die Pflanzen angehäufelt.

Sehr wichtig ist auch der richtige Pflanzabstand, vor allem bei Beetrosen. Bei zu großen Abständen trocknet die Erde leicht aus, bei zu engem Stand behindern sich die Pflanzen gegenseitig. Beachten Sie deshalb unbedingt die Wuchshöhe der Sorte, von der die Pflanzweite abhängt. Wenn Sie nicht sicher sind, fragen Sie lieber in der Rosenschule oder im Pflanzenmarkt nach, welcher Abstand optimal ist. In guten Katalogen findet man auch Angaben zur Pflanzweite.

Pflege

Je nach Witterung wird Ende März bis Mitte April die Erde abgehäufelt und ein eventuell angebrachter Winterschutz entfernt. Wenn das Wetter sehr mild ist, empfiehlt es sich, dies rechtzeitig zu tun, also bevor die Pflanzen austreiben. Eine wichtige Pflegemaßnahme ist der Schnitt; Genaueres dazu finden Sie bei der Beschreibung der einzelnen Rosengruppen. Prinzipiell gilt: Starke Triebe werden nur wenig, schwache Triebe stark zurückgeschnitten. Man schneidet immer auf Auge, der Schnitt sollte etwa 5 mm über einem außenliegenden Auge schräg nach unten gesetzt werden (siehe auch das Kapitel zum Gehölzschnitt im „Februar"). Abgestorbenes Holz wird ganz unten herausgenommen. Anschließend werden die Pflanzen mit Rosendünger versorgt. Wildtriebe, die unterhalb der Veredelungsstelle aus dem Boden wachsen, reißt man aus oder schneidet sie möglichst tief weg.

Im Spätherbst werden die Rosen mit reifem Kompost oder abgelagertem Stallmist versorgt und mit Erde angehäufelt. Eine weitere Düngung ist im allgemeinen nicht nötig. Auf keinen Fall sollte im Spätsommer nochmals Rosendünger gegeben werden, da das Holz sonst bis zum Winter nicht ausreifen kann, so daß erhöhte Frostgefahr besteht.

Rosenklassifizierung

Im Laufe der Jahrzehnte wurden viele tausend Rosensorten gezüchtet. Die einen sind wieder vom Markt verschwunden, andere erfreuen sich immer noch großer Beliebtheit. Wegen der schier unermeßlich großen Zahl von Rosensorten und des ständig wechselnden Angebots werden im folgenden keine einzelnen Sorten aufgeführt. Um einen Überblick über die ungeheure Vielfalt an Arten und Sorten zu bekommen, wird immer noch an einer allgemein gültigen Klassifizierung gearbeitet. Die nachfolgend aufgeführte Einteilung hat sich bei uns weitgehend durchgesetzt. (Teilweise werden die Teehybriden auch gesondert geführt und mit den Remontantrosen zur Gruppe der „Edelrosen" zusammengefaßt.)

Beetrosen

Hierunter sind die Rosen zusammengefaßt, die aufgrund ihrer Wuchsform bei Pflanzung in Beeten am besten zur Geltung kommen:

- Floribunda-Rosen
- Polyantha-Hybriden
- Teehybriden

Strauchrosen

Die strauchwüchsigen Rosen lassen sich unterteilen in:

- öfterblühende Strauchrosen
- einmalblühende Strauchrosen
- Wildrosen

In manchen Katalogen werden die einmalblühenden Strauchrosen auch als Parkrosen bezeichnet.

Kletterrosen

Neben den echten Kletter-
rosen gibt es auch sogenannte
Climbing Sports, das sind
zum Beispiel Floribunda-Rosen oder Teehybriden mit besonders langen Trieben, mit
deren Hilfe sie ebenfalls klim-
mend wachsen können. Man
unterscheidet:

- dauerblühende Kletterrosen
- einmalblühende Kletterrosen

Zwergrosen

Diese kleinwüchsigen Formen
werden auch als Miniatur-
rosen, Kußrosen oder Zwerg-
bengalrosen bezeichnet.

Bodendeckerrosen

Diese Gruppe ist relativ neu
und stellt eine Zusammenfassung von zum Teil recht unterschiedlich aussehenden Arten
und Sorten dar, die wegen ihres niedrigen, breiten Wuchses
zur Begrünung größerer Flächen geeignet sind.

Die hier kurz charakterisierten
Rosenklassen, ihre Ansprüche
und Verwendungsmöglichkeiten werden im folgenden näher erläutert. Abschließend
finden Sie darüber hinaus
Hinweise zu den Hochstammrosen, die im engeren Sinn
keine eigene Klasse darstellen.

Beetrosen

Beetrosen werden, wie schon
der Name sagt, hauptsächlich
im Beet oder in Gruppen gepflanzt. Als Faustregel für die
Pflanzweite gilt: Bei einer mittleren Größe von 60–70 cm
beträgt der Pflanzabstand ca.
40 cm, oder man setzt sechs

Gräser und blaublühende Stauden unterstützen dezent die Leuchtkraft der Beetrosen

bis sieben Pflanzen pro m².
Niedrigere Sorten werden
enger, höhere weiter gesetzt;
auch sehr buschig und ausladend wachsende Stöcke brauchen größere Abstände.
Je nach Geschmack können
Sie sich auf eine Sorte beschränken oder verschiedene
mischen. Hierbei sollten Sie jedoch unbedingt auf eine passende Farbzusammenstellung
achten. Rosa verträgt sich beispielsweise nicht immer mit
Rot oder Orange. Besondere
Vorsicht ist bei Kombination
zweifarbiger Sorten mit anderen Rosen geboten. „Pur" wirken Beetrosen in den selten-
sten Fällen überzeugend, ihre
wahre Pracht entfalten sie erst
bei Unterstützung durch andere Pflanzen. Da Rosen eher
dominieren, sollten die Begleiter zurückhaltend sein und die
Schönheit der Rosen unterstreichen. Hübsch sind zum
Beispiel Gräser, Lavendel,
Veronika, Salbei, Rittersporn,
Glockenblumen, Lilien und
Goldfelberich. Je auffallender
die Farbe der Rose, desto ver-
haltener sollten sich die Töne
der Begleitpflanzen präsentieren. Ein Beispiel zeigt unser
Gestaltungstip für „Juni".

Teehybride 'Gloria Dei', eine bewährte und
beliebte Rose mit ADR-Siegel

Im Frühjahr wird auf drei bis
sechs Augen, je nach Triebstär-
ke, zurückgeschnitten. Während des Sommers schneidet
man Verblühtes zusammen mit
zwei vollständig entwickelten
Laubblättern ab. Die meisten
Sorten blühen von Juni bis
zum ersten Frost.

Teehybriden

Der Wuchs der Teehybriden ist
buschig und aufrecht, die Blüten stehen einzeln oder zu wenigen an kräftigen Stielen. Sie
sind meist groß und gut gefüllt, einige warten mit ver-
schwenderischem Duft auf.
Die berühmteste Vertreterin ist
wohl 'Gloria Dei', die auf der
Beliebtheitsskala immer noch
weit oben rangiert.

Floribunda-Rosen
und Polyantha-Hybriden

Die Unterscheidung von Floribunda-Rosen und Polyantha-
Hybriden ist sehr schwierig
geworden, da durch Einkreu-
zen von Teehybriden die typischen Merkmale, wie kleine,
oft halbgefüllte Blüten in dichten Blütenständen, verwischt
werden. Es setzt sich deshalb
immer mehr durch, nicht mehr
zwischen Floribunda- und

Polyantha-Rosen zu unterscheiden. In manchen Fällen ist auch eine Abgrenzung zu den Teehybriden nur noch schwer möglich, vor allem bei den großblumigen Floribunda-Grandiflora-Hybriden. Kennzeichnend für diese Gruppe sind die oft in dichten Büscheln stehenden Blüten, daher die Bezeichnungen Floribunda (lat.; = reichblühend) bzw. Polyantha (griech.; = vielblütig). Niedrigere Sorten werden gerne zur Begrünung größerer Flächen verwendet.

Strauchrose 'Eyepaint'

Strauchrosen

Strauchrosen werden einzeln oder in kleinen Gruppen gepflanzt. Auch in freiwachsenden Blütenhecken machen sich viele Sorten dieser Gruppe hervorragend. Manche Sorten haben fast edelrosenähnliche Blüten. Verblühtes wird hier nicht oder nur zum Teil abgeschnitten, da man sich sonst um die leuchtenden Hagebutten bringt. Strauchrosen werden im allgemeinen nicht zurückgeschnitten. Im Frühjahr nimmt man nur abgestorbenes und überaltertes Holz am Boden heraus. Die öfterblühenden Strauchrosen warten häufig mit einer üppigen Blüte im Juni auf, bis zum Herbst folgen – oft weniger reiche – Nachblüten. Die einmalblühenden Strauchrosen blühen meist am mehrjährigen Holz und dürfen im Frühjahr keinesfalls geschnitten werden. Wie der Name sagt, können sie nur mit einer Blüte im Frühsommer dienen, die dafür sehr reich ausfällt. Gelegentlich kommt es im Herbst zu einer leichten Nachblüte. In dieser Gruppe finden sich viele gute Duftrosen.

Wildrosen

Neben den Sorten gibt es noch eine große Anzahl Rosenarten, meist als Wildrosen bezeichnet, die sich prima für den Garten eignen. Sie besitzen zwar fast immer nur einfache, eher kleine Blüten, diese dafür in großer Zahl. Die bunten Hagebutten bilden im Herbst und Winter willkommene Farbtupfer und dienen außerdem als Vogelnahrung. Mit ihrem natürlichen Charme passen diese Rosen gut in Wildhecken und naturnahe Gärten. Sie werden nicht geschnitten und benötigen auch sonst kaum Pflege, da sie robuster sind als ihre hochgezüchteten Schwestern.

Natürlicher Charme: Wildrose Rosa pimpinellifolia

Englische Rose 'Mary Rose'

Historische Rosen und Englische Rosen

Unter dem Begriff **Historische** oder **Alte Rosen** faßt man Rosengruppen und Sorten zusammen, die schon sehr lange in Kultur sind. Man findet sie in alten Gemälden und Stichen verewigt, ein deutliches Zeichen für die große Beliebtheit, der sie sich erfreuten. Von den vielen hundert Sorten, die es noch um die Jahrhundertwende gab, ist heute nur noch ein Bruchteil übrig. Allerdings erleben sie seit einigen Jahren fast eine Renaissance. Sie zeichnen sich aus durch große, meist dicht gefüllte, barock anmutende Blüten, die oft einen geradezu verschwenderischen, schweren Duft verströmen. In der Pflege unterscheiden sie sich nicht von den anderen Strauchrosen. Hierher gehören so berühmte Namen wie Damaszener-Rosen, Centifolia-Rosen, Bourbon-Rosen, Remontantrosen, *Rosa* x *alba*-Hybriden und andere.

Die **Englischen Rosen** vereinen die Vorzüge moderner Rosen, wie Robustheit und mehrmalige Blüte im Jahr, mit dem bestechenden Charme und dem reichen Duft der Historischen Rosen. Sie bleiben im Wuchs meist niedriger als die anderen Strauchrosen.

Kletterrosen

Kletterrosen benötigen zum Wachsen eine Stütze. Mit deren Hilfe erklimmen sie gerne Zäune, Pergolen, Hausmauern oder Lauben, wo sie beachtliche Höhen erreichen können. Wenn Sie die Rose an eine Mauer setzen, sollte das Stützgerüst etwa 10 cm von der Wand entfernt sein, damit die Luft dahinter zirkulieren kann; andernfalls ist die Anfälligkeit für Krankheiten und Schädlinge größer. Einmalblühende Sorten dürfen erst nach der Blüte zurückgeschnitten werden, dauerblühende Kletterrosen schneidet man im Frühjahr nur ganz schwach, denn richtig üppig blühen sie erst am mehrjährigen Holz.

Kletterrose 'Karlsruhe'

Zwergrose 'Maidy'

Zwergrosen und Bodendeckerrosen

An **Zwergrosen** finden immer mehr Hobbygärtner Gefallen. Diese Sorten zeichnen sich durch einen niedrigen, buschigen Wuchs und kleine Blüten aus. Man verwendet sie gerne als Beeteinfassung, im Steingarten und für Gruppenpflanzungen. Weiterhin lasen sie sich auch im Topf kultivieren. Für Schnitt und Pflege gilt das bei den Beetrosen Gesagte.

Auch **Bodendeckerrosen** werden immer häufiger gepflanzt, zum Beispiel an Böschungen und auf anderen großen Flächen, zur Begrünung von Mauern und ähnlichem. Die meist langen, biegsamen Triebe lassen eine vielseitige Verwendung zu. Die kleinen Blüten erscheinen sehr reichlich. Der Pflanzabstand richtet sich auch hier nach der Wuchsform, die sehr unterschiedlich sein kann. Man rechnet bei breit ausladenden Sorten mit ein bis zwei Pflanzen pro m², bei schmaler wachsenden mit drei bis vier. Im Frühjahr wird abgestorbenes Holz herausgenommen. Ein starker Rückschnitt ist nur nötig, wenn die Rosen zu sehr wuchern.

160

Hochstammrosen

Hochstammrosen erfreuen sich gerade in kleineren Gärten wachsender Beliebtheit. Sie stellen eigentlich keine eigene Gruppe dar, denn hier finden sich viele verschiedene Beetrosensorten, die auf das Stämmchen einer Unterlage veredelt wurden. Entsprechend bieten sie die Vorteile der Beetrosen, nämlich große, oft duftende Blüten in schönen Farben, brauchen aber wesentlich weniger Platz. Allerdings ist die Pflege etwas aufwendiger als bei den buschig wachsenden Rosen. Empfindliche Sorten benötigen einen Winterschutz. Solange die Rosen jung und biegsam sind, werden im Spätherbst die Triebe auf den Boden gebogen, dort entweder eingegraben oder mit Drahtbügeln befestigt und mit Reisig abgedeckt. Bei älteren Exemplaren mit kräftigerem Stamm

Kräuter können durchaus auch in den Ziergarten integriert werden. Hier Schnittlauch und Petersilie einträchtig neben Ziertabak und Zierkohl

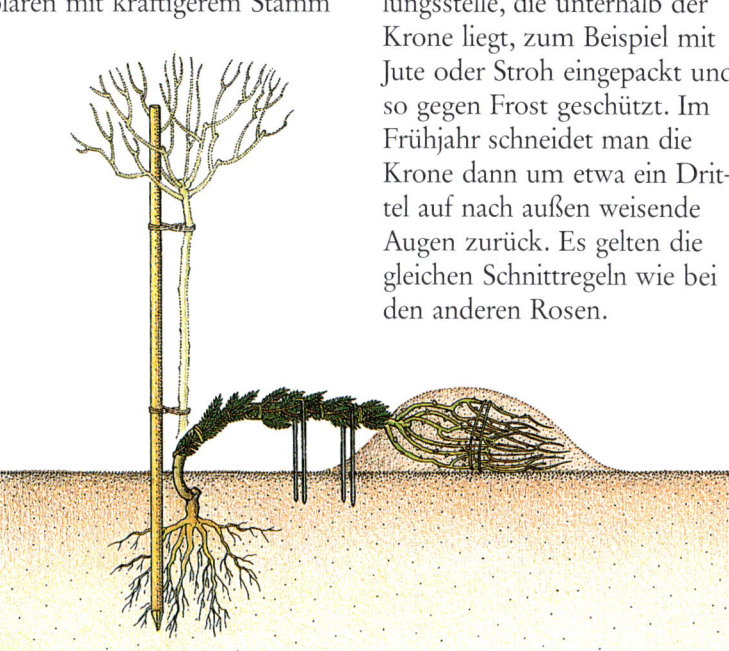

Überwinterung junger Hochstammrosen; die Krone wird mit Erde abgedeckt oder erhält wie der Stamm einen Schutz aus Fichtenreisig

ist diese Methode nicht mehr möglich: Hier wird die Veredelungsstelle, die unterhalb der Krone liegt, zum Beispiel mit Jute oder Stroh eingepackt und so gegen Frost geschützt. Im Frühjahr schneidet man die Krone dann um etwa ein Drittel auf nach außen weisende Augen zurück. Es gelten die gleichen Schnittregeln wie bei den anderen Rosen.

GEMÜSEGARTEN

Kräuter
Vielseitig und unentbehrlich

Aromatische Kräuter sind nicht nur das i-Tüpfelchen in der Küche, sondern auch bedeutsam für die Haus- und Gartenapotheke. Die ätherischen Öle vieler Kräuter sorgen für unvergleichlichen Duft und geben Gerichten ihren typischen Geschmack, andere Inhaltsstoffe regen den Appetit an, fördern die Verdauung, wirken lindernd und heilend auf vielerlei Beschwerden. Viele Arten schützen im Beet andere Nutzpflanzen vor Krankheiten, wehren Schädlinge ab oder können nach Verarbeitung zu Auszügen und ähnlichem für den Pflanzenschutz verwendet werden.

Kurzum, kein Garten kommt ohne Gewürzkräuter aus. Dabei gibt es neben den allbekannten Arten wie Schnittlauch, Petersilie und Dill noch unendlich viele andere, zum Beispiel die fein säuerliche Tripmadam *(Sedum reflexum)*, die scharf-würzige Brunnenkresse *(Nasturtium officinale)*, den leicht bitteren Ysop *(Hyssopus officinalis)* und noch seltener gepflanzte Arten wie Koriander *(Coriandrum sativum)*, Bockshornklee *(Trigonella foenum-graecum)* oder die Zitronenverbene *(Aloysia triphylla)*. Die Kultur ist meist recht einfach, Kräuter stellen im allgemeinen keine großen Ansprüche und leiden wenig unter Krankheiten. Damit die Pflanzen ordentlich gedeihen und ein hoher Gehalt an erwünschten Inhaltsstoffen gewährleistet ist, sollte ein überwiegend sonniger Stand auf nicht zu nährstoffhaltigen, lockeren Böden gewählt werden. Auf zu stark gedüngten, stickstoffangereicherten Böden leidet die Qualität der Küchenkräuter, außerdem wachsen sie unbefriedigend.

Kräuter können auf gesonderten Beeten im Nutzgartenbereich ebenso angebaut werden wie vereinzelt zwischen Gemüse oder Zierpflanzen; sie gedeihen außerdem auch in Kästen und Kübeln. Da Gewürzkräuter meist einen nicht zu übersehenden Zierwert besitzen, sollte man sie durchaus auch als Zierpflanzen mit „Nutzeffekt" behandeln.

Beliebte Küchenkräuter

Schnittlauch

(Allium schoenoprasum)
Ausdauernde Staude. Aussaat II–III, Pflanzung III–V. Ernte fortlaufend. Geschmack zwiebel-, lauchähnlich. Schädlingsabwehrend zwischen Salaten, Möhren, Rüben.

Dill *(Anethum graveolens)*
Einjährig. Aussaat IV–V. Ernte der frischen Blätter und reifen Samen. Geschmack der Blätter frisch-aromatisch, der Samen kümmelähnlich. Aromaverstärkend und schädlingsabwehrend zwischen Salaten, Erbsen, Zwiebeln, Kohl, Möhren und Gurken.

Kerbel *(Anthriscus cerefolium)*
Einjährig. Aussaat III–VIII in zweiwöchigem Abstand. Ernte der jungen Blätter vor der Blüte. Geschmack würzig-süßlich, anisähnlich. Aromaverstärkend zwischen Tomaten, Salaten.

Estragon

(Artemisia dracunculus)
Ausdauernde Staude. Pflanzung IV/VIII–IX. Ernte der jungen Blätter. Geschmack bittersüß, würzig. Winterschutz nötig!

Borretsch *(Borago officinalis)*
Einjährig. Aussaat III–IV. Ernte der jungen Blätter; Blüten eßbar. Geschmack leicht salzig, gurkenähnlich. Bienenweide. Schutzpflanze gegen Läuse zwischen Salaten, Erdbeeren.

Borretsch – seine Blütenfarbe gilt manchen als das schönste Blau im Pflanzenreich

Liebstöckel

(Levisticum officinale)
Ausdauernde Staude. Pflanzung IV/IX. Geschmack kräftig-würzig, sellerieähnlich („Maggikraut"). Ernte frischer Blätter und Stengel.

Zitronenmelisse

(Melissa officinalis)
Ausdauernde Staude. Pflanzung III–IV/IX. Ernte der frischen Blätter. Geschmack zartwürzig, zitronenähnlich. Blätter wirken schmerzstillend bei Insektenstichen.

Pfefferminze

(Mentha x piperita)
Ausdauernde Staude. Pflanzung IV–V/IX–X. Ernte der frischen Blätter. Geschmack aromatisch. Wuchsfördernd und schädlingsabwehrend zwischen Kartoffeln, Salaten, Kohl.

Basilikum

(Ocimum basilicum)
Einjährig. Aussaat III–IV. Ernte frischer Blätter vor der Blüte. Geschmack aromatisch, pfefferähnlich, leicht süß. Schädlingsabwehrend zwischen Tomaten.

Oregano (hinten), auch Dost genannt, Basilikum und – im Vordergrund – Ysop

Majoran
(Origanum majorana)
Ausdauernde Staude, wird aber nur einjährig gezogen. Aussaat V, Pflanzung V. Ernte der frischen Blätter bei beginnender Blüte. Geschmack kräftig-würzig, stark aromatisch. Als Tee wirksam gegen Ameisen.

Oregano *(Origanum vulgare)*
Ausdauernde Staude. Aussaat III, Pflanzung V. Ernte frischer Blätter vor der Blüte. Geschmack leicht herb, aromatisch. Als Tee wirksam gegen Schildläuse. Winterschutz nötig!

Petersilie
(Petroselinum crispum)
Ein- bis zweijährig. Aussaat unter Glas III, Pflanzung IV–V, Freilandsaat VIII. Ernte der frischen Blätter. Geschmack würzig, leicht bitter. Wuchsfördernd zwischen Tomaten.

Rosmarin
(Rosmarinus officinalis)
Ausdauernder Zwergstrauch. Pflanzung IV–V. Ernte der jungen Triebe mit den frischen, nadelähnlichen Blättchen. Geschmack stark aromatisch, herb-bitter. Aromaverstärkend zwischen Möhren, Roten Beten. Winterschutz nötig!

Salbei *(Salvia officinalis)*
Ausdauernder Halbstrauch. Aussaat IV–V, Pflanzung IV–V/IX. Ernte frischer Blätter. Geschmack streng würzig, leicht bitter. Aromaverstärkend zwischen Möhren, Fenchel, Salaten. Bienenweide. Als Tee wirksam gegen Erdraupen.

Winterbohnenkraut
(Satureja montana)
Ausdauernder Halbstrauch. Aussaat III–IV, Pflanzung IV–V/IX–X. Ernte noch unverholzter Triebe. Geschmack herb-würzig. Ähnlich ist das einjährige Bohnenkraut, *Satureja hortensis*. Bienenweide. Blätter wirken schmerzstillend bei Insektenstichen. Aromaverstärkend und schädlingsabwehrend zwischen Bohnen.

Thymian *(Thymus vulgaris)*
Ausdauernder Zwergstrauch. Pflanzung IV–V. Ernte junger Triebe und Blätter. Geschmack aromatisch-bitter. Ähnlich auch Zitronenthymian *(Thymus x citriodorus)*, Quendel *(T. serpyllum)*, Gewöhnlicher Thymian *(T. pulegioides)*. Bienenweide. Als Tee wirksam gegen Erdraupen und Ameisen.

Rosmarin verträgt kaum Frost und muß in rauheren Gegenden im Haus überwintern

Der Pollenstaub eines Birnbaumes kann die eigenen Blüten nicht befruchten. Damit es zu Früchten kommt, müssen Bäume geeigneter Pollenspendersorten in der Nähe sein

OBSTGARTEN

Befruchtersorten
Bestäubung bei Apfel, Birne und Süßkirsche

Apfel-, Birnen- und Süßkirschenbäume brauchen jeweils einen sortenfremden Bestäuber, damit aus ihren Blüten Früchte werden. Anders als bei Sauerkirschen, Zwetschgen und anderen Obstarten kann der Blütenstaub (Pollen) des Baumes die eigenen Blüten nicht befruchten. Dadurch wird ein Spenderbaum einer anderen Sorte mit fruchtbarem Pollen nötig. Damit Bienen und andere Insekten den Blütenstaub von einer Sorte auf die andere übertragen können, müssen die Bäume relativ nahe beieinander stehen. Man muß deshalb entweder selbst im eigenen Garten für zwei Obstsorten sorgen, die sich gegenseitig befruchten können, oder das Glück haben, daß in der Nachbarschaft ein geeigneter Baum steht. Ersatzweise läßt sich auch eine Befruchtung sicherstellen, indem man auf einen vorhandenen Baum eine zweite Sorte, nämlich eine geeignete Befruchtersorte, veredelt.

In den nachfolgenden Befruchtungsdiagrammen finden Sie Informationen, welche Apfel-, Birnen- und Süßkirschensorten sich gegenseitig befruchten. Leider ist über die Befruchtungsverhältnisse bei vielen Sorten noch wenig bekannt; im Zweifelsfall empfiehlt es sich, eine Sorte in die Nähe zu pflanzen, die sich als guter Pollenspender bewährt hat; zum Beispiel bei Äpfeln 'Cox Orange', 'Goldparmäne', 'Klarapfel'; bei Birnen 'Boscs Flaschenbirne', 'Gute Luise', 'Williams Christ'; bei Kirschen 'Schneiders Späte Knorpel', 'Hedelfinger Riesen'.

Hinweise zu den Diagrammen

Zeichenerklärung

● günstige Kombination: Die Sorten können sich gegenseitig befruchten.

→ nur einseitige Befruchtung möglich; die Pfeilrichtung gibt die Bestäubungsrichtung an, also wer wen bestäuben kann.

● ungünstige Kombination: Die Sorten können sich nicht gegenseitig befruchten.

Benutzung

Beispiel 1: Sie wollen gerne die Apfelsorten 'Boskoop' und 'Cox Orange' anbauen. Aus dem Diagramm ergibt sich, daß 'Cox Orange' (5. Zeile) 'Boskoop' (4. Spalte) befruchtet, aber nicht umgekehrt. Es wird also noch ein Bestäuber für 'Cox Orange' benötigt, dafür kommen alle Sorten in Frage, bei denen in der 5. Spalte ('Cox Orange') ein grüner Punkt eingetragen ist, zum Beispiel 'Goldparmäne' oder 'Klarapfel'.

Beispiel 2: Wer die Birnensorten 'Gute Luise' und 'Vereinsdechant' anbauen möchte (siehe Seite 166), schlägt zwei Fliegen mit einer Klappe: Die beiden Sorten können sich gegenseitig befruchten, wie der grüne Punkt an der Schnittstelle zwischen der 11. Zeile und der 15. Spalte zeigt.

Befruchtungsdiagramm Apfelsorten

	Alkmene	Berlepsch	Bohnapfel	Boskoop	Cox Orange	Discovery	Gloster	Golden Delicious	Goldparmäne	Gravensteiner	Ingrid Marie	James Grieve	Jonagold	Jonathan	Kaiser Wilhelm	Klarapfel	McIntosh	Oldenburg	Ontario	Starking
Alkmene				↑	●	↑		↑	●			●		●					←	←
Berlepsch					●				●			●		●		←				
Bohnapfel					←				←							←			←	
Boskoop	←	←			←		←	🔴	🔴		🔴	←		←		←		←		
Cox Orange	●	●	↑	↑		●	●	●	●		↑	●	🔴	●	↑	●	●	●	●	●
Discovery	←				●		←	↑				●	↑							
Gloster				↑	●	↑		●	←			●	←	↑	●					
Golden Delicious	←			🔴	●	←	●		●		●	●	🔴	●		●	●	←	←	●
Goldparmäne	●	●	↑	🔴			↑	●			↑	●		●	↑	●				
Gravensteiner		←			←			←			←	←		←		←	←	←	←	
Ingrid Marie				🔴			●	●	●	●		↑	●	↑	●	🔴	←	←	←	
James Grieve	●	●		↑	●	●	↑	●	●		●		↑	←		●	↑	●	↑	
Jonagold					🔴	←	←	🔴	←		←	←		←						
Jonathan	●	●		↑			●	↑	↑		↑	↑	↑			↑	●		●	↑
Kaiser Wilhelm					←				←							←			←	
Klarapfel		↑	↑	↑	●			●			↑	●	🔴	●	←		↑	●	●	↑
McIntosh					●			●	●		↑	↑		←		●		●	←	●
Oldenburg	↑			↑	●			↑	●	●	↑	●		↑		●	↑		↑	
Ontario	↑		↑		●			●	●		↑	↑		←		●	↑	←		↑
Starking					●			←	●							←		●		

'Gute Luise' (links) und 'Vereinsdechant' (rechts) können sich gegenseitig befruchten und sind generell gute Pollenspender auch für andere Birnensorten

Befruchtungsdiagramm Birnensorten

	Alexander Lucas	Boscs Flaschenbirne	Bunte Julibirne	Clairgeaus Butterbirne	Clapps Liebling	Conference	Frühe von Trévoux	Gellerts Butterbirne	Gräfin von Paris	Gute Graue	Gute Luise	Köstliche aus Charneu	Nordh. Winterforellenbirne	Tongern	Vereinsdechant	Williams Christ
Alexander Lucas	x	←	←	←	←	←	←	←			←	←	←	←	←	←
Boscs Flaschenbirne	↑	\	●	↑	●	●	↑	●	●		●	●		●	●	●
Bunte Julibirne	↑	●	\	↑	●	●	●	↑	●		↑	●		↑	↑	●
Clairgeaus Butterbirne	↑	←	←	\	↑			●	←		●	●		↑	●	●
Clapps Liebling	↑	●	●	←	\		●	●	●	↑	●	●		↑	●	●
Conference	↑	●	●		●	x	●	●						●	●	●
Frühe von Trévoux	↑	←	●		●	●	x	●	●		🟠	●		←	●	🟠
Gellerts Butterbirne	↑	●	←	●	●		●	x	↑	↑	●	●		↑	●	●
Gräfin von Paris		●	●	↑	●		●	←	\		↑	●		↑	↑	●
Gute Graue					←		←	←		\	←	↑				
Gute Luise	↑	●	←	●	●	●	🟠	●	●	↑	\	●	↑	●	●	🟠
Köstliche aus Charneu	↑	●	●	●	●	●	●	●	●	←	●	x		●	●	●
Nordhäuser Winterforellenbirne	↑										←		\			←
Tongern	↑	●	←	←	←	●	↑	←	←		●	●		x	←	←
Vereinsdechant	↑	●	←	●	●	●	●	←			●	●		↑	x	●
Williams Christ	↑	●	●	●	●	●	🟠	●			🟠	●	↑	↑	●	x

x = Sorte neigt zur Jungfernfrüchtigkeit (Parthenokarpie), das heißt, es kann auch ohne vorhergegangene Befruchtung zur Fruchtbildung kommen. Die Erträge sind in solchen Fällen jedoch gering.

Befruchtungsdiagramm Süßkirschensorten

Legende: 🟢 = grün, 🟠 = orange, ← / ↑ = Pfeile; Diagonale = Selbstbezug der Sorte.

	Adlerkirsche von Bärtschi	Annabella	Büttners Rote Knorpelkirsche	Burlat	Dönissens Gelbe Knorpelkirsche	Erika	Frühe Rote Meckenheimer	Große Prinzessin	Große Schwarze Knorpelkirsche	Haumüllers Mitteldicke	Hedelfinger Riesenkirsche	Kassins Frühe	Sam	Schauenburger	Schneiders Späte Knorpelkirsche	Souvenir des Charmes	Star	Starking Hardy Giant	Unterländer	Van
Adlerkirsche von Bärtschi	\		←										←							←
Annabella		\				↑									←					
Büttners Rote Knorpelkirsche	↑		\		↑			🟠	🟢	↑	🟢	←			🟢			↑		
Burlat				\				←			←	↑								↑
Dönissens Gelbe Knorpelkirsche			←		\						↑	↑			←					
Erika		←				\					←				←					
Frühe Rote Meckenheimer							\	←			←			🟢		↑		↑		🟢
Große Prinzessin			🟠	↑			↑	\	↑	←					↑	↑				
Große Schwarze Knorpelkirsche			🟢					←	\		🟢	🟢			↑					
Haumüllers Mitteldicke			←					↑		\										←
Hedelfinger Riesenkirsche			🟢	↑	←		↑		🟢		\		🟢	↑	↑	🟢	↑	↑	↑	↑
Kassins Frühe			↑	←	←	↑			🟢		🟢	\			🟢				↑	🟢
Sam	↑						🟢				←		\		←	↑				🟢
Schauenburger											←			\			●			
Schneiders Späte Knorpelkirsche		↑	🟢		↑	↑	↑	←	←		🟢	🟢			\			↑	↑	↑
Souvenir des Charmes							←	←			←		←			\				←
Star			←								←			🟢			\			←
Starking Hardy Giant							←				←				←			\		
Unterländer											←	←			←				\	
Van	↑			←			🟢		↑		🟢	🟢			←		↑	↑	↑	\

Steinobst
Kirschen

Der römische Feldherr Lukullus soll sich angeblich schon vor 2000 Jahren an den dunkelroten Früchten eines Süßkirschenbaumes gelabt haben. Noch länger sind die aus Wildformen entstandenen Sauerkirschen als geschätztes Obst bekannt. Die Süßkirsche *(Prunus avium)* zeichnet sich aus durch überwiegend feste und süß schmeckende Früchte, während die Früchte der Sauerkirsche *(Prunus cerasus)* in der Regel weich sind und säuerlich schmecken. Je nach Konsistenz und Beschaffenheit der Früchte werden die Kirschen in weitere Gruppen unterteilt:

Süßkirschen:
- Herzkirschen: weichfleischig, färbender Saft
- Knorpelkirschen: festfleischig, nicht färbender Saft

Sauerkirschen:
- Süßweichseln: weichfleischig, rot, färbender Saft
- Glaskirschen: weich- oder festfleischig, gelb oder bunt, nicht färbender Saft

- Weichseln: weichfleischig, rot, färbender Saft
- Amarellen: weich- oder festfleischig, gelb oder bunt, nicht färbender Saft

Süßkirsche

Die von der heimischen Vogelkirsche *(Prunus avium)* abstammenden Sorten bilden meist großkronige, mächtige Bäume und eignen sich deshalb gemeinhin nur für große Gärten. Nachdem es jedoch in neuerer Zeit gelungen ist, geeignete schwachwüchsige Unterlagen zu finden, wird die Süßkirsche auch für den normalen Hausgarten interessant; denn die Wuchsstärke der jeweiligen Unterlage beeinflußt in hohem Maße den Wuchs der darauf veredelten Sorte. Weitere Vorteile der schwachwüchsigen Unterlagen (zum Beispiel 'Colt', 'Prunus cerasus W 10') sind, daß der Baum keine so aufwendigen Schnittmaßnahmen erfordert, leicht abgeerntet werden kann sowie früher und besser trägt. Süßkirschen stellen im allgemeinen keine sehr hohen Ansprüche an den Standort. In

Süßkirsche 'Büttners Rote Knorpelkirsche'

voller Sonne und auf mittelschweren, tiefgründigen, durchlässigen, mäßig feuchten Böden mit hohem Nährstoffgehalt gedeihen sie am besten. Wegen der frühen Blüte im April sollten sie nicht in spätfrostgefährdeten Lagen gepflanzt werden. Viele Sorten leiden unter strengen Winterfrösten, die Stämme sollten deshalb im Februar/März einen schützenden Weißanstrich erhalten.

Kleinbleibende Süßkirschen werden als Spindelbüsche, Kompaktbäume, Spurzüchtungen oder auch Kleinstbäumchen angeboten. Man pflanzt sie im Herbst. In den ersten Jahren muß der Boden rund um das Bäumchen von Bewuchs frei gehalten werden, man sorgt also für eine stets offene Baumscheibe. Später kann man dann auch Graswuchs auf der Fläche zulassen. Junge Bäume braucht man in den ersten Jahren kaum zu schneiden, nur die Leitäste werden um ein Drittel gekürzt. Am besten schneidet man direkt nach der Ernte, etwa Ende Juli; so läßt sich das Wachstum bremsen. Die Krone soll luftig und licht bleiben, damit alle Früchte ausreichend Sonne bekommen. Man nimmt alle Konkurrenztriebe und das alte Fruchtholz heraus, die Leittriebe werden auch bei älteren Bäumen um ein Drittel zurückgeschnitten. Die roten, manchmal dunkelbraunroten, fast schwarzen, teils auch gelben oder gescheckten Früchte reifen ab Ende Mai bis Mitte August. Vögel und Regengüsse schmä-

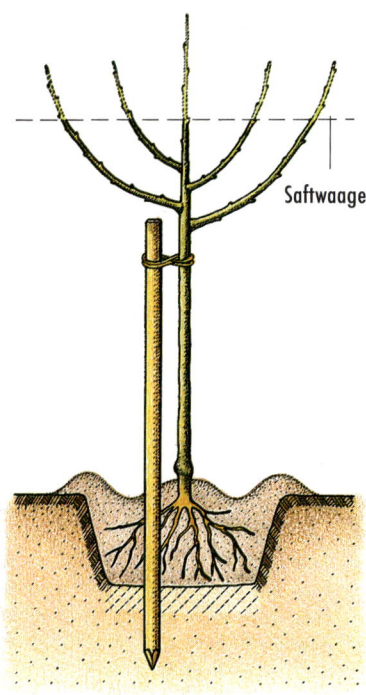

Saftwaage

Pflanzung eines Kirschbaums: Nach dem Ausheben der Grube wird der Unterboden mit einer Grabgabel gut gelockert. Das Bäumchen wird so eingesetzt, daß die Veredelungsstelle über der Erdoberfläche bleibt. Dann Erde auffüllen (Gießmulde aussparen) und kräftig wässern. Der Bereich um den Baum muß in den ersten Jahren frei bleiben (Baumscheibe). Die Leitäste werden um ein Drittel eingekürzt und dabei „auf Saftwaage" gebracht

lern oft die Ernte. Netze, die über die Bäume gespannt werden, halten Amseln und ihre Kollegen ab. Werden die Kirschen mit Stielen geerntet, bleiben sie einige Tage lagerfähig; sonst müssen sie sofort nach dem Pflücken verzehrt oder verarbeitet werden. Süßkirschen sind selbstunfruchtbar, das heißt, sie brauchen einen pollenspendenden Baum in der Nähe. Welche Sorten jeweils als Pollenspender geeignet sind, entnehmen Sie bitte dem Befruchtungsdiagramm auf Seite 167. Um die Befruchtung zu sichern, können auch ein oder zwei Pollenspendersorten in die Krone einveredelt werden; man erhält dann einen sogenannten Naschbaum. Übrigens sind auch einige Sauerkirschsorten in der Lage, bestimmte Süßkirschen zu befruchten.

Die im Befruchtungsdiagramm aufgeführten Sorten stellen gleichzeitig eine Auswahl beliebter und bewährter Süßkirschensorten dar. Für einige der lange eingeführten Sorten existieren neben den dort genannten Namen verschiedene Synonymbezeichnungen. So ist die 'Große Prinzessin' beispielsweise auch als 'Dankelmann' oder 'Lauermannskirsche' bekannt.

Beim Kauf der Pflanzware sollte man sich genau nach den Eigenschaften der ins Auge gefaßten Sorten erkundigen. Wichtige Kriterien für die Sortenwahl sind: Wuchsstärke, Herzkirsche oder Knorpelkirsche, Reifezeit, Höhe und Regelmäßigkeit der Erträge sowie die Platzfestigkeit der Früchte.

Sauerkirsche

Die Sauerkirsche mit ihren vitamin- und mineralstoffreichen Früchten wird vielfach im Garten angebaut. Die Bäume bleiben kleiner als bei Süßkirschen; veredelt werden sie überwiegend auf speziell gezüchtete Abkömmlinge der Vogelkirsche *(Prunus avium)*. Die Sauerkirsche stellt noch weniger Ansprüche an Wärme und Boden als die Süßkirsche, sie gedeiht in allen luftigen, überwiegend sonnigen Lagen. Je nach Bodenverhältnissen sollte die Unterlage gewählt werden; für leichte Böden etwa 'Mahaleb', für kalkreiche

Erntereife 'Schattenmorellen'

Böden 'Prunus fruticosa, Selektion Oppenheimer' und für karge, trockene Böden 'Weiroot 11'. Gepflanzt wird ebenfalls im Herbst.

Damit die frühe Blüte möglichst wenig durch Spätfröste gefährdet wird, sollte man den Boden besonders unter niedrigen Baumformen im März glatt rechen und offen halten. Rasen am Fuß des Baumes wird vor der Blüte auf 3 oder 4 cm Höhe geschnitten. Ab Mai hält eine Mulchschicht auf der Baumscheibe den Boden gleichmäßig feucht.

Geschnitten wird nur mäßig; zu starkes Schneiden beeinträchtigt die Erträge ebenso wie fehlender Schnitt. Während der Erziehung formt man eine lockere Krone mit vier Leitästen, nach einigen Jahren kann der Mittelast herausgenommen werden, wenn die Krone zu dicht wird. Bester Schnittzeitpunkt ist im August und September. Nach innen wachsende Triebe werden herausgenommen, abgetragene Fruchttriebe um ein Drittel eingekürzt. Junges Fruchtholz

sollte stehenbleiben: Da Sauerkirschen am einjährigen Holz fruchten, bilden sich hier die meisten Blüten.

Fast alle Sorten sind selbstfruchtbar, das heißt, es wird keine Bestäubersorte benötigt. Sauerkirschen werden meist nicht alle zur gleichen Zeit reif, man muß mehrmals durchpflücken. Für den Sofortverzehr und rasche Verarbeitung sollten die Kirschen ohne Stiele gepflückt werden, damit keine Rindenschäden durch das Abreißen der Stiele entstehen. Für die Sortenwahl gelten dieselben Kriterien, die bei den Süßkirschen angeführt wurden, nur daß hier zwischen Weichseln und Amarellen zu unterscheiden ist. Unter den Weichseln wäre hier vor allem die bekannte 'Schattenmorelle' zu nennen; auch die bewährte Sorte 'Morellenfeuer' gehört zu dieser Gruppe. Eine im Anbau verbreitete Amarelle ist zum Beispiel 'Ludwigs Frühe', auch 'Königliche Amarelle' genannt. Zu den wenigen selbstunfruchtbaren Sorten zählt die 'Köröser Weichsel'.

169

GESTALTUNG

Rosen-Stauden-Kombination
Königin und Hofstaat

Die Königinnen der Blumen brauchen einen entsprechenden Hofstaat, wenn ihre Pracht voll zur Geltung kommen soll. Stauden unterstreichen die Wirkung der Rosenblüten und bilden den richtigen Rahmen. Durch eine „schmeichelnde" Begleitpflanzung fällt der an sich sparrige Wuchs der Rosen kaum auf. Zu Rosen passen alle Stauden, die selbst nicht zu dominant sind, also Blattschmuckstauden, Massenblüher und alle grau- oder silberlaubigen Arten sowie feine Grashorste. Die klassische Kombination von Rosen und Lavendel vereinigt mehrere Gestaltungsprinzipien einer Rosen-Stauden-Kombination: Die Rosen werden wirksam, aber nicht störend unterpflanzt, das graue Laub der Begleitpflanze ergänzt die kräftigen Farben der Rosenblüten, und die blauen Lavendelblüten ergeben dazu einen guten Kontrast. Auch Schleierkraut *(Gypsophila paniculata)* paßt mit seinen duftigen Kleinblüten zu fast allen Rosen. In unserem Beetvorschlag umgeben sich rote und weiße Rosen mit Groß- und Kleinstauden, die durch die Blautöne ihres Flors einen

eleganten Hintergrund für die majestätischen Rosenblüten bilden und auch außerhalb der „königlichen" Blütezeit für einen schönen Anblick sorgen. Hauptdarsteller des Beetes sind leuchtendrote Floribundarosen, die die Pflanzfläche beherrschen, und eine weiße Strauchrose, die im Hintergrund strahlt. Dunkle Ähren des Ziersalbeis, zierliche Glokkenblumen und imposante

Kerzen des Rittersporns stellen die blaue Komponente dar, die sich im Spätsommer mit den Astern fortsetzt. Weiße Vermittler sind Feinstrahl, Schleifenblume und Myrtenaster. Die blaugrünen Horste des Schwingels wirken beruhigend und ausgleichend.

1. Glattblattaster, Aster novi-belgii 'Blaue Nachhut'
2. Myrtenaster, Aster ericoides 'Schneetanne'
3. Rittersporn, Delphinium-Hybride 'Lanzenträger'
4. Ziersalbei, Salvia nemorosa 'Ostfriesland'
5. Karpatenglockenblume, Campanula carpatica
6. Feinstrahl, Erigeron-Hybride 'Sommerneuschnee'
7. Schleifenblume, Iberis sempervirens
8. Blauschwingel, Festuca cinerea
9. Floribundarose 'Andalusien' oder andere rote Sorte
10. Strauchrose 'Schneewittchen' oder andere weiße Sorte

Beetgröße: 2,5 x 1,5 m;
geeigneter Standort: sonnig,
auf humosem, nährstoffreichem Lehmboden

JULI

Die Gießkanne kann stehen bleiben: Bei einer solchen Quellbewölkung ist mit Schauern zu rechnen

JULI

Geht die Sonne um den 25. 7. etwa gleichzeitig mit dem Sirius (Hundsstern) im Sternbild des Großen Hundes auf, beginnen die Hundstage, die heißeste Zeit des Jahres. Gleichzeitig ist der Juli der niederschlagsreichste Monat, wobei ein Großteil der Niederschläge bei Gewittern fällt.

Kleine Wetterkunde
Quellwolken

Wie riesige Blumenkohlköpfe können die tief ziehenden, quellenden Wolkengebilde aussehen, die man auch als Haufen- oder Cumuluswolken bezeichnet. Reichlich Niederschläge bringen große, oberseits schneeweiße, von unten graue Quellwolken. Kleine

Quellwolken in großer Höhe werden im Volksmund Schäfchenwolken genannt und künden Schlechtwetter an. Kleinere Quellwolken, die turmartig in die Höhe wachsen, sind Gewittervorboten (siehe auch „Juni").

Pflanze des Monats
Gartennelke
Dianthus caryophyllus

Lange Zeit wurden die schönen, stark duftenden Gartennelken wenig beachtet, waren fast in Vergessenheit geraten. Zu Unrecht: Die feurigroten Blütenkaskaden der Gebirgshängenelken, die bunten Blütenpompons der Landnelken

Gartennelke (Dianthus caryophyllus)

und die Chabaudnelken mit ihrem romantischen Flair bringen willkommene Abwechslung ins Sommerblumen-Potpourri auf Balkon und Beet. Daneben bietet die Nelkenfamilie mit zahlreichen weiteren Arten für alle Gelegenheiten etwas, von der Heidenelke über die Federnelke bis zu den Bart- und Kaisernelken.

Wissenswertes: Duft

Während viele Gartenzüchtungen den Duft ihrer Vorfahren verloren haben, können die Gartennelken noch immer mit betörendem Wohlgeruch aufwarten. Bei neuen Züchtungen wird wieder mehr Wert auf Duft denn auf Pracht der Blüten gelegt. Blütenduftstoffe sind ätherische Öle, die in Pflanzenzellen produziert, dann häufig durch die Oberfläche abgeschieden werden und der Insektenanlockung dienen. Ätherische Öle, die wir meist als Wohlgerüche empfinden, werden aber auch in Wurzeln (zum Beispiel beim Ingwer), in Blättern (Gewürzkräuter wie Liebstöckl und Majoran) und in Samen (Fenchel, Pfeffer) gebildet.

 ### Bewährtes Wissen
Bauernregeln

Nur in der Juliglut / wird Obst und Wein dir gut.
Juli trocken und heiß, / Januar kalt und weiß.

Hagelt's im Juli und August, / ist's aus mit des Bauern Freud' und Lust.

Lostage

2. Juli: Regnet's an Mariä Heimsuchungstage, / so hat man sechs Wochen Regenplage.
4. Juli: Wenn's am Ulrichstag donnert, fallen die Nüsse vom Baum.
22. Juli: Magdalene weint um ihren Herrn, / drum regnet's an diesem Tage gern.

 ### Zeichen der Natur

Der Hochsommer dauert von der Vollblüte der Winterlinde (im Mittel am 5. 7.) bis zum Erntebeginn beim Hafer (9. 8.). Auch die Blüte der Wegwarte (ab 4. 7.) ist ein deutliches Zeichen für den Eintritt des Hochsommers. Die Himbeeren sind im langjährigen Mittel ab dem 7. 7. erntereif, die Stachelbeeren ab dem 9. 7. und die Sauerkirschen ab dem 20. 7.

Die unscheinbaren Blüten der Winterlinde (Tilia cordata) eröffnen den Hochsommer

175

ALLE ARBEITEN AUF EINEN BLICK

Allgemeine Gartenarbeiten
Bodenbearbeitung
- offene Bodenflächen lockern ☐
- Mulchschichten um Jungpflanzen ausbringen ☐

Pflegemaßnahmen
- Unkraut jäten ☐
- bei Trockenheit gießen ☐

Pflanzenschutz
- Blattläuse, Blutläuse, Dickmaulrüßler bekämpfen ☐
- auf Schnecken achten ☐
- Netze oder Vogelscheuchen zum Schutz vor Vogelfraß anbringen ☐

Arbeiten im Ziergarten
Vermehrung, Aussaat, Pflanzung
- zweijährige Sommerblumen bis Mitte des Monats aussäen ☐
- Bartiris teilen und verpflanzen ☐

Pflege
- Verblühtes regelmäßig entfernen ☐
- hohe Herbststauden aufbinden ☐
- Frühsommerblüher (Rittersporn, Feinstrahl, Lupinen, Türkenmohn) bis zum Boden zurückschneiden ☐
- remontierende Stauden einkürzen (Sonnenauge, Phlox, Sonnenbraut) ☐
- sommergrüne Hecken schneiden ☐
- Blumenwiese zum ersten Mal mähen ☐

Pflanzenschutz
- Lilienhähnchen absammeln ☐
- Sternrußtau, Mehltau und Rost bei Rosen bekämpfen ☐

Arbeiten im Gemüsegarten
Aussaat
- ins Freie: Salat, Spinat, Mangold, Rote Bete, Rettich, Radieschen ☐

Aussaat (Fortsetzung)
- ins Freie (Fortsetzung): Rüben, Chinakohl, Bohnen, Radicchio ☐
- unter Glas: Endivien, Zuckerhut, Knollenfenchel ☐

Pflanzung
- Blumenkohl und Kohlrabi auspflanzen ☐

Ernte
- Salate, letzter Schnitt- und Pflücksalat, Rettich, Radieschen, erste Möhren und Rote Beten, Blattmangold, Zuckererbsen, Kohlrabi, Frühkohl, Rhabarber (letzte Ernte) ☐

Arbeiten im Obstgarten
Vermehrung
- Erdbeeren setzen ☐
- Absenker von Erdbeeren von den Mutterpflanzen trennen (Pflanzung im August) ☐

Pflege
- stark tragende Zweige beim Obst stützen ☐
- Auslichtungs- und Pflegeschnitt bei Steinobst durchführen (direkt nach der Ernte) ☐
- Himbeerruten nach der Ernte dicht unter der Erde abschneiden, Jungruten anheften ☐

Pflanzenschutz
- Raupengespinste an Kern- und Steinobst entfernen ☐
- Blattfallkrankheit der Johannisbeeren bekämpfen ☐

Ernte
- Äpfel, Pfirsiche, Aprikosen, Pflaumen, Süß- und Sauerkirschen, Erdbeeren und Strauchbeerenobst ☐

Nachholtermine

- Gehölze, Rosen, Stauden können als Containerware gesetzt werden (besser im Herbst oder Frühjahr) ☐
- Rasenneuanlage möglich, doch gründliches und nachhaltiges Wässern erforderlich ☐
- Fruchtausdünnung bei Obstbäumen durchführen ☐

Mulchen
Nach dem Vorbild der Natur

QUER DURCH DEN GARTEN

Schon werden die Tage wieder kürzer, doch der Gartensommer verharrt noch auf seinem Höhepunkt. Flirrende Hitze, heftige Gewitter und schwüle Nächte kennzeichnen einen „richtigen" Sommer. Der Garten zeigt sich in prunkendem Gewand und liefert reiche Ernten an Gemüse und Obst. Am Gartenteich findet man Kühlung und Ruhe, obwohl das Leben dort vehement pulsiert. Wer den Anblick spiegelnder Wasserflächen, prächtiger Flora und vielseitiger Fauna genießen möchte, kann sich mit einem Teich ein spannendes, abwechslungsreiches Biotop schaffen. Aber auch Gärtner, die mehr die nützliche Seite ihres Hobbys schätzen, kommen jetzt voll auf ihre Kosten: Süße Beeren, frisch gepflückt, erquicken nach getaner Arbeit, erntereife Gemüse, wie zum Beispiel die verschiedenen Hülsenfrüchte, füllen Kochtöpfe, Einmachgläser und Kühltruhen.

Mulchen ist in den letzten Jahren fast zum Zauberwort geworden, und das nicht zu Unrecht. Unter Mulchen versteht man ganz allgemein das Abdecken des Bodens, meist mit organischem Material. Dies stellt eine ideale Bodenpflege dar und kostet überdies kaum etwas, denn es werden Materialien verwendet, die ohnehin im Garten anfallen, wie Grasschnitt, Laub oder Gehölzhäcksel.

Abgesehen von Extremlagen, wie Wüste oder Hochgebirge, gibt es in der freien Natur keinen offenen Boden. Immer ist die Erde von einer Pflanzenschicht bedeckt, die sie vor Trockenheit, Erosion (Erdabtrag) und ähnlichen Einflüssen schützt und ihr durch die Verrottung abgestorbener Pflanzen die entzogenen Nährstoffe wieder zuführt. Die Vorteile der stets geschlossenen Pflanzendecke kann man sich im Garten durch das Mulchen zunutze machen. Unter der Mulchschicht herrscht ein ausgeglichenes Klima, was bedeutet, daß sich der Boden im Sommer nicht zu stark erhitzt und daß umgekehrt Kälteeinbrüche abgemildert werden. Die Erde trocknet nicht so schnell aus und kann weder durch den Wind noch durch abfließendes Wasser abgetragen werden. Weiterhin unterdrückt die Mulchschicht Unkrautbewuchs, Sie sparen sich dadurch lästiges Jäten. Auch das

Am kühlenden Gartenteich läßt's sich im Hochsommer gut aushalten

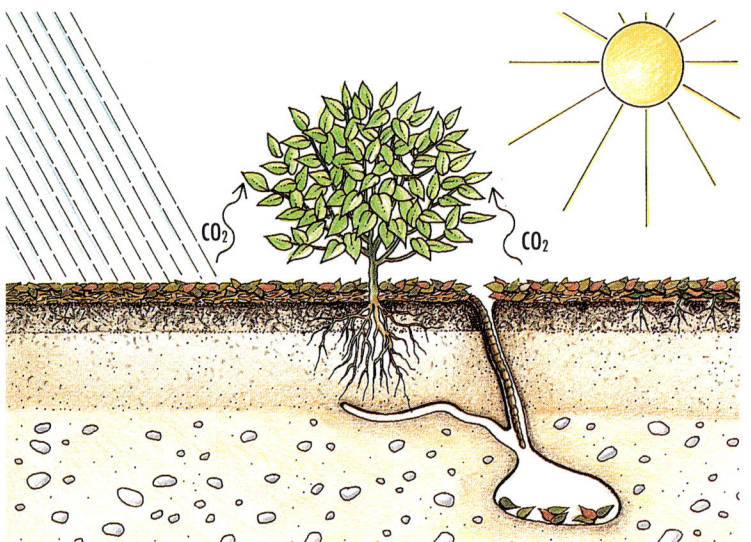

Eine Mulchdecke bietet gleich mehrere Vorteile: Sie schützt den Boden vor starken Niederschlägen ebenso wie vor Austrocknung. Das Bodenleben wird gefördert, Unkräuter sind dagegen im Wachstum gehemmt. Bei der Verrottung werden Nährstoffe frei, gleichzeitig wird die Pflanze mit Kohlendioxid versorgt

Bodenleben wird durch Mulchen gefördert, denn die für die Bodenfruchtbarkeit wichtigen Pilze, Bakterien, Regenwürmer, Insekten und Kleinstlebewesen können bis in die oberen Bodenschichten aktiv werden und finden genügend Nahrung. Nebenbei wird die Erde auch noch gedüngt, da sich die Mulchschicht langsam zersetzt und so die Nährstoffe wieder dem Boden zurückgibt. Bei der Verrottung wird außerdem ständig das lebensnotwendige Kohlendioxid frei, das nach oben steigt und von den Pflanzen über die Blätter aufgenommen wird. Wichtig ist, daß man das Material nicht zu dick aufbringt, da sonst die Bodenatmung verhindert wird und das Wasser nicht bis zum Boden durchdringen kann. Die Schicht verrottet dann nicht, sondern verfault.

Das Mulchmaterial wird zu Beginn der Wachstumsperiode aufgebracht und gleichmäßig auf den Beeten und um die Pflanzen verteilt. Während des Jahres muß man immer wieder nachmulchen, damit sich eine gleichmäßige Decke bilden kann. Am Ende der Gartensaison werden alle freien Beete mit organischem Material bedeckt, ebenso die Erde um ausdauernde Pflanzen wie Rosen, Gehölze oder Stauden. Allerdings muß die Mulchschicht im Frühjahr entfernt werden, damit sich der Boden schneller erwärmen kann. Anschließend wird die Mulchdecke wieder erneuert.

Geeignete Materialien

Fast alle pflanzlichen Gartenabfälle können zu Mulch verarbeitet werden, vorausgesetzt, die Pflanzen waren gesund. Von Krankheiten oder Schädlingen befallene Teile gehören weder auf den Kompost, noch sollten sie zum Mulchen verwendet werden. Prinzipiell

muß grobes Material zerkleinert werden, bevor es auf die Beete kommt. Geeignet sind zum Beispiel Laub, Stroh, gehäckselter Baumschnitt, Blumenblätter und Blattabfälle, die bei der Gemüseernte anfallen. Grasschnitt kann sofort verwendet werden, darf allerdings nicht länger als etwa 15 cm sein. Daneben gibt es auch fertiges Mulchmaterial zu kaufen. Sehr beliebt ist Rindenmulch. Aber Vorsicht, Rindenmulch reagiert sauer, deshalb darf er nicht für säureempfindliche Pflanzen verwendet werden! Vorsicht ist auch bei Stallmist geboten. Wie bei Verwendung als Dünger gilt auch beim Mulchen: Die Pflanzen vertragen nur gut ausgereiften und abgelagerten Mist, frischer Mist dagegen ist zu scharf und schadet ihnen.

Wem das Häckseln der Gartenabfälle zu mühsam ist, kann auch auf schwarze Mulchfolie zurückgreifen. Die Wirkung ist etwa gleich, nur liefert die Folie natürlich keine Nährstoffe nach; auch das Bodenleben wird nicht so stark gefördert, wie es bei organischem Material der Fall ist. Im

Rindenhäcksel als Mulchdecke; ebenso wie käuflichen Rindenmulch sollte man ihn bei säureempfindlichen Pflanzen nicht verwenden

Handel werden gelochte und ungelochte Folien angeboten. Die Löcher haben den Vorteil, daß man durch die Folie gießen und düngen kann, während ungelochte Folien dazu angehoben werden müssen.

Wo wird gemulcht?

Mulch kann im Garten eigentlich überall eingesetzt werden. Junge Gemüsepflanzen gedeihen wesentlich besser, wenn sie in gemulchten Beeten stehen. Obstbäume und andere Gehölze erhalten eine Mulchschicht auf die Baumscheibe. Diese Schicht sollte jedoch im April und Mai entfernt werden. Zu dieser Zeit treten häufig Spätfröste auf; eine Mulchdecke würde verhindern, daß Wärme vom Boden abstrahlen kann und dadurch frostempfindliche Blüten gefährden. Auch Beerensträucher sind fürs Mulchen sehr dankbar, denn wegen flach ausgebreiteten Wurzelwerks reagieren sie empfindlich auf tief reichende Bodenbearbeitung und Trokkenheit; eine Mulchschicht läßt Unkraut gar nicht erst hochkommen und hält die Feuchtigkeit im Boden. Sehr vorteilhaft ist das Mulchen von Erdbeerstauden mit gehäckseltem Stroh. Es vermindert deutlich den Befall mit Grauschimmel, da die Erdbeeren nicht auf dem nackten Boden liegen und nach Regen besser abtrocknen. Außerdem beugt es Schneckenfraß vor, denn die Tiere kriechen nicht gerne über den rauhen Untergrund, den die Strohhalme für sie darstellen.

Eine Mulchschicht auf der Baumscheibe verhindert Bewuchs im direkten Wurzelbereich des Gehölzes, sie sollte jedoch im Frühjahr zur Zeit der Spätfröste entfernt werden

ZIERGARTEN

Prachtstauden
Aparter Flor

Vom Frühsommer bis weit in den Herbst hinein spielen auffallende Stauden mit weithin leuchtenden Blüten die Hauptrolle auf der Gartenbühne. Prachtstauden wie Türkenmohn, Rittersporn und andere sind wichtige Akteure vor der grünen Kulisse. Zu ihnen gesellen sich als Nebendarsteller und Statisten die sogenannten Begleitstauden, die für eine Abrundung und Verlängerung des Schauspiels sorgen. Prachtstauden stammen von heimischen oder fremdländischen Wildstauden ab; durch Züchtung entstanden viele

Was wäre das sommerliche Gartenschauspiel ohne die kräftigen Blütenfarben der Prachtstauden?

herrliche Sorten. Sie zeichnen sich durch eine besonders augenfällige oder lang anhaltende Blüte in kräftigen Farben aus, wachsen gut knie- bis übermannshoch und brauchen vorwiegend einen sonnigen Stand auf humosen, nährstoffreichen Böden. Gepflanzt werden Stauden allgemein im Frühjahr oder Herbst; Containerpflanzen mit entsprechend großem, durchwurzeltem Erdballen kann man das ganze Jahr über setzen. Nach der Blüte ist ein Rückschnitt fällig; bei vielen Arten wird so ein Neuaustrieb gefördert, der eine zweite, wenn auch schwächere Blüte bringt. Sehr hoch wachsende Arten wie Rittersporn oder Astern werden gestäbt oder aufgebunden, damit die hohen Blütenkerzen nicht umfallen.

Beliebte Prachtstauden im Überblick

Deutscher Name	Botanischer Name	Blütezeit	Blütenfarbe	Wuchshöhe in cm*	Lichtanspruch
Edelgarbe	*Achillea*-Arten	VI-VIII⁺	gelb, weiß, rosa	50-100	○
Eisenhut	*Aconitum*-Arten	VIII-IX	blau, violett	70-120	○-◑
Akelei	*Aquilegia*-Arten	V-VI	weiß, rosa, rot, blau, violett	30-80	○-◑
Geißbart	*Aruncus dioicus*	VI-VII	weiß, gelb	120-150	◑-●
Aster	*Aster novi-belgii*, *A. novae-angliae*	VIII-X	weiß, blau, violett, rosa, rot	40-80	○
Prachtspiere	*Astilbe*-Arten	VI-VIII	weiß, rosa, rot	30-150	○-◑
Glockenblume	*Campanula glomerata*, *C. latifolia*, *C. lactiflora*	VI-VIII	blau, violett, weiß	50-100	○-◑
Flockenblume	*Centaurea*-Arten	V-VIII⁺	blau, rosa, gelb	80-120	○
Mädchenauge	*Coreopsis*-Arten	VI-IX⁺	gelb	30-180	○
Rittersporn	*Delphinium*-Hybriden	VI-VIII/IX⁺	blau, violett, weiß, rosa	80-200	○
Herbstchrysantheme	*Dendranthema-Grandiflorum*-Hybriden	VIII-X	weiß, gelb, orange, rot, rosa	40-100	○-◑
Feinstrahl	*Erigeron*-Hybriden	VI-VIII⁺	weiß, blau, violett, rosa	60-80	○
Sonnenbraut	*Helenium*-Hybriden	VII-IX	gelb, orange, rot	80-130	○

Blütezeit: ⁺ = remontierend, das heißt bei Rückschnitt erneute Blüte im Herbst
Wuchshöhe: * = durchschnittliche Höhe; manche Arten oder Sorten können auch höher werden oder niedriger bleiben

Beliebte Prachtstauden im Überblick (Fortsetzung)

Deutscher Name	Botanischer Name	Blüte-zeit	Blüten-farbe	Wuchs-höhe in cm*	Licht-anspruch
Sonnenauge	*Heliopsis*-Arten	VII-IX[+]	gelb, orange	80-170	○
Taglilie	*Hemerocallis*-Arten	VI-VIII	weiß, gelb, orange, rosa, rot	60-100	○-◑
Hohe Bartiris	Iris-Barbata-Elatior-Gruppe	V-VII	weiß, gelb, rosa, rot, blau, violett	70-100	○
Fackellilie	*Kniphofia*-Hybriden	VI-IX	gelb, orange, rot	70-100	○
Sommermargerite	*Leucanthemum maximum*	VI-VIII[+]	weiß	50-100	○
Lupine	*Lupinus*-Hybriden	VI-VIII[+]	weiß, blau, violett, rosa, rot	80-100	○
Goldfelberich	*Lysimachia punctata*	VI-VIII	gelb	70-90	○-◑
Indianernessel	*Monarda*-Hybriden	VI-VIII	rosa, rot, violett, weiß	100-120	○-◑
Pfingstrose	*Paeonia*-Arten	V-VI	weiß, rosa, rot, gelb	70-120	○
Türkenmohn	*Papaver orientale*	V-VI	rot, rosa, weiß	60-100	○
Phlox	*Phlox paniculata*	VI-IX	weiß, rosa, rot, violett	70-120	○
Sonnenhut	*Rudbeckia*-Arten	VII-X	gelb	60-180	○

Glockenblume, Campanula glomerata

Phlox paniculata, begleitet von gelben Ringelblumen

Beliebte Prachtstauden im Überblick (Fortsetzung)

Deutscher Name	Botanischer Name	Blüte-zeit	Blüten-farbe	Wuchs-höhe in cm*	Licht-anspruch
Goldrute	*Solidago*-Hybriden	VII-X	gelb	40-160	○-◑
Frühlingsmargerite	*Tanacetum coccineum*	V-VI+	rosa, rot	30-80	○
Königskerze	*Verbascum*-Arten	VI-VIII	gelb, violett, weiß	80-180	○

Teichpflanzen
Lebendige Gewässer

Ein Gartenteich wird erst durch eine reichhaltige Fora lebendig. Die Pflanzen sind nicht nur Zierde, sondern für das biologische Gleichgewicht des Teiches unverzichtbar. Unterwasser- und Schwimmpflanzen reinigen das Wasser, reichern es mit Sauerstoff an, bieten Unterschlupf und Nahrung für Tiere. Sumpf- und Uferpflanzen unterstützen diese Wirkung und sorgen für einen abwechslungsreichen Rahmen. Pflanzen aus der Gärtnerei können von März bis November gesetzt werden, am besten in eine Mischung aus drei Teilen Erde und einem Teil Torf, beides ungedüngt. Wuchernde Pflanzen setzt man in Pflanzkörbe, die man mit Zeitungspapier ausfüttern kann (hält die Erde fest und verrottet schnell). Die meisten Seerosen überstehen mit 60 cm Wassertiefe jeden Winter; exotische Arten sollte man jedoch in Pflanzkörben versenken, die man im Herbst leicht herausholen kann, um sie im Haus zu überwintern.

Seerosen prägen hier die Wasserfläche, während Knöterich und Purpurglöckchen den Teichrand schmücken

Feucht- und Wasserpflanzen im Überblick

Deutscher Name, botanischer Name	Blütezeit, Blütenfarbe	Wuchshöhe in cm	Licht-anspruch	Standort, Wassertiefe in cm; Hinweise
Kalmus (*Acorus calamus*)	V-VI, grünlich	50-120	○-◑	U/S, 0-30; Pflanzung im Container oder Wurzelkorb
Froschlöffel (*Alisma plantago-aquatica*)	VI-VIII, weiß	20-90	○-◑	U/S, 0-30
Schwanenblume (*Butomus umbellatus*)	VI-VIII, weiß-rosa	80-120	○-●	U/S, 0-20
Sumpfcalla (*Calla palustris*)	V-VI, weiß	20-30	◑-●	S; rote Beeren, alle Pflanzenteile giftig!
Wasserstern (*Callitriche palustris*)	V-X, grünlich	(an Ober-fläche)	○-◑	S/SW/UW, 10-60; hübsche schwimmende Blattrosetten
Sumpfdotterblume (*Caltha palustris*)	IV-VI, gelb, weiß	20-30	○-●	U/S, 0-10
Wollgras (*Eriophorum*-Arten)	IV-V, grünlich	20-40	○	S, feucht-naß; sehr attraktive weiße Samenstände
Wasserdost (*Eupatorium cannabinum*)	VII-IX, rosa, rot	70-150	○-◑	U/S; verträgt zeitweilig Trockenheit
Mädesüß (*Filipendula ulmaria*)	VI-VIII, weiß	50-150	○-◑	U/S, etwas feucht; verträgt zeitweilig Trockenheit

Standort: U = Ufer / S = Sumpf / SW = Schwimm- bzw. Schwimmblattpflanze / UW = Unterwasserpflanze

Froschlöffel (Alisma plantago-aquatica)

Schwanenblume (Butomus umbellatus)

Sumpfdotterblume (Caltha palustris)

Feucht- und Wasserpflanzen im Überblick (Fortsetzung)

Deutscher Name, botanischer Name	Blütezeit, Blütenfarbe	Wuchshöhe in cm	Licht- anspruch	Standort, Wassertiefe in cm; Hinweise
Lungenenzian (*Gentiana pneumonanthe*)	VII-X, blau	15-25	○	S, feucht; zuweilen auch bis 40 cm hoch
Wasserschwaden (*Glyceria maxima*)	VII-VIII, braun	100-150	○-◑	U/S, 0-30
Tannenwedel (*Hippuris vulgaris*)	VI-VIII, grünlich	20-30	○-●	U/S/UW, 5-20
Wasserfeder (*Hottonia palustris*)	V-VI, weiß	15-30	○	UW, 5-50; nur Blüte überragt die Wasseroberfläche
Japanische Prachtiris (*Iris ensata*)	VI-VII, weiß, rosa, blau, violett	60-80	○	U/S, 0-5; verträgt zeitweilig Trockenheit
Gelbe Schwertlilie (*Iris pseudacorus*)	V-VI, gelb	80-100	○-◑	U/S, 0-30; giftig!
Sibirische Iris (*Iris sibirica*)	VI-VII, blau, violett, weiß	60-100	○	U/S, 0-5
Blutweiderich (*Lythrum salicaria*)	VI-IX, rot	50-120	○-◑	U/S, 0-10; verträgt zeitweilig Trockenheit
Fieberklee (*Menyanthes trifoliata*)	V-VI, weiß-rosa	20-30	○	U/S, 10-20; schräg pflanzen
Sumpfvergißmeinnicht (*Myosotis palustris*)	IV-IX, blau	20-30	○-◑	S, 0-10
Gelbe Teichrose (*Nuphar lutea*)	VI-VIII, gelb	10-20	○-◑	SW, 60-100; Pflanzung bis 200 cm Tiefe möglich, dann jedoch langsames Hochwachsen; giftig!
Seerose (*Nymphaea*-Arten)	VI-IX, weiß, rosa, rot, gelb	5-10	○	SW, 40-150; Pflanzung frei oder im Container; giftig!
Seekanne (*Nymphoides peltata*)	VII-VIII, gelb	2-10	○	SW, 20-80

Feucht- und Wasserpflanzen im Überblick (Fortsetzung)

Deutscher Name, botanischer Name	Blütezeit, Blütenfarbe	Wuchshöhe in cm	Licht-anspruch	Standort, Wassertiefe in cm; Hinweise
Wasserknöterich (*Polygonum amphibium*)	VI-IX, rosa	10-15	○-◑	SW, 30-100
Hechtkraut (*Pontederia cordata*)	VI-X, blau, violett	40-60	○-◑	U/S, 30
Laichkraut (*Potamogeton*-Arten)	VI-VIII, grünlich	bis 10 (Blüte)	○-●	SW, 40-130; nur bei flacher Pflanzung Blüte über Wasser
Primeln (*Primula florindae, P. japonica, P. farinosa, P. rosea*)	IV-VI, gelb, rot, rosa, violett	20-40	○-◑	S, etwas feucht; vertragen zeitweilig Trockenheit (außer *P. rosea*)
Zungenhahnenfuß (*Ranunculus lingua*)	VI-VIII, gelb	80-120	○-◑	U/S, 0-40; giftig!
Pfeilkraut (*Sagittaria sagittifolia*)	VI-VIII, weiß	30-80	○-●	U/S, 0-20
Igelkolben (*Sparganium erectum*)	VII-IX, grünlich	30-60	○-◑	U/S, 10-30; grüne, stachelige Früchte
Krebsschere (*Stratiotes aloides*)	V-VII, weiß	5-15	○-◑	SW, 20-80; ins Wasser werfen
Wassernuß (*Trapa natans*)	VI-VII, weiß	(an Ober-fläche)	○	SW, 40-60; braune Nüß-chen; ins Wasser werfen
Rohrkolben (*Typha*-Arten)	VI-VIII, dunkelbraun	50-200	○-◑	U/S, 0-20; braune Samenstände

Standort: U = Ufer / S = Sumpf / SW = Schwimm- bzw. Schwimmblattpflanze / UW = Unterwasserpflanze

Seerose (Nymphaea 'Rose Arey')

Hechtkraut (Pontederia cordata)

Wassernuß (Trapa natans)

Teichanlage

Wassergärten waren schon vor Tausenden von Jahren in Ägypten, Japan, China und anderen Ländern wichtige Bestandteile der Gartenkunst und fanden später dann auch Eingang in die Schloßgärten und großen Parks Europas. Heute ist es für jeden möglich, mit dem Gestaltungselement Wasser auch im bescheidenen Privatgarten Akzente zu setzen. Im eigenen Garten kann man sich an schwimmenden Seerosenblüten erfreuen und in freier Natur immer seltener werdenden Sumpfpflanzen ein neues Zuhause geben. Wassergärten können das ganze Jahr über angelegt werden, wobei der Mai ein besonders günstiger Zeitpunkt ist. Grundsätzlich gibt es drei Möglichkeiten: Verwendung eines Fertigbeckens, Anlage eines Folienteiches oder Abdichtung mit Lehm und sonstigen Materialien. Jede Methode hat ihre Vor- und Nachteile, man sollte sich nach den Gegebenheiten des Gartens und den eigenen Wünschen richten. Fertigbecken sind in großer Vielfalt im Handel erhältlich, auch in kleinen Abmessungen, und leicht einzubauen. Sie wirken nicht so natürlich wie ein Folienteich, den man maßgeschnitten nach den eigenen Vorstellungen umsetzen kann. Er erfordert allerdings mehr Arbeit und Fachkenntnis. Bei Verwendung von Lehm-, Ton- oder Glasfaser-Polyesterharz-Abdichtung sollte man einen Fachmann zu Rate ziehen.

Anlegen eines Folienteiches: Beim Ausheben der Grube werden verschiedene Tiefenzonen sowie der Uferbereich modelliert

Nach Ausbringen einer Sandschicht wird die Folie möglichst faltenfrei verlegt

Prinzipiell sollte ein Teich in voller Sonne liegen und nicht zu nahe von großen Gehölzen umstanden sein. Einen reinen Zierteich wird man gut einsehbar an einer leicht erreichbaren Stelle anlegen, während Naturteiche eher in einen abgelegeneren, ruhigen Gartenbereich gehören, damit die Tierwelt möglichst ungestört bleibt. Ufer müssen flach ins Wasser verlaufen, am besten werden mehrere Pflanzebenen in verschiedenen Stufen angelegt. Je tiefer der Teich vorgesehen ist, desto größer muß er werden. Wenn der Teich wenigstens an einer Stelle eine Minimaltiefe von 80–100 cm aufweist, bietet er eine Tiefenzone für Unterwasserpflanzen und kann im Winter nicht völlig zufrieren. Achten Sie unbedingt darauf, daß der Gartenteich für Kinder keine Gefahr darstellt; Kleinkinder können schon bei geringer Wassertiefe ertrinken!

Die Pflanzen werden entsprechend ihren Ansprüchen an die Wassertiefe gepflanzt oder in Körben aufgestellt

Man füllt langsam Wasser auf; dann gräbt man die Folienränder ein und beschwert sie mit Steinen oder Erde

Das Wasser wird bis zur endgültigen Höhe aufgefüllt, dann erfolgt die restliche Bepflanzung

Anlegen eines Teiches mit Fertigbecken:

1. Grube ausheben; Größe wie erforderlich, Tiefe = Höhe des Beckens plus 15–20 cm
2. Erde von Steinen, störenden Wurzeln und ähnlichem befreien, Boden waagrecht einebnen und glätten

3. Etwa 10 cm starke Sandschicht einbringen

4. Fertigbecken einsetzen und etwa 10 cm hoch mit Wasser füllen, damit sich der Boden gut der Sandschicht anpaßt

5. Zwischenräume mit Sand und Erde verfüllen, Ränder des Beckens mit Steinen verdecken

6. Erdmischung in die Pflanzzonen füllen

7. Wasser langsam einfüllen und einige Tage stehen lassen

8. Bepflanzen und Wasserstand auf die endgültige Höhe auffüllen

Anlegen eines Folienteiches:

1. Grube ausheben; Größe wie erforderlich (abhängig von gewünschter Tiefe), Tiefe = gewünschte Tiefe plus 10–20 cm; beim Ausheben Uferzonen modellieren

2. Boden von Steinen, Wurzeln und ähnlichem befreien, glätten

3. 10–20 cm starke Sandschicht ausbringen, verfestigen und glätten

4. Folie in erforderlicher Größe möglichst faltenfrei auf der Sandschicht verlegen

5. Pflanzmatten, Erdmischung, Pflanzkörbe ausbringen

6. Wasser den Höhenstufungen entsprechend langsam einlaufen lassen, damit sich die Folie gut setzen kann

7. Ränder der Folie eingraben, mit Steinen beschweren oder die Ufer mit Erde modellieren

8. Wasser bis zur vorgesehenen Höhe einfüllen, dann restliche Bepflanzung vornehmen und eventuell abgesunkenen Wasserstand erneut auf endgültige Höhe auffüllen

GEMÜSEGARTEN

Hülsenfrüchtler
Buschbohnen

Phaseolus vulgaris var. *nanus*

Die buschig wachsenden Hülsenfrüchtler *(Leguminosae)* werden im Garten gerne angebaut; man spart sich Stützgerüste und erhält frische, knackige Früchte von gutem Aroma. Zudem verbessern die Buschbohnen wie alle Leguminosen durch Stickstoffanreicherung in ihren Wurzelknöllchen den Boden. Je nach Hülsenquerschnitt unterscheidet man platte Schwertbohnen, flachovale Flageoletbohnen, runde Brechbohnen und kleine Perlbohnen. Kleinfrüchtige, zarte Sorten, sogenannte Prinzeßbohnen, gelten als besonders feines Gemüse. Die Farbe der Hülsen reicht von Grün über Blau (werden beim Kochen grün) bis Gelb (Wachsbohnen).

Standort: sonnig und warm; humose, lockere Böden.

Aussaat/Pflanzung: ab Mitte Mai in Reihen (Reihenabstand 40–50 cm, Abstand in der Reihe 5–10 cm) oder in Horsten (Abstand 40 x 40 cm) säen, dabei jeweils zwei bis fünf Samenkerne 2–5 cm tief legen. Unter Folie oder Folientunnel kann schon ab Mitte April gesät werden. Ab Mitte April auch Vorkultur im Frühbeet oder Gewächshaus möglich, dazu jeweils drei Körner pro Topf säen; ab Mitte Mai pflanzen. Folgesaaten bis Mitte Juli.

Kultur: auf gleichmäßige Feuchtigkeit achten, unkrautfrei halten, Boden regelmäßig flach lockern.

Erntereife Buschbohnen, Sorte 'Maxi'

Dicke Bohne in der Blüte

Ernte: Reife setzt etwa zehn Wochen nach Aussaat ein. Ab Mitte Juli bis Ende September werden die Bohnen mehrfach durchgepflückt. Sofort verbrauchen oder blanchieren und einfrieren; auch Einkochen ist möglich.

Kulturfolge/Mischanbau: Schwachzehrer. Als Vorkulturen eignen sich Kohlrabi, Salat, Radieschen, als Nachkulturen Kohlarten, Endivien. Gute Nachbarn: Kartoffeln, Kohl, Möhren, Salat, Sellerie, Rote Bete. Ungünstig ist Kombination mit Fenchel, Knoblauch, Lauch, Zwiebeln.

Anbau unter Glas: Aussaat ab April in Horsten, im beheizten Haus auch früher. Ernte nach etwa zehn Wochen.

Hinweise: Rohe Bohnen sind giftig, erst durch Kochen werden die Giftstoffe zerstört! Wurzeln nach der Ernte im Boden belassen, dadurch gute Düngewirkung (Stickstoff). Mischanbau mit Bohnenkraut hält Läuse fern. Sorten wählen, die gegen Brennflecken, Viruserkrankungen und andere Krankheiten resistent sind. Ähnlich wie die Buschbohne wird die Dicke Bohne *(Vicia faba)*, auch Pferde-, Sau- oder Puffbohne genannt, kultiviert. Bei ihr verzehrt man die weichen Samenkörner aus den Hülsen.

Stangenbohnen
Phaseolus vulgaris var. *vulgaris*

Die hochrankenden Schwestern der Buschbohnen stellen während der Blüte einen zierenden Blickfang im Gemüsegarten dar. Sie tragen länger und reicher als Buschbohnen, was für manche Gärtner den etwas höheren Aufwand für das Aufstellen der Stangen wettmacht. Stangenbohnen kann man auch an Drahtgeflechten ziehen.

Standort: wie Buschbohnen.

Aussaat/Pflanzung: Stangen dach- oder zeltförmig im Abstand von 40–50 cm aufstellen, um die Stangen ab Mitte Mai je sechs bis acht Körner 3 cm tief legen. Vorkultur ab März/April unter Glas möglich, dann ab Mai auspflanzen.

Kultur: junge Ranken gegen den Uhrzeigersinn (Linkswinder) an den Stangen hochleiten. Gleichmäßig feucht halten, Boden regelmäßig flach lockern. Junge Pflanzen leicht anhäufeln.

Ernte: Reife ab etwa zehn Wochen nach Aussaat; Bohnen mehrfach durchpflücken, Ernte von Mitte Juli bis Mitte September.

Kulturfolge/Mischanbau: wie Buschbohnen; außerdem ist

Borretsch und Ringelblumen säumen hier die Stangenbohnen, die später mit ihren Blüten selbst einen zierenden Anblick im Gemüsegarten bieten

Attraktiv: Blüte der Feuerbohne

Randbepflanzung mit Bohnenkraut und Gurken günstig.

Anbau unter Glas: wie Buschbohnen.

Hinweise: Rohe Bohnen sind giftig, durch Kochen werden die Giftstoffe zerstört! Wie die Stangenbohne wird die rauhschalige Feuer- oder Prunkbohne *(Phaseolus coccineus)* kultiviert, die allerdings robuster und weniger wärmebedürftig ist. Wegen ihrer auffallenden roten Blüte wird sie gern auch nur zur Zierde als einjährige Kletterpflanze gezogen.

Erbsen

Pisum sativum

Dieses delikate Feingemüse ist leicht zu ziehen und stellt keine großen Ansprüche. Man unterscheidet Schal- oder Palerbsen *(Pisum sativum* convar. *sativum)* mit runden, zarten Körnern, Markerbsen *(Pisum sativum* convar. *medullare)* mit etwas schrumpeligen, süßen Körnern und Zuckererbsen *(Pisum sativum* convar. *axiphium)*, bei denen die feinen Hülsen ganz und mit den Körnern verzehrt werden.

Standort: sonnig und warm; kalkhaltige, lockere, mittelschwere Humusböden.

Aussaat/Pflanzung: von März bis Anfang Mai in Reihen mit 30–50 cm Abstand, in der Reihe 5–10 cm Abstand; etwa 3 cm tief auslegen. Möglichst früh säen, damit die Jungpflanzen während der noch kurzen Tage viel Laub bilden und nicht so schnell blühen. Vorkultur unter Glas ab März möglich, dann Pflanzung ab Anfang Mai. Frische Saat mit Vliesen oder Netzen vor Vogelfraß schützen.

Kultur: Jungpflanzen eventuell mit Folie schützen, ab 10 cm Wuchshöhe anhäufeln. Boden regelmäßig flach lockern und unkrautfrei halten. Pflanzen mit Reisern, Schnurgerüsten oder Maschendrahtgestellen stützen.

Ernte: Reife etwa zehn Wochen nach Aussaat, Ernte von Mitte Juni bis Mitte August. Mehrfach die jungen Schoten ernten; rasch verbrauchen oder einfrieren.

Kulturfolge/Mischanbau: Schwachzehrer. Als Nachkulturen eignen sich Endivien, Salat, Fenchel, Kohl, Möhren. Mischanbau günstig mit Möhren, Kohl, Fenchel, Salat, Mangold, Dill. Ungünstige Nachbarn sind Lauch, Schnittlauch, Zwiebeln, Tomaten, Knoblauch.

Hinweise: Erbsen sammeln wie Bohnen in ihren Wurzelknöllchen Stickstoff, deshalb das Wurzelwerk nach der Ernte im Boden lassen. Erbsenstroh kann man als Mulch verwenden.

Mit Reisig lassen sich höher wachsende Erbsen einfach stützen; sie halten sich mit ihren Wickelranken daran fest

OBSTGARTEN

Beerenobst
Johannisbeere

Ribes rubrum, Ribes nigrum

Bewährte, ertragreiche Sorte: 'Jonkher van Tets', frühreifend (ab Mitte Juni)

In appetitlichem Rot oder verführerisch schwarz leuchten im Sommer die kleinen, aber feinen Beeren aus den Sträuchern. Johannisbeeren, Ribiseln oder Cassis sind nicht nur als Frischobst beliebt, sondern dienen auch zur Zubereitung leckerer Gelees oder Säfte. Schwarze Johannisbeeren, die äußerst vitaminreich sind, bekommt man heute fast nur noch aus dem Hausgarten, auf dem Markt werden sie frisch kaum noch angeboten. Ob als Sträucher oder als Hochstämmchen – die zu den Steinbrechgewächsen (*Saxifragaceae*) zählenden Pflanzen stellen einen hübschen Schmuck im Nutzgarten dar oder lassen sich auch gut in den Ziergarten integrieren.

Die Johannisbeere wird überwiegend als Busch gezogen, also als Strauch mit einer Krone aus etwa acht kräftigen Leitästen. Werden die Büsche regelmäßig durch junge Bodentriebe verjüngt, tragen sie 10 bis 15 Jahre lang. Büsche können einzeln oder in Reihen als eine Art Hecke gepflanzt werden. Sehr dekorativ sind Johannisbeeren als Hochstämmchen, bei denen auch die Pflege und Ernte leichterfällt, weil man sich nicht zu bücken braucht. Sie können als Blickfang im Zierbeet stehen oder auch in einem großen Kübel

auf dem Balkon. Bei Johannisbeeren weniger gebräuchlich, aber gut möglich ist die Spaliererziehung (in Form einer Palmette oder als Fächerspalier, siehe auch „Februar"). Gepflanzt wird am besten im Herbst. Um voll auszureifen und genügend Süße zu bilden, brauchen Johannisbeeren einen sonnigen Stand auf nährstoffreichen, leicht sauren Humusböden. Setzen Sie die Sträucher mit mindestens 150 cm Abstand voneinander in ausreichend große Pflanzgruben. Die Pflanzerde wird mit verrottetem Stallmist oder reifem Kompost verbessert. Geschnitten werden die Sträucher nach der Ernte im Sommer. Rote und Weiße Johannisbeeren (*Ribes rubrum*) tragen am zwei- bis dreijährigen Holz, Schwarze Johannisbeeren (*Ribes nigrum*) dagegen am einjährigen. Entsprechend un-

terschiedlich ist der Fruchtholzschnitt. Zunächst jedoch das Gemeinsame: Bei allen werden nach innen wachsende Triebe herausgenommen, ebenso alles überalterte Holz. Es sollen jeweils nur etwa acht kräftige Triebe erhalten bleiben. Bei den schwarzfrüchtigen Sorten werden zudem jährlich alle Triebe, die Früchte getragen haben, geschnitten.

Schwarzfrüchtige Sorten tragen am einjährigen Holz

Bei rot- und weißfrüchtigen Sorten nimmt man nur mehr als drei Jahre alte Triebe ganz heraus, alle anderen Fruchttriebe kürzt man auf etwa sechs Augen ein. Alte, abgetragene Zweige werden nach und nach durch junge, aus dem Boden austreibende Zweige ersetzt, der Busch wird dadurch verjüngt.

Die hellgrünen Blütentrauben zeigen sich in milden Jahren schon im März, gleichzeitig mit den jungen Blättern. Rote und Weiße Johannisbeeren sind selbstfruchtbar, dagegen nicht alle schwarzen Sorten. Man pflanzt deshalb am besten mindestens zwei verschiedene schwarzfrüchtige Sorten, um gute Befruchtung zu erreichen. Die Reife setzt ab Mitte Juni ein, die letzten Sorten werden bis Mitte August reif. Man pflückt die ganzen Trauben und streift die Beeren später mit einer Gabel vorsichtig ab, um nicht zuviel Saft zu verlieren.

Frühreifende Sorten sind beispielsweise 'Jonkher van Tets' (rot) und die langtraubige 'Silvergieters Schwarze'; die späte Reife war bei 'Daniels September' (schwarz) und 'Heinemanns Rote Spätlese' namengebend. Die bekannteste weißfrüchtige Sorte 'Weiße Versailler' liegt in der Reifezeit dazwischen.

Stachelbeere
Ribes uva-crispa

Die stacheligen Schwestern der Johannisbeeren sind ebenfalls Steinbrechgewächse und liefern aromatische, sehr vitaminreiche Früchte für den Frischverzehr sowie für Konfitüren und andere Zubereitungen. Gelb- bis weißfrüchtige Sorten sind in Wohlgeschmack und Süße den roten deutlich vorzuziehen. Die Kultur der Stachelbeere ähnelt der der Roten Johannisbeere. Sie kann als Busch, Hochstamm oder auch als Spalier gezogen werden und trägt ebenfalls am zwei- bis dreijährigen Holz. Entsprechend erfolgt der Schnitt ähnlich wie bei der Roten Johannisbeere. Um die Ernte zu erleichtern, sollte der Strauch luftig und licht erzogen werden und die Krone aus höchstens zehn kräftigen Trieben bestehen. Die Sträucher tragen starke Stacheln, Vorsicht beim Pflücken ist also geboten.

Die Pflanzung erfolgt wie bei den Johannisbeeren, der beste Zeitpunkt ist auch hier der Herbst. Bevorzugt wird ein überwiegend sonniger Standort, der jedoch um die Mittagszeit beschattet sein sollte, damit die Beeren keinen „Sonnenbrand" bekommen. Die unscheinbaren Blüten erscheinen im April. Alle Sorten sind selbstfruchtbar, dennoch sollten mehrere Sorten nebeneinander gepflanzt werden, um einen besseren Fruchtansatz zu erzielen. Erst in der Vollreife, je nach Sorte ab Mitte Juni bis Ende Juli, haben die Beeren ihr volles Aroma und ihre Süße entwickelt. Bevorzugen Sie beim Kauf möglichst mehltauresistente Sorten, ihre Namen fangen mit „R" an, zum Beispiel 'Reflamba' und 'Risulfa'. Neben diesen grün- bis gelbfrüchtigen Sorten, zu denen unter anderen auch die aromatische 'Lauffener Gelbe' zählt, gibt es auch Sorten mit roten Beeren, wie die robuste 'Rote Triumph'.

Stachelbeeren kann man ebenso wie Johannisbeeren als Hochstämmchen ziehen; hier die rotfrüchtige Sorte 'Bekay'

Jostabeeren sind wohlschmeckend und zeichnen sich durch einen hohen Vitamin-C-Gehalt aus

Eine Kreuzung aus Schwarzer Johannisbeere und Stachelbeere ist die Jostabeere *(Ribes x nidigrolaria)*, die die Vorzüge beider Arten in sich vereint. Die großen, schwarzen Beeren mit dem milden Aroma reifen nach und nach von Juni bis Ende Juli und eignen sich hervorragend zum Frischverzehr als Naschobst im Garten. Allerdings sind die Erfahrungen von Hobbygärtnern mit dieser Beerenart sehr unterschiedlich, was Ertragssicherheit und Pflegebedarf angeht – Ausprobieren lohnt sich jedoch.

Himbeere

Rubus idaeus

Himbeeren gelten als besonders feines Frischobst, das wegen seiner empfindlichen Früchte am besten gleich nach dem Pflücken verzehrt oder verarbeitet wird. Gartenhimbeeren sind einfach zu kultivieren und werden viel weniger als ihre „wilden" Verwandten von den unerwünschten Maden des Himbeerkäfers befallen, der einem die Freude an den süßen Früchten vergällen kann. Ebenso wie die nah verwandte Brombeere zählt die Himbeere zu den Rosengewächsen *(Rosaceae)*.

An bis zu 3 m langen Ruten trägt die Himbeere ihre Früchte. Bei den neueren Sorten sind die Ruten stachellos, was die Pflege und Ernte sehr vereinfacht. Himbeersträucher verlangen einen sonnigen bis halbschattigen Standort. Die Ansprüche an den Boden sind gering, er muß jedoch genügend Humus enthalten und darf nicht zu Staunässe neigen. Auch sandige, steinige Böden sind geeignet, wenn man sie mit Humus aufbessert. Himbeerpflanzen setzt man am besten im Herbst. Die im Handel angebotenen Ruten sind überwiegend einjährig und müssen sofort gepflanzt werden, das Wurzelwerk darf keinesfalls austrocknen. Man kann die Setzlinge vor der Pflanzung auch noch über Nacht wässern. In das Pflanzloch wird zusätzlich gut verrotteter Mist oder Kompost gegeben, die Himbeeren werden so tief eingesetzt, daß die Triebknospen etwa 5 cm unter

der Erdoberfläche liegen. Danach kürzt man die Ruten auf etwa 50 cm Länge ein. Um die Kultur zu vereinfachen, werden Himbeeren am besten in Reihen mit 40–50 cm Abstand gepflanzt, der Abstand in der Reihe beträgt 20–30 cm. Da die Ruten nicht standfest sind, brauchen sie ein Drahtgerüst. Dazu werden Holzpfähle im Abstand von höchstens 5 m in den Boden geschlagen und daran waagrecht drei bis vier Drähte gespannt, an denen man die Ruten hochbindet. Himbeeren sind dankbar für eine schützende Mulchdecke aus Laub, Grasschnitt, Stroh oder halb verrottetem Kompost. Eine Unterpflanzung mit Erbsen, Bohnen oder Ringelblumen wirkt sich ebenfalls günstig auf Wachstum und Ertrag aus. Je nach Sorte reifen die Früchte im Juli oder im August, manche Sorten tragen im Herbst ein zweites Mal. Im Spätjahr werden die abgetragenen Ruten ebenerdig zurück-

Reife Himbeeren, Sorte 'Himbo Queen'

geschnitten. Gleichzeitig lichtet man die aus den Wurzelknospen treibenden Jungruten aus, so daß etwa zehn Ruten pro Meter stehenbleiben.

Wichtige Kriterien für die Sortenwahl sind Robustheit, Reifezeit und Ertragshöhe. Wen die Stacheln nicht schrecken, der kann durchaus auf bewährte, ältere Sorten wie 'Himbostar' oder 'Malling Promise' zurückgreifen. Zweimaltragend sind zum Beispiel 'Korbfüller' und 'Zefa 3', während sich 'Zefa 1' durch besondere Robustheit und Frosthärte auszeichnet. Gelbe Himbeeren liefert die Sorte 'Golden Queen'.

Brombeere

Rubus spec.
(früher *Rubus fruticosus*)

Schwarzglänzende Früchte hat wohl schon jeder einmal von wildwachsenden Brombeersträuchern gepflückt und mit Wohlbehagen geschmaust. Im Garten wachsen einem die vitaminreichen Früchte fast in den Mund, die Ernte ist bei richtiger Kultur, zum Beispiel in Form von Spaliererziehung, ein Kinderspiel. Brombeeren brauchen viel Wärme, um ihr volles Aroma entfalten zu können, ein sonniger, geschützter Standort ist ideal. Der Boden kann ruhig nährstoffarm und steinig sein, denn bei hohem Nährstoffangebot wachsen die Sträucher ungemein stark.

Um ein dornenreiches Triebgewirr zu vermeiden, was einem die Ernte sehr mühsam macht, werden Brombeeren ähnlich

Vitaminreiche, wohlschmeckende Brombeeren setzen einen sonnigen Standort voraus

wie Himbeeren an Drahtgerüsten gezogen. Je nach Wuchsstärke der einzelnen Sorten treibt man dazu mehr oder weniger hohe Holzpfähle in den Boden und verspannt sie mit waagrecht verlaufenden Drähten. Schwachwachsende Sorten werden fächerförmig am Drahtgerüst hochgezogen, starkwachsende Sorten zieht man als Palmette (siehe auch Kapitel „Spaliererziehung" im „Februar"). Gepflanzt, geschnitten und gepflegt werden

Brombeeren wie die Himbeeren. Zusätzlich sollten im Sommer Geiztriebe regelmäßig entfernt werden.

Die selbstfruchtbaren Brombeeren, von denen es auch stachellose Sorten gibt, reifen etwa ab Ende August. Nach der Ernte werden Neutriebe und abgetragene Ruten auf vier bis acht Jungtriebe zurückgenommen. Die Übersicht zeigt eine Auswahl beliebter Brombeersorten mit ihren wichtigsten Eigenschaften.

Sorte	Reifezeit	Hinweise
'Black Satin'	VIII-X	stachellos, starkwüchsig
'Theodor Reimers'	VII-IX	bewehrt, starkwüchsig
'Thornfree'	VIII-X	stachellos, starkwüchsig
'Thornless Evergreen'	VIII-X	stachellos, mittelstarker Wuchs
'Wilsons Frühe'	VII-VIII	bewehrt, mittelstarker Wuchs

GESTALTUNG

Teichrand und Feuchtbeet
Lebhafter Rahmen

Ein Gartenteich wirkt um so interessanter, je lebhafter seine Umgebung gestaltet ist. Planen Sie bei der Teichanlage auch stets eine mehr oder weniger große Fläche für Sumpfpflanzen mit ein. Sie kann zum Beispiel den Hintergrund für einen kleinen Teich bilden oder sich an die Flachwasserzone direkt anschließen. Bei unserem Gestaltungsvorschlag handelt es sich um einen Pflanzstreifen, der entlang dem Ufer angelegt werden kann. Ergänzt und eingerahmt durch kleine Gehölze (zum Beispiel Öhrchenweide, *Salix aurita*; Roter Hartriegel, *Cornus sanguinea*) und schöne Grashorste (zum Beispiel Riesensegge, *Carex pendula*; Chinaschilf, *Miscanthus sinensis*) bildet diese Ufergemeinschaft eine passende Kulisse für zarte Wasserpflanzen und einen attraktiven Übergang zu anderen Gartenteilen.

Grundfarben des Beetvorschlages sind Blau und Gelb in allen Tönen, dadurch wirkt die Pflanzung einerseits kühl und „vornehm", andererseits heiter und hell. Insgesamt ergibt sich eine gute Fernwirkung. Die Blüte beginnt im Frühjahr mit goldenen Sumpfdotterblumen. Terrakottaprimeln geben für einige Zeit dem Ensemble einen romantischen Anstrich.

Lungenkraut und Günsel bilden im Frühsommer einen blauen Teppich zu Füßen der gelben Trollblumen und Goldfelberiche, im Hintergrund stehen blaue Glockenblumen. Eine orangefarbene Taglilie sorgt über viele Wochen für stete Blütenpracht. Im Spätsommer beginnt die Ligularie zu blühen, die das Beet vorher schon mit ihren großen Laubblättern mit ansprechendem Schmuck versehen hat.

① Kreuzkraut (Ligularia x hessei)
② Sumpfdotterblume (Caltha palustris)
③ Terrakottaprimel (Primula x bullesiana)
④ Trollblume (Trollius europaeus)
⑤ Glanzgras (Phalaris arundinacea)
⑥ Lungenkraut (Pulmonaria angustifolia)
⑦ Goldfelberich (Lysimachia punctata)
⑧ Doldenglockenblume (Campanula lactiflora 'Prichard')
⑨ Günsel (Ajuga reptans)
⑩ Taglilie (Hemerocallis-Hybride)

Beetgröße: 3 x 1 m;
geeigneter Standort: sonnig bis absonnig, auf stets feuchtem, humosem Boden

AUGUST

Beim Aufprallen können Hagelkörner Geschwindigkeiten bis zu 100 km/h erreichen

AUGUST

Kleine Wetterkunde
Hagel

Bei schweren sommerlichen Gewittern besteht die Gefahr des von Bauern und Gärtnern gefürchteten Hagelschlages. Hagel entsteht, wenn sich durch sehr starke Turbulenzen in den Wolken große Eisklumpen bilden, die dann wegen ihres beträchtlichen Gewichtes mit hoher Geschwindigkeit zu Boden fallen und in der kurzen Zeit bis zum Auftreffen nicht mehr schmelzen können. Unwetter mit Hagel sind oft schon vorher zu erkennen: Die gewaltigen Gewitterwolken zeigen sich schwefelgelb verfärbt.

Häufig wiederkehrende Wetterereignisse

Meist beginnt der August mit warmem Schönwetter, das oft über das erste Monatsdrittel erhalten bleibt. Dennoch fallen die Hundstage, die heißesten Tage des Jahres, seit Mitte des vorigen Jahrhunderts bereits in den Juli. Dem sonnigen Augustbeginn folgt oft eine wechselhafte Periode; zum Monatsende tritt dann häufig wieder ruhiges Sommerwetter ein, das in den Herbst überleitet.

Dahlie 'Lila Pearl'

Pflanze des Monats
Dahlie, Georgine
Dahlia-Arten

Dahlien sind aus den spätsommerlichen und herbstlichen Gärten gar nicht mehr wegzudenken. Die ursprünglich aus Mexiko stammenden Pflanzen zeigen einen verschwenderischen Reichtum an Formen und Farben. Ob knallig-bunt

198

oder zart getönt, einfach oder gefüllt, zwergwüchsig oder mannshoch, bescheiden oder pompös – Dahlien können jeden Blumenwunsch erfüllen.

Wissenswertes: Knollen

Dahlien haben wie viele andere Pflanzen statt des üblichen Wurzelstocks dicke, angeschwollene Knollen, aus denen sie Jahr für Jahr neu austreiben. Knollen sind wie Zwiebeln Überdauerungsorgane, die der Pflanze als Vorratsspeicher für schlechte Zeiten (Winter, anhaltende Trockenheit) dienen. Sobald die Umweltbedingungen wieder günstig sind, kann die Pflanze mit den gespeicherten Nährstoffen sehr schnell austreiben, wachsen und zur Blüte kommen.

Dahlien – beliebt wegen ihres Formen- und Farbenreichtums

Bewährtes Wissen
Bauernregeln

Was der August nicht kocht, kann der September nicht braten.
Fängt der August mit Donner an, / er's bis zum End' nicht lassen kann.
Trockener August / ist des Bauern Lust.

Lostage

10. August: Lorenz muß heiß sein, / soll's guter Wein sein.
15. August: Wie das Wetter am Himmelfahrtstag, / so der ganze Herbst sein mag.
24. August: Bartholomäi hat's Wetter parat / für den Herbst bis zur Saat.

Zeichen der Natur

Mit der Haferernte (im Durchschnitt am 9. 8.) stellt sich der Spätsommer ein, der bis zum Beginn der Herbstzeitlosenblüte (30. 8.) andauert. Heidekraut, ebenfalls ein Spätsommerbote, beginnt im Mittel am 5. 8. zu blühen. Langjähriger Durchschnitt für einige wichtige Erntetermine: Ernte der Sommergerste ab dem 1. 8., Frühkartoffelernte ab 9. 8., Grummetschnitt (letzter Wiesenschnitt) ab 16. 8. und Frühzwetschgenernte ab 19. 8.

Wenn die Herbstzeitlose ihre Blüten entfaltet, sind die Sommertage gezählt

ALLE ARBEITEN AUF EINEN BLICK

Allgemeine Gartenarbeiten

Bodenbearbeitung
- offene Bodenflächen lockern ☐
- Mulchschichten ergänzen ☐
- Brachflächen mit Gründüngung einsäen ☐

Pflegemaßnahmen
- Unkraut jäten ☐
- bei Trockenheit gießen ☐

Pflanzenschutz
- Blattläuse, Blutläuse und Spinnmilben bekämpfen ☐
- Mehltau und Grauschimmel bekämpfen ☐
- Netze oder Vogelscheuchen zum Schutz vor Vogelfraß anbringen ☐

Arbeiten im Ziergarten

Vermehrung, Pflanzung
- frühsommerblühende Stauden teilen und verpflanzen ☐
- Narzissen, Kaiserkronen, Blausterne, Märzenbecher, Schneeglöckchen pflanzen ☐
- herbstblühende Zwiebel- und Knollengewächse pflanzen (Herbstkrokus, Herbstzeitlose) ☐
- Sommerstecklinge von Laubgehölzen: Steckhölzer von reifen Trieben schneiden, im Topf bewurzeln lassen oder direkt pflanzen ☐

Pflege
- Verblühtes regelmäßig entfernen ☐
- immergrüne Hecken schneiden ☐
- falls erforderlich, Blumenwiese nochmals mähen ☐
- Teich: alte Seerosenblätter entfernen und Algenteppiche abfischen ☐

Arbeiten im Gemüsegarten

Aussaat
- ins Freie: Kopfsalat, Winterkresse, Radieschen, Rettich, Spinat, Spitzkohl, Wirsing, Radicchio ☐
- unter Glas: Chinakohl, Endivie, Radicchio, Knollenfenchel, Schnittsalat ☐

Pflanzung
- Kopfsalat, Endivie, Blumenkohl, Grünkohl, Kohlrabi, Lauch ☐

Pflanzenschutz
- Kohlweißlinge und Kohleulen bekämpfen ☐

Ernte
- Kopfsalat, mittelfrühe Kartoffeln, Lauch, Zwiebeln, Möhren, Rote Bete, Rettich, Radieschen, Mangold, Sommerkohl, Hülsenfrüchte und andere Fruchtgemüse ☐

Arbeiten im Obstgarten

Pflanzung
- Erdbeeren pflanzen ☐

Pflege
- Obstgehölze ab Ende August nicht mehr gießen (sonst verzögerte Holzreife) ☐
- Auslichtungs- und Pflegeschnitt bei Pfirsich, Aprikose und Beerensträuchern direkt nach der Ernte ausführen ☐

Pflanzenschutz
- Apfelmehltau bekämpfen ☐
- Erdbeermilben bekämpfen ☐

Ernte

- Äpfel, Birnen, Pflaumen, Früh-
zwetschgen, Mirabellen, Renekloden, Pfirsiche, Aprikosen,
Sauerkirschen, Beerenobst ☐
- Fallobst aufsammeln ⊞

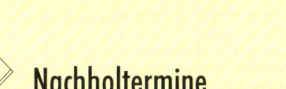 **Nachholtermine**

- Gehölze, Rosen und Stauden können als Containerware gesetzt werden (besser im Frühjahr oder
Herbst) ☐
- Rasenneuanlage möglich, wenn anschließend reichlich gewässert wird ☐
- stark tragende Zweige bei Obstbäumen stützen ☐

Spätsommerliche Blumengrüße am Gartenzaun

QUER DURCH DEN GARTEN

Der Sommer neigt sich seinem
Ende entgegen. Auf den Feldern rumoren schon wieder
die Mähdrescher, um das Ge-
treide einzubringen. Des öfte-
ren richtet sich der Blick des
Gärtners sorgenvoll zum Himmel, wenn sich drohende Wolken auftürmen und vielleicht
einen Hagelschlag mitbringen,
der alle Mühen zunichte machen kann. Aber erstaunlicher-
weise erholen sich die meisten
Pflanzen selbst nach einem
solchen Unwetter sehr rasch;
schon wenige Tage danach
läßt sich kaum noch eine Spur
erkennen.
In Beeten und auf dem Balkon
blühen unverdrossen noch viele Sommerblumen. Während
die mehrjährigen Dahlien und
Sommermargeriten mit ihrem
Flor die volle Sonne grüßen,
geben sich in schattigen Ecken

Silberkerze, Funkie und Krötenlilie ein Stelldichein. Der
Nutzgarten liefert jetzt die üp-
pigsten Ernten, von vielerlei
Gemüsen bis zu leckerem
Obst. Damit die Freude daran
nicht geschmälert wird, muß
man ungebetene Gäste fern-
halten: Schutz vor Schädlingen
und Vorbeugung gegen Krankheiten sind nun erneut in besonderem Maße gefragt.

  Schädlinge und Krankheiten
Vorbeugen ist besser . . .

Mit unliebsamen Konkurrenten in Gestalt von Schädlingen
und Krankheitserregern hat
wohl schon jeder Gärtner zu
tun gehabt. Zerfressene und
verunstaltete Pflanzen sehen
im Ziergarten traurig aus, im
Nutzgarten bringen geschädigte Pflanzen nicht den gewünschten Ertrag. Wird nichts
gegen die Störenfriede unter-

nommen, besteht die Gefahr,
daß sie sich ausbreiten und andere Pflanzen anstecken. Nur
allzu schnell folgt dann der
Griff zu Giften, die Blattläu-
sen, Pilzen und Co. den Gar-
aus machen sollen. Gerade im
Hausgarten sollte jedoch Um-
weltbewußtsein beim Pflanzenschutz an erster Stelle stehen, denn viele der bis heute
mehr oder weniger bedenkenlos ausgebrachten Pestizide
zeigen erhebliche Nebenwirkungen auf die Natur.
Durch umsichtiges Gärtnern,
richtige Standortwahl, geeignete Pflegemaßnahmen sowie
rechtzeitiges Erkennen der
Plagegeister und umweltschonende Bekämpfung lassen sich
die Pflanzenschutzeingriffe
im Garten auf ein Minimum
begrenzen und unerwünschte
Folgeschäden vermeiden.
Dabei können nicht zuletzt
die Pflanzen selbst helfen,
wenn man ihnen günstige
Wachstumsbedingungen bietet.

Um Blütenpracht und Erntesegen zu wahren, ist der schnelle Griff zur Spritze oft gar nicht nötig

Nicht nur die Gartenpflanzen, sondern auch ihre wildwachsenden Verwandten in freier Natur werden von Schädlingen und Krankheiten befallen. Sie sind aber keinesfalls wehrlos, denn sie wissen sich auf vielfältige Weise zu schützen und ihre Schädiger im Zaum zu halten. Ebenso wie beim Menschen ist auch bei den Pflanzen eine erfolgreiche Auseinandersetzung mit Krankheiten von der Gesamtkonstitution abhängig, von der Fähigkeit, sich mit körpereigener Abwehr zu helfen. Auch Pflanzen besitzen so etwas wie eine körpereigene „Gesundheitspolizei", ein Immunsystem. Je besser die Lebensbedingungen für die Pflanze sind, desto robuster wird sie sich gegenüber Schädlingen und Krankheiten erweisen. Die beste Vorbeugung gegen einen Befall ist deshalb die optimale Standortwahl (siehe auch „Januar").

Dennoch wird es in der künstlich angelegten Natur des Gartens immer wieder einmal nötig sein, Schädlinge und Krankheiten zu bekämpfen. Auch in freier Natur fallen Pflanzen ihren Peinigern zum Opfer, was aber das natürliche Gleichgewicht des Wachsens und Vergehens langfristig nicht aus der Waage bringt. Wenn einem jedoch die Schnecken den Genuß des Salates streitig machen, wird man sicher auf schnelle Abhilfe sinnen. Mit Kanonen auf Spatzen zu schießen, wäre aber der falsche Weg zur Ausschaltung der Konkurrenten; das Übel muß vielmehr gezielt an der Wurzel gepackt werden. Dazu ist eine rechtzeitige Diagnose der Schadursachen nötig. Über Vorbeugung gegen die wichtigsten Pflanzenschädlinge und Krankheiten, deren Schadbilder und Bekämpfung informiert der folgende Abschnitt. Wegen der Fülle verschiedener Schäden und Schaderreger können die Ausführungen nur erste Anhaltspunkte geben, detaillierte Hinweise findet man in spezieller Literatur (vergleiche auch die Empfehlungen im Anhang).

Tierische Schaderreger

Schadnager

Wühlmäuse, Mäuse, Wildkaninchen und Hasen richten durch Fraß manchmal erhebliche Schäden an. Vor allem die Wühlmaus ist ein gefürchteter Nager, der nur schwer bekämpft werden kann. Rinden von Bäumen und Sträuchern fallen ihren scharfen Zähnen ebenso zum Opfer wie Wurzeln von Zierpflanzen und Gemüsen.

Schadbild: abgefressene Rinde; oberirdische Teile sterben ohne sichtbare Schädigung ab, Wurzelstöcke sind mehr oder weniger zerstört.

Gefährdete Pflanzen: Gehölze, Rosen, Stauden, Zwiebel-

Wühlmausfraßschaden an einer Wurzel

und Knollenpflanzen, Gemüse, vor allem Wurzelgemüse.
Vorbeugende Maßnahmen: Drahtzäune aufstellen; engmaschige Drahtgeflechte um Stämme und Wurzeln anbringen; nagesichere Pflanzkörbe für Zwiebeln verwenden; Vergrämungsmittel (Fachhandel) ausbringen; Abwehrpflanzen setzen, etwa Kaiserkrone *(Fritillaria imperialis)* oder Kreuzblättrige Wolfsmilch *(Euphorbia lathyris)*.
Bekämpfung: Wühlmäuse und Mäuse mit speziellen Fallen fangen; Kaninchen und Hasen werden nur vom Garten ferngehalten.

Schnecken

Schnecken können nach milden Wintern und bei feuchtwarmer Witterung zu einer wahren Plage werden. Gehäuseschnecken ernähren sich vorwiegend von welken Pflanzenteilen, können also meist geduldet werden. Nacktschnecken sind dagegen Allesfresser, die kaum etwas verschmähen und vor allem bei Setzlingen und Gemüsen großen Schaden anrichten können.
Schadbild: Fraßstellen an weichen Pflanzenteilen, Schleimspuren; die Tiere verbergen sich unter Blättern oder Mulchdecken.
Gefährdete Pflanzen: Jungpflanzen aller Art; weichblättrige Zier- und Nutzpflanzen, vor allem Salat, Kohl, Tulpen, Gladiolen, Dahlien.
Vorbeugende Maßnahmen: Förderung schneckenvertilgender Nützlinge (wie Vögel, Amphibien, Igel, Laufkäfer);

Große Wegschnecke mit Fraßstellen an Kohl

Schneckenzaun (im Fachhandel erhältlich) aufstellen; Vergrämungsmittel (Sud aus gekochten Tannenzapfen) ausbringen; Kriechhindernisse (Sand, Sägespäne, Holzasche, Fichtennadeln, Farnlaub, Gerstengrannen) ausbringen; Schutzpflanzungen anlegen (Bohnenkraut, Kamille, Senf, Kapuzinerkresse); Eigelege (kleine Knäuel) bei der Bodenbearbeitung aufsammeln.
Bekämpfung: regelmäßig frühmorgens oder spätabends absammeln, vor allem in den Verstecken (Laubschichten, Steine, hohes Gras, große Blätter); Bretter, Dachziegel, flache Steine oder Rhabarberblätter auslegen, frühmorgens die daruntergekrochenen Schnecken absammeln; Köder (zerquetschten Hundekuchen) auslegen und dann absammeln; Bierfallen aufstellen. In kochendem Wasser oder konzentrierter Salzlösung können Schnecken sehr schnell abgetötet werden.

Schmetterlingsraupen

Die erwachsenen Tiere, die Schmetterlinge, sind allesamt keine Pflanzenschädlinge. Die gefräßigen Raupen einiger Arten ernähren sich jedoch bevorzugt von Kulturpflanzen,

Hier war der Frostspanner am Werk

zum Beispiel Eulenraupen, Kohlweißlingsraupen und Frostspanner. Eine Bekämpfung ist nur bei schwerem Befall erforderlich.
Schadbild: Skelettierfraß; Fenster- und Lochfraß an Blättern von Stauden und Sommerblumen sowie an Kohlblättern (Eulenraupen), ebenso bei Zier- und Obstgehölzen (Frostspanner); dichte Gespinste (Gespinstmotten); eingerollte Blätter (Wickler); Minierfraß an Blättern (Miniermotten).
Gefährdete Pflanzen: Schäden können an allen Pflanzen durch verschiedene Raupen auftreten, wobei sich die meisten Raupen auf eine oder wenige Arten oder Pflanzenfamilien spezialisiert haben.
Vorbeugende Maßnahmen: Förderung von Nützlingen; bei Gehölzen Leimringe anbringen.
Bekämpfung: absammeln (Gummihandschuhe tragen, um Allergien und Hautausschläge zu vermeiden!); Anlockung unter ausgelegten Brettchen, Dachziegeln oder flachen Steinen, tagsüber aus diesen Verstecken absammeln; Spritzung mit *Bacillus-thuringiensis*-Mitteln; spezielle Lockstofffallen aufstellen.

Käfer

Aus der großen Tiergruppe der Käfer mit ihren harten Flügeldecken gibt es eine ganze Reihe von Arten, die einem im Garten zu schaffen machen können; aber auch viele andere, zum Beispiel Marienkäfer oder Laufkäfer, die gerne gesehene Nützlinge sind. Zu den häufig auftretenden Pflanzenschädlingen unter den Käfern gehören Dickmaulrüßler, Rüsselkäfer, Blattkäfer wie das Lilienhähnchen und die Larven von Schnellkäfern, allgemein als Drahtwürmer bezeichnet.

Schadbild: Kerbfraß an Blatträndern (Dickmaulrüßler); halbkreisförmige Fraßstellen an Blatträndern (Rüsselkäfer); Blattfraß, manchmal bis auf die Blattadern; ohne sichtbaren Schaden kümmernde und welkende Pflanzen, Wurzeln mit runden Fraßlöchern (Drahtwürmer).

Gefährdete Pflanzen: fast alle Zier- und Nutzpflanzen. Rüsselkäfer befallen vor allem Lupinen, Wicken und Klee, Dickmaulrüßler vor allem Rosen, Rhododendren und Wein. Blattkäfer treten bevorzugt an Weiden, Erlen und Schneeball auf, Lilienhähnchen an Lilien, Maiglöckchen und Gladiolen. Drahtwürmer gefährden vor allem Rasen und Wiesenpflanzen, aber auch Zwiebel- und Knollengewächse.

Vorbeugende Maßnahmen: Förderung von Nützlingen (Vögel, Maulwurf, Igel, Kröten); regelmäßige Bodenlockerung macht vor allem Drahtwürmern zu schaffen.

Bekämpfung: regelmäßig absammeln; Salatsetzlinge und flach eingegrabene Kartoffelscheiben locken Drahtwürmer an, diese können von dort leicht abgelesen werden. Spezielle Lockstofffallen gegen bestimmte Käferarten aufstellen. Larven von Dickmaulrüßlern können mit besonderen Nematoden bekämpft werden, die im Fachhandel erhältlich sind. Befallene Pflanzen ausgraben und den Wurzelballen von Käfern befreien, bei starkem Befall die gesamte Pflanze vernichten. Chemische Bekämpfung ist kaum möglich und wenig erfolgreich.

Blattwanzen

An ihrem dreieckigen Rückenschild lassen sich Wanzen leicht erkennen. Während einige Arten als Insektenräuber nützlich werden, fügen andere im Larven- und Erwachsenenstadium den Gartenpflanzen Schäden zu. Die leuchtendrot gefärbten Feuerwanzen sind entgegen der weitverbreiteten Meinung unschädlich, im Gegenteil: Sie stellen Schadinsekten nach.

Schadbild: gelbliche kleine Saugstellen an Blättern; Blätter verkrüppeln, verbräunen, zeigen Lochfraß und sterben ab. Knospen bleiben stecken, entfalten nur einseitig ausgebildete Blüten, oft mit braunen Stellen auf den Blütenblättern.

Gefährdete Pflanzen: Dahlien, Astern, Margeriten, Engelstrompeten *(Datura)*, Fuchsien, Hortensien und andere Zierpflanzen.

Vorbeugende Maßnahmen: Förderung von Nützlingen (Amphibien, Vögel).

Bekämpfung: frühmorgens auf eine untergehaltene, klebrige Unterlage abschütteln; sonst sehr schwierig.

Blattläuse

Alljährlich treiben die vielen verschiedenen Blattlausarten die Gärtner schier zur Verzweiflung. Innerhalb kürzester Zeit können sich die gelben, grünen, rötlichen oder schwarzen Insekten zu riesigen Kolonien vermehren. Mit ihren Mundwerkzeugen stechen sie Pflanzen an und saugen deren Saft. Gewöhnlich zeigen befallene Pflanzen zwar Schädigungen, gehen aber nicht ein, sondern werden selbst mit den Plagegeistern fertig. Die Läuse können jedoch beim Saugen Erreger gefährlicher Krankheiten übertragen, vor allem Viren. Folgeerscheinungen sind außerdem Rußtaupilze, die auf den klebrigen Ausscheidungen der Blattläuse siedeln. Die

Dickmaulrüßler mit typischem Schadbild

Schäden durch Blattwanzen

204

Blattlausbefall an einer Rose

schmutzigbraunen bis schwarzen Beläge verhindern, daß Licht an die Pflanzenteile dringt, was die Pflanzen wiederum schwächt. Ameisen halten sich die Blattläuse gerne als „Haustiere": Sie betrillern die Läuse mit ihren Fühlern, diese scheiden daraufhin Honigtau aus, der von den Ameisen sehr geschätzt wird. Besonders gefürchtete Blattlausarten sind die Schwarze Bohnenlaus, die Grüne Pfirsichblattlaus, die Rosenblattlaus und die Sitkafichtenlaus.

Schadbild: geflügelte und/oder ungeflügelte Tiere in mehr oder weniger großen Kolonien an Pflanzen, teilweise in zusammengerollten Blättern; Pflanzen verkrüppeln und/oder bleiben im Wuchs zurück; Rußtaubelag.

Gefährdete Pflanzen: nahezu alle Pflanzenarten, auch Zier- und Obstgehölze.

Vorbeugende Maßnahmen: standortgerechte Pflanzung und ausgewogene Ernährung der Pflanzen; Förderung von Nützlingen (Florfliegen, Marienkäfer, Schlupfwespen, Ohrwürmer, Schwebfliegen, Vögel und andere); regelmäßige Kontrolle auf Befall.

Bekämpfung: Abspritzen mit scharfem Wasserstrahl; Spritzungen mit Schmierseifenlösung, Rainfarntee, Brennesselauszug.

Wolläuse

Woll-, Schmier- oder Gallenläuse schädigen vor allem Gehölze und Gewächshauspflanzen. Ihre mit Wachsflocken bedeckten Körper sind leicht zu erkennen. Die Larven leben in Wucherungen, sogenannten Gallen, die vor allem Jungtriebe von Ziergehölzen verunstalten. Häufige Vertreter sind zum Beispiel die Fichtenstammlaus, die Fichtengallenlaus, die Douglasienwollaus, die Weymouthskiefernrindenlaus und die Kiefernwollaus.

Schadbild: schneeflockenartige Beläge, kleine weiße Wachswollhäufchen an Blättern und Trieben; Nadelverfärbungen und -verkrüppelungen; knotige, ananasförmige Auswüchse (Gallen) an jungen Trieben.

Gefährdete Pflanzen: Kiefer, Douglasie, Weißtanne, Weymouthskiefer, Fichte, sukkulente Pflanzen, Ritterstern; weniger Ahorn und Esche.

Vorbeugende Maßnahmen: Nadelgehölze pflanzen, die nicht befallen werden (zum Beispiel Eibe, Zeder, Goldlärche, Hemlockstanne); gefährdete Bäume mit ölhaltigem Insektizid vor dem Austrieb spritzen.

Wolläuse an Buchenblatt

Bekämpfung: sehr schwierig, da die Tiere durch ihre Wachsüberzüge vor Spritzmitteln geschützt sind. Möglich sind auch bei Befall Spritzungen mit speziellen, ölhaltigen Insektiziden, außerdem das Ausbrechen der Gallen.

Schildläuse

Gefürchtet, weil nur schwer zu bekämpfen, sind Schildläuse, deren deckelartige oder napfförmige Rückenpanzer sie vor allen Spritzmitteln schützen. Sie sitzen im ausgewachsenen Stadium so fest auf Trieben, Rinde und Blattrippen, daß sie sich kaum davon lösen lassen. Eine den Schildläusen nahe verwandte Art ist die Weiße Fliege, auch Mottenschildlaus genannt. Sie hat keinen Rückenpanzer, sondern läßt sich aufgrund ihres Überzuges aus weißem Wachsstaub schwer bekämpfen. Zu einem problematischen Schädling wird sie vor allem durch ihre hohe Vermehrungsrate unter feuchtwarmen Bedingungen.

Schadbild: rundliche bis längliche, flache oder gewölbte Schilde an Trieben und Blättern. Weiße Fliege erkennbar an gelblichen Blattflecken, verkümmernden Blättern; man findet kleine, weiße, fliegenähnliche Tiere an den Blattunterseiten, die bei leisester Berührung auffliegen; die Larven sind milchig weiß bis gelbgrün und sitzen ebenfalls an den Blattunterseiten.

Gefährdete Pflanzen: vor allem Gewächshaus- und Zimmerpflanzen, aber auch Balkon- und Beetpflanzen wie Fuchsien und Fleißige Lies-

Schildläuse an Stachelbeertrieb

Weiße Fliegen (Mottenschildläuse)

chen (Weiße Fliege); Schildlausbefall häufig an Oleander.
Vorbeugende Maßnahmen: Übertragung von Zimmerpflanzen auf Balkon- und Beetpflanzen verhindern.
Bekämpfung: schwierig; Spritzungen mit Brennnesselauszug oder Paraffinölen; gelbe Leimtafeln aufhängen; im Gewächshaus Zehrwespen (im Fachhandel erhältliche Nützlinge) einsetzen.

Thripse

Thripse oder Blasenfüße sind kleine, schlanke Insekten mit gefransten Flügeln. Vielerorts kennt man sie als „Gewitterwürmchen", da sich eine bestimmte Thripsart von warmen Winden, die vor Gewittern aufkommen, durch die Luft tragen läßt und von Duftstoffen im Schweiß des Menschen angezogen wird. Andere Thripse stechen Pflanzen an und saugen den Saft; die ausgesaugten Stellen erscheinen durch die eingedrungene Luft silbrigweiß.

Schadbild des Gladiolenthrips

Schadbild: silbrigweiß durchscheinende Saugstellen auf Blättern; winzige schwarze Kottröpfchen neben den Saugstellen; Blattvergilbungen, Blattfall, unansehnliche Blüten, Verkrüppelungen.
Gefährdete Pflanzen: vor allem *Chrysanthemum*-Arten, Gladiolen, Nelken; Gewächshauspflanzen.
Vorbeugende Maßnahmen: Förderung von Nützlingen (Florfliegen, Blumenwanzen); im Gewächshaus auf hohe Luftfeuchtigkeit achten; Gladiolenblasenfuß: braune Hüllblätter an den Gladiolenknollen sorgfältig entfernen.
Bekämpfung: befallene Blätter entfernen; Spritzungen mit Schmierseifenlösung oder Knoblauchtee; blaue Leimtafeln anbringen.

Milben

Die zu den Spinnentieren zählenden Milben werden in drei große Gruppen eingeteilt: Weichhautmilben, Spinnmilben (Rote Spinne) und Gallmilben. Vor allem die Spinnmilben fallen oft durch feine, dichte Gespinste an Blättern und Trieben auf. Sie gehören zu den saugenden Pflanzenschädlingen, die auch Viren übertragen können.

Saugschäden der Roten Spinne an Bohnen

Schadbild: Weichhautmilben: Blattkräuselung, Kleinblättrigkeit, Korkflecken oder Verkrüppelung. Spinnmilben: gelbe bis weiße Blattsprenkelung, Blattvergilbung und Absterben der Blätter; Blätter sind von feinem Gespinst überzogen. Gallmilben: Blattgallen oder „Blattpocken", kleine, hellgelbe Auswüchse auf Blättern, die später rot oder braun werden.
Gefährdete Pflanzen: fast alle Pflanzen, auch Obst- und Ziergehölze sowie Gemüse.
Vorbeugende Maßnahmen: im Gewächshaus und Frühbeet häufig lüften und auf hohe Luftfeuchtigkeit achten; Förderung von Nützlingen (Florfliegen, Wanzen und andere); Stickstoffüberdüngung vermeiden.
Bekämpfung: Spritzungen mit Schmierseifenlösung, Rainfarnbrühe, Schachtelhalmbrühe; unter Glas Einsatz von natürlichen Feinden wie Raubmilben und Wanzen.

Nematoden

Wegen ihrer Gestalt und ihrer Fortbewegungsart werden die Nematoden auch Älchen oder Fadenwürmer genannt. Sie helfen im Boden bei der Humusbildung, einige Arten richten aber bisweilen beträcht-

Durch Nematoden geschädigte Möhren (links)

lichen Schaden an. Wurzelnematoden saugen an Pflanzenwurzeln, scheiden dabei giftige Stoffe ab und bringen dadurch die Pflanzen zum Absterben. Stengelnematoden verursachen gestauchten, verkrüppelten Wuchs, Blattälchen schließlich schädigen die Blätter.

Schadbild: Wurzeln mit braunen Flecken oder kleinen Knöllchen (Gallen); gestauchtes Wachstum, gekrümmte und/oder verdickte Stengel; glasige Blattflecken, die sich erst gelb, später braun oder schwarz verfärben.

Gefährdete Pflanzen: Christrosen, Maiglöckchen, Primeln, Rosen und andere durch Wurzelnematoden; Phlox durch Stengelälchen; Anemonen, Astern, Lilien, Sommerblumen und andere durch Blattälchen.

Vorbeugende Maßnahmen: regelmäßig Unkraut jäten (da Überwinterung an Unkräutern); Schutzpflanzen wie Tagetes, Zwiebel, Luzerne oder Zichorie setzen; Gründüngung mit Saatmischungen; Mischkulturen; Fruchtwechsel; nicht zu dicht pflanzen.

Bekämpfung: schwierig, befallene Pflanzen sofort entfernen und vernichten, Boden wenn möglich austauschen oder entseuchen.

Pilzkrankheiten

Pilze sind als Krankheitserreger bei Pflanzen weit verbreitet. Mit Geflechten aus dünnen Fäden, den Myzelien, durchdringen sie das Pflanzengewebe, mit Hilfe winziger Sporen können sie sich massenhaft verbreiten. Nur selten wird man bei den pflanzenschädigenden Pilzen Wuchsformen finden, die so auffällig sind wie die bekannten Fruchtkörper der Eßpilze, die Hüte. Zu chemischen Pilzbekämpfungsmitteln, sogenannten Fungiziden, sollte man nur im Notfall greifen. Pilzkrankheiten lassen sich häufig durch vorbeugende Maßnahmen im Zaun halten.

Grauschimmel

Feuchtwarme Witterung begünstigt den Befall von Pflanzen mit Grauschimmel oder Botrytis, einem Pilz, der an einem mausgrauen Belag auf Blättern, Stengeln oder auch auf Blüten erkennbar ist. Die Sporen werden vom Wind übertragen, keimen zuerst auf abgestorbenen Pflanzenteilen und gehen später auch auf gesunde Teile über. Dieser Pilz führt beim Wein zur geschätzten Edelfäule, kann jedoch an-

Grauschimmel (Botrytis)

deren Nutz- und Zierpflanzen zum Verhängnis werden.

Schadbild: graue Beläge (Schimmelrasen) auf abgestorbenen und gesunden Pflanzenteilen, junge Sprosse verwelken und fallen um, Blütenknospen öffnen sich nicht, zeigen braune Flecken.

Gefährdete Pflanzen: fast alle Pflanzen, besonders Erdbeeren, Himbeeren, Brombeeren, Begonien, Dahlien, Päonien, Rosen und Tulpen.

Vorbeugende Maßnahmen: da eine Bekämpfung sehr schwierig ist, steht die Vorbeugung im Vordergrund: großzügige Pflanzabstände einhalten; hohe Stickstoffgaben vermeiden; beim Gießen nur den Boden tränken, die Pflanzen selbst nicht benetzen; Beerenobst und Gemüse mit Stroh mulchen.

Bekämpfung: schwierig; Spritzungen mit Schachtelhalmtee, Knoblauchtee, Zwiebelbrühe; befallene Teile sofort entfernen.

Echter Mehltau

Mehligweiße Beläge auf Blättern, Stengeln und Blüten sind charakteristisch für den Echten Mehltau. Mit Saugfortsätzen, die in die Pflanzenzellen eindringen, ernähren sich die Pilze von Pflanzensäften. Die Ausbreitung bzw. Vermehrung wird durch warmes, trockenes Wetter gefördert.

Schadbild: mehligweiße, später auch schmutzigbraune Beläge an Blattober- und -unterseiten, Stengeln und Blüten; die Beläge lassen sich leicht abwischen; Blätter eingerollt, deformiert, fallen ab.

Starker Befall mit Echtem Mehltau

Gefährdete Pflanzen: Rosen, Chrysanthemen, Astern, Anemonen, Rittersporn, Apfel, Stachelbeere, Johannisbeere, Gurken, Eichen, Buchen und andere Arten.

Vorbeugende Maßnahmen: Stickstoffüberdüngung vermeiden; für luftigen Stand sorgen, vor allem bei Kletterrosen; auf gleichmäßige Bodenfeuchtigkeit achten; widerstandsfähige Sorten wählen.

Bekämpfung: befallene Teile sofort entfernen; Spritzungen mit Schachtelhalmtee, Zwiebelbrühe.

Falscher Mehltau

Im Gegensatz zum Echten Mehltau tritt der Falsche Mehltau als mehliger Belag nur an den Blattunterseiten auf, die Oberseiten zeigen lediglich gelbe Flecken. Der Falsche Mehltau breitet sich außerdem nur bei feuchter Witterung aus.

Schadbild: weißgrauer bis grauschwarzer, manchmal leicht violetter Schimmelrasen auf den Blattunterseiten, läßt sich nicht abwischen; auf den Blattoberseiten gelblichweiße Flecken. Blätter sterben ab.

Gefährdete Pflanzen: vor allem Korbblütler wie Astern, Sommerastern, Kopfsalat, Endivie; auch Gladiolen, Primeln, Vergißmeinnicht, Nelken, Levkojen, Rosen, Gurken, Melonen, Möhren, Zwiebeln und andere Arten.

Vorbeugende Maßnahmen: weite Pflanzabstände; regelmäßige Bodenlockerung; beim Gießen die Pflanzen nicht benetzen; widerstandsfähige Sorten wählen.

Bekämpfung: befallene Teile sofort entfernen; Spritzungen mit Schachtelhalmbrühe, Knoblauchtee.

Rostpilze

Wärme und Befeuchtung der Blätter fördern die Ausbreitung dieser Pilze, die ihren Namen nach den rostartigen Schadstellen haben, die sie hervorrufen. Manche Rostpilze leben nur auf einer Pflanzenart, andere wechseln im Laufe ihrer Entwicklung die Wirtspflanze. Dabei schädigen sie meist nur den einen der Wirte.

Schadbild: auf den Blattunterseiten gelbe bis rostbraune, runde oder längliche Flecken, später schwarzbraun verfärbt und zu Pusteln (warzenähnliche Sporenlager) umgebildet.

Gefährdete Pflanzen: Birne (Birnengitterrost, Zwischenwirt ist Wacholder), Fuchsien (Zwischenwirt Weidenröschen), Stockrosen, Pelargonien, Löwenmaul, Rosen und andere Arten.

Vorbeugende Maßnahmen: zugehörige Wirtspflanzen nicht nebeneinander pflanzen (zum Beispiel keinen Wacholder in die Nähe einer Birne).

Bekämpfung: befallene Teile sofort entfernen; Spritzungen mit Schachtelhalmbrühe, Zwiebeltee oder speziellen Rostfungiziden.

Schorf

Schorf ist im Erwerbsobstbau die wichtigste Pilzkrankheit an Apfelbäumen. Dieser Pilz kann auch im Privatgarten große Schäden anrichten.

Schadbild: olivgrüne, später grauschwarze Blattflecken, Blätter vergilben und fallen ab; Früchte mit Schorfflecken, die aufplatzen, so daß Fäulniserreger eindringen können; Rinde platzt auf, Triebe sterben ab, Zweige werden grindig.

Gefährdete Pflanzen: Apfel und Birne, ferner Kirsche und Pfirsich.

Vorbeugende Maßnahmen: sorgfältiger Schnitt, regelmäßiges Auslichten der Kronen; Fallaub aufsammeln, die Pilze

Häufig an Gurken: Falscher Mehltau

Sporenlager des Rostpilzes

Schorfbefall an Apfelblättern

überwintern darauf; widerstandsfähige Sorten wählen; Förderung des Bodenlebens; weite Pflanzabstände.

Bekämpfung: schwierig, nur bei sehr schwerem Befall erforderlich; Spritzung mit speziellen Fungiziden vor der Blüte.

Monilia

Monilia ist ebenfalls eine gefürchtete Pilzkrankheit im Obstgarten. Sie kann an Zweigen (Zweigmonilia, Spitzendürre) oder an Früchten (Fruchtfäule, Polsterschimmel) auftreten.

Schadbild: Triebspitzen und Äste verdorren nach der Blüte; später ringförmige Faulstellen an Früchten, zunächst braun, später weiß, gelb oder rötlich (Sporenlager); Früchte fallen vorzeitig ab oder trocknen ein (sogenannte Fruchtmumien).

Gefährdete Pflanzen: Sauerkirsche, Aprikose, Apfel, Birne und andere Obstarten.

Vorbeugende Maßnahmen: sorgfältiger Schnitt; Wespen von den jungen Früchten abhalten (Übertragungsgefahr); Fruchtmumien entfernen; vorbeugende Spritzungen mit Meerrettichjauche.

Bekämpfung: befallene Triebe und Früchte sofort entfernen; Spritzungen mit Schachtelhalmbrühe, Schafgarbentee.

Bakterienkrankheiten

Die aus nur einer Zelle bestehenden, mikroskopisch kleinen Lebewesen spielen bei den Pflanzenkrankheiten im Vergleich zu Pilzen nur eine untergeordnete Rolle. Allerdings sind sie nur sehr schwer zu bekämpfen und können deshalb auch größere Schäden verursachen. Bakterienkrankheiten oder Bakteriosen sind zum Beispiel Weichfäule (an Knollen und Zwiebeln), Bakterienkrebs bzw. Wurzelkropf (zum Beispiel an Rosen, Pelargonien) und Ölfleckenkrankheit (Efeu, Begonien). Die gefährlichste Krankheit ist der Feuerbrand.

Feuerbrand

Das typische Schadbild an den Trieben gab dem Feuerbrand seinen Namen. Die Krankheit tritt nur an Rosengewächsen auf; da sie sich rasch ausbreitet und kein Gegenmittel zur Verfügung steht, müssen bei einem Befall die Pflanzen umgehend vernichtet werden. Es besteht Meldepflicht! Schon bei Verdacht auf Befall müssen die zuständigen Behörden (örtliche Polizeidienststelle, Kommunalverwaltung, Pflanzenschutzamt) verständigt werden.

Schadbild: wie verbrannt aussehende Triebe: Blätter, Blüten und Früchte werden schwarz, fallen aber nicht ab; Triebspitzen hakenförmig gekrümmt („Spazierstock").

Gefährdete Pflanzen: Rosengewächse, besonders Weißdorn, Feuerdorn, Mispel, Apfel, Birne; nicht an Rosen.

Vorbeugende Maßnahmen: peinliche Sauberkeit bei allen Schnittmaßnahmen; Wunden sorgfältig verschließen.

Bekämpfung: Befall sofort melden; kranke Gehölze müssen gerodet und vernichtet werden.

Viruskrankheiten

Viren sind winzige Gebilde, die keinen eigenen Stoffwechsel besitzen und deshalb auf den ihres Wirtes angewiesen sind. Dessen Stoffwechsel wird bei Befall so beeinflußt, daß er zur massenhaften Vermehrung der Viren beiträgt. Viruskrankheiten oder Virosen werden auf unterschiedliche Art übertragen. Die Viren können über unsaubere Gartengeräte wie Messer oder Scheren auf noch nicht befallene Pflanzen gelangen; häufig werden sie auch durch Blattläuse von Pflanze zu Pflanze verbreitet. Viren befallen zahlreiche Pflanzen und verursachen meist ein typisches Erscheinungsbild, zum Beispiel Gurkenmosaikvirus, Salatmosaikvirus, Flachästigkeit beim Apfel, Augustakrankheit bei Tulpen oder Pokkenviren, die beim Steinobst die gefährliche Scharkakrankheit (meldepflichtig!) hervorrufen.

Zweigmonilia (Spitzendürre)

Gefürchtet und meldepflichtig: Feuerbrand

Bohnenmosaikvirus (Mitte: gesundes Blatt)

Häufigste Schadbilder:
mosaikartige Flecken oder Verfärbungen; ringförmige oder andere regelmäßig angeordnete Veränderungen der Blattfärbung; gekräuselte oder deformierte Blätter; Zwergwuchs, Wachstumsstockungen; Veränderungen der Blütenfarbe.

Gefährdete Pflanzen: besonders Gurken, Bohnen, Kartoffeln, Salat, Tomaten, Kern- und Steinobst, Rosen, Dahlien, Tulpen, Lilien, auch andere Arten.

Vorbeugende Maßnahmen: peinliche Sauberkeit bei allen Schnittmaßnahmen; nur gesunde, virusfreie Jungpflanzen in den Garten setzen; virusfreie Sorten wählen; virusübertragende Blattläuse und Spinnmilben bekämpfen.

Bekämpfung: direkte Bekämpfung nicht möglich; befallene Pflanzen sofort entfernen, nicht zum Kompost geben!

Ganz wichtig: Nützlinge fördern. Ein Siebenpunkt vertilgt am Tag bis zu 150 Blattläuse

Naturgemäßer Pflanzenschutz

Grundsätzliches zum Pflanzenschutz

Richtige Standortwahl, bedarfsgerechte Düngung, Anwendung von Vorbeugungsmaßnahmen, regelmäßige Kontrolle und Früherkennung von etwaigen Schaderregern mindern den Einsatz jeglicher Pflanzenschutzmittel von vornherein. Eine große Vielfalt verschiedener Arten (Mischkulturen), Ansiedelung von Nützlingen, Einhaltung von Fruchtwechsel und Fruchtfolge und optimale Bodengesundheit tun ein übriges. Tritt ein Befall auf, sollte zunächst sorgfältig überlegt werden, welche Schritte man unternimmt. Statt gleich zum Gift zu greifen, kann man sich oft schon mit einfachem Absammeln oder Entfernen befallener Pflanzenteile behelfen, häufig führt auch gründliches Abspülen von Schädlingen zum Erfolg. Alle zum Einsatz kommenden Pflanzenschutzmittel, auch biologische, dürfen nur streng nach Gebrauchsanweisung angewendet werden, um eventuelle Nebenwirkungen auf den Anwender, die Pflanzen oder die Umwelt auszuschließen bzw. zu vermeiden.

Sanfte Maßnahmen

Beim naturgemäßen Pflanzenschutz werden – wie der Name schon besagt – natürliche Mittel eingesetzt, um Schädlinge und Krankheiten abzuwehren und zu bekämpfen. Während sich in freier Natur die Gegenspieler die Waage halten, ein natürlicher Ausgleich zwischen „Fressen und Gefressenwerden" herrscht, stellt der Garten ein mehr oder weniger künstliches System dar, in dem jede Störung besonders gravierende Folgen haben kann. Wurden früher oft bedenkenlos Pestizide aller Art eingesetzt, bestimmen heute mehr und mehr sanftere Methoden den Pflanzenschutz. Steigendes Umweltverständnis und strengere Gesetze beschränken den Einsatz von Chemie immer stärker. Eine naturgemäße oder biologische Schädlingsbekämpfung sollte, wenn immer möglich, einer chemischen vorgezogen werden.

Wichtige Methoden des biologischen Pflanzenschutzes

Unter biologischem Pflanzenschutz im engeren Sinne versteht man den gezielten Einsatz von Lebewesen zur Schädlingsabwehr. Dies läßt sich bisher nur gegenüber tierischen Schädlingen anwenden, wobei sich der Einsatz von Nützlingen, vor allem unter Glas, als sehr effektiv erwiesen hat. Bei solchen Nützlingen handelt es sich um Räuber, Freßfeinde oder auch Parasiten der Schadtiere, die speziell für die biologische Bekämpfung gezüchtet werden, zum Beispiel Schlupfwespen, Raubwanzen, Raubmilben und sogar Bakterien. Solche natürlichen Gegenspieler können im Fachhandel bzw. in großen Gartenfachgeschäften erwor-

Gelbtafeln locken Insekten an; da die Oberflächen klebrig sind, gehen zum Beispiel Blattläuse und Thripse auf den Leim (Hersteller: Fa. Neudorff, Emmerthal)

Zur Bekämpfung der Weißen Fliege kann man unter Glas Schlupfwespen einsetzen, die auf Kartonstreifen ausgebracht werden

ben werden; sofern es sich um Insekten handelt, oft in Form von Eiern, die auf Kartonrähmchen oder ähnlichem fixiert sind. Das Ausbringen sollte möglichst früh erfolgen, also schon bei den ersten Anzeichen eines Schädlingsbefalls. Der Einsatz solcher Gegenspieler, die jeweils nur gegen einen ganz bestimmten Schädling wirksam werden, kann jedoch nicht die Förderung der Nützlinge im Garten ersetzen, denen man – als wertvollen Helfern – entsprechende Lebensbedingungen schaffen sollte (vergleiche „Januar").

Im weiteren Sinne kann man zum biologischen Pflanzenschutz auch einfache, aber wir-

kungsvolle mechanische Maßnahmen wie das Absammeln der Schädlinge zählen sowie die breite Palette an biotechnischen Abwehr- und Fangmethoden, zum Beispiel Schutznetze und Vliese, Leimringe, Leimtafeln, Duftstoffallen, Vergrämungsmittel und ähnliches. Auch Pflanzeninhaltsstoffe werden gegen Krankheiten und Schädlinge eingesetzt, etwa die bekannten Pyrethrum-Präparate, die aus bestimmten *Chrysanthemum*-Arten gewonnen werden. Leider sind diese Wirkstoffe, obwohl aus Pflanzen gewonnen, nicht ganz ungefährlich. Manche sind bienengiftig, manche schädigen andere Nützlinge. Milder und verträglicher sind die vielen Pflanzenbrühen, -jauchen und -tees, die zunehmend gegen alle möglichen Schäden Verbreitung finden.

Hausgemachte Pflanzenstärkungsmittel

Jauchen, Brühen und Tees aus Pflanzen kann man sehr leicht selbst herstellen; sie zeigen bei richtiger Anwendung durchaus Wirkung.

Je nach Zubereitung unterscheidet man:

● **Jauchen:** Pflanzenteile werden mit kaltem Wasser angesetzt. Nach einigen Wochen beginnt eine Gärung, danach können die Jauchen verwendet werden.

● **Brühen:** Frische oder getrocknete Pflanzen werden einen Tag lang eingeweicht, dann aufgekocht, abgesiebt und angewendet.

● **Tees:** Pflanzenteile werden mit heißem Wasser überbrüht, einen Tag stehengelassen und dann angewendet.

● **Kaltwasserauszüge:** Pflanzenteile werden in kaltem Wasser eingeweicht, eine Zeitlang stehengelassen und dann angewendet.

Einige bewährte Rezepte

Brennesseljauche:
500 g frisches oder 100 g getrocknetes Brennesselkraut (vor der Blüte gesammelt) werden mit 5 l Wasser gemischt, die Mischung wird dann täglich umgerührt. Je nach Außentemperatur setzt nach zwei bis sechs Wochen die Gärung ein, was an aufsteigenden Bläschen und einem unangenehmen Geruch erkennbar wird. Fünf bis sieben Tage nach Gärungsbeginn siebt man die Jauche durch und wendet sie sofort an; später wird sie unwirksam. Im Verhältnis 1:10 verdünnt (1 l Jauche auf 10 l Wasser) dient sie als Stärkungsmittel für Pflanzen und wird rund um die Pflanzen gegossen. Im Verhältnis 1:20 verdünnt (1 l Jauche auf 20 l Wasser) spritzt man sie gegen saugende Schädlinge wie Läuse.

Rohstoff für selbst hergestellte Pflanzenstärkungsmittel: Ackerschachtelhalm

![Schattenpartien entfalten bei geeigneter Bepflanzung ihre ganz besonderen Reize]

Schattenpartien entfalten bei geeigneter Bepflanzung ihre ganz besonderen Reize

Schachtelhalmbrühe:
500 g frisches oder 75 g getrocknetes Kraut vom Ackerschachtelhalm *(Equisetum arvense)* werden in 5 l Wasser einen Tag lang eingeweicht. Der Sud wird aufgekocht und abgesiebt. Im Verhältnis 1:4 verdünnt (1 l Brühe auf 4 l Wasser), spritzt man die Brühe vorbeugend oder bei Befall gegen Pilzkrankheiten.
Knoblauchtee:
50 g zerdrückte, frische Knoblauchzehen werden mit 5 l Wasser überbrüht. Der Sud

wird nach 24 Stunden abgesiebt und unverdünnt gegen Pilzkrankheiten und Schädlinge wie Spinnmilben oder Möhrenfliegen gespritzt.
Schmierseifenlösung:
150 g Schmierseife werden in wenig heißem Wasser aufgelöst, dann auf 5 l kaltes Wasser gegeben und gut durchgerührt. Die Seifenlösung wird unverdünnt, mit einem Schuß Brennspiritus als Zusatz, gegen Schildläuse, Blattläuse und andere saugende Insekten mehrfach versprüht.

ZIERGARTEN

Schattenstauden
Zarte Pracht im Dunkeln

„Wo viel Licht ist, ist auch viel Schatten", sagt ein geflügeltes Wort, das sich auch auf den Garten übertragen läßt. Schattige Ecken sind einerseits beliebt als Rückzugsort vor sengender Hitze im Sommer, andererseits aber nur zu oft die Stiefkinder der Gartengestaltung. Dabei können mit geeigneten Pflanzen und ein wenig Phantasie selbst völlig schattige Stellen „ins Licht gerückt" werden. Die Wirkung einer entsprechenden Pflanzung unterscheidet sich natürlich von der einer Pflanzkombination in leuchtender Sonne: Schattenpflanzungen strahlen eher verhaltene Eleganz oder „wilden" Charme aus, wie auch unser Gestaltungsbeispiel für diesen Monat zeigt.

Pflanzen, die sich an das Leben in dunklen Ecken angepaßt haben, weisen oft zartes Laub und hell strahlende Blüten auf. Im Schatten spielen Blattformen, Strukturen und Grüntöne die Hauptrolle. Außer den vielgestaltigen Farnen (siehe auch „November") gibt es eine Reihe weiterer Stauden, die die Kühle und höhere Feuchtigkeit schattiger Bereiche bevorzugen. Die meisten gedeihen auch in halbschattigen Lagen, wenn der Boden ausreichend Feuchtigkeit bietet, manche sogar in voller Sonne.

Bergenia-Hybride 'Silberlicht'

Schattenstauden im Überblick

Deutscher Name	Botanischer Name	Blütezeit; Blütenfarbe	Hinweise
Christophskraut	*Actaea*-Arten	V-VI; weiß	Fruchtschmuck; giftig!
Günsel	*Ajuga reptans*	IV-V; blau	guter Bodendecker, viele Sorten
Buschwindröschen	*Anemone nemorosa*	IV-V; weiß	zierliche Wildstaude; giftig!
Aronstab	*Arum*-Arten	V-VI; weißgrün	roter Fruchtschmuck; giftig!
Geißbart	*Aruncus dioicus*	V-VII; weiß	große Solitärstaude
Bergenie	*Bergenia*-Arten	IV-V; weiß, rosa, rot	schönes Laub, viele Sorten
Silberkerze	*Cimicifuga*-Arten	VII-X; weiß	zierliche Blütenkerzen
Maiglöckchen	*Convallaria majalis*	V; weiß	duftende Wildstaude
Elfenblume	*Epimedium*-Arten	IV-V; weiß, gelb, rot	graziles Laub, viele Sorten
Waldmeister	*Galium odoratum*	V; weiß	quirlblättrige Wildstaude
Christrose	*Helleborus*-Arten	I-IV; weiß, grün	Winterblüher, viele Sorten; giftig!
Leberblümchen	*Hepatica nobilis*	III-IV; blau	hübsche Kleinstaude

Schattenstauden im Überblick (Fortsetzung)

Deutscher Name	Botanischer Name	Blütezeit; Blütenfarbe	Hinweise
Funkie	*Hosta*-Arten	VII-VIII; weiß, lila	prachtvolle Blattschmuck- und Blütenstaude, viele Sorten
Goldnessel	*Lamiastrum galeobdolon*	VI-VII; gelb	schönes Laub, robust
Taubnessel	*Lamium*-Arten	V-VI; weiß, rosa, lila	robuste Staude mit schönem Laub
Frühlingsplatterbse	*Lathyrus vernus*	IV-V; rot, blau	zarte Wildstaude
Gedenkemein	*Omphalodes*-Arten	IV-V; blau	hübsche Blüten, bodendeckend
Salomonssiegel	*Polygonatum*-Arten	V-VI; weiß	grazile Blütenstengel
Primel	*Primula*-Arten	IV-VI; alle	sehr formenreich, viele Sorten
Lungenkraut	*Pulmonaria*-Arten	III-V; blau, rot	robuste Wildstaude, schönes Laub
Schaublatt	*Rodgersia*-Arten	VI-VII; weiß, rosa	machtige Laubschmuckstaude
Porzellanblümchen	*Saxifraga umbrosa*	IV-V; weiß	zierlicher Wuchs
Schaumblüte	*Tiarella*-Arten	V-VI; weiß	immergrün, bodendeckend
Krötenlilie	*Tricyrtis*-Arten	VIII-IX; lila	orchideenartige Blüten
Veilchen	*Viola*-Arten	III-IV; blau, weiß	anmutige Wildstaude
Ungarwurz	*Waldsteinia*-Arten	IV-V; gelb	robuster Bodendecker

Krötenlilie (Tricyrtis)

Ungarwurz (Waldsteinia)

GEMÜSEGARTEN

Fruchtgemüse
Tomaten

Lycopersicon esculentum

Die heute sehr geschätzte und auf unseren Tischen so selbstverständliche Tomate ist ursprünglich ein Import aus der Neuen Welt. Kolumbus brachte die Pflanze, die wie die Kartoffel zu den Nachtschattengewächsen *(Solanaceae)* gehört, nach Europa. Die ersten importierten Tomaten schmeckten eher bitter, sie wurden lange für giftig gehalten und nur zu Zierzwecken angebaut. Der große Aufschwung zur beliebten, kalorienarmen, aber vitamin- und mineralstoffreichen Salatfrucht kam erst Anfang dieses Jahrhunderts. Mittlerweile gibt es eine Fülle von Tomatensorten in verschiedenen Farben, Formen und Wuchstypen. Gezogen werden sie entweder als Buschtomaten, die niedrig bleiben und in die Breite wachsen, oder als „Stabtomaten", die man an Holzstangen, Wellstäben (spiralig gewundene Metallstäbe) oder Schnüren emporranken läßt.

Standort: sehr wärme- und lichtbedürftig, deshalb geschützte, sonnige Stellen; humose, nahrhafte, durchlässige Böden. Pflanzstellen tiefgründig vorbereiten, verrotteten Stallmist oder Kompost einarbeiten.

Aussaat/Pflanzung: Aussaat im März in Kisten unter Glas; Keimdauer sieben bis zehn Tage bei 22 °C. Sehr hell stellen.

„Stabtomaten" müssen mit Stangen oder Wellstäben gestützt werden

Einmal pikieren und als Einzelpflanze in 10-cm-Topf setzen, etwas kühler halten und gut abhärten. Ab Mitte Mai (frostfrei!) mit 60 x 60 cm Abstand auspflanzen, dabei eine Handbreit tiefer setzen als vorher im Topf. Nicht zu eng pflanzen, um Welke zu vermeiden.

Kultur: Folienhauben, die in den ersten Wachstumswochen nachts übergestülpt werden, beschleunigen das Wachstum sehr, ebenso schwarze Mulchfolie auf dem Boden. Pro Pflanze nur einen Haupttrieb mit fünf Blütenständen belassen, alle anderen Achseltriebe regelmäßig ausbrechen („ausgeizen"), ebenso die Triebspitze. Gleichmäßig, zur Fruchtreife hin reichlicher gießen, dabei Blätter nicht benetzen. Alle vier Wochen organisch düngen.

Ernte: ab Mitte Juli bis zum Frosteinbruch. Reife Früchte laufend abdrehen. Die letzten Früchte vor dem Frost grün abnehmen und im Haus warm lagern, sie reifen nach.

Kulturfolge/Mischanbau: Starkzehrer. Als Vorkultur eignen sich Kohlrabi, Radieschen oder Salat. Nicht neben Gurken anbauen. Randbepflanzung mit niedrigem Gemüse ist möglich. Selbstverträglich, kann also mehrere Jahre an gleicher Stelle gebaut werden.

Anbau unter Glas: Aussaat ab Ende Februar bis Mitte April, Keimtemperatur 20–24 °C. Im Gewächshaus sieben bis acht Fruchtstände belassen. Zum Schutz vor Pilzkrankheiten häufig lüften, das sichert auch die Bestäubung. Blätter nicht benetzen und ab beginnender Fruchtreife unterste Blätter entfernen.

Hinweise: Vorsicht: Grüne, noch kleine Früchte enthalten das Gift Solanin, das erst bei der Reife abgebaut wird! Neben den herkömmlichen Stabtomaten werden verschiedene großfrüchtige Fleischtomatensorten angeboten; manche davon bleiben im Wuchs niedrig, sind also den Buschtomaten zuzurechnen. Für den Anbau im Balkonkasten oder im Topf sind einige spezielle, besonders kleinbleibende Sorten im Angebot. Die Sortenvielfalt wird außerdem ergänzt durch die Cocktail- oder Kirschtomaten, bei denen die sehr kleinen Früchte in reich verzweigten, traubenartigen Fruchtständen angeordnet sind.

Cocktailtomate

Paprika
Capsicum annuum

Die teils feurigen Verwandten von Tomate und Kartoffel stammen wie diese ursprünglich aus der Neuen Welt und sind heute aus der europäischen Küche nicht mehr wegzudenken. Vor allem die Länder der Levante verwenden die mehr oder minder scharfen Schoten des Spanischen Pfeffers oder des Gemüsepaprikas für vielerlei Gerichte. Aus den weißen Blüten der etwa 80 cm hohen Halbsträucher entwickeln sich je nach Sorte würfelförmige, walzenförmige, kegelige, zugespitzte oder auch runde Früchte, die gemeinhin als Schoten bezeichnet werden, obwohl es sich, botanisch gesehen, um Beeren handelt. Die Kultur der Paprika ähnelt der der Tomate sehr, abgesehen vom noch etwas höheren Wärmebedarf der Paprika sind auch die Klima- und Bodenansprüche gleich.

Die meisten Gemüsepaprikasorten kann man grün ernten

Scharfmacher: Gewürzpaprika oder Pepperoni

Standort: wie Tomate.
Aussaat/Pflanzung: wie Tomate.
Kultur: Beete können mit schwarzer Mulchfolie abgedeckt werden, in kreuzförmige Einschnitte werden die Paprikapflanzen gesetzt. Nach Anwachsen an dünnen Stäben aufbinden. Reichlich gießen.
Ernte: ab Juli können grüne Früchte durch Abdrehen oder Abschneiden geerntet werden; die grünen Früchte sind noch unreif, aber wohlschmeckend, und färben sich später, je nach Sorte, rot oder gelb. Sie sind einige Zeit kühl lagerfähig.
Kulturfolge/Mischanbau: Starkzehrer. Mischkultur wie Tomate.
Anbau unter Glas: wie Tomate.
Hinweise: Neben dem Gemüsepaprika mit seinen großen, mild schmeckenden Früchten gibt es auch einige Sorten des Gewürzpaprikas (Spanischer Pfeffer, Pepperoni), die man im Garten anbauen kann. Die schmalen scharfen Früchte werden erst nach der Reife, also nach dem Rotwerden, geerntet. Noch schärfer sind Chillies bzw. Cayennepfeffer, gewonnen von *Capsicum frutescens*, einer Pflanze, die nur in den Tropen wächst.

Auberginen
Solanum melongena

Noch vor gar nicht allzulanger Zeit galten die glänzenden, tiefvioletten Früchte der Aubergine als seltene, unbekannte Gemüse. Auberginen oder Eierfrüchte sind nahe mit Tomaten, Paprika und Kartoffeln verwandt und gehören ebenfalls zu den Nachtschattengewächsen *(Solanaceae)*. Ihre Heimat liegt jedoch nicht in Amerika, sondern in der Alten Welt, genauer gesagt im östlichen Indien und Burma, wo sie bereits seit langem in Kultur ist. Ihrer tropischen Herkunft wegen wird sie am sichersten im Gewächshaus gezogen, um ihrem hohen Wärmeanspruch zu genügen.
Standort: feuchte, tiefgründige und nahrhafte Böden; vor dem Auspflanzen Grunddüngung mit organischem Dünger oder Kompost durchführen. Im Freiland nur an vollsonnigen, geschützten Plätzen auf schwarzer Mulchfolie.
Aussaat: ab Mitte März. Samen gut feucht halten, Keimtemperatur 22–25 °C. Pflänzchen pikieren, wenn sie ca. 5 cm groß sind.
Kultur: Jungpflanzen erst ab Ende Mai mit 50 cm Abstand auspflanzen. Den Pflanzen nur drei Triebe mit je drei bis vier Fruchtansätzen belassen, den Rest früh ausbrechen. Triebe mit Stäben abstützen.
Ernte: Dauer bis zur Reife etwa fünf Monate. Die Früchte sind erntereif, wenn sie volle Ausfärbung zeigen und fettig glänzen, unter Glas etwa ab Anfang August. Dann sollte

Für Besitzer von Kleingewächshäusern sind Auberginen auf jeden Fall einen Versuch wert

man sie bald abdrehen, nicht überreif werden lassen.

Kulturfolge/Mischanbau: Mittelzehrer. Als Vorkulturen oder Mischkulturpartner unter ausgelichteten Pflanzen können kleinbleibende Gemüse wie Radieschen, Kohlrabi, Pflücksalat oder Spinat gezogen werden. Als Vorkulturen eignen sich Kohlrabi, Radieschen, Salat, als Nachkultur Winterkohl.

Anbau unter Glas: ab April möglich. Empfindlich gegen Schädlinge und Pilzkrankheiten, daher genügend lüften und anfangs sparsam gießen, außerdem die unteren Blätter ausbrechen. Vier Haupttriebe belassen. Für sicheren Fruchtansatz Blüten künstlich bestäuben (mit einem feinen Pinsel über die Staubgefäße und Narben der Blüten fahren).

Hinweis: Kultur auch in Kübeln möglich; diese bei Kälte ins Haus nehmen.

Gurken
Cucumis sativus

Gurken gehören wie die nachfolgend beschriebenen Fruchtgemüse zur Familie der Kürbisgewächse *(Cucurbitaceae).* Sie stammen aus Ostasien und wurden bereits zur Zeit der alten Ägypter vor etwa 4000 Jahren in mehreren Sorten kultiviert.

Bei den meisten Zier- und Nutzpflanzen sind die Blüten zwittrig, haben also männliche und weibliche Geschlechtsorgane (siehe auch „Pflanze des Monats" im „April"). Anders die Gurke: Ihre Blüten sind eingeschlechtlich. An einer Pflanze gibt es sowohl bestäubende männliche als auch fruchttragende weibliche Blüten. Neuere F_1-Hybriden sind rein weiblich und jungfernfrüchtig, das heißt, alle Blüten bilden auch ohne Bestäubung Früchte. Zunehmend werden bitterfreie Sorten angeboten, bei denen der Genuß nicht

Salatgurken auch Schlangengurken genannt, im Gewächshaus

durch einen bitteren Beigeschmack getrübt wird. Da Gurken frostempfindlich und sehr wärmeliebend sind und hohe Luftfeuchtigkeit lieben, werden sie bei uns vorwiegend unter Glas angebaut, obwohl in den meisten Gegenden auch ein Freilandanbau, zumindest unter Folie, möglich ist. Für den Bedarf einer Familie genügen zwei bis drei Pflanzen.

Standort: im Freiland an windgeschützten, sehr warmen und sonnigen Stellen; gut durchlässige, humusreiche, nahrhafte, lockere und warme Böden. Salzempfindlich, daher am besten vor dem Anbau mit Kompost oder verrottetem Stallmist vordüngen, um später direkte Gaben von Düngesalzen auf ein Minimum zu beschränken.

Aussaat/Pflanzung: Aussaat ab Anfang Mai, zwei bis drei Samen pro Topf. Unter Glas oder im Frühbeet vorziehen, ab Mitte Mai mit 15–25 cm Abstand auspflanzen; dabei Wurzeln nicht verletzen.

Kultur: Boden gleichmäßig feucht halten. Ideal ist der Anbau auf schwarzer, geschlitzter Mulchfolie. Im Freiland am Boden ziehen (Einlegegurken) oder hochgebunden an Drahtgestellen bzw. Wellstäben (Salatgurken). Triebe nach sechs Blättern zur besseren Verzweigung entspitzen.

Ernte: im Freiland ab Anfang Juli bis August, unter Glas bereits im Juni bis in den Oktober. Früchte nicht gelb und nicht zu groß werden lassen (Salatgurken bis etwa 500 g); dann vorsichtig abdrehen oder abschneiden.

Veredelung von Gurke auf Feigenblattkürbis: ① Kürbis- und Gurkenpflanze werden in einem Topf herangezogen; den Gurkensamen legt man etwa eine Woche früher als den Kürbissamen aus. ② Nach ca. drei Wochen, wenn das erste Laubblatt voll entwickelt ist, schneidet man beide Pflanzen 2 cm unter den Keimblättern mit einer Rasierklinge ein. Beim Kürbis erfolgt der Schnitt schräg von oben, bei der Gurke schräg von unten, jeweils bis zur Stengelmitte. ③ Die Triebe werden mit den aufgeschnittenen Enden zusammengesteckt. Die Verbindungsstelle umwickelt man luftdicht mit Bleifolie, Wollfaden oder Tesafilm. Die nunmehr vereinten Pflanzen werden an einen schattigen Platz gestellt. ④ Nach zwei bis drei Wochen sind die Schnittstellen fest miteinander verwachsen. Nun schneidet man den Wurzelteil der Gurkenpflanze und den restlichen Sproß der Kürbispflanze ab und erhält so die veredelte Gurke, die dann ausgepflanzt wird.

Kulturfolge/Mischanbau: Starkzehrer. Im Freiland erst nach drei Jahren wieder an der gleichen Stelle anbauen, sonst Krankheitsgefahr. Mischkultur mit Dill günstig.

Anbau unter Glas: Aussaat Ende Februar bis März im geheizten Gewächshaus, im ungeheizten ab Anfang April; Keimtemperatur 22–28°C. Jungpflanzen in 50 cm Abstand an Drähten ziehen. Im Sommer als „Kastengurken" im Frühbeetkasten. Nach etwa einem Monat wöchentlich Flüssigdünger in schwacher Konzentration verabreichen.

Hinweise: Beim Samenkauf sollte man bitterfreie und widerstandsfähige, mehltauresistente Sorten bevorzugen. Um robustere, wüchsigere und gegen Welke unempfindlichere Pflanzen im Gewächshaus zu erhalten, empfiehlt sich das Veredeln auf Feigenblattkürbis (*Cucurbita ficifolia*) durch Kopulationsschnitt, wie es die nebenstehende Abbildung zeigt.

Zucchini
Cucurbita pepo

Zucchini, Zucchetti oder Cocozellen gehören wie die Gurken zu den Kürbisgewächsen (*Cucurbitaceae*); die Pflanze stellt eine Varietät des großfrüchtigen Gartenkürbisses (*Cucurbita pepo*) dar und ist bei uns der populärste Vertreter der Speisekürbisse. Wie Gurken und die anderen Kürbisse haben Zucchini getrennte weibliche und männliche Blüten an einer Pflanze; Früchte entstehen nur aus den weiblichen Blüten. Zucchini sind bei vielen Gärtnern vielleicht deshalb so beliebt, weil sie unglaublich schnell wachsen und überreiche Ernten tragen. In der Küche werden die Früchte als kalorienarmes Gemüse geschätzt, das sehr variantenreich zubereitet werden kann. Die riesigen goldgelben Blüten gelten als ausgesprochene Delikatesse.

Standort: sonnig, warm, windgeschützt; durchlässige, humose Böden mit hohem Nährstoffgehalt, günstig am Kompostplatz oder auf dem Hügelbeet.

Aussaat/Pflanzung: Anzucht unter Glas ab April, ab Mai ins Freie pflanzen; oder Direktsaat ins Freie ab Mitte Mai. Pflanzabstände von 100 x 100 cm einhalten.

Zucchinisorte 'Diamant'

Kultur: das flache Wurzelwerk mit einer Mulchschicht oder schwarzer Folie schützen, reichlich gießen. Eine Strohschicht verhindert, daß Früchte dem Boden aufliegen und faulen.

Ernte: etwa vier Wochen nach dem Pflanzen erste Früchte abdrehen oder abschneiden. Kleinere Früchte schmecken am besten, deshalb frühzeitig ernten.

Kulturfolge/Mischanbau: Starkzehrer. Früher Kohlrabi als Vorkultur möglich. Mischanbau mit Erbsen, Bohnen, Mais und Zwiebeln. Wegen der langen Kulturzeit keine Nachkultur.

Anbau unter Glas: Aussaat ab März, wegen des großen Platzbedarfes sollte nur eine Pflanze kultiviert werden. Bestäubung mit einem Pinsel vornehmen; dazu den Pollen der männlichen Blüten mit einem feinen Pinsel auf die Narben der weiblichen Blüten (erkennbar an den Fruchtknoten unterhalb der gelben Blüten) übertragen. Ernte ab Mai fortlaufend.

Hinweis: Patissons (*Cucurbita pepo* convar. *patissonia*) sind wie die Zucchini eine Varietät des Gartenkürbisses. Entsprechend ihrem Aussehen werden die weißen oder grünen, abgeflachten Früchte auch Fliegende Untertassen oder Kaisermützen genannt. Man kultiviert sie wie Zucchini.

Kürbisse
Cucurbita maxima,
Cucurbita pepo

Aus Mittelamerika stammen die wohl großfruchtigsten Gemüse, die wir kennen. Die schwergewichtigen Früchte sind sehr formen- und farbenreich. Der **Speise-, Riesen-** oder **Winterkürbis** (*Cucurbita maxima*) liefert ein vorzügliches Sauergemüse. Aus den USA stammt der Brauch, ein Gesicht in den Kürbis zu schnitzen und ihn nachts durch eine darin aufgestellte Kerze leuchten zu lassen. Der **Sommer-** oder **Gartenkürbis** (*Cucurbita pepo*) hat festeres und saftigeres Fleisch als der Riesenkürbis und wird daher für Gemüsegerichte besonders geschätzt.

Standort: wie Zucchini.

Aussaat/Pflanzung: wie Zucchini, jedoch Pflanzabstände 150 x 150 cm.

Kultur: wie Zucchini.

Ernte: etwa vier Monate nach der Aussaat; reife Früchte klingen hohl, wenn man daraufklopft. Früchte mit einem scharfen Messer abschneiden.

Kulturfolge/Mischanbau: Starkzehrer. Vorkultur mit frühreifenden Gemüsen möglich. Nachkultur entfällt.

Anbau unter Glas: wegen des großen Platzbedarfes unüblich.

Hinweis: Werden die Triebe nach Erreichen einer Länge von 60–100 cm gekappt, wachsen viele Seitentriebe, die ebenfalls Blüten ansetzen und Früchte bringen können.

Der Gartenkürbis liebt es wie die anderen Cucurbita-Arten warm und sonnig

OBSTGARTEN

Steinobst

Pflaume, Zwetschge, Reneklode, Mirabelle

Prunus domestica

Als nicht besonders anspruchsvolle Obstbäume, die noch dazu viel kleiner als Apfel oder Birne bleiben, sind die Vertreter der Pflaumengruppe sehr beliebt. Während die Zwetschge bei uns erst durch die Römer aus Vorderasien eingeführt wurde, ist die Pflaume bereits seit der Steinzeit in Kultur. Sie entstand vermutlich aus einer Kreuzung der Schlehe *(Prunus spinosa)* mit der Kirschpflaume *(Prunus cerasifera)*, von der man im Spätwinter die bekannten Barbarazweige schneidet. Mirabelle und Reneklode gehören als „Edelpflaumen" ebenfalls in diese Gruppe der Steinobstgehölze.

Bei den **Zwetschgen**, auch Zwetschken, Zwetschen oder Quetschen, löst sich das Fruchtfleisch gut vom Kern, ist fest und zugleich saftig, was sie zu einem hervorragenden Back- und Dörrobst macht. **Pflaumen** hingegen, die etwas runder und auch größer werden, verzehrt man am besten frisch, da sie weicheres Fleisch haben, sich schlechter vom Kern lösen und die Haut beim Kochen oft bitter wird. Als Tafelfrucht wie auch zum Einmachen und zur Kompottherstellung eignen sich die fein schmeckenden, gelben **Mira-**bellen ebensogut wie die grünlichen oder violetten **Renekloden**. auch Reineclauden, Ringlotten oder Ringlos genannt. Diese verschiedenen Formen von *Prunus domestica* werden häufig unter dem Oberbegriff Pflaume zusammengefaßt. Die nachfolgenden Ausführungen zu den Standort- und Pflegeansprüchen gelten entsprechend für Pflaumen-, Zwetschgen-, Mirabellen- und Reneklodenbäume. Bezüglich der Standortansprüche sind die Pflaumen nicht besonders wählerisch. Der Boden sollte ausreichend humos und nicht zu sauer sein sowie eine gleichmäßige Feuchte aufweisen. Idealerweise ist er lehmig und tiefgründig, warm und etwas kalkhaltig. Schlecht vertragen werden stark austrocknende und verdichtete Böden, außerdem solche mit starken Schwankungen des Wasserhaushalts.

Mit bestem Fruchtbehang und wohlschmeckenden, aromatischen Früchten ist in etwas geschützter, sonniger Lage zu rechnen. Vor allem die Mirabellen sind in dieser Beziehung etwas anspruchsvoller. Sie reifen nur in warmen oder kleinklimatisch begünstigten Lagen (zum Beispiel an einer südseitigen Hauswand) zu voller Süße aus. Fast alle Pflaumensorten sind so robust, daß auch an weniger optimalen Stellen mit gutem Gedeihen und zufriedenstellenden Erträgen zu rechnen ist. Späte Bodenbedeckung durch Mulch oder Gründüngung auf der Baumscheibe (nicht vor Mai) und regelmäßige Lockerung des Bodens, um Durchlüftung und Wasserhaltekraft zu verbessern, fördern Ertragshöhe und Erntequalität.

Noch nicht ganz geklärt sind die Befruchtungsverhältnisse bei den Pflaumen. Zwar ist bekannt, daß die meisten Sorten normalerweise Selbstbefruchter sind, doch können gerade bei der 'Hauszwetschge' durch Mutationen Exemplare entstehen, die auf eine Fremdbestäubung angewiesen sind und dann im Fruchtbesatz schwanken. Ein pollenspendender Baum in der Nähe sichert eine gute Befruchtung. Geeignete Pollenspender sind neben anderen Pflaumensorten auch Schlehe und Kirschpflaume. Der Schnitt wird am besten gleich nach der Ernte durchgeführt. Er sollte generell nicht zu stark erfolgen. Durch Einkürzen der Äste um etwa ein Drittel können die Bäume angenehm klein gehalten werden. Anzustreben ist eine Pyramidenform, die aus Mittelast und drei bis vier Leitästen besteht. Junge Bäume werden durch jährlichen Rückschnitt der Seitentriebe und des Mittelastes um ein Drittel bis um die Hälfte eingekürzt. Bei Bäumen im Ertragsalter, das mit etwa fünf Jahren beginnt, müssen die Kronen ausgelichtet und senkrechte Triebe an den Oberseiten der Leitäste entfernt werden. Um den Ertrag gleichmäßig zu halten, wird nach vier bis fünf Jahren das dann überalterte Fruchtholz um etwa ein Drittel zurückgenommen.

Bewährte Pflaumen-, Zwetschgen-, Mirabellen- und Reneklodensorten

Sorte	Ernte	Befruchtungsverhältnisse	Wuchs	Ertrag
'Althans Reneklode'	VIII-IX	selbstunfruchtbar	stark	mittel
'Bühler Frühzwetsche'	VIII	selbstfruchtbar	stark	hoch
'Chrudimer' (Zwetschge)	VIII	selbstunfruchtbar	mittelstark	hoch
'Deutsche Hauszwetschge'	VIII-X	meist selbstfruchtbar	mittelstark	hoch
'Ersinger Frühzwetsche'	VII	teilweise selbstfruchtbar	mittelstark	mittel
'Große Grüne Reneklode'	IX	selbstunfruchtbar	mittelstark	mittel
'Italienische Zwetsche'	IX	teilweise selbstfruchtbar	stark	hoch
'Königin Viktoria' (Pflaume)	IX	selbstfruchtbar	mittelstark	sehr hoch
'Lützelsachser Frühzwetsche'	VII	selbstunfruchtbar	mittelstark	hoch
'Mirabelle von Nancy'	VIII	selbstfruchtbar	mittelstark	hoch
'Ontariopflaume'	VIII	selbstfruchtbar	stark	hoch
'Ortenauer' (Zwetschge)	IX	meist selbstfruchtbar	mittelstark	hoch
'Ouillins Reneklode'	VIII	selbstfruchtbar	stark	hoch
'The Czar' (Zwetschge)	VIII	selbstfruchtbar	mittelstark	sehr hoch
'Wangenheims Frühzwetsche'	VIII-IX	selbstfruchtbar	stark	hoch

'Italiener Zwetsche'

'Große Grüne Reneklode'

GESTALTUNG

Schattenpflanzung
Naturnahe Gesellschaft

Schattige Bereiche müssen keine Problemzonen sein; eine Vielzahl von Pflanzenarten gedeiht in dunklen Ecken hervorragend. Dabei überwiegen Stauden von schlichter Schönheit, die mehr durch ihr interessantes Laub wirken als durch auffällige Blüten. Zu einer harmonischen Gesellschaft kombiniert, bilden Schattenstauden attraktive Pflanzungen unter eingewachsenen Gehölzen, im nordwärts gelegenen Vorgarten oder in anderen Bereichen, die nicht von der Sonne verwöhnt sind. Wichtig für eine gute Entwicklung der Pflanzen ist ein humoser, tiefgründiger und lockerer Boden, wie man ihn zum Beispiel in Laubwäldern findet. Ungeeignete Böden können im Garten durch Zugabe von reichlich Laubkompost und Rindenhumus aufgebessert werden. Farne und Gräser bilden das Gerüst des Bepflanzungsbeispiels. Die frisch treibenden Wedel des Strauß- und Wurmfarnes erfreuen im Frühling den Betrachter. Schon vorher haben Winterlinge, Buschwindröschen und Leberblümchen mit farbenfrohen Blüten für Schmuck gesorgt. Fingerhut, Salomonssiegel, Sterndolde und Glockenblume ergeben ein ansprechendes Bild, das durch die malerischen Halme der Waldschmiele und Waldmarbel ergänzt wird. Eine grüne Decke zu Füßen der größeren Stauden bilden Goldnessel und Immergrün.

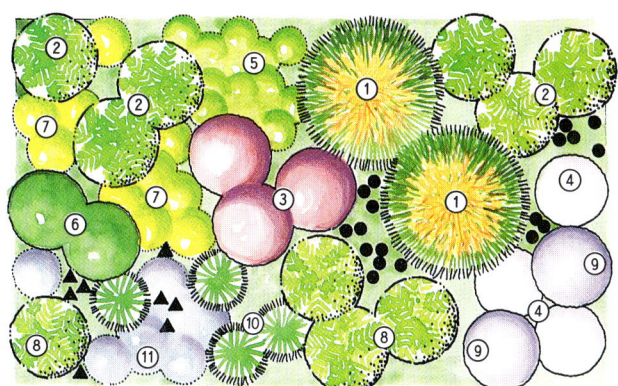

1. Waldschmiele (Deschampsia cespitosa)
2. Straußfarn (Matteucia struthiopteris)
3. Fingerhut (Digitalis purpurea)
4. Sterndolde (Astrantia major)
5. Buschwindröschen (Anemone nemorosa)
6. Salomonssiegel (Polygonatum multiflorum)
7. Goldnessel (Lamium galeobdolon)
8. Wurmfarn (Dryopteris filix-mas)
9. Glockenblume (Campanula persicifolia)
10. Waldmarbel (Luzula sylvatica)
11. Immergrün (Vinca minor)
● Leberblümchen (Hepatica nobilis)
▲ Winterling (Eranthis hyemalis)

Beetgröße: 2,5 x 1,5 m;
geeigneter Standort: schattig, auf
humosem, lockerem Boden

A U G U S T

223

SEPTEMBER

Bei stabiler Luftschichtung bilden sich Wolken in Form von ausgedehnten Feldern oder Schichten, sogenannte Schichtwolken. In tiefen Schichten treten sie als Stratus auf, den man von grauen, trü-

Federwolken sind Schlechtwetterboten

SEPTEMBER

ben Tagen, manchmal verbunden mit Nieselregen, kennt. Noch langweiliger und trister ist das Wetter, wenn sich der Nimbostratus bildet; dieser Begriff bezeichnet tief liegende, dichte Schichtwolken, die anhaltenden Landregen bringen. Cirren oder Federwolken sind dagegen sehr hohe Wolken aus Eiskristallen, die den blauen Himmel mit seidigen Flecken oder Bändern überziehen. Wenn sie dichter werden und wie ein milchigweißer Schleier das Himmelsblau verhängen, nennt man sie Cirrostratus. Beide Wolkenformen kündigen schlechtes Wetter an.

Häufig wiederkehrende Wetterereignisse

Der September gilt als der zuverlässigste Schönwettermonat. Mit großer Wahrscheinlichkeit stellt sich im letzten Septemberdrittel eine stabile Hochdrucklage mit milder Luft ein, bei uns bekannt als Altweibersommer, anderswo auch mit Namen wie Indian Summer, Birgittensommer, Theresiensommer oder Witwensömmerli belegt. Der Altweibersommer tröstet in manchen Jahren über verregnete Sommermonate hinweg, für die er dann Ersatz bringt, oder er verlängert die warme Jahreszeit bis in den Herbst hinein.

Pflanze des Monats

Roßkastanie
Aesculus hippocastanum

Typisch für den September sind die nun reifenden „Igelfrüchte" der Roßkastanie. Aus den dicken grünen Stachelkugeln fallen später die braunen Samen, die als Viehfutter, aber auch in der Medizin als Bestandteil von Herz- und Kreislaufmitteln genutzt werden. Die grünen Schalen sind übrigens giftig. Bald nach dem Fall der Samen legen die mächtigen Bäume ihr golden leuchtendes Herbstkleid an.

Roßkastanie: Die mit Stacheln bewehrte Fruchtschale schützt die Samen bis zur Reife

Wissenswertes: Früchte

An den großen Kastanien läßt sich der Unterschied zwischen Frucht und Samen gut veranschaulichen. Bei den braunen „Kastanien" handelt es sich um die zur Verbreitung und Fortpflanzung dienenden Samen, die von einer schützenden Fruchtschale, den stacheligen grünen Außenkapseln, umgeben sind. Samen und Schale zusammen ergeben die Frucht. Früchte sind im Pflanzenreich außerordentlich vielgestaltig und enthalten häufig mehr als einen Samen. Man unterscheidet zum Beispiel Beeren (Johannisbeere, Tomate), Nußfrüchte (Haselnuß, Erdbeere), Steinfrüchte (Kirsche, Holunder), Hülsen (Bohne, Erbse) und Kapseln (Mohn).

Bewährtes Wissen
Bauernregeln

Durch des Septembers heiter'n Blick / schaut noch einmal der Mai zurück.
Wenn der September donnern kann, / so setzen die Bäume Blüten an.
Septemberregen – / des Bauern Segen, / dem Winzer Gift, / wenn er ihn trifft.

Lostage

1. September: Ist's an St. Ägidi rein, / wird's so bis Michaeli (29. September) sein.
8. September: Um Mariä Geburt / fliegen die Schwalben furt; / bleiben sie noch da, / ist der Winter nicht nah.
29. September: Auf nassen Micheltag / nasser Herbst folgen mag.

Vielerorts reifen schon Anfang September die Holunderbeeren (Sambucus nigra)

Zeichen der Natur

Der Frühherbst reicht vom Beginn der Herbstzeitlosenblüte (durchschnittlich am 30. 8.) bis zur Winterroggenaussaat (30. 9.). Im langjährigen Mittel werden am 1. 9. die Holunderbeeren reif, am 13. 9. beginnt die Birnenernte, am 15. 9. die Hauszwetschgenernte. Die Roßkastanien reifen zum 22. 9. Die Schwalben verlassen im Mittel zum 15. 9. Deutschland.

Verschiedene Fruchtformen:
① Hülse (Bohne), ② Schote (Kohl), ③ Kapsel (Mohn), ④ Beere (Tomate), ⑤ Nußfrucht (Haselnuß), ⑥ Steinfrucht (Pflaume), ⑦ Sammelnußfrucht (Erdbeere), ⑧ Sammelsteinfrucht (Himbeere)

ALLE ARBEITEN AUF EINEN BLICK

Allgemeine Gartenarbeiten
Vorbereitungen

- Gehölzpflanzung planen, Pflanzgut bestellen ☐
- Hügel- oder Hochbeet anlegen ☐

Bodenbearbeitung

- Brachflächen mit Gründüngungspflanzen einsäen ☐
- Bodenvorbereitung für Gehölzpflanzung: Pflanzgrube ausheben, Grund lockern, den Mutterboden mit Kompost, Gesteinsmehl oder ähnlichem anreichern ☐

Pflegemaßnahmen

- nur noch bei längerer Trockenheit gießen ☐
- falls erforderlich, Unkraut jäten ☐

Arbeiten im Ziergarten
Vermehrung, Aussaat, Pflanzung

- zweijährige Sommerblumen pflanzen ☐
- sommerblühende Stauden pflanzen ☐
- Zwiebel- und Knollengewächse (Schneeglöckchen, Lilien, Krokusse und andere) pflanzen ☐
- Laubgehölze (nach dem Laubfall) pflanzen ☐
- Stecklingsgewinnung von Immergrünen und Nadelgehölzen: leicht verholzte Triebe schneiden und bewurzeln lassen ☐

Pflege

- immergrüne Hecken schneiden ☐
- Blumenwiese zum zweiten Mal mähen ☐

Arbeiten im Gemüsegarten
Aussaat und Pflanzung

- ins Freie: Feldsalat, Spinat säen ☐
- unter Glas: Kopfsalat, Endivien, Feldsalat, Radieschen, Frühlingszwiebeln säen ☐
- Rhabarber pflanzen ☐

Pflege

- Lauch anhäufeln ☐
- Tomatenreife durch Anbringen von Folienhauben fördern ☐
- ausdauernde Gewürzkräuter durch Teilung verjüngen ☐

Ernte

- Salate, Radieschen, Spätkartoffeln, späte Möhren, Lauch, Herbstkohl, Bohnen, Fruchtgemüse ernten ☐
- Gemüselager vorbereiten ☐

Arbeiten im Obstgarten
Vermehrung, Pflanzung

- Beerensträucher und Haselnuß pflanzen ☐
- Steckhölzer von Johannisbeeren schneiden ☐

Pflege

- Pflaume, Mirabelle und Reneklode schneiden (Auslichtungs- und Pflegeschnitt) ☐
- Beerensträucher schneiden ☐

Pflanzenschutz

- Leimringe an Birnbäumen zum Schutz vor Birnenknospenstecher anbringen ☐

Ernte

- Äpfel, Birnen, Herbsthimbeeren, Brombeeren, Walnüsse, Haselnüsse und Holunderbeeren ernten ☐
- Obstlager vorbereiten ☐

⚠ Nachholtermine

- zweijährige Sommerblumen nachkaufen, falls nicht selbst vorgezogen ☐
- Narzissen pflanzen ☐
- Herbststauden aufbinden ☐
- robuste immergrüne Gehölze pflanzen ☐
- Rasensaat möglich (besser im Frühjahr) ☐
- Teichanlage noch möglich (jedoch Bepflanzung erst im Frühjahr durchführen) ☐

QUER DURCH DEN GARTEN

Nach der Hitze des Sommers kündigen erste kühle Nächte den Herbst an. Während des Altweibersommers werden die sich allmählich verfärbenden Blätter der Bäume und Blumen durch Spinnweben verzaubert, deren filigrane Struktur im morgendlichen Tau besonders

In diesem Bauerngarten gibt sich der September recht farbenfroh; die Gemüsebeete versprechen eine reiche Herbsternte

Gründüngungskombination mit Zierwert: Gelbsenf und Bienenfreund

auffällt. Wie in einem letzten Aufbäumen taucht die Natur noch einmal alle Blätter und Blüten in glühende Farben. In den oft lang anhaltenden Schönwetterperioden des Herbstes lassen sich gut die Vorbereitungen für den Winter treffen. Die Gemüsebeete leeren sich, das Obst wandert in den Vorratskeller, und kälteempfindliche Blumen werden langsam von den Beeten geräumt. Mit den reichlich anfallenden Gartenabfällen läßt sich jetzt schon der Grundstein für eine üppige Ernte im nächsten Jahr legen; nicht nur der Kompost, sondern auch ein Hügel- oder Hochbeet ist hervorragend geeignet, das organische Material gewinnbringend zu verarbeiten.

Gründüngung
Ideale Bodenkur

Mit der Gründüngung werden auf elegante und effiziente Weise organische Düngung und Bodenverbesserung in einem Arbeitsgang miteinander verbunden. Ein willkommener Nebeneffekt der Ansaat von Gründüngungspflanzen ist der Schutz des Bodens vor Erosion; oft stellt man damit auch noch Nahrung für nützliche Insekten bereit.
Diese schon seit sehr langer Zeit bekannte und praktizierte Form der Bodenverbesserung hat viele Vorteile. Die Wurzeln der Gründüngungspflanzen durchdringen oft auch schweren, verdichteten Boden und sorgen für eine tiefreichende und gründliche Durchlüftung

der Bodenschichten. Dadurch wird gleichzeitig auch der Wasserhaushalt des Bodens verbessert und das Bodenleben gefördert. Lange, tiefgehende Wurzeln erschließen zudem Nährstoffe, die in den unteren Bodenschichten vorliegen; nach dem Verrotten der Gründüngungspflanzen bleiben diese Nährstoffe dann für die nachfolgenden Kulturen im Oberboden nutzbar. Viele Gründüngungspflanzen (zum Beispiel Lupine, Inkarnatklee) gehören zu den sogenannten Leguminosen bzw. Schmetterlingsblütlern, die in der Lage sind, Stickstoff aus der Luft zu binden. Nach ihrem Absterben kann dieser wichtige Nährstoff dann von anderen Pflanzen aufgenommen werden. Durch die Einarbeitung der Grünmasse in den Boden wird die Humusbildung gefördert, die organische Substanz angereichert und das Bodenleben zu verstärkter Tätigkeit angeregt.

Häufig werden Gründüngungssamenmischungen mit verschiedenen Pflanzen angeboten

Gründüngungspraxis

Eine Gründüngung kann man auf allen Beeten und Gartenflächen durchführen, die gerade nicht belegt sind oder für kommende Kulturen vorbereitet werden sollen. Insbesondere bei Gartenneuanlagen empfiehlt sich diese schonende und effektive Methode. Zur Bodenverbesserung ist die Gründüngung einfacher und effektiver als eine aufwendige Anreicherung mit Bodenverbesserungsmitteln wie Torf oder anderen käuflichen Humusprodukten. Gründüngungspflanzen sät man überwiegend im Frühjahr oder im Herbst aus, wenn die Beete nicht mit Nutzpflanzen bestellt werden; grundsätzlich ist eine Aussaat aber auch während des Sommers möglich. Bei Saat im Frühjahr wird zunächst der Boden geglättet, dann werden die Samen breitwürfig ausgestreut und anschließend eventuell mit Schlitz- oder Lochfolie bis zur Keimung abgedeckt. Sobald die Pflanzen zu blühen beginnen, werden sie abgemäht, zerkleinert und in die Erde eingeharkt. Man kann die Pflanzen auch ausreißen und als Mulch liegen lassen. Die

Wurzeln der Gründüngungspflanzen bleiben im Boden, wo sie allmählich verrotten. Eine Herbstaussaat kann man ab dem Spätsommer bis spätestens Mitte September vornehmen. Der Boden wird dann zunächst tiefgründig gelockert, anschließend wie im Frühjahr vor der Aussaat geglättet. Die Pflanzen entwickeln sich noch vor dem Winter und schützen die Erdoberfläche vor Erosion, zum Beispiel durch starke Regenfälle. Frost und Schnee lassen viele Arten während des Winters bereits vergehen; die

Der Inkarnatklee vermag wie andere Leguminosen in seinen Wurzelknöllchen Stickstoff aus der Luft zu sammeln

Reste arbeitet man im Frühjahr einfach in den Boden ein oder recht sie ab – bei Gartenneuanlagen erhält man so gleichzeitig Material für den ersten Kompost. Manche Arten, wie Spinat, Winterwicke oder Ölrettich, sind winterhart; sie werden vor der Frühjahrsbestellung abgemäht, gehäckselt und als Mulchmaterial verwendet.

Um auf größeren Flächen eine bessere Verteilung der Samen zu erreichen, empfiehlt es sich, das Saatgut vor dem Ausstreuen mit Sand zu mischen.

Bewährte Gründüngungspflanzen

Deutscher Name, botanischer Name	Boden	Saatzeit	Hinweise
Ringelblume (Calendula officinalis)	locker bis schwer	IV-VIII	wirkt gegen Nematoden
Lupine (Lupinus luteus, L. angustifolius)	sandig bis lehmig	IV-Anf. IX	Leguminose; gute Tiefendurchwurzelung
Hopfenklee (Medicago lupulina)	mittelschwer bis schwer	III-VI	Leguminose, winterhart
Bienenfreund (Phacelia tanacetifolia)	leicht bis schwer	IV-Anf. IX	wertvolle Bienenweide; sehr anspruchslos, schnelles Wachstum
Ölrettich (Raphanus sativus var. oleiformis)	mittelschwer	IV-IX	einige Sorten wirken gegen Nematoden; nicht vor Kohlgemüse
Gelbsenf (Sinapis alba)	mittelschwer	IV-Anf. IX	schnelles Wachstum; nicht vor Kohlgemüse anbauen
Inkarnatklee (Trifolium incarnatum)	mittelschwer	VII-Anf. IX	Leguminose; tief wurzelnd, winterhart
Winterwicke (Vicia villosa)	leicht bis mittelschwer	VIII-IX	Leguminose; winterhart

ZIERGARTEN

Pflanzung von Zwiebelblumen

Ein paar Grundregeln

Um für einen prächtigen Flor sorgen zu können, müssen Zwiebel- und Knollengewächse zur richtigen Zeit in der richtigen Tiefe und mit entsprechender Pflanzweite ausgelegt werden. Für die Pflanzung der zahlreichen Frühjahrsblüher, wie Krokusse, Schneeglöckchen und Narzissen, ist der Frühherbst der beste Zeitpunkt.

Der Blüherfolg hängt entscheidend vom Boden ab. Er muß durchlässig sein, denn bei Staunässe würden die Zwiebeln und Knollen faulen. Um bei schweren Böden stehender Nässe vorzubeugen, kann man eine Schicht Sand, feinen Splitt oder Ziegelscherben in das Pflanzloch einbringen. Diese Drainage wird wie ein flacher Hügel im Pflanzloch aufgeschüttet, auf die höchste Stelle legt man dann die Zwiebel oder Knolle.

Zunächst ist unbedingt darauf zu achten, daß die Zwiebel oder Knolle richtig herum in den Boden kommt, also mit der Spitze oder den Triebknospen nach oben. Bei manchen Arten ist die Vegetationsspitze nicht ganz einfach zu erkennen, zum Beispiel beim Krokus oder beim Winterling. In solchen Fällen kann man sich an den feinen Resten der Wurzeln, die als dürrer, haariger Schopf am Zwiebelboden er-

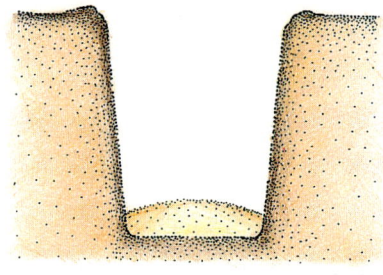

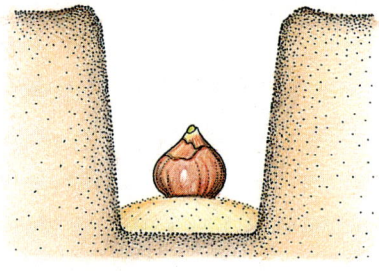

Zwiebelblumenpflanzung: ① Pflanzloch genügend tief ausheben, bei schweren Böden Drainageschicht (zum Beispiel Sand) als flachen Hügel aufschütten; ② Zwiebel mit Spitze nach oben einsetzen; ③ Erde auffüllen, eventuell mit Laub (Winterschutz) abdecken

kennbar sind, orientieren, oder aber bei Knollen an den gelblichweißen Verdickungen, bei denen es sich um die Triebknospen handelt.

Große Zwiebeln und Knollen, etwa von Tulpen, Dahlien, Hyazinthen und Gladiolen, werden stets einzeln gepflanzt. Für jede Pflanze wird ein eigenes Pflanzloch ausgehoben. Sehr einfach geht dies mit einem Zwiebelpflanzer, der ein zylindrisches Loch aussticht. Kleinere Zwiebeln und Knollen, zum Beispiel von Winterling, Krokus oder Blaustern,

können auch truppweise gepflanzt werden. Dazu hebt man ein größeres Pflanzloch in entsprechender Tiefe aus, die Pflanzen werden darin verteilt und anschließend wieder mit Erde abgedeckt.

Ebenso wie alle anderen Pflanzen müssen Zwiebeln und Knollen nach dem Setzen angegossen werden.

Pflanztiefe

Eine einfache Faustregel für die richtige Pflanztiefe besagt, daß die Zwiebeln und Knollen etwa doppelt so hoch mit Erde bedeckt sein sollen, wie sie hoch sind. In schweren Böden setzt man sie etwas flacher, in leichten Böden etwas tiefer. Die Tiefe hängt also von der Größe der Zwiebeln und Knollen sowie von der Bodenart ab.

Pflanzweite

Die Pflanzweite richtet sich nach Höhe und Wuchsform der einzelnen Arten. Je höher eine Pflanze wächst, desto weiter muß der Pflanzabstand sein. Als Grundregel kann hier gelten, daß die Wuchshöhe in etwa der Pflanzweite entspricht. Nur mit genügend Raum können sich die unterirdischen Organe richtig entwickeln und entsprechend üppige Blüten treiben.

Pflanzzeit

Je nach den verschiedenen Blütezeiten ergeben sich auch unterschiedliche Pflanzzeiten. Im Frühling werden die **som-**

Gesunde Pflanzzwiebeln und -knollen sind Voraussetzung für den Blüherfolg

merblühenden Arten wie Dahlien, Gladiolen und auch Lilien gesetzt; ihre Zwiebeln und Knollen kommen ab Ende April in den Boden. Im Hochsommer pflanzt man **herbstblühende Arten** wie Zeitlose (*Colchicum*), Herbstkrokusse (*Crocus banaticus, C. speciosus* und andere) und Efeublättriges Alpenveilchen (*Cyclamen hederifolium*).
Frühlingsblühende Arten werden im Spätsommer und Herbst gepflanzt. Je länger die Entwicklungsdauer einer Pflanze ist, desto früher muß sie in den Boden, damit sie vor dem Winter noch gut einwurzeln kann. Schon im August werden deshalb Kaiserkrone (*Fritillaria imperialis*), Narzissen (*Narcissus*-Arten), Schneeglöckchen (*Galanthus*-Arten), Madonnenlilie (*Lilium candidum*) und Blaustern (*Scilla*-Arten) gepflanzt. Im September bis Anfang Oktober kommen die anderen Frühlingsblüher wie Tulpen, Hyazinthen, Anemonen und Lilien in den Boden. Hohe Zwiebeliris (*Iris* x *hollandica* und andere) sollten sogar erst Ende Oktober oder Anfang November gepflanzt werden, damit sie nicht schon im Herbst ihre Triebe aus dem Boden schieben; die Gefahr des Erfrierens wäre dann zu groß.

Pflanzung von Stauden

Grundsätzlich gilt die Regel, daß Stauden am besten nach ihrer Blütezeit verpflanzt oder neu gepflanzt werden. **Frühjahrsblühende Arten** wie Gemswurz (*Doronicum*), Blaukissen (*Aubrieta*) und Tränendes Herz (*Dicentra*) werden demnach im Spätfrühling oder Frühsommer gesetzt. **Sommerblüher**, zum Beispiel Phlox (*Phlox paniculata*), Rittersporn (*Delphinium*) und Taglilien (*Hemerocallis*), wachsen nach einer Pflanzung im Frühherbst am besten weiter, und **herbstblühende Arten** wie Astern (*Aster*) und Silberkerzen (*Cimicifuga*) schließlich sind im Spätherbst oder auch erst im darauffolgenden Frühjahr an der Reihe. In Containern gezogene Stauden können allerdings problemlos auch zu anderen Zeiten eingepflanzt werden.
Zu den **Ausnahmen** von der eben genannten Regel zählen einige Sommer- und Herbstblüher wie Japananemone (*Anemone japonica*), Bergaster (*Aster amellus*), Sommermargerite (*Leucanthemum maxi-*

mum), Fackellilien (*Kniphofia*), Lupinen (*Lupinus*) und Katzenminze (*Nepeta*). Diese vertragen eine Herbstpflanzung nur schlecht und werden besser im Frühjahr gesetzt. Das gilt auch für alle Gräser und Farne.
Vor der Pflanzung wird der Boden tiefgründig gelockert und bei Bedarf entsprechend verbessert. Staudenwurzeln sind empfindlich, sie sollten so wenig wie möglich beeinträchtigt werden, damit die Pflanzen gut an- und weiterwachsen können. Das Pflanzloch wird deshalb großzügig bemessen, um die Wurzeln darin in ihrer natürlichen Lage vorsichtig ausbreiten zu können. Die Pflanzen dürfen später weder zu hoch noch zu tief in der Erde stehen, die Grenze zwischen Wurzeln und oberirdischen Triebteilen soll genau mit der Erdoberfläche abschließen. Beim Einsetzen hält man die Pflanze in der Grube ein wenig höher, als eben beschrieben. Dann füllt man Erde auf, drückt sie um die Pflanze herum gut an und wässert anschließend gründlich, damit alle Wurzeln eingeschlämmt werden und Erdkontakt bekommen.

Frisch gepflanzter Rittersporn; er wird wie die meisten Sommerblüher am besten im Frühherbst gesetzt

Stauden, hier Felberich, kommen so in den Boden, daß die Grenze zwischen Wurzel und Sproß mit der Oberfläche abschließt

Herbstblüher
Glanz des Spätjahrs

Nachdem sich der Blütensommer dem Ende zuneigt, sorgen noch einmal ein paar spätblühende Stauden für reichen Flor. Hier überwiegen warme, verhaltene Blütenfarben, die gut den Herbst repräsentieren. Anfangs noch im Verein mit den üppig blühenden Sommerblumen, später dann konkurrenzlos, schmücken Herbstastern, Herbstanemonen, Sonnenhut und Herbstchrysanthemen den Garten noch weit ins Spätjahr hinein, bis die ersten Fröste auch bei ihnen die Blütenpracht beenden. Zu den beliebtesten Herbstblühern zählen neben den genannten die Dahlien und Gladiolen, deren Blütezeit jedoch stark vom Pflanztermin abhängt: Bei früher Pflanzung entfalten sie ihren Flor schon im Sommer, im Herbst muß man dann jedoch auf ihre kräftigen Töne verzichten. Neben den nicht winterharten Dahlien und Gladiolen gibt es zahlreiche Stauden, die vor dem Winter noch einmal Farbe in den Garten bringen. Eine Auswahl stellen wir Ihnen auf Seite 236 vor.

Dahlien
Dahlia-Hybriden

Die hübschen Korbblütler präsentieren sich in einer Fülle verschiedener Formen und mit einer breiten Farbpalette. Aus den Ursprungsarten, die in Mittelamerika beheimatet sind, entstanden im Laufe der langen Kulturzeit viele verschiedene Sorten. Die anpassungsfähigen Knollengewächse bestechen durch einfache, halbgefüllte oder gefüllte Blüten, die von Weiß über Gelb, Orange und Rosa bis Rot alle Farbschattierungen aufweisen können. Vielfach gibt es auch lebhaft mehrfarbig getönte Blüten. Die zahlreichen Formen werden in verschiedenen Gruppen zusammengefaßt:
Mignondahlien haben einfache Blüten, deren Blütenmitte sich meist kontrastreich von dem äußeren Kranz abhebt. Sie werden je nach Sorte zwischen 30 und 60 cm hoch und erfreuen durch ihr unermüdliches Blühen.
Halbgefüllte Dahlien umfassen Duplex-Dahlien, die durch zwei oder drei Blütenblattkränze gekennzeichnet sind, Halskrausendahlien mit einem

Herbstastern geben dem Garten im Spätjahr eine besondere Note

Gefüllte Dahlie 'Fairy Dwarf'

Unermüdliche Blüher: Mignondahlien

farblich abgesetzten Blütenblattkreis in der Mitte und Anemonenblütige Dahlien mit einer Rosette, die von einem Kranz großer Zungenblüten eingerahmt ist. Alle werden zwischen 50 und 110 cm hoch. **Gefüllte Dahlien** bieten die größte Formenvielfalt. Zu ihnen gehören die Pompon- und Balldahlien mit kugeligen Blütenständen, die Schmuckdahlien mit ausgebreiteten Blütenblättern und die Kaktusdahlien mit stark eingerollten Blütenblättern. Semikaktusdahlien zeigen nur teilweise eingerollte Blütenblätter. All diese Sortengruppen eignen sich mit ihrer Höhe von 50–150 cm hervorragend als Beetstauden. Am besten gedeihen Dahlien an einem sonnigen Standort auf durchlässigem, leichtem bis mittelschwerem Humusboden, der gut mit Nährstoffen versorgt sein sollte. Die Knollen werden im Frühjahr gepflanzt, wenn keine Bodenfröste mehr drohen. Hohe Sorten müssen mit Stäben gestützt werden. Im Herbst werden die Knollen wieder aus dem Boden genommen und über den Winter trocken und frostfrei gelagert.

Gladiolen
Gladiolus-Hybriden

Ebenso wie die Dahlien sind auch diese prächtigen, hoch aufragenden Irisgewächse nicht winterhart. Die Zwiebelknollen werden ebenfalls im Frühjahr gepflanzt, die Blütezeit richtet sich nach dem Zeitpunkt der Pflanzung. Bei ihrer Überwinterung verfährt man wie mit den Dahlienknollen.

Großblütige oder Edelgladiolen erreichen etwa 100–120 cm Wuchshöhe und prunken mit herrlich leuchtenden Blüten an straffen Stielen. Ebenso prächtig werden die Schmetterlings- oder Butterfly-Gladiolen, deren besonderes Kennzeichen am Rand gewellte Blütenblätter sind. Zierlicher geben sich die Primulinus-Gladiolen und Nanus-Gladiolen, die nur 50–80 cm hoch wachsen. Gladiolen brauchen Sonne und fühlen sich auf durchlässigen, humosen Böden wohl. Sie sollten stets mit anderen Blumen kombiniert werden, um ihre streng wirkende Wuchsform etwas aufzulockern. Hübsche Begleiter sind zum Beispiel Sommerphlox *(Phlox drummondii)* oder andere hohe Zwiebelblumen wie Montbretien *(Crocosmia x crocosmiiflora)* und Schmucklilien *(Agapanthus-*Arten).

Gladiole 'Jacksonville Gold'

Myrtenaster (Aster ericoides 'Schneetanne')

Prachtscharte (Liatris spicata)

Sonnenhut (Rudbeckia fulgida 'Goldsturm')

Beliebte Herbststauden im Überblick

Deutscher Name	Botanischer Name	Blütenfarbe	Blütezeit	Höhe in cm	Licht-anspruch
Eisenhut	*Aconitum* x *arendsii*	blau	IX-X	60-90	◐
Japananemone	*Anemone-Japonica-*Hybriden	rosa, weiß	IX-X	50-70	◐ - ●
Kissenaster	*Aster dumosus*	weiß, rot, rosa, blau, violett	VIII-X	20-40	○
Myrtenaster	*Aster ericoides*	weiß, blau	IX-X	90-120	○
Rauhblattaster	*Aster novae-angliae*	weiß, rosa, rot, blau, violett	IX-X	80-150	○
Glattblattaster	*Aster novi-belgii*	weiß, rosa, rot, blau, violett	IX-X	70-150	○
Herbstchrysantheme	*Chrysanthemum-Indicum-*Hybriden	weiß, rosa, rot, gelb, orange	VIII-X	40-60	○
Silberkerze	*Cimicifuga*-Arten	weiß	VIII-X	40-200	◐ - ●
Prachtscharte	*Liatris spicata*	weiß, violett	VII-X	60-80	○
Gelenkblume	*Physostegia virginiana*	weiß, rot, violett	VII-X	60-110	○ - ◐
Sonnenhut	*Rudbeckia fulgida* 'Goldsturm'	gelb	VII-X	50-80	○
Sonnenhut	*Rudbeckia laciniata*	gelb	VII-X	150-200	○ - ◐
Fallschirm-Rudbeckie	*Rudbeckia nitida*	gelb	VIII-IX	180-200	○
Fetthenne	*Sedum telephium*	rot	IX-X	40-50	○
Krötenlilie	*Tricyrtis hirta*	rot, violett	VIII-X	50-70	◐ - ●

Hecken
Struktur und Schutz

Hecken sind im Garten vielseitig einsetzbar. Sie können nicht nur als Grundstücksgrenze dienen, sondern lassen sich auch hervorragend als attraktive Gestaltungselemente innerhalb des Gartens verwenden, zum Beispiel um einzelne Gartenbereiche abzutrennen, um einen langen, schmalen Garten wirkungsvoll zu unterteilen, um unschöne Ecken wie den Mülltonnenplatz oder ähnliches zu kaschieren, um Beete einzufassen – der Phantasie sind keine Grenzen gesetzt. Eine wesentliche Bedeutung kommt den Hecken als Sicht- und Lärmschutz zu. Gerade die lärmgeplagten Stadtbewohner können mit einer geeigneten Heckenpflanzung erträglichere Verhältnisse schaffen.

Hecke ist nicht gleich Hecke, wie die nachfolgenden Ausführungen zeigen. Es gibt Unterschiede in der Wuchsform und der Pflegeintensität, und die Möglichkeiten der Pflanzenzusammenstellung sind vielfältig. Für welche Art von Hecke Sie sich entscheiden, hängt in erster Linie von Ihren Wünschen und der vorgesehenen Verwendung ab.

Freiwachsende Hecke

Waren früher die streng geschnittenen, geformten Hecken das A und O, bevorzugen heute immer mehr Gartenbesitzer eine freiwachsende Hecke. Sie ist abwechslungsreicher, wirkt natürlicher, bietet Vögeln Unterschlupf und Nahrung und erfordert zudem wesentlich weniger Pflege, da sie ja nicht regelmäßig geschnitten werden muß. Allerdings benötigt sie mehr Platz. Wenn Sie einen sehr kleinen Garten besitzen, sollten Sie lieber eine andere Lösung wählen.

Unter den vielen Gehölzen gibt es eine Reihe verschiedener Arten und Sorten, die sich gut für eine freiwachsende Hecke eignen. Viele unserer schönsten Blütensträucher stehen dafür zur Verfügung. Wenn Sie die Sträucher geschickt arrangieren, wird die Hecke das ganze Jahr über Höhepunkte bieten: Üppige Blüten im Frühjahr und Sommer, eine leuchtende Herbstfärbung oder bunte Früchte im Herbst und Winter. Es gibt auch einige Arten, die sich durch eine farbige Rinde aus dem tristen Winter-Einerlei wohltuend hervorheben. In den Kapiteln „Winterblühende Gehölze" („Januar"), „Blütengehölze für Frühjahr und Sommer" („April") sowie „Herbst- und winterschöne Gehölze" („Oktober") finden Sie Kurzvorstellungen vieler wunderschöner Sträucher, die Sie hervorragend in einer Hecke kombinieren können. Bei der Zusammenstellung sollten Sie jedoch darauf achten, daß die Gehölze ähnliche Ansprüche an den Boden haben müssen. Kalkempfindliche Rhododendren stehen zum Beispiel nicht gerne neben kalkliebendem Flieder. Vorsicht ist auch bei der Auswahl der Farben geboten, wenn Gehölze, die nebeneinanderstehen sollen, zur gleichen Zeit blühen. Bei in der Blüte sehr dominanten Sträuchern wie der Forsythie ist in dieser Beziehung Vorsicht angebracht. Ausgleichend und vermittelnd wirken dagegen einige grüne Gehölze, die man zwischen kräftige Blüher pflanzt. In so einer bunt gemischten Hecke haben auch Nadelgehölze durchaus ihren Platz, ohne langweilig oder sparrig zu wirken.

Freiwachsende Hecken können ein- oder zweireihig gepflanzt werden, je nach vorhandener Fläche. Der Pflanzabstand sollte etwa 1,50 m betragen, damit sich die Sträucher nicht gegenseitig behindern. Bei einer zweireihigen Pflanzung wird die zweite Reihe auf Lücke zur ersten gesetzt, ebenfalls mit ca. 1,50 m Abstand. Die Sträucher werden im allgemeinen nicht zurückgeschnitten, sondern nur ausgelichtet. Dazu nimmt man unten am Boden altes und abgestorbenes Holz heraus,

In freiwachsenden Hecken können verschiedene Gehölze reizvoll arrangiert werden

Wildhecken aus heimischen Gehölzen sind für die Tierwelt besonders wertvoll

ebenso nach innen wachsende Zweige (siehe auch Kapitel „Gehölzschnitt" im „Februar"). Natürlich muß man auch beachten, daß Gehölze, die am einjährigen Holz blühen, erst nach der Blüte geschnitten werden.

Wildhecke

Eine Sonderform der freiwachsenden Hecke stellt die Wildhecke dar. Sie ist genauso pflegeleicht, nur setzt sie sich vorwiegend aus heimischen oder eingebürgerten Wildarten zusammen und nicht aus Zuchtsorten. Wildhecken sind ökologisch besonders wertvoll, denn hier finden viele Tiere Nahrung und Lebensraum. Geeignete Gehölze sind zum Beispiel Felsenbirne (*Amelanchier*-Arten), Kornelkirsche (*Cornus mas*), Haselnuß (*Corylus avellana*), Deutzie (*Deutzia*-Arten), Forsythie (*Forsythia*-Arten), Sanddorn

(*Hippophaë rhamnoides*), Vogelkirsche (*Prunus avium*), Eberesche (*Sorbus aucuparia*), Flieder (*Syringa vulgaris*) und Schneeball (*Viburnum*-Arten).

Schnitthecke

Wer aus Platz- oder auch Geschmacksgründen eine geschnittene Hecke vorzieht, muß einige Grundregeln beachten, damit sie richtig wächst und einen dichten Bestand bildet.

Die Hainbuche bietet attraktives Grün für hochwachsende Hecken

Wahl der Pflanzen

Grundsätzlich unterscheidet man zwischen immergrünen und sommergrünen Hecken. Immergrüne Hecken haben den Vorteil, daß sie eben das ganze Jahr über beblättert sind und ständigen Sichtschutz bieten, während sommergrüne Hecken im Winter, wenn es trist und dunkel ist, Licht in den Garten und ins Haus lassen. Für was auch immer Sie sich entscheiden – wichtig ist, daß die Gehölze absolut schnittverträglich sind! Erkundigen Sie sich in einer guten Baumschule, wenn Sie sich nicht sicher sind, sonst war die Mühe umsonst. Nachfolgend eine Auswahl von geeigneten Gehölzen:

● **Sommergrüne Laubgehölze:** Berberitze (*Berberis thunbergii*), Hainbuche (*Carpinus betulus*), Felsenmispel (*Cotoneaster multiflorus*), Buche (*Fagus sylvatica*), Forsythie (*Forsythia*-Arten), sommergrüne Ligustersorten (*Ligustrum vulgare*)

● **Immergrüne Laubgehölze:** Berberitze (*Berberis*-Arten, außer *B. thunbergii*), Buchsbaum (*Buxus sempervirens*), immergrüne Ligustersorten (*Ligustrum vulgare*), Feuerdorn (*Pyracantha coccinea*)

● **Nadelgehölze:** Scheinzypresse (*Chamaecyparis lawsoniana* mit Sorten), Bastardzypresse (*x Cupressocyparis leylandii*), Lärche (*Larix decidua, L. kaempferi*), Fichte (*Picea abies, P. omorika*), Eibe (*Taxus baccata, T. cuspidata*), Lebensbaum (*Thuja occidentalis* und *T. plicata* mit Sorten), Hemlocktanne (*Tsuga canadensis*)

Die Pflanzabstände hängen zum einen vom Wuchs der gewählten Gehölze ab, zum andern von der gewünschten Höhe der Hecke. Bei Einfassungshecken genügt ein Abstand von etwa 20 cm, bei hohen Hecken sind Abstände bis zu 50 cm nötig.

Schnitt

Die wichtigste Voraussetzung für eine dichte, kompakte Hecke ist der Schnitt. Schnitthecken müssen von Anfang an richtig gezogen werden, damit sie nicht schon nach wenigen Jahren verkahlen oder auseinanderfallen. Prinzipiell gilt, daß

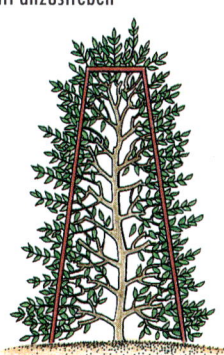

Beim Schneiden ist stets ein trapezförmiger Querschnitt anzustreben

Eine Schablone aus Latten und Schnüren erleichtert die richtige Schnittführung

die Flanken oben schmaler als unten gehalten werden, so daß sich ein trapezförmiger Querschnitt ergibt. Die Schnittführung nach dieser Regel ist sehr wichtig, denn so kann auch in die unteren Etagen Licht gelangen, und die Basis verkahlt nicht.

Die Hecke sollte nur langsam bis zur gewünschten Höhe gezogen werden. Auch hierzu eine Faustregel: Was die Hecke oben zulegt, fehlt ihr später in der Mitte und an der Basis. Gehölze mit nur einem durchgehenden Stamm werden oben erst geschnitten, wenn sie die endgültige Höhe erreicht haben. Die anderen Arten kürzt man jedes Jahr ein wenig, dann bleiben sie schön buschig. Wenn Sie Wert auf eine besonders exakt geschnittene Hecke legen, können Sie sich mit einer einfachen Schablone aus Latten und Schnüren helfen, wie es die nebenstehende Abbildung zeigt. Schneiden Sie die Triebe aber nicht zu tief ab, sonst entstehen leicht Lücken, die sich nur schwer wieder schließen. Am besten orientieren Sie sich am vorherigen Schnitt und kappen die Triebe knapp über den alten Verzweigungen.

Sommergrüne Laubgehölze werden ab Ende Juni zum ersten Mal geschnitten, wenn der erste Austrieb abgeschlossen ist. Bei einigen Arten, zum Beispiel beim Liguster, ist der Sommeraustrieb wesentlich schwächer, so daß man auf einen weiteren Schnitt verzichten kann, wenn man keine besonders streng getrimmte Hecke wünscht. Starkwüchsi-

ge Gehölze wie die Hainbuche werden dagegen später in jedem Fall noch ein zweites Mal geschnitten. Nach August sollte allerdings kein Schnitt mehr erfolgen, um einen späten Neuaustrieb zu vermeiden; denn das Holz kann dann bis zum Winter nicht mehr richtig ausreifen, und die Frostanfälligkeit ist höher.

Immergrüne Hecken schneidet man dagegen erst im Spätsommer, da der Austrieb gleichmäßig übers Jahr erfolgt. Im Spätherbst müssen sie nochmals kräftig gewässert werden, da diese Gehölze über ihre Blätter auch im Winter Wasser verdunsten.

GEMÜSEGARTEN

Hochbeet und Hügelbeet
Platzsparend und fruchtbar

Neben dem herkömmlichen Beet auf ebener Fläche gibt es einige besondere Beetformen, die vor allem für kleinere Gärten interessant sind. Wer aus Platzmangel nur wenige Beete anlegen kann, aber dennoch – auf naturgemäße Art und Weise – möglichst hohe Erträge erzielen will, dem sei die Nutzung eines Hügel- oder Hochbeetes empfohlen.

Hügelbeet

Die Anlage von Hügelbeeten geht auf die Gärtner Chinas zurück, die diese Kultur schon seit Jahrhunderten praktizieren und größten Erfolg damit haben. Das Prinzip ist recht einfach: Durch das vergrößerte Erdvolumen und die gewölbte Beetoberfläche ergibt sich eine nutzbare Anbaufläche, die größer ist als bei einem Flachbeet mit gleicher Grundfläche. Entscheidende Auswirkungen hat jedoch der raffinierte Aufbau des Hügels, der bei guter Drainage ähnlich wie ein Komposthaufen soviel Verrottungswärme liefert, daß die Nährstoffnachlieferung beschleunigt und ein günstiges Kleinklima geschaffen wird. Das Ergebnis ist ein höherer Ertrag, der zu einem früheren Zeitpunkt anfällt.

Zur Errichtung eines Hügelbeetes wird auf mindestens 3 m Länge und 1,6–1,8 m Breite der Mutterboden spatentief ausgehoben und gut gelagert. Wenn der vorgesehene Standort mit Rasen bewachsen ist, sticht man die Grasnarbe ab und stapelt die Soden einst-

Da Hügelbeete leicht austrocknen, kann das Installieren von Bewässerungsschläuchen sinnvoll sein

weilen auf. Die Grundfläche der ausgehobenen Grube kleidet man mit feinmaschigem Draht aus, den man nach oben umschlägt, um Wühlmäuse fernzuhalten. Dann wird zunächst als Kernschicht etwa 40 cm hoch grobes Schnittmaterial, wie Zweigstücke, Astschnitt oder Staudenstengel aufgestapelt. Diese Schicht sichert später die Drainage. Auf diesen Kern folgen dann mehrere Schichten:

zunächst die Grassoden, oder, falls man keinen Rasen abgestochen hat, eine Schicht Stroh, und darüber 10 cm Gartenerde. Anschließend kommt eine Laubschicht, wobei das Laub gut angefeuchtet wird, damit es kompakt und fest bleibt; darüber eine Lage aus frischem, noch nicht verrottetem Kompost oder auch aus frischem Stallmist und schließlich der abgestochene Mutterboden als Abschluß. Die Enden des Hügelbeetes werden abgerundet. Bei Beachtung dieser Schichtfolge hat man nicht nur alles Material, das auf der Fläche des Hügelbeetes abgetragen wurde, eingebaut, sondern zusätzlich solches, das sich im Garten meist schlecht verwenden läßt und sehr viel Platz beansprucht. Etwas Probleme beim Hügelbeet bereitet das leichte Austrocknen. Vorteilhaft ist daher eine Gießrinne entlang der höchsten Stelle des Beetes, die das Wasser etwas länger hält. Zusätzlich kann man eine Mulchschicht oder eine Mulchfolie aufbringen, die vor allem auch wichtig ist, um das Hügelbeet heil über den Winter zu bringen. Da durch den Regen in den ersten Jahren oft auch Erde mit abgeschwemmt wird, empfiehlt es sich, anfangs Gemüse nicht auszusäen, sondern nur zu pflanzen. Mit der Zeit sackt das Hügelbeet durch die fortschreitende Verrottung in sich zusammen und eignet sich dann besser für Saaten. Nach vier bis sechs Jahren ist das Beet „verbraucht" und kaum noch höher als ein Flachbeet.

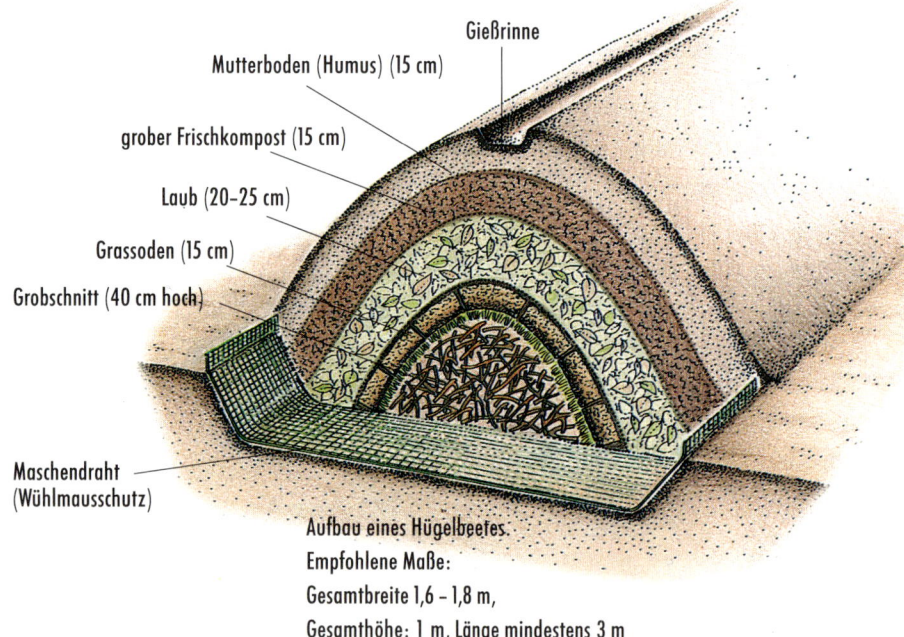

Gießrinne

Mutterboden (Humus) (15 cm)

grober Frischkompost (15 cm)

Laub (20–25 cm)

Grassoden (15 cm)

Grobschnitt (40 cm hoch)

Maschendraht (Wühlmausschutz)

Aufbau eines Hügelbeetes.
Empfohlene Maße:
Gesamtbreite 1,6 – 1,8 m,
Gesamthöhe: 1 m, Länge mindestens 3 m

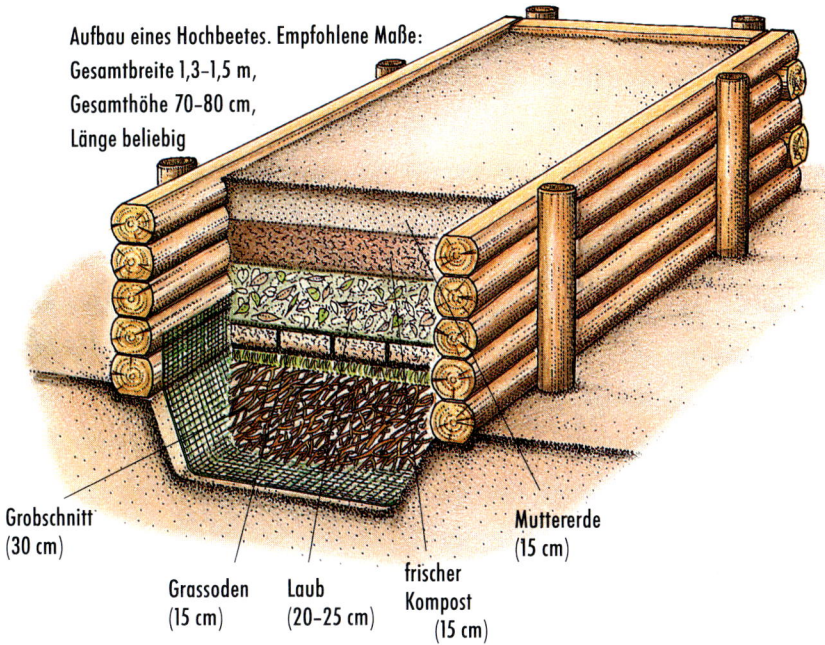

Aufbau eines Hochbeetes. Empfohlene Maße:
Gesamtbreite 1,3–1,5 m,
Gesamthöhe 70–80 cm,
Länge beliebig

Grobschnitt
(30 cm)

Grassoden
(15 cm)

Laub
(20–25 cm)

frischer
Kompost
(15 cm)

Muttererde
(15 cm)

Hochbeet

Ähnlich aufgebaut wie ein Hügelbeet, aber länger nutzbar ist ein Hochbeet. Hier schichtet man die Gartenabfälle in einem stabilen, 70–80 cm hohen, 1,3–1,5 m breiten und beliebig langen Gerüst aus Brettern oder Bohlen auf, die das ganze Beet zusammenhalten. Noch haltbarer ist natürlich ein gemauerter Kasten. Das Hochbeet sollte an einem sonnigen Platz errichtet werden. Die Aussaat bereitet hier keine Probleme, da die Oberfläche eben ist. Es muß unbedingt häufig gegossen werden, damit das Beet nicht austrocknet. Wenn das Beet nach einiger Zeit durch die Rotte abgesackt ist, wird mit reifem Kompost wieder auf die anfängliche Höhe aufgefüllt.

Nutzung von Hügel- und Hochbeeten

Geeignet zum Anbau auf Hoch- und Hügelbeeten sind eigentlich alle Gemüsearten. Die Pflege gestaltet sich am einfachsten, wenn außen niedrige Gemüse wie Pflücksalat oder Kohlrabi gepflanzt werden und zur Mitte hin hochwüchsigere, zum Beispiel Blumenkohl oder Wirsing, folgen. In der Mitte kann man sogar rankende Arten wie Gurken und Tomaten setzen.
Die Fruchtfolge orientiert sich an den bewährten Regeln (ver-

Zucchini und Kräuter im Hochbeet

gleiche „April"): Im ersten Jahr der Beetanlage baut man Starkzehrer wie verschiedene Kohlarten an, da bei Beginn der Rotte die meisten Nährstoffe freigesetzt werden. Nach etwa drei Jahren kommen dann vorwiegend Schwachzehrer auf das Beet, wenn nicht zwischenzeitlich neuer Kompost unter die oberste Schicht gemischt wurde.

Wurzelgemüse
Möhren
Daucus carota ssp. *sativus*

Ob knackig-frisch oder zart gedünstet – Möhren, Mohrrüben, Gelbe Rüben oder Karotten sind ein schmackhaftes Gemüse und zudem sehr gesund: Sie enthalten reichlich Karotin, eine Vorstufe des lebenswichtigen Vitamin A, wirken harntreibend und wurden früher als Heilmittel gegen Würmer verwendet. Heute schätzt man sie in erster Linie aufgrund der vielfältigen Zubereitungsmöglichkeiten und wegen ihres Wohlgeschmacks. Als besonders delikat gelten die sogenannten Bund- oder Babymöhren, jung geerntete Frühmöhren, die ausgesprochen zart und saftig sind. Die Herbst- und Wintermöhren dagegen schmecken intensiver und zeichnen sich durch gute Lagerfähigkeit aus.
Je nach Sorte sind die Rüben kegelförmig oder zylindrisch und gelb, orange bis hellrot oder auch violett gefärbt.
Als Karotten werden vielfach die kleinen, runden Sorten

bezeichnet, die länglichen dagegen als Möhren oder Gelbe
Rüben.
Die Möhre gehört zur Familie
der Doldenblütler *(Apiaceae),*
zu der auch andere beliebte
Gemüse und mehrere Küchenkräuter zählen.
Standort: sonnig; leichte bis
mittelschwere, humose und
tiefgründige Böden. Auf
schweren Böden entwickeln
sich verzweigte Rüben („Bei-
nigkeit"), deshalb solche
Böden mit viel Sand lockern.
Niemals frischen Mist vor
Möhren ausbringen!
Aussaat: Früh- oder Treib-
möhren ab Februar/März unter Folie oder Vlies mit 20 cm
Reihenabstand säen; Sommermöhren von April bis Juli in
Reihen mit 30 cm Abstand;
Herbst- und Wintermöhren ab
August bis Oktober in Reihen
mit 30 cm Abstand – sie wachsen erst im Frühjahr des nächsten Jahres. Möglichst weite

Abstände von etwa 5 cm in
den Reihen halten. Das feine
Saatgut mit Sand vermischen,
um dünnere Aussaat zu erzielen, oder Pillensamen oder
Saatbänder verwenden; an-
dernfalls müssen zu dicht stehende Pflänzchen entfernt
werden.
Kultur: Wegen der langen
Keimdauer von etwa vier Wochen empfiehlt sich eine Mar-
kiersaat mit Radieschen, die
man zwischen die Möhren sät.
Da sie schnell keimen, werden
bald die Reihen sichtbar, so
daß man den Boden dazwi-
schen bearbeiten kann, ohne
die Möhren zu beeinträchtigen. Zum Schutz vor Möhrenfliegen Vlies auflegen. Unkraut
regelmäßig entfernen.
Ernte: Reifestadium erkennbar an rötlich oder gelblich
verfärbten Blattspitzen; bei
frühen Möhren nach etwa drei
bis vier Monaten, Sommer-
möhren nach vier bis fünf Mo-

naten; Herbstmöhren erst im
nachfolgenden Frühjahr ernten. Blattschöpfe packen und
die Rüben unter leichter Drehung aus dem Boden ziehen.
Eventuell vorher mit der Grabgabel vorsichtig anheben.
Möhren, besonders Herbst-
und Wintermöhren, sind gut
lagerfähig.
Kulturfolge/Mischanbau:
Mittelzehrer. Als Vorkulturen
vor Sommermöhren eignen
sich Spinat, Salat, Kohlrabi,
Erbsen. Mischkultur günstig
mit Zwiebeln, Lauch, Knoblauch, Mangold, Tomaten, Erbsen. Möhren nicht nach anderen Doldenblütlern (Petersilie,
Sellerie, Fenchel) und nicht
mehrmals hintereinander anbauen.
Anbau unter Glas: Frühsorten
im Januar/Februar in Reihen
mit 15–20 cm Abstand säen;
kühl halten. Ernte ab Mai.
Hinweise: Möhrenlaub ist
Futterquelle für den Schwal-
benschwanz, einen selten gewordenen Schmetterling, deshalb sollten keine chemischen
Pflanzenschutzmittel eingesetzt
werden. Früh oder spät angebaute Möhrensorten werden
kaum von Möhrenfliegen befallen, da diese ihre Eier vor
allem in den Sommermonaten
ablegen.

Rote Bete
Beta vulgaris var. *vulgaris*

Die Rote Bete, Rote Rübe,
Rahne oder Salatrübe gehört
zu den Gänsefußgewächsen
und ist nahe mit dem Man-
gold verwandt. Es handelt sich
um ein kalium-, phosphor-

Es dauert schon einige Zeit, bis man ansehnliche Möhren aus dem Boden ziehen kann.
Im Schnitt vergehen zwischen Aussaat und Ernte etwa vier Monate

242

Früher als Arme-Leute-Essen verpönt, wird die Rote Bete heute als gesundes Gemüse sehr geschätzt

und kalziumreiches Gemüse, das als blutreinigend, blutbildend und anregend für Darm und Leber gilt. Die samtig-zarten Knollen mit der leuchtendroten Farbe lassen sich auf vielfältige Weise zubereiten, insbesondere ergeben sie ein delikates Einlegegemüse. Mit ihren tiefreichenden Wurzeln können die Roten Beten zwar längere Trockenphasen gut überstehen, dennoch sollten sie regelmäßig Wasser erhalten. Besonders zart ist das Fleisch der kleinen Rüben, größere können dagegen leicht holzig werden, vor allem bei starken Schwankungen in der Wasserversorgung.

Standort: sonnig; durchlässige Böden, auch humusarme.

Aussaat/Pflanzung: ab Mai bis Juli in Reihen säen, Reihenabstand 30 cm, Abstand in der Reihe 10–15 cm. Vorkultur ab März/April im Frühbeet oder Gewächshaus möglich, dann ab Mai auspflanzen. Das Saatgut besteht häufig aus Samenknäueln, die vier bis fünf Sa-

men enthalten; in diesem Fall muß nach dem Aufgehen ausgedünnt werden, so daß nur das kräftigste Pflänzchen stehenbleibt. Es wird jedoch auch Saatgut mit einzelnen Körnern angeboten, die man gleich auf Endabstand aussäen kann; das Ausdünnen entfällt dann.

Kultur: während der Rübenbildung auf gleichmäßige Wasserversorgung achten; Unkraut entfernen.

Ernte: ab August laufend reife Rüben aus dem Boden herausziehen; Rüben nicht zu groß werden lassen. Gut lagerfähig.

Kulturfolge/Mischanbau: Mittelzehrer. Als Vorkulturen eignen sich Salat und Kohlrabi. Mischkultur günstig mit Bohnen, Erbsen und Salat, ungünstig mit Kartoffeln und Lauch.

Hinweise: Bormangel im Boden verursacht Fäule in den Rüben. Die Samen, vor allem

wenn es sich um Samenknäuel handelt, sollten vor der Saat über Nacht in lauwarmes Wasser gelegt werden.

Sellerie
Apium graveolens

Sellerie, wie die Möhre ein Doldenblütler, wurde früher als Aphrodisiakum geschätzt; im Mittelalter stellte man aus ihm eine Hexensalbe her, durch die man unwiderstehlich werden sollte. Unwiderstehlich ist auch heute noch zumindest das angenehm würzige Aroma dieses bekömmlichen und gesunden Gemüses.

Knollensellerie (*Apium graveolens* var. *rapaceum*) bildet eine dicke Knolle, die ein hervorragendes Suppen- oder Essiggemüse ergibt. Feiner im Geschmack bleibt der Stau-

Knollensellerie

Stauden-, Stangen- oder Bleichsellerie

Kernobst

Apfel

Malus domestica

Unter dem Baumobst nimmt der Apfel eine herausragende Stellung ein, denn er ist die bei uns am weitesten verbreitete Obstart, nicht zuletzt, weil er sich am einfachsten und am sichersten ziehen läßt. Wie lange er schon in Kultur ist, kann man nicht mehr genau nachvollziehen. Sicher ist jedoch, daß die Heimat dieses zu den Rosengewächsen (*Rosaceae*) gehörenden Baumes in Westasien liegt. Wurden anfangs meist zufällig entstandene Sämlinge als Sorten weiterkultiviert, rückte spätestens seit Mitte des letzten Jahrhunderts die planmäßige Züchtung in den Vordergrund. Jährlich entstehen neue Sorten, insgesamt soll es mittlerweile über 100 000 geben. Davon spielen jedoch nur etwa 100 bei uns eine Rolle.

In bezug auf den Standort ist der Apfel nicht sehr anspruchsvoll, ihm genügt das typische mitteleuropäische Durchschnittsklima. Je nach Sorte sind die Ansprüche etwas unterschiedlich. Für jede Region gibt es spezielle, genau auf die jeweiligen Klimaverhältnisse abgestimmte Apfelsorten, von wärmeliebenden (zum Beispiel 'Goldparmäne', 'James Grieve') bis zu robusten, auch in Höhenlagen gut gedeihenden Sorten (zum Beispiel 'Klarapfel', 'Geheimrat

den- oder **Bleichsellerie** (*A. graveolens* var. *dulce*), dessen knackige Stangen frisch verzehrt werden. Die gewünschte Bleichung der Stengel erreicht man durch Anhäufeln oder Umwickeln mit Folie; es gibt jedoch auch selbstbleichende Sorten, bei denen sich dieser Aufwand erübrigt. Seltener wird der **Schnittsellerie** (*A. graveolens* var. *secalinum*) gepflanzt, der keine Knolle bildet, dessen Laub sich aber ähnlich dem Liebstöckel als Speisewürze nutzen läßt.
Standort: sonnig; schwere, nährstoffreiche Böden mit hohem Feuchtigkeitsgehalt.
Aussaat/Pflanzung: ab April unter Glas vorziehen; Knollensellerie mit 50 cm Abstand ins Freie pflanzen, Bleichsellerie mit 40 cm, selbstbleichende Sorten mit nur 20 cm Abstand, Schnittsellerie im April direkt ins Freie säen, Reihenabstand 40 cm.
Kultur: auf gleichmäßige Feuchtigkeit achten. Unkraut entfernen. Bleichsellerie nach

und nach anhäufeln oder die Stengel zum Bleichen ein paar Wochen vor der Ernte zusammenbinden und mit schwarzer Folie umwickeln.
Ernte: vom Schnittsellerie nach Bedarf die Blätter abschneiden. Knollensellerie ab Oktober aus dem Boden drehen oder mit der Grabgabel anheben; die Knollen sind gut lagerfähig. Bleichsellerie ab September dicht unter der Erdoberfläche mit einem kurzen Wurzelstummel abschneiden. Bleichsellerie muß sofort verzehrt werden.
Kulturfolge/Mischkultur: Starkzehrer. Mischkultur günstig mit Lauch, Bohnen, Kohl. Als Vorkulturen eignen sich Kohlrabi, Spinat und Salat.
Anbau unter Glas: Aussaat von Knollensellerie ab Januar, Pflanzung ab März, Ernte ab Mai. Pflanzabstände nur 20–30 cm.
Hinweis: Zwischen Knollensellerie ausgelegte Tomatenblätter halten Möhrenfliegen fern.

Trotz herbstlicher Blütenpracht ist für manchen Hobbygärtner ein reich behangener Apfelbaum im Spätjahr der schönste Schmuck

Oldenburg'). Einige Sorten zeigen sich dagegen bezüglich des Klimas recht tolerant, sie können fast überall kultiviert werden; dazu gehören beispielsweise 'Jacob Lebel' und 'Jonagold'.

Trockenheit wird jedoch häufig schlecht vertragen und äußert sich im Aufplatzen der Früchte, die dann rasch zu faulen beginnen; so kann eine ganze Ernte vernichtet werden. Hier hilft dann nur rechtzeitiges Wässern zu Beginn der Fruchtreife. Günstig ist also ein eher luftfeuchter Pflanzort. Der Boden soll nahrhaft und gut durchlässig sein, stauende oder wechselnde Nässe vertragen nur wenige Sorten, die dann aber auch keine optimalen Erträge bringen.

Man kann wie bei anderen Baumobstarten zwischen mehreren Wuchsformen wählen. Hochstammformen mit bis zu 1,8 m Stammhöhe beginnen erst im fortgeschrittenen Alter zu tragen, dann aber reich und dauerhaft. Für die meisten Gärten werden sie allerdings zu groß und ausladend. Für kleinere Gärten empfiehlt sich daher ein Halbstamm mit etwa 1,2 m Stammhöhe oder noch besser die Buschbaum- oder Spindelform, die man sogar ohne Leiter ernten und beschneiden kann.

Die Größe eines Apfelbaumes wird maßgeblich durch die Unterlage bestimmt, auf die die Sorte veredelt ist. Durch ihre Auswahl kann man die Wuchskraft ganz gezielt beeinflussen. So bleibt etwa eine starkwüchsige Sorte wie 'Gravensteiner', wenn sie mit einer

'Jonathan', Ernte ab Anfang Oktober, fein säuerlicher Geschmack

schwachwüchsigen Unterlage wie 'M9' kombiniert wird, klein genug, um für den Hausgarten noch interessant zu sein. Bei der Wahl der geeigneten Sorten-Unterlagen-Kombination sollten Sie sich in einer guten Baumschule ausführlich beraten lassen.

Bei der Auswahl der Apfelsorte muß zugleich an den geeigneten Bestäuberbaum gedacht werden, denn alle Äpfel sind selbstunfruchtbar. Die Blüten können also nur durch zur gleichen Zeit blühende Fremdsorten bestäubt werden, von denen allerdings auch nicht immer alle in Frage kommen. Hierzu gibt Ihnen das Kapitel „Bestäubung und Befruchtung" im „Juni" Auskunft.

Die im Befruchtungsdiagramm auf Seite 165 aufgeführten Sorten stellen gleichzeitig eine Auswahl bewährter, empfehlenswerter Apfelsorten dar. Da das Sortiment immer wieder durch Neuheiten ergänzt wird, lohnt es sich, sich vor dem Kauf entsprechend zu informieren. Zunehmender Beachtung erfreuen sich alte, robuste Lokalsorten, die teils von Liebhabern und Naturschutzverbänden vor dem Aussterben gerettet wurden. Für den Hobbygärtner dürfte das Aroma eines der wichtigsten Auswahlkriterien sein; ob würzigsäuerlicher 'Boskoop', leicht nussig schmeckende 'Goldparmäne' oder saftig süßer 'Starking' – die breite Sortenpalette bietet für jeden Geschmack etwas. Wer Äpfel nicht nur zum Frischverzehr, sondern auch als Grundlage für Mus, Gelee, Saft oder Most schätzt bzw. Back- und Dörräpfel liebt, sollte auch diesen Aspekt bei der Wahl beachten. Nicht alle Sorten sind für jeden Verwendungszweck gleichermaßen geeignet.

Wichtig zu wissen ist außerdem der Erntezeitpunkt: Ausgesprochen früh, nämlich bereits im Juli, kommt der 'Klarapfel' zur Reife, gefolgt von 'Discovery' (Mitte August). Die Mehrzahl der Sorten ist jedoch erst im September oder Oktober dran, beim 'Bohnapfel' muß man sich sogar bis Ende Oktober gedulden. Weitere wichtige Auswahlkriterien sind spezielle Standortansprüche, Frosthärte und Robustheit sowie Ertragshöhe, Gleichmäßigkeit der Erträge und Lagerfähigkeit, die je nach Sorte zwischen einem Monat und einem halben Jahr (bei geeigneter Lagerung) liegen kann.

Ab Ende September wird die leicht nussig schmeckende 'Goldparmäne' reif

'Gloster' schmeckt leicht säuerlich und mild

Für einen reichen und sicheren Ertrag ist der Erziehungsschnitt der Jungbäume besonders wichtig. Die angestrebte Form wird dann durch regelmäßigen Erhaltungsschnitt verfeinert und gefestigt. Manche Sorten wie 'Jonathan' neigen dazu, nur dünne Triebe zu bilden oder früh zu vergreisen. Sie brauchen jedes Jahr einen scharfen Rückschnitt, damit sie gesund und kräftig wachsen. Bei anderen Sorten wie 'Cox Orange' ist ein zusätzlicher Sommerschnitt notwendig, um die Blühwilligkeit zu fördern oder, wie bei 'Golden Delicious', übermäßigen Fruchtansatz auszudünnen.

Noch lange nach der Ernte im Spätherbst und Winter enthalten die Äpfel reichlich Vitamine, vor allem Vitamin C, und Mineralstoffe; denn viele Sorten sind sehr gut lagerfähig. Beim Lagern ist wichtig, daß die Äpfel keinen Kontakt miteinander haben, damit es nicht zur Übertragung von Fruchtfäule kommt.

'Boskoop', Ernte ab Anfang Oktober, lange lagerfähig, kräftig säuerlicher Geschmack

'Gravensteiner', ein sehr aromatischer Apfel, den man bereits Anfang September ernten kann (läßt sich gut zwei Monate lagern)

247

GESTALTUNG

Kiesbeet
Reizvolle Kontraste

Kiesbeete leben von ihrer besonderen Ausstrahlung, die durch die Wechselwirkung von Steinen und Pflanzen hervorgerufen wird. Kies, fein bis grob gekörnt, ist dabei mehr als nur Blickwerk. Er übernimmt eine wesentliche Rolle bei der Gestaltung, indem er den prägenden Untergrund bildet und als leblose Materie das Grün und die Blütenfarben der Bepflanzung kontrastiert. Absichtlich werden kleinere Flächen nicht bepflanzt, hier soll der Kies voll zur Geltung kommen. Einzelne größere Findlinge oder Kiesstrei-

fen stellen einen besonderen Blickfang dar oder setzen einen Kontrapunkt zu einer auffallenden Pflanze. Die gestalterischen Einsatzmöglichkeiten sind vielfältig. Kiesbeete können als Erweiterung des Drainierungsstreifens um ein Haus angelegt werden, ebenso im Anschluß an die sonnige Terrasse oder in der Nähe eines Teiches, wo sie dann als gegensätzliches Gestaltungselement wirken. An heißen, vollsonnigen und damit sehr trockenen Stellen sind sie eine gelungene Alternative zu konventionellen Beeten, denn sie kommen ohne weiteres mit diesen extremen Standorten zurecht.

Kiesbeete lassen sich aber nicht nur als Pflanzfläche für

trockenheitsverträgliche Arten anlegen, auf diese Weise kann man ebenso feuchte Beete gestalten, bei denen zwischen den Steinen eine feuchtigkeitsliebende Flora angesiedelt wird.

Im Gestaltungsvorschlag winden sich Kiesstreifen durch die Pflanzung und erwecken so den Eindruck eines trockengefallenen Bächleins. Dazwischen stehen als erste Farbtupfer im Jahr Wildtulpen und Küchenschellen. Im Frühling beginnt dann der Elfenbeinginster zusammen mit blauen

Zwergiris zu blühen. Hauptblütezeit ist im Frühsommer und Sommer, nun wetteifern Pfingstnelken, Kugelblumen, Katzenpfötchen, blauer Lein und Sonnenröschen miteinander um den schönsten Flor. Im Herbst beschließen Goldhaaraster und Herbstkrokusse den Reigen. Für ganzjährigen Schmuck sorgen Thymian, Steinbrechrosetten und Silberährengras.

① Pfingstnelke (Dianthus gratianopolitanus)
② Katzenpfötchen (Antennaria dioica)
③ Elfenbeinginster (Cytisus kewensis)
④ Rosettensteinbrech (Saxifraga paniculata)
⑤ Silberährengras (Achnatherum calamagrostis)
⑥ Sonnenröschen (Helianthemum-Hybride)
⑦ Zwergiris (Iris-Barbata-Nana-Gruppe)
⑧ Thymian (Thymus serpyllum)
⑨ Ausdauernder Lein (Linum perenne)
⑩ Kugelblume (Globularia punctata)
⑪ Küchenschelle (Pulsatilla vulgaris)
⑫ Goldhaaraster (Aster linosyris)
● Herbstkrokus (Crocus speciosus)
▲ Wildtulpe (Tulipa tarda)

Beetgröße: 2,5 x 1,5 m;
geeigneter Standort: sonnig, auf trockenem, nährstoffarmem Boden, auch steiniger oder sandiger Boden

OKTOBER

Kleine Wetterkunde

Strahlungsfrost

Die Nächte können im Oktober schon wieder empfindlich kühl werden. Bei klarem Himmel strahlt die Erdoberfläche nachts manchmal soviel Wärme ab, daß sich die bodennahe Luft unter 0 °C abkühlt. Vor allem in Tälern und Senken gibt es solche Strahlungsfröste häufig, während die Hangkuppen und höheren Lagen frostfrei bleiben. Im Garten können diese ersten, oft unerwarteten Fröste vielen Pflanzen zum Verhängnis werden. Deshalb sollte man rechtzeitig Winterschutzmaterial bereithalten und es auslegen, wenn ein klarer Abendhimmel kalte Nächte erwarten läßt.

Häufig wiederkehrende Wetterereignisse

Im ersten Drittel ist der Oktober meist wechselhaft und windig, häufig fegen die ersten Herbststürme durch das Bergland. Das zweite Drittel wird dann häufig noch einmal schön und mild, danach muß man jedoch schon mit dem ersten Wintereinbruch rechnen.

OKTOBER

Bei klarem Herbsthimmel können den Pflanzen schon nächtliche Strahlungsfröste zu schaffen machen

Pflanze des Monats
Ahorn
Acer-Arten

Ahorne erkennt man an der charakteristischen Blattform. Sowohl der botanische als auch der deutsche Name leiten sich von den spitzen Blattzipfeln und Einschnitten der Blätter her: Das lateinische Wort „acer" bedeutet spitz, ebenso die Wortwurzel „ak", aus der später die Bezeichnung Ahorn entstand. Die vielgestaltigen Arten bestechen durch ihre schönen Kronen und das attraktive Laub. Während ihrer frühen Blüte sind Ahorne gute Bienenweiden.

Im Verein mit anderen Laubgehölzen sorgt der Ahorn für herbstlichen Glanz

Lostage

16. Oktober: Am Sankt-Gallus-Tag / den Nachsommer man erwarten mag.
21. Oktober: Zu Ursula bringt's Kraut herein, / sonst schneit Simon (28. Oktober) noch darein.

Zeichen der Natur

Der Vollherbst hält Ende September, Anfang Oktober mit der Aussaat des Winterroggens Einzug; er dauert an bis zum Einsetzen des Laubfalls, durchschnittlich in der Oktobermitte, und geht dann in den Spätherbst über, der im Mittel am 24.10. mit dem Blattfall von Buche und Kastanie beginnt. Am 26.10. geht es im langjährigen Mittel mit der Weinlese los.

Wenn Kastanienbäume ihre Blätter fallen lassen, ist der Spätherbst gekommen

Wissenswertes: Herbstfärbung

Wie bei vielen anderen Gehölzen verfärbt sich auch bei den Ahornen im Herbst das Laub. Je nach Art präsentiert sich das Blätterkleid dann leuchtend golden, feurig orange oder intensiv rot. Bevor ein Baum sein Laub abwirft, zieht er das grüne Chlorophyll aus den Blättern ab; übrig bleiben gelbe oder rote Farbstoffe, die schon seit dem Austrieb vorhanden sind, aber nun erst sichtbar werden und für die Herbstfärbung sorgen.

Bewährtes Wissen
Bauernregeln

Oktoberhimmel voller Stern' / hat warme Öfen gern.
Oktobersonnenschein / schüttet Zucker in den Wein.
Fällt im Wald das Laub sehr schnell, / ist der Winter bald zur Stell'; / wenn das Blatt am Baume bleibt, / ist der Winter noch recht weit.
Oktober rauh, / Januar flau.

ALLE ARBEITEN AUF EINEN BLICK

⬖ Allgemeine Gartenarbeiten
Allgemeine Wintervorbereitungen

- Rasenmähertank entleeren, Rasenmäher gründlich reinigen ☐
- Balkonkästen leeren und reinigen ☐
- Winterschutzmaterial bereithalten ☐
- Laub rechen und kompostieren (oder zum Mulchen verwenden) ☐

Bodenbearbeitung

- gegebenenfalls Bodenanalyse durchführen lassen (wenn nicht im Februar geschehen) ☐
- Boden mit Grabgabel, Sauzahn oder Krail lockern, dabei Unkraut entfernen; dann mit Kompost, Mist, Gesteinsmehl oder Algenkalk düngen und anschließend mulchen ☐
- schwere oder leichte Böden bei Bedarf mit Sand bzw. Ton und ähnlichem verbessern ☐
- neu geplante Beete vorbereiten: umgraben und Unkrautwurzeln beseitigen, anschließend mulchen oder Gründüngung ansäen ☐

Pflanzenschutz

- Schlupfwinkel für Nützlinge anlegen (z. B. Laub- und Reisighaufen) ☐

⬖ Arbeiten im Ziergarten
Pflanzung und Vermehrung

- herbstblühende Stauden pflanzen (Wildstauden und Gräser erst im Frühjahr) ☐
- Tulpen- und Hyazinthenzwiebeln pflanzen ☐
- Laubgehölze pflanzen, an Pfähle anbinden ☐
- Rosen pflanzen (Triebe nicht einkürzen) ☐
- Stecklinge von immergrünen Laubgehölzen und Nadelgehölzen schneiden ☐

Pflege

- Spätsommer- und Herbstblüher bis zum Boden zurückschneiden ☐
- Dahlien, Gladiolen, Knollenbegonien und Blumenrohr aufnehmen, Zwiebeln bzw. Knollen kühl lagern ☐
- neu gepflanzte Zwiebel- und Knollengewächse mit Kompost überdecken ☐
- Edelrosen anhäufeln ☐
- immergrüne Gehölze gründlich wässern ☐
- Rasen zum letzten Mal mähen (nicht zu tief!) ☐
- Teich: Laub abfischen, trockene Gras- und Schilfhalme stehenlassen, tropische Wasserpflanzen ins Winterquartier bringen ☐
- Kübelpflanzen einräumen ☐

⬖ Arbeiten im Gemüsegarten
Aussaat

- ins Freie: Feldsalat, Spinat ☐
- unter Glas: Schnittsalat, Winterkopfsalat, Endivie, Feldsalat, Spinat, Rettich, Radieschen, Möhren ☐

Pflege, Wintervorbereitungen

- spät angebaute Gemüse mit Folie abdecken (verkürzt Reifezeit) ☐
- Frühbeet mit Noppenfolie oder Brettern vor starken Nachtfrösten schützen ☐
- unbeheizte Gewächshäuser von innen mit Folie isolieren ☐

Ernte

- Radicchio, Bleichsellerie, Wintermöhren, Herbstrüben, Herbstradieschen, Herbstrettich, Knollensellerie, letzten Knollenfenchel, späten Lauch, Herbstkohl, Chinakohl, ersten Feldsalat und Endiviensalat ernten ☐
- Gemüselager kontrollieren ☐

Arbeiten im Obstgarten
Pflege und Pflanzenschutz

- Auslichtungs- und Pflegeschnitt bei Kernobst durchführen ☐
- mit Obstbaumkrebs befallene Bäume behandeln, Krebsstellen ausschneiden ☐
- Leimringe anbringen ☐

Ernte

- Zwetschgen, Äpfel, Birnen, Tafeltrauben, Preiselbeeren, Walnüsse, Kiwis, Quitten ernten ☐
- Obstlager kontrollieren ☐

Nachholtermine

- kleine Zwiebel- und Knollengewächse pflanzen (bis Frostbeginn) ☐
- Gründüngung mit einigen Arten noch bis Frostbeginn möglich ☐
- Hügel- und Hochbeet anlegen ☐
- Rhabarber pflanzen ☐
- Beerensträucher schneiden ☐

Ziergehölze und Gräser haben im Herbst ihren großen Auftritt

QUER DURCH DEN GARTEN

Der „goldene Oktober" fängt in der Natur noch einmal alle Sonnenstrahlen ein, bevor das Gartenjahr ausklingt. Leise rascheln die trockenen Blätter, die von den Bäumen fallen, und vorwitzig leuchten die Früchte verschiedener Ziersträucher. Fruchtende Gräserähren schwingen malerisch über goldbraunen Horsten, die sich zeitweise schon reifüberzogen in bizarren Gewändern präsentieren.

Die letzten Ernten aus dem Garten werden unter Dach und Fach gebracht, bei richtiger Lagerung sorgen sie bis weit in den Winter für Nachschub in der Küche. Vereinzelt schmücken noch ein paar Blüten die Beete, weitgehend haben sich die Pflanzen jedoch für die Winterruhe gerüstet, wobei sie teils Unterstützung und Schutz durch den Gärtner benötigen.

Winterschutz
Dem Frost keine Chance

Viele Pflanzen in unseren Gärten sind Gäste aus wärmeren Gefilden, die ohne besondere Schutzmaßnahmen unsere oft strengen Winter nicht überstehen. Bevor die ersten Fröste ins Land ziehen, brauchen solche empfindlichen Arten eine wärmende Umhüllung. Je rauher die Gegend ist, in der der Garten liegt, desto mehr Aufwand muß für den Winterschutz betrieben werden. Zur Förderung der Widerstandsfähigkeit gegenüber Frost und Kälte sollten alle Pflanzen ab dem Spätsommer nicht mehr mit stickstoffhaltigen Mitteln gedüngt werden. Mit Stickstoff überreichlich versorgte Pflanzen schließen ihr Wachstum erst sehr spät ab, die noch nicht ausgereiften Triebe von Gehölzen und Stauden können dann unter Frösten sehr stark leiden. Besonders frostanfällig sind meist auch frisch gesetzte Pflanzen und Jungpflanzen, die in den ersten Standjahren über den Winter besonderer Aufmerksamkeit bedürfen.

Materialien für den Winterschutz

Wenn dichter Schnee fällt, liefert der Winter das Schutzmaterial „frei Haus": Tatsächlich sind Pflanzen unter einer Schneedecke vor Frösten gut geschützt. Da aber auf die weißen Flocken nicht immer Verlaß ist, muß man sich mit anderen Abdeckungen behelfen.

Fichtenreisig eignet sich zum Schutz empfindlicher Pflanzen besonders gut

Fichtenreisig ist dafür besonders geeignet, da es nach und nach seine Nadeln verliert und bei zunehmender Tageslänge auch wieder mehr Licht an die Pflanzen läßt, die sich dadurch schneller wieder an die Helligkeit gewöhnen. Reisig wird dachziegelartig über die Pflanzen gedeckt; dabei soll stets noch genügend Luft unter der Abdeckung zirkulieren können, um Fäulnis oder Krankheiten vorzubeugen.

Laub, das im Herbst ja meist reichlich anfällt, eignet sich als Abdeckung ebenfalls gut. Selbstverständlich darf nur Laub verwendet werden, das frei von Krankheiten und Schädlingen ist. Auch Rindenmulch und Kompost kann man für den Winterschutz verwenden, allerdings dürfen sie nicht über grüne Pflanzenteile geschüttet werden. Sie decken in erster Linie das Erdreich ab und halten den Wurzelraum warm.

Mit Sackleinen, Jute oder Leinentüchern lassen sich große Pflanzen problemlos abdecken. Da diese Materialien leicht und anschmiegsam sind, verursachen sie keine Beschädigungen an den Pflanzen. Im Handel sind auch spezielle Schattiermatten erhältlich, die gleichzeitig vor Kälte schützen.

Abnehmen des Winterschutzes

Abdeckungen und andere Winterschutzvorrichtungen müssen zum richtigen Zeitpunkt wieder abgenommen werden. Schon im Spätwinter kann man tagsüber durch zeitweises Abdecken lüften, wenn es eine milde Witterung erlaubt. Sobald die Tage wärmer werden und sich auch der Boden wieder erwärmt, beginnen die Pflanzen neu auszutreiben. Dann spätestens müssen die Abdeckungen heruntergenommen werden. Man sollte aber noch einige Zweige oder Säcke bereithalten, um sie bei Bedarf über Nacht schnell noch einmal auflegen zu können.

Winterschutz im Zier- und Nutzgarten

Winterschutz bei Ziergehölzen
Winterschäden an Ziergehölzen werden durch Kälte oder Trockenheit ausgelöst. Vor allem immergrüne Gehölze, die ihr grünes Blattkleid ganzjährig behalten, verdunsten auch im Winter Wasser. Wenn jedoch der Boden gefroren ist, können die Wurzeln kein Wasser mehr aufnehmen, die Pflanzen vertrocknen. Gehölze erhalten deshalb im Spätherbst

und im Spätwinter, sobald der Boden wieder aufgetaut ist, kräftige Wassergaben. Fallaub sollte man zusammenrechen und am Fuß der entsprechenden Gehölze verteilen. Dort sorgt es über den Winter für eine schützende Bodendecke und liefert zudem nach und nach Nähr- und Humusstoffe an den Boden zurück.

Winterschutz bei Rosen

Rosen sind mehr oder weniger kälteempfindlich und müssen auf die kalte Jahreszeit vorbereitet werden. Außer den einheimischen Wildrosen, die an unser Klima angepaßt sind, und einigen sehr robusten Sorten brauchen die meisten Rosen eine gute Winterabdekkung. Beetrosen werden im Herbst angehäufelt. In rauhen Lagen deckt man zusätzlich die Sträucher mit Reisig ab. Wie Hochstammrosen heil über den Winter gebracht werden, ist im Kapitel über Rosen (siehe „Juni") beschrieben.

Wo starke Fröste drohen, kann auch bei Rosen eine „Rundumverpackung" (hier mit Vlies) ratsam sein

Winterschutz bei Stauden

Auch viele Stauden bedürfen schützender Maßnahmen. Je nach Wuchsform gibt es verschiedene Möglichkeiten, Stauden optimal vor winterlicher Unbill zu bewahren. Bei Stauden mit dichten Blattschöpfen, wie Gräsern, Fackellilien und *Yucca*, bindet man die Blätter locker zusammen und überdeckt sie mit Laub oder Reisig. Flach wachsende, empfindliche Arten, wie Japananemonen *(Anemone japonica)*, Winterastern *(Dendranthema-Grandiflorum*-Hybriden*)* und überwinternde Zweijährige, zum Beispiel Stiefmütterchen *(Viola-Wittrockiana*-Hybriden*)* oder Tausendschön *(Bellis perennis)*, werden durch Reisigabdeckung geschützt. Für einzelne Großstauden, beispielsweise für Mammutblatt *(Gunnera tinctoria)* oder Bambus, kann man sich selbst einen Holzkasten in entsprechender Größe basteln, der wie ein Haus über die Pflanze gestülpt wird und sie sicher über den Winter bringt. Weniger aufwendig ist eine Konstruktion aus Holzlatten, die mit Noppenfolie oder Sackleinen bespannt wird.

Winterschutz bei Obst und Gemüse

Obstgehölze, vor allem wärmeliebende wie der Pfirsich, werden mit einem weißen Anstrich oder mit einem Pappmantel um den Stamm versehen. Dies verhindert, daß aufgrund der starken Temperaturschwankungen zwischen sonnigen Tagen und kühlen Nächten die Rinde platzt oder reißt. Wurden solche Maßnahmen

Die intensive Sonneneinstrahlung an Spätwintertagen kann die Baumrinde stark erwärmen, was im Wechsel mit nächtlichen Frösten leicht Schäden verursacht. Dies verhindert ein Kalkanstrich, der die Sonnenstrahlen reflektiert

versäumt, kann man im Spätwinter, wenn die Sonne an klaren Tagen besonders intensiv strahlt, auch schattenspendende Bretter gegen die Stämme lehnen. Eine Mulchdecke auf der Baumscheibe schützt die oberflächlich verlaufenden Wurzeln vor strengen Frösten. Wintergemüse, wie Grünkohl, Wirsing, Lauch und Rosenkohl, können unbesorgt über den Winter draußen bleiben. Nur bei sehr strengem Frost ohne schützende Schneedecke sollte man vorsorglich große Tücher, Sackleinen oder Folien auflegen.

Gehölzpflanzung

Im Herbst, wenn das Gartenjahr langsam dem Ende entgegengeht, ist die beste Zeit für die Pflanzung von Gehölzen. Die jungen Bäume und Sträucher sind dann einerseits nicht mehr der austrocknenden

Sommersonne ausgesetzt, andererseits können sie noch vor dem Winter einwurzeln. Wer den Herbsttermin verpaßt hat, kann auch noch im zeitigen Frühjahr pflanzen, sobald der Boden nicht mehr gefroren ist, jedoch bevor die Gehölze austreiben.

Pflanzware wird im allgemeinen in drei Formen zum Verkauf angeboten, nämlich mit Wurzelballen, ohne Ballen oder im Container.

Am einfachsten zu handhaben ist die Containerware, das sind Gehölze mit großem Wurzelballen, der in einem Topf steht oder mit kräftiger Folie umhüllt ist. Das Pflanzloch wird ausgehoben, das Gehölz aus der Umhüllung genommen und eingesetzt. Ein Rückschnitt ist nicht nötig.

Gehölze mit Ballen lassen sich ebenfalls relativ problemlos pflanzen. Der gesamte Wurzelballen, also Wurzeln und Erde, ist mit Sackleinen, Jute oder ähnlichem umwickelt. Der Baum oder Strauch wird mit dem Ballen ins Pflanzloch gesetzt. Die Verschnürung am

Viele Gehölze, auch Rosen, werden heute als Containerpflanzen angeboten

Stamm wird gelöst, der Stoff wird ausgebreitet. Er muß nicht entfernt werden, da er mit der Zeit verrottet. Die Gehölze benötigen auch in diesem Fall keinen Rückschnitt.

Gehölze ohne Ballen sind billiger als Ballen- oder Containerware, erfordern dafür aber mehr Arbeit bei der Pflanzung. Sie werden nach dem Kauf für einige Stunden in ein Wasserbad getaucht und vor dem Pflanzen geschnitten. Als Faustregel gilt: Triebe und Wurzeln werden gleichmäßig um etwa die Hälfte gekürzt und reduziert; sie sollen sich die Waage halten. Dann erst werden die Bäume und Sträucher in die Pflanzgrube gesetzt. Der Pflanzschnitt regt das Wachstum an und fördert die rasche Wurzelbildung. Wie beim allgemeinen Gehölzschnitt, so wird auch beim Pflanzschnitt auf außenliegende Augen geschnitten, damit vor allem Sträucher licht wachsen und keine nach innen weisenden Triebe entwickeln.

Die **Pflanzgrube** muß ausreichend groß sein. Der Durchmesser des Loches sollte etwa doppelt so groß sein wie der der Wurzeln. Lockern Sie die Erde tiefgründig, das erleichtert den Pflanzen das Anwachsen. Hochstämmchen und andere Bäume werden während der ersten Jahre an einen Pfahl angebunden. Schlagen Sie den Pfahl in den Boden, bevor Sie die Pflanze einsetzen, damit vermeiden Sie eine Verletzung der zarten Faserwurzeln. Sehr wichtig ist die richtige **Pflanztiefe**: Das Gehölz kommt wieder so tief in die Erde, wie es

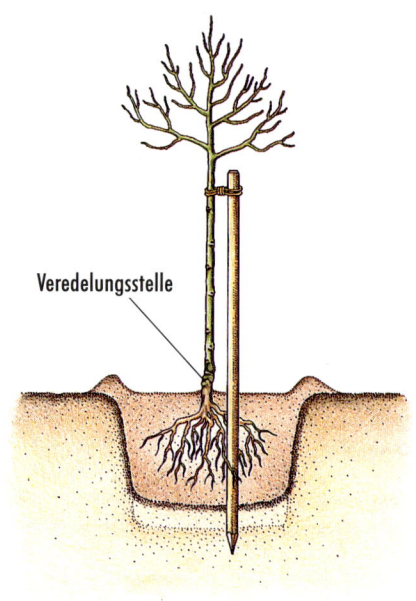

Veredelungsstelle

Gehölzpflanzung: Die Pflanzgrube sollte etwa doppelt so groß sein wie der Wurzelballen. Der Pfahl wird vor dem Einsetzen eingeschlagen; das Gehölz kommt so tief in die Erde, wie es vorher in der Baumschule stand

vorher in der Baumschule gestanden hat. Der Wurzelhals darf nicht eingegraben werden. Bei veredelten Zier- und Obstgehölzen muß die Veredelungsstelle über der Erde liegen; eine Ausnahme stellen hier die Rosen dar (siehe „Juni").

Man hält das Gehölz in entsprechender Höhe in die Grube und füllt dann die ausgehobene Erde wieder ein, wobei die Hilfe einer zweiten Person recht praktisch sein kann. Beim Einfüllen sollte das Gehölz immer wieder leicht gerüttelt werden, damit sich die Erde besser verteilt. Schlechte Erde wird vorher verbessert: Dichten, stark lehmigen Böden mischt man Sand bei, zu leichte, magere Erde wird mit Kompost versetzt. In die Pflanzgrube keinen Dünger geben! Nach dem Auffüllen tritt man die Erde vorsichtig fest und formt dabei eine Gießmulde mit einem etwas erhöhten Rand. Anschließend muß das Gehölz gründlich angegossen werden. Um die Erde vor Austrocknung zu schützen, erhält die Baumscheibe eine Abdeckung mit reifem Kompost, Mulch oder ähnlichem.

ZIERGARTEN

Gräser
Äußerst vielseitig

Kaum eine andere Pflanzengruppe ist so vielgestaltig wie die der Gräser. Meist als Einzelpflanzen nicht wahrgenommen, finden sie sich als Rasen in jedem Garten; mehr Aufmerksamkeit erhalten größere Grashorste mit auffälligen Blüten- oder Fruchtständen, sind sie doch attraktive Gartenstauden für alle Gelegenheiten. Die Palette reicht von kleinen, einjährigen Arten über die Vielzahl der Staudengräser bis zu so imposanten Riesen wie Chinaschilf und Bambus. Die Gräser werden in drei Familien eingeteilt. Als wichtigste Familie umfassen die Süßgräser *(Poaceae)* alle unsere Getreidearten sowie die meisten Ziergräser, die Bambusarten eingeschlossen. Mit etwa 9 000 Arten stellen sie eine der umfangreichsten Pflanzenfamilien überhaupt dar.

Die Vielfalt der Seggenarten fällt in die Familie der Sauergräser *(Cyperaceae)*, zu der auch das als Zimmerpflanze bekannte Zypergras sowie der Papyrus gehören, aus dem schon die Ägypter Papier herzustellen wußten. Der Name „Sauergräser" deutet auf den bevorzugten Lebensraum dieser Pflanzen hin, nämlich Moorränder und feuchte Wiesen auf vorwiegend saurem Boden. Die dritte Familie, die Binsengewächse *(Juncaceae)*, hat in bezug auf den Standort ähnliche Vorlieben, umfaßt aber weniger Arten, von denen für den Garten vor allem die Hainsimsen oder Marbeln *(Luzula sylvatica, L. nivea)* interessant sind.

Gräser werden oft unterschätzt. Dabei kann man mit ihnen attraktive Beete gestalten, wie dieses Beispiel mit aufragendem Chinaschilf und zierlichem Lampenputzergras (vorn) zeigt. Blumenrohr (Canna) setzt hier zusätzlich rote Akzente

„Diplomaten" im Garten

Gräser werden überwiegend wegen ihres Blattschmuckes eingesetzt. Mit ihrer Hilfe kann man Struktur und optischen Halt in bunte Staudenbeete bringen und allzu dichte Rabatten auflockern. Gräser wirken eher als Vermittler denn als Hauptpersonen. Ihre oft intensiv gefärbten Blatthorste kontrastieren sehr schön mit der Pracht der Staudenblüten und unterstreichen unauffällig, aber nachdrücklich deren Wirkung.

Eine andere Verwendungsmöglichkeit bieten niedrige, polsterförmig wachsende Arten wie der Bärenfellschwingel (*Festuca gautieri*), der sich als kaum 10 cm hoher, rundlicher Polsterteppich ausbreitet. Mit solchen Arten schafft man in einem Staudenbeet oder einer Rabatte optische Tiefe und rundet die Gesamtwirkung ab.

Im Steingarten kommt man ohne Gräser nicht aus. Hier sind vor allem kleinbleibende, langsam wachsende Arten vertreten, wie verschiedene Schwingel (*Festuca*), Federgräser (*Stipa*) oder niedrige Seggen (*Carex*).

Gewässerränder stellen einen weiteren wichtigen Einsatzbereich für Gräser dar. Vor allem in naturnahen Pflanzungen sind sie hier unverzichtbar. Zwar kann man im Garten nur selten üppige Schilfbestände anlegen, doch erst mit Rohrkolben (*Typha*), Wasserschwaden (*Glyceria maxima*) und Wollgras (*Eriophorum*) wird der Gartenteich so richtig schön.

Auch Solitärstauden gibt es unter den Gräsern. Man denke nur an das Pampasgras (*Cortaderia selloana*) mit seinen federbuschartigen Blütenständen oder an das imposante Chinaschilf (*Miscanthus sinensis*), dessen Fruchtstände im spätherbstlichen Rauhreifüberzug besonders attraktiv wirken. Diese Zierwirkung im Herbst und Winter sollte man sich auch bei anderen Staudengräsern zunutze machen, indem man im Herbst nicht alle Fruchtstände abschneidet. Der herrliche Anblick ergänzt dann die Attraktionen herbst- und winterschöner Gehölze.

Was Pflege und Vermehrung betrifft, werden einjährige Gräser wie Sommerblumen behandelt (siehe „März"). Mit ausdauernden Gräsern verfährt man ebenso wie mit Wildstauden bzw. normalen Beetstauden (siehe „Juli" und „September"). Im Gegensatz zu anderen Stauden werden sie jedoch, falls erforderlich, erst im Frühjahr zurückgeschnitten. Die meisten Staudengräser lassen sich durch Teilung vermehren, einige auch durch Aussaat.

Silberährengras (Achnatherum calamagrostis)

Schneemarbel (Luzula nivea)

Staudengräser im Überblick

Deutscher Name	Botanischer Name	Wuchshöhe in cm	Verwendung
Silberährengras	*Achnatherum calamagrostis*	100	solitär, Staudenbeete/Rabatten
Gartensandrohr	*Calamagrostis* x *acutiflora* 'Karl Foerster'	150	solitär, Staudenbeete/Rabatten
Monte-Baldo-Segge	*Carex baldensis*	20	Steingarten
Japansegge	*Carex morrowii* 'Variegata'	30	Staudenbeete/Rabatten
Riesensegge	*Carex pendula*	150	solitär, Staudenbeete/Rabatten, wassernahe Bereiche
Pampasgras	*Cortaderia selloana*	300	solitär
Wollgras	*Eriophorum latifolium, E. vaginatum*	60	wassernahe Bereiche
Blauschwingel	*Festuca cinerea*	10	Staudenbeete/Rabatten, Steingarten
Bärenfellschwingel	*Festuca gautieri*	20	Staudenbeete/Rabatten
Atlasschwingel	*Festuca mairei*	120	solitär, Staudenbeete/Rabatten
Blaustrahlhafer	*Helictotrichon sempervirens*	50	solitär, Staudenbeete/Rabatten, Steingarten
Schneemarbel	*Luzula nivea*	25	Staudenbeete/Rabatten, Steingarten
Chinaschilf	*Miscanthus sinensis* ('Gracilimus', 'Silberfeder')	200	solitär, wassernahe Bereiche
Pfeifengras	*Molinia arundinacea* ('Karl Foerster', 'Windspiel')	100-240	solitär, Staudenbeete/Rabatten, wassernahe Bereiche
Lampenputzergras	*Pennisetum alopecuroides*	100	solitär, Staudenbeete/Rabatten
Reiherfedergras	*Stipa barbata*	100	Staudenbeete/Rabatten, Steingarten
Rohrkolben	*Typha latifolia, T. angustifolia*	250	wassernahe Bereiche

Herbst- und winterschöne Gehölze
Leuchtende Früchte, bunte Blätter

Zierpflanzen sollen nicht nur im Frühling und Sommer Freude bereiten, sondern auch in den kühleren Jahreszeiten einen hübschen Anblick bieten. Hierzu können vor allem die zahlreichen Gehölzarten beitragen, die sich im Herbst mit wunderschön leuchtendem Fruchtbehang schmücken. Der Fruchtschmuck ist jedoch nicht nur fürs Auge reizvoll, sondern bietet auch bei uns überwinternden Vögeln und heimischen Nagern vitaminreiche Nahrung, auf die sie im Winter angewiesen sind. Die Bäume wiederum brauchen die Tiere als Verbreiter ihrer Samen, die oft erst nach einer Passage durch deren Darm keimfähig werden. Da Vögel vor allem rote Farbtöne gut wahrnehmen, sind die meisten Beerenfrüchte auffällig rot. Aber auch ohne oder zusätzlich zum Fruchtschmuck zeigen sich viele Gehölze im Herbst von ihrer schönsten Seite, wenn sich ihr Laub in ein Farbenfeuerwerk der verschiedensten Rot-, Braun- und Gelbtöne verwandelt. Manche Arten und Sorten bestechen zudem nicht nur im Herbst, sondern das ganze Jahr über mit attraktivem Blattwerk, so zum Beispiel der Eschenahorn (*Acer negundo* 'Variegatum') mit panaschierten, also weiß-bunten Blättern oder die Blutpflaume (*Prunus cerasifera*

Acer negundo 'Variegatum', der Eschenahorn, schmückt sich mit weiß-buntem Laub, das im Herbst eine gelbe Färbung zeigt

'Nigra') mit metallisch schwarzrot glänzendem Laub. Doch auch wenn sich mit dem Spätherbst schließlich die bunten Blätter und Früchte verabschieden, muß der Winter nicht blaß und einfarbig grau sein. Einige Sträucher und Bäume haben eine farbenprächtige Rinde, die erst nach dem herbstlichen Laubfall und vor neutralem, winterlichem Hintergrund richtig zur Geltung kommt.

Herbst- und winterschöne Gehölze im Überblick

Deutscher Name	Botanischer Name	Zierwert; Hinweis
Schlangenhautahorn	*Acer capillipes*	grün-weiß gestreifte Rinde
Feuerahorn	*Acer ginnala*	rötliche Früchte, feurig rotes Herbstlaub; rot im Austrieb
Eschenahorn	*Acer negundo* 'Variegatum'	weiß-bunt belaubt, gelbe Herbstfärbung, grüne Rinde
Fächer-, Schlitzahorn	*Acer palmatum* ('Atropurpureum', 'Dissectum', 'Osakazuki')	Laub vom Austrieb bis zum Herbst rot; kleinbleibend
Felsenbirne	*Amelanchier laevis, A. lamarckii*	orangerotes Herbstlaub; Früchte eßbar
Berberitze	*Berberis thunbergii*	rote Früchte, gelbrotes Herbstlaub; Bienenweide
Kupferbirke	*Betula albosinensis*	gelbes Herbstlaub, rotorange Rinde

Herbst- und winterschöne Gehölze im Überblick (Fortsetzung)

Deutscher Name	Botanischer Name	Zierwert; Hinweis
Schönfrucht	*Callicarpa bodinieri* 'Profusion'	lilarosa Früchte, gelboranges Herbstlaub; Fremdbestäubung erhöht Fruchtansatz
Purpurhartriegel	*Cornus alba* 'Sibirica'	braunrotes Herbstlaub, rote Rinde; Rückschnitt fördert Rindenfärbung
Scheinmispel	*Cotoneaster divaricatus, C. horizontalis*	rote Früchte (lange haftend); orangerotes Herbstlaub
Weißdorn	*Crataegus*-Arten	rote Früchte, gelbes bis orange-braunes Herbstlaub; duftende Blüten (V-VI)
Korkflügelstrauch	*Euonymus alatus*	karminrotes Herbstlaub, grüne Rinde; auffallende Korkleisten an den Zweigen
Pfaffenhütchen	*Euonymus europaea*	rote bis orangefarbene Früchte, orangerotes Herbstlaub; giftig!
Federbuschstrauch	*Fothergilla major*	orangefarbenes bis karminrotes Herbstlaub; duftende Blüten (V)
Mahonie	*Mahonia aquifolium*	blau bereifte Früchte, rostrotes Herbstlaub, schöne gelbe Blüten (IV-V)

Weißdorn (Crataegus chrysocarpa)

Mahonie (Mahonia aquifolium)

Herbst- und winterschöne Gehölze im Überblick (Fortsetzung)

Deutscher Name	Botanischer Name	Zierwert; Hinweis
Torfmyrte	*Pernettya mucronata*	rosa oder weiße Früchte, immergrün
Kupferkirsche	*Prunus serrula*	kupferrote Rinde
Feuerdorn	*Pyracantha*-Sorten	rote, gelbe oder orangefarbene Früchte; schöne weiße Blüten (V)
Essigbaum	*Rhus typhina*	purpurrote Früchte, blutrotes Herbstlaub; giftig!
Wildrosen	*Rosa canina, R. rugosa* und andere	rote Früchte; schöne Blüten (Farbe und Blütezeit unterschiedlich)
Eberesche	*Sorbus aucuparia*	rote Früchte, gelboranges Herbstlaub; schöne weiße Blüten (V)
Schneebeere	*Symphoricarpos*-Arten	weiße oder rote Früchte; später Laubfall
Eibe	*Taxus baccata*	rote Früchte, immergrün; giftig!
Gemeiner Schneeball	*Viburnum opulus*	rote Früchte; giftig!

Kupferkirsche (Prunus serrula)

Essigbaum (Rhus typhina)

GEMÜSEGARTEN

Kohlgemüse
Kopfkohl
Brassica oleracea var. *capitata*

Weißkohl (*Brassica oleracea* var. *capitata* f. *alba*), **Rotkohl** (*B. oleracea* var. *capitata* f. *rubra*) und **Wirsing** (*B. oleracea* var. *sabauda*) werden unter dem Oberbegriff Kopfkohl zusammengefaßt. Sie bilden aus dicht übereinandergelagerten Blättern feste Köpfe; wenn man sie nicht erntet, kann man im zweiten Jahr beobachten, wie sich die Pflanzen strecken und schließlich ihre Blüten zeigen, die die für Kreuzblütler (*Brassicaceae*) typische Form aufweisen.

Standort: sonnig; nährstoffreiche, mittelschwere bis schwere Böden, die neutral oder kalkhaltig sind. Boden im Herbst vor der Pflanzung mit Kompost und organischem Dünger vorbereiten.

Aussaat/Pflanzung: frühe Sorten ab Januar unter Glas vorziehen, dabei kalkhaltiges Anzuchtsubstrat verwenden. Ab April auspflanzen, mit 40 cm Abstand. Sommersorten im März/April unter Glas vorziehen, ab Mai mit 50 cm Abstand auspflanzen. Winterwirsing und Advents- oder Butterkohl (späte Weißkohlsorten) von Mai bis Mitte September im Freiland aussäen; Pflanzung von Juni bis Oktober mit 50–60 cm Abstand.

Kultur: gleichmäßig feucht halten, eventuell nachdüngen mit Beinwell- oder Brennesseljauche. Unkraut entfernen.

Weißkohl mit gut entwickelten Köpfen auf einem Hügelbeet

Rotkohl wird in manchen Gegenden auch Blaukraut genannt

Verfrühung durch Folie möglich. Winterkulturen gegebenenfalls durch einen Folientunnel schützen.

Ernte: Frühsorten ab Mai, Spätsorten ab Oktober ernten; dazu die Köpfe dicht über der Erdoberfläche von den Strünken schneiden. Winterkohl bleibt bis zum folgenden Frühjahr auf dem Beet.

Kulturfolge/Mischanbau: Starkzehrer. Vorkultur mit Erbsen oder Bohnen möglich. Nur alle vier Jahre auf demselben Beet anbauen, während der Anbaupause auch keine anderen Kohlarten und sonstigen Kreuzblütler (Rettich, Radieschen, Gartenkresse, Rüben), sonst droht Kohlhernie (schwer bekämpfbare Pilzkrankheit). Mischkultur günstig mit Salat, Spinat, Erbsen, Sellerie, Roten Beten, Gurken, Tomaten.

Erntereifer Wirsing

Hinweise: Kohl sollte nicht mit frischem Mist gedüngt werden, dadurch bekommt er einen strengen Geruch, und der Geschmack leidet. Eine besondere Form des Weißkohls ist der Spitzkohl, aus dem vor allem Sauerkraut hergestellt wird. Bei der Sortenwahl muß auf die Eignung der Sorte für die gewählte Anbauzeit geachtet werden, früh angebaute Kohlköpfe neigen zum Schossen.

Blumenkohl
Brassica oleracea var. *botrytis*

Beim Blumenkohl oder Karfiol schätzt man nicht die Blätter als Gemüse, sondern die stark gestauchten und zu einem dichten Blütenstand gedrängten Blüten. Sie ergeben eine kompakte „Blume", die auch als Kopf bezeichnet wird. Durch Kälteeinwirkung bei sehr früher Saat oder auch durch Trockenheit oder Nährstoffmangel kann die eigentliche Blütenbildung ausgelöst werden: Der Blütenstand streckt sich, und es erscheinen vierblättrige, gelbe Blütchen.

Standort: sonnig; humose, lehmige bis sandige Böden, die nährstoffreich und kalkhaltig sind.

Aussaat/Pflanzung: Aussaat unter Glas ab Februar, auspflanzen ab April mit 40 cm Abstand. Im Folientunnel Pflanzung schon ab März möglich. Spätere Sorten ab April im Frühbeet aussäen, Pflanzung dann von Mai bis Juli.

Kultur: regelmäßig gießen, Unkraut entfernen, eventuell nachdüngen mit Beinwelljauche. Sobald sich die „Blume" bildet, die äußeren grünen Blätter darüber knicken, damit sie schön weiß bleibt.

Ernte: frühe Sorten ab Ende Mai, spätere Sorten ab Juli, sobald die „Blume" voll ausgebildet ist. Dicht über der Erdoberfläche abschneiden. Die Köpfe sind einige Tage kühl lagerfähig.

Kulturfolge/Mischanbau: Starkzehrer. Als Vorkultur eignen sich Buschbohnen, Frühkartoffeln oder Frühmöhren, als Nachkultur Feldsalat, Endivie oder Winterlauch. Mischkultur wie Kopfkohl. Anbau höchstens im vierjährigen Wechsel, vergleiche Hinweis bei Kopfkohl.

Anbau unter Glas: Aussaat ab Dezember, Pflanzung ab Februar im geheizten Haus, ab März im kalten Kasten.

Hinweise: Warme Sommer können die Wachstumszeit stark verzögern. Sortenwahl entsprechend der Jahreszeit beachten. Neben weißblumigen werden auch grüne und violette Sorten angeboten.

Brokkoli
Brassica oleracea var. *italica*

Dieses südländische Kohlgemüse hat erst vor relativ kurzer Zeit bei uns seine Liebhaber gefunden. Die grünen, zarten Blütenköpfe des Brokkoli oder Spargelkohls wurden bald hoffähig, nachdem man sie für die feine Küche entdeckte. Man kennt zwei Varianten: Der Kopfbrokkoli bildet weiße, grüne oder violette „Blumen", die denen des Blumenkohls sehr ähneln, dazu gehört zum Beispiel der bizarr geformte Romanesco; der verzweigte Brokkoli oder Spargelkohl dagegen hat grüne oder violette Blütenköpfe auf fleischigen Stielen.

Wenn man in diesem Stadium die Blätter nach innen knickt, wird die Blume nicht gelb, sondern bleibt schön weiß

Die violetten Köpfe von Brokkolisorten wie 'Violet Queen' färben sich beim Kochen grün

Standort: wie Blumenkohl.
Aussaat/Pflanzung: wie Blumenkohl, Pflanzung bis Anfang August möglich.
Kultur: wie Blumenkohl.
Ernte: nach etwa acht Wochen reife „Blumen" fortlaufend abschneiden, die Seitentriebe wachsen weiter und können nachgeerntet werden. Zum sofortigen Verzehr verwenden.
Kulturfolge/Mischanbau: wie Blumenkohl.
Anbau unter Glas: wie Blumenkohl.
Hinweise: Sorten gemäß der Jahreszeit auswählen. Im Sommer kommen die Pflanzen leicht zur Blüte, deshalb entsprechend früh ernten.

Rosenkohl
Brassica oleracea var. *gemmifera*

Rosen- oder Sprossenkohl ist sozusagen die Miniaturausgabe der großen Kohlköpfe. Die sehr geschmackvollen, zarten Röschen entstehen in den Blattachseln der bis zu 1 m hohen Strünke. Am oberen Ende bildet sich ein größerer, lockerer Kopf, der nicht genutzt wird. Rosenkohl ist ein typisches Wintergemüse: Mild im Geschmack und richtig bekömmlich wird er erst nach Frosteinwirkung.
Standort: wie Blumenkohl.
Aussaat/Pflanzung: Aussaat von März bis Mai ins Freiland, bei Frühsaat unter Folie oder im Frühbeet. Pflanzung von Juni bis Juli mit 50–60 cm Abstand.
Kultur: gleichmäßig feucht halten, Unkraut entfernen. Nicht nachdüngen, damit die

Die Röschen in den Blattachseln kann man ab Oktober fortlaufend ernten

Röschen fest bleiben. Blätter an den Strünken belassen, sie wirken als Frostschutz. Sobald die Röschen haselnußgroß sind, Pflanzen entspitzen, dadurch gleichmäßigere Reife.
Ernte: ab Oktober laufend reife Röschen abpflücken. Ernte je nach Sorte und Pflanztermin durch den ganzen Winter bis Februar möglich.
Kulturfolge/Mischanbau: Starkzehrer. Vorkultur mit Hülsenfrüchten (Bohnen, Erbsen) günstig, auch Frühkartoffeln und Salate. Mischkultur wie Kopfkohl. Anbau höchstens im vierjährigen Wechsel, vergleiche Hinweis bei Kopfkohl.
Hinweis: Rosenkohl braucht viel Platz, damit auch die unteren Blätter genügend Licht bekommen und die Röschen gut reifen können.

Grünkohl
Brassica oleracea var. *sabellica*

Grün-, Kraus- oder Braunkohl ist eine besonders in Norddeutschland geschätzte Kohlart, die vor allem in den Wintermonaten für deftige Ab-

wechslung auf dem Speisezettel sorgt. Die fein gekräuselten Blätter des winterharten Gemüses enthalten viele Vitamine und Mineralstoffe – genau das richtige also für die kalte Jahreszeit.
Standort: wie Kopfkohl.
Aussaat/Pflanzung: im Mai oder Juni ins Frühbeet oder direkt ins Freiland, Pflanzung von Juni bis August mit 50–70 cm Abstand.
Kultur: gleichmäßig feucht halten, Unkraut entfernen.
Ernte: ab Oktober. Nach den ersten Frösten steigt der Zuckergehalt, der Grünkohl wird aromatischer und bekömmlicher. Ernte je nach Bedarf bis Januar oder Februar.
Kulturfolge/Mischanbau: Starkzehrer. Als Vorkulturen eignen sich vor allem Hülsenfrüchte, auch Kartoffeln, Salate. Mischanbau günstig mit Radicchio, Zuckerhut und Roten Beten. Anbau höchstens im vierjährigen Wechsel, vergleiche Hinweis bei Kopfkohl.
Hinweis: in rauhen Gegenden unbedingt gut frostharte Sorten wählen.

Garant für deftigen und gesunden Wintergenuß: der Grünkohl

Kohlrabi

Brassica oleracea
var. *gongylodes*

Zarte grüne oder violette Kohlrabiknollen sind sowohl roh als auch gekocht eine Delikatesse. Das schnell reifende und sehr einfach anzubauende Gemüse ist auch in anderen Ländern unter dem deutschen Namen Kohlrabi bekannt, da es in Deutschland schon immer besonders beliebt war.

Standort: sonnig; nährstoffreiche, kalkhaltige Böden, für den Frühanbau bevorzugt auf leichten, sich schnell erwärmenden Böden.

Aussaat/Pflanzung: ab Februar unter Glas aussäen, ab April ins Frühbeet pflanzen, mit 20–30 cm Abstand. Ab Mai direkt ins Freiland säen, pflanzen bis August.

Kultur: gleichmäßig feucht halten, Unkraut entfernen. Anhäufeln und Mulchen günstig.

Frühanbau auch unter Folienschutz möglich.

Ernte: Reife etwa acht Wochen nach der Aussaat. Noch junge, nicht zu große Knollen durch Abschneiden ernten, sie sind besonders zart.

Kulturfolge/Mischanbau: Mittelzehrer. Vorkulturen bei Sommer- und Herbstpflanzung: Salate, Möhren, Hülsenfrüchtler. Mögliche Nachkulturen sind Auberginen, Fenchel, Paprika, Tomaten, Lauch, Möhren, Rote Bete und Hülsenfrüchtler. Mischanbau günstig mit Bohnen, Gurken, Salaten, Rettich, Radieschen, Sellerie, Roten Beten. Anbaupausen von mindestens drei Jahren einhalten, vergleiche Hinweis bei Kopfkohl.

Anbau unter Glas: Aussaat Februar/März, Pflanzung März/April, Ernte ab April im Gewächshaus und Frühbeet.

Hinweise: Gleichmäßige Feuchtigkeit ist wichtig, damit die Knollen nicht holzig werden oder platzen. Die frischen Blätter sind ebenfalls ein schmackhaftes und wertvolles Gemüse, außerdem eine gute Suppenwürze.

Kohlrabi, Sorte 'Azur Star'

Chinakohl, Pak Choi

Brassica rapa ssp. *pekinensis*,
Brassica rapa ssp. *chinensis*

Innerhalb der großen Kohlgruppe gibt es weitere Gemüse, die mehr oder weniger nur bei Liebhabern bekannt sind. Der Wunsch nach möglichst großer Vielfalt in der Küche hat aber so manche Art in den Vordergrund gerückt, wie etwa den **Chinakohl** (*Brassica rapa*

Im Herbst werden die Blätter und Stiele des Pak Choi geerntet; er ist im Geschmack etwas kräftiger als der Chinakohl

ssp. *pekinensis*), der aus Ostasien stammt und ein sehr mildes Kohlaroma aufweist. Er wird ähnlich wie Grünkohl kultiviert, im Sommer gesät und im Frühherbst geerntet. **Pak Choi** oder **Senfkohl** (*B. rapa* ssp. *chinensis*) ist ebenfalls eine ostasiatische Spezialität, die keine festen Köpfe bildet, sondern lockere Blattrosetten. Die Kultur entspricht der des China- bzw. Grünkohls. Beide Arten lassen sich als Salat oder Gemüse zubereiten.

OBSTGARTEN

Kernobst
Birne
Pyrus communis

Zwar ist der Apfel bei uns die ungeschlagene Nummer eins unter den Obstbäumen, die Birne steht ihm jedoch nicht viel nach. Beide gehören zu den Rosengewächsen (*Rosa-*

ceae) und stammen aus Westasien. In der Milde des Geschmacks hat die Birne die Nase vorn: Durch die geringere Menge an Fruchtsäure schmeckt sie viel süßer als ein Apfel, ist dabei aber genauso kalorienarm und wird wegen ihrer entwässernden Eigenschaften gerne als gesunder Schlankmacher empfohlen. Die Züchtungsgeschichte der Birne läßt sich bis zu den alten Griechen und Römern zurück-

verfolgen. Einige Sorten aus dem 17. bis 19. Jahrhundert, die vor allem im Feinschmeckerland Frankreich, zum Teil aber auch in England und Italien entstanden, gehören noch heute zu den besten Birnen. Sie zeichnen sich durch besonders schmelzende Früchte mit butterweichem, aromatisch-saftigem Fruchtfleisch aus. Den Birnen merkt man ihren südländischen Ursprung etwas stärker an als den Äpfeln,

'Conference', eine anspruchslose Sorte mit sehr aromatischen Früchten ab Ende September

269

denn sie sind deutlich wärmebedürftiger. Vor allem die französischen Edelsorten brauchen zum Ausreifen der Früchte genügend Sonne und Wärme, sonst sind sie im Geschmack eher enttäuschend. Um den Ansprüchen solcher Sorten gerecht zu werden, empfiehlt sich die Spaliererziehung an einer geschützten Wand. Während man Apfelspaliere auch noch an der West- oder Ostseite des Hauses ziehen kann, sollte für Birnen nur die sonnige Südseite gewählt werden. Neben der Spalierform findet man bei Birnen vor allem den Spindel- oder Buschbaum. Diese nur etwa 2 m hohe Baumform hat nicht nur den

Vorteil der besseren Erreichbarkeit bei Ernte und Schnitt, sondern sie beginnt auch schon nach zwei Jahren zu tragen. Früher wurden Birnbäume bevorzugt als Halb- oder Hochstämme gepflanzt, wie man sie noch häufig in ländlichen Gegenden sieht. Auf den meist sehr kleinen Grundstükken, die dem Hobbygärtner heutzutage zur Verfügung stehen, sind jedoch diese größeren, breitkronigen Baumformen wegen ihres Raumbedarfes im wahrsten Sinne des Wortes „fehl am Platz". Einen großen Einfluß auf die Wuchsstärke und den Ertragsbeginn hat, wie auch bei anderen Obstarten, die Unterlage,

auf die die Sorte veredelt wird. In Frage kommen im wesentlichen zwei Typen: aus Quitten gezogene Unterlagen und Birnensämlinge. Am verbreitetsten ist 'Quitte MA'. Sie sorgt für frühen Fruchtbeginn bei hoher Qualität und nur mittelstarkem Wuchs, vereinigt also ideale Eigenschaften in sich. Der Preis dafür sind die etwas höheren Bodenansprüche und die verstärkte Frostempfindlichkeit der Wurzeln, die bei entsprechender Lage einen Winterschutz in den ersten Jahren nötig macht. Manche Sorten vertragen sich jedoch auch nicht mit der artfremden Quitte. Bei diesen wird eine Zwischenveredlung nötig, wobei man auf die Quittenunterlage zuerst eine verträgliche Birnensorte pfropft, auf die dann im nächsten Jahr die gewünschte Sorte veredelt wird. Unterlagen aus Birnensämlingen sind dagegen sehr robust und unempfindlich und kommen mit fast jedem Boden zurecht. Ihr Nachteil liegt in der kräftigen Wuchsstärke, was einen Fruchtansatz erst etwa ab dem fünften Jahr zur Folge hat.

Da die Birnen stark in die Höhe streben, muß man beim Schnitt darauf achten, den Mitteltrieb häufiger bis zum nächsten Konkurrenztrieb zurückzunehmen. Die Verlängerungstriebe werden auf etwa fünf Augen eingekürzt. Insgesamt ist ein eher stumpfer Kronenwinkel anzustreben. Der beste Boden für Birnen ist sandig-lehmig, warm und humos. Ungeeignet sind staunasse und zu schwere Böden; auf

Süß und saftig sind die Früchte von 'Clairgeaus Butterbirne' (etwas frostempfindlich)

Recht anspruchsvoll in bezug auf den Standort: die beliebte 'Williams Christ'

tungsdiagramm auf Seite 166 genannt sind, kommt im September zur Reife. Späte, lange lagerfähige Spezialitäten sind zum Beispiel die 'Gräfin von Paris' und die 'Nordhäuser Winterforellenbirne', beide starkwüchsig und wärmebedürftig. Anspruchslos ist dagegen die weit verbreitete 'Gute Graue', deren Anfang September reifenden kleinen Früchte gerne zu Mus, Saft oder auch Dörrobst verarbeitet werden. Ob man saftige, kräftig süße oder fein aromatische, schmelzende Birnen bevorzugt, wird bei der Sortenwahl sicher eine große Rolle spielen; man sollte sich jedoch unbedingt auch nach Wärmebedarf, Frostempfindlichkeit und Schorfanfälligkeit der jeweiligen Sorte erkundigen. Ein weiteres wichtiges Kriterium ist – je nach Gartengröße – außerdem die Wuchsstärke, die nicht nur von der Unterlage, sondern auch von der Sorte selbst abhängt.

sehr sandigem, leichtem Untergrund können nur auf Sämlinge veredelte Birnen verwendet werden. Wichtig ist das Anlegen einer Baumscheibe, über die man die Nährstoffe, am günstigsten in organischer Form, zuführt. Bezüglich der Spurenelemente sollte man auf eine ausreichende Borversorgung achten, denn bei Bormangel werden die Früchte deformiert, kernhart und unbrauchbar. Dies muß nicht unbedingt an einer Unterversorgung des Bodens liegen: Ist sein pH-Wert zu hoch, kann die Pflanze nicht genügend Bor aufnehmen, auch wenn dieses Spurenelement im Boden reichlich enthalten ist. Ebenso wie Apfel- und Süßkirschenbäume sind auch Birnen selbstunfruchtbar, brauchen also zum Fruchtansatz eine Fremdsorte, die als Bestäuber (Pollenspender) fungiert. Über geeignete Sorten-

kombinationen informiert Sie das Kapitel „Befruchtersorten" im „Juni".

Entgegen der weit verbreiteten Meinung lassen sich auch Birnen lagern, allerdings je nach Sorte sehr unterschiedlich lange. Die sogenannten Sommerbirnen sind bereits im August erntereif und werden am besten innerhalb einiger Tage gegessen; Herbstbirnen dagegen halten etwa fünf Wochen, und Winterbirnen, die man erst ab Oktober erntet, müssen einige Wochen bis Monate gelagert werden, um ihr volles Aroma zu entfalten. Die Lagerung muß bei möglichst tiefen Temperaturen, aber frostfrei und bei ziemlich hoher Luftfeuchtigkeit erfolgen.

Zu den Sommerbirnen zählen beispielsweise die aromatische 'Bunte Julibirne' und die würzige 'Frühe von Trévoux' (Ernte Mitte August). Der Großteil der Sorten, die im Befruch-

Eine der frühesten Sorten, die 'Bunte Julibirne', im Schutz einer Hauswand gezogen

GESTALTUNG

Blattschmuckstaudenbeet
Grüne Eleganz

Warum sollten bei einer Beetgestaltung immer nur Blüten die Hauptrolle spielen? Mindestens ebenso interessant und abwechslungsreich sind Blätter in allen Grünschattierungen oder mit zusätzlichen anderen Tönen, mit auffälliger Zeichnung, mit interessanter Struktur und Oberfläche oder mit extravaganter Form. Viele Stauden, nicht nur Farne und Gräser, tragen Laub, das eines eigenständigen Auftritts durchaus würdig ist. Daß manche dieser Pflanzen darüber hinaus auch noch schön, wenn auch verhalten blühen, macht sie zu wahren Stars der grünen Bühne.
Blattschmuckstauden werden hauptsächlich als Vermittler in bunte Beete eingestreut, sie wirken zwischen den Farben beruhigend und ausgleichend. Ansprechende Blätter stellen in solchen Beeten einen zusätzlichen, dauerhaften Schmuck dar, sie sorgen auch dann für Leben, wenn es mal nicht so üppig blüht.

Ausschließlich mit Blattschmuckstauden gestaltete Beete sind dagegen noch recht selten in Gärten zu finden, aber wer einmal Gefallen an der ungeheuren Vielfalt der Blattformen und -farben gefunden hat, wird von den eleganten Pflanzkombinationen mit ruhigem Ausdruck überzeugt sein.
Beete, die durch ihre verschiedenen Grüntöne wirken und in denen die einzelnen Blattformen und -strukturen zur Geltung kommen, können an vielen Stellen im Garten angelegt werden. Am Gehölzrand finden sie ebenso ihre Bühne wie im Steingarten, als Blumeninsel in Rasenflächen oder am Teichrand.

Bestimmende Gestalt im Beetvorschlag ist die Rodgersie mit ihren kastanienähnlichen Blättern. Gegengewichte auf der anderen Beetseite bilden die feinen, zarten Thalictren mit akeleiartigem Blattwerk und duftigen, rosa Blütenrispen, die über dem herzförmigen, gekerbten Laub der Tellima schweben. Die derb wirkenden Tellimablätter verfärben sich im Herbst weinrot und zieren bis lange in den Winter hinein. Verschiedene Funkien mit völlig unterschiedlichen Wuchsformen bilden kleine Gruppen. Die Goldrandfunkie trägt großes, glänzendes Laub mit

Beetgröße: 2,5 x 1,5 m;
geeigneter Standort:
halbschattig,
auf humosem,
nährstoffreichem,
frischem Boden

gelbem Rand, die Lilienfunkie eiförmige, hellgrüne Blätter, während die der Schmalblattfunkie frischgrün und schlank sind. Im Sommer bestechen vor allem die großen weißen Trichterblüten der Lilienfunkie, die intensiv duften. Niedrige Gruppen von gelbgrünem Frauenmantel, von Elfenblumen, die im Frühling kleine weiße Orchideenblüten tragen, von mattgrünen Waldschaumkerzen und purpurfarbenem Günsel füllen die Zwischenräume mit abwechslungsreichen Decken.

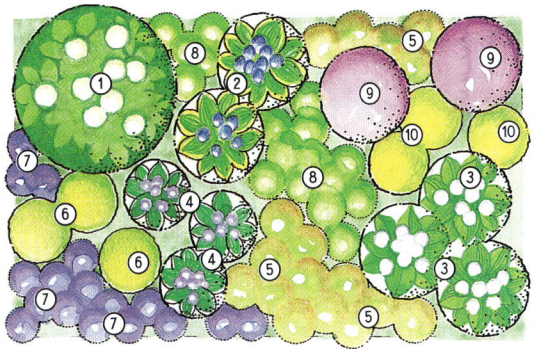

① Rodgersie (Rodgersia aesculifolia)
② Goldrandfunkie (Hosta fortunei 'Aureomarginata')
③ Lilienfunkie (Hosta plantaginea)
④ Schmalblattfunkie (Hosta sieboldii 'Lavender Lady')
⑤ Elfenblume (Epimedium grandiflorum)
⑥ Frauenmantel (Alchemilla mollis)
⑦ Purpurgünsel (Ajuga reptans 'Purpurea')
⑧ Waldschaumkerze (Tiarella cordifolia)
⑨ Thalictrum (Thalictrum dipterocarpum)
⑩ Tellima (Tellima grandiflora 'Purpurea')

N O V E M B E R

Kleine Wetterkunde
Nebel

Nebelmond, eine alte Bezeichnung für November, besagt treffend, daß Nebel eine charakteristische Wettererscheinung dieses Monats ist. Nebel entsteht, wenn bodennahe Luftschichten durch Abkühlung mit Wasserdampf gesättigt werden; die Feuchtigkeit kondensiert zu kleinen Tröpfchen, wodurch sich ein sichtverwehrender Schleier bildet. Er kann

Der früher gebräuchliche Name „Nebelmond" beschreibt den November sehr treffend

NOVEMBER

als bodennaher Nebel auftreten, aus dem Hügel und hohe Gebäude herausragen, als dichter Nebel mit Schichtdikken von mehreren hundert Metern oder als Hochnebel. Steigender Nebel gilt als Zeichen für Schlechtwetter, umgekehrt kündigt fallender Nebel gutes Wetter an.

Häufig wiederkehrende Wetterereignisse

Nach anfänglich meist trockener Wetterlage, die oft schon Nebel bringt, folgt eine wechselhafte Periode mit mildem, regenreichem Wetter. Häufig herrscht um die Monatsmitte eine Hochdrucklage, die auf den Bergen Sonnenschein und herrliche Fernsicht verheißt, im Flachland dagegen für eine trübe Nebelsuppe sorgt. Ende des Monats vollzieht sich meist wieder ein Wechsel zu relativ mildem Regenwetter.

Pflanze des Monats

Schlehe
Prunus spinosa

Die blauen Schlehen erntet man erst, wenn die bittere Fruchtsäure durch die ersten Fröste in Zucker umgewandelt wurde. Dann eignen sich die Beeren sowohl zur Herstellung von Wein und Schnaps als auch von Saft und Kompott. Schlehen sind schon sehr lange ein beliebtes Wildobst, das zuweilen auch als Notvorrat diente. Auf die Popularität des sparrigen, dornigen Strauches weisen nicht zuletzt die vielen volkstümlichen Namen hin, unter denen er – regional unterschiedlich – bekannt ist. So heißt die Schlehe auch Schlehdorn, Schwarzdorn, Hagedorn und Krietschpflaume.

Wissenswertes: Dornen

Schlehe, Berberitze, Weißdorn und viele andere Pflanzen bewehren sich gegen Fraßfeinde mit Dornen. Dornen sind starre, spitze Umbildungen von Blättern oder Trieben, die sich nur mit Gewalt von der Pflanze lösen lassen. Bei Stacheln dagegen handelt es sich um Auswüchse der obersten Rindenschicht, sie lassen sich, wie zum Beispiel bei der Rose, sehr leicht abbrechen.

Bewährtes Wissen
Bauernregeln

Novemberschnee / tut der Saat nicht weh.
Novembermorgenrot / mit langem Regen droht.
Ist der November kalt und klar, / wird trüb und mild der Januar.

Lostage

1. November: Allerheiligen bringt Sommer für alte Weiber, / der ist des Sommers letzter Vertreiber.
11. November: St. Martin trüb / macht den Winter lind und lieb, / ist er aber hell, / macht er Eis gar schnell.
25. November: Wie St. Kathrein / wird's auch an Neujahr sein.

Ab September erfreut die Lampionblume (Physalis alkekengi) den Betrachter mit ihren leuchtendroten Früchten

Zeichen der Natur

Mit dem Ende der Feldarbeiten, meist etwa Mitte November, endet auch der Spätherbst, der im langjährigen Mittel am 24.10. mit dem allgemeinen Laubfall beginnt. Die Pflanzen begeben sich in die winterliche Ruhe. Nur noch vereinzelt lassen sich ein paar Blüten und Wildfrüchte sehen, darunter besonders auffällig die Früchte der Lampionpflanze *(Physalis alkekengi)* und des Silberlings *(Lunaria annua, L. rediviva)*.

Die Beeren der Schlehe lassen sich vielfältig verwenden. Man erntet sie nach den ersten Frösten, um sie zu Kompott, Saft, Wein oder Schnaps zu verarbeiten

ALLE ARBEITEN AUF EINEN BLICK

Allgemeine Gartenarbeiten
Wintervorbereitungen

- Wasser abstellen, Leitungen und Schläuche entleeren ☐
- Geräte reinigen, einfetten und einräumen ☐
- bei einsetzendem Frost Winterschutz auflegen ☐
- Laub rechen; kompostieren oder zum Mulchen verwenden ⊞

Boden

- gegebenenfalls Bodenanalysen durchführen lassen ☐

Arbeiten im Ziergarten
Pflanzung

- Gehölze und Rosen pflanzen, Winterschutz geben ☐

Pflege

- Staudenbeete und Rabatten mit einer ein bis zwei Finger dicken Schicht Komposterde, Rindenmulch oder Laubstreu überziehen ☐

Arbeiten im Gemüsegarten
Aussaat und Schutz

- Aussaat unter Glas: Kopfsalat, Rettich, Radieschen ☐
- Frühbeet mit Noppenfolie oder Brettern vor starkem Frost schützen ☐

Ernte

- Winterlauch, Endivien- und Feldsalat, Herbstkohl, Grünkohl, Rosenkohl ernten ☐
- Gemüselager kontrollieren ⊞

Arbeiten im Obstgarten
Vermehrung

- Steckhölzer von Beerenobst schneiden (erst nach vollständigem Blattfall) ☐

Pflege und Pflanzenschutz

- Kernobst zurückschneiden, wenn starker Austrieb gewünscht wird ☐
- Baumscheiben mulchen ☐
- Bakterienbrand bei Obstbäumen bekämpfen ☐

Ernte

- Obstlager kontrollieren ⊞

! Nachholtermine

- Boden lockern, düngen, mulchen bis zum Frostbeginn ☐
- neue Beete vorbereiten ☐
- Schlupfwinkel für Nützlinge anlegen (z. B. Laub- und Reisighaufen) ☐
- Stauden bis zum Boden zurückschneiden ☐
- Dahlien einräumen ☐
- Pflanzung kleiner Zwiebel- und Knollengewächse noch möglich ☐
- Neupflanzungen mit Komposterde überziehen ☐
- immergrüne Gehölze gründlich wässern ☐
- Kübelpflanzen einräumen ☐
- Leimringe an Obstbäumen anbringen ☐

QUER DURCH DEN GARTEN

Grau und trübe – so sind die Tage im November häufig, selbst über dem Garten liegt eine fast schwermütige Stimmung. Bei dem unwirtlichen Wetter sitzt man lieber im Warmen und träumt den bunten Blumen des Sommers nach. Die Erinnerung läßt sich jedoch auch einfangen: Trokkenblumen halten lange und bringen sommerliche Heiterkeit in die Stube. Wer rechtzeitig vorgesorgt und Schnittblumen konserviert hat, kann

jetzt hübsche Sträuße und Gestecke gestalten.

Wenn es draußen kaum noch etwas zu tun gibt, ist die Zeit gekommen, die vergangene Gartensaison Revue passieren zu lassen, vielleicht schon ein paar Ideen für das nächste Jahr zu sammeln und sich über Grundlagen gärtnerischen Erfolgs zu informieren. Der Boden als wertvolles Gut, neue gestalterische Akzente durch Farne, Bereicherung des Speisezettels durch seltene Obstarten – über Themen dieser Art kann man sich nun in Muße Gedanken machen und sich so die Tage bis zum kommenden Gartenjahr verkürzen.

Gartenböden
Wertvolles Gut

Die Bedeutung des Bodens im Garten wird einem oft erst dann bewußt, wenn Pflanzen kümmern oder nur wenig Ertrag bringen. Der Boden ist die Grundlage pflanzlichen Lebens und Wachstums: In ihm finden die Wurzeln Halt zum Verankern, die unzähligen feinen Saughärchen, die die Feinwurzeln umgeben, erschließen sich aus dem Boden die lebensnotwendigen Nährstoffe und das Wasser. Sehr anschaulich wird die immense Bedeutung des Bodens, wenn man

Das Gartenjahr neigt sich dem Ende entgegen; einige Pflanzen, wie Nadelgehölze und Wintergemüse, halten die Stellung

N O V E M B E R

Ein fruchtbarer, humoser Gartenboden ist eine entscheidende Voraussetzung für gesundes Pflanzenwachstum

Lehmböden weisen eine ideale Zusammensetzung auf und sind günstige Pflanzenstandorte

sich einen Baum betrachtet: Die Hälfte seiner Biomasse befindet sich unter der Erde, lebt also unterirdisch.

Wasser und Nährstoffe sind im Boden an kleinste Teilchen, die Humusbestandteile und Tonminerale, gebunden und dort für die Saughärchen der Wurzeln erreichbar. Je mehr ein Boden über die genannten Bestandteile verfügt, desto besser kann er für die Ernährung der Pflanzen sorgen, desto seltener muß gegossen und gedüngt werden. Neben dem Gehalt an Humus- und Tonteilchen ist die sogenannte Gründigkeit wichtig, das heißt die Tiefe des Bodens bis zum anstehenden Gestein, aus dem er sich durch lang andauernde Verwitterung und die Tätigkeit der Bodenlebewesen entwickelt hat.

Bodenarten

Ein Boden kann natürlich keinen unbegrenzt hohen Ton- und Humusanteil haben, denn die Wurzeln brauchen auch Luft zum Atmen. Gewährleistet wird dies durch ein ausge-

wogenes Verhältnis der Bodenarten, aus denen ein Boden zusammengesetzt ist, nämlich **Ton, Schluff** und **Sand**. Sand weist die gröbste und Ton die feinste Körnung auf. Sehr sandiger Boden ist zwar gut belüftet und läßt sich leicht bearbeiten, das Wasser versickert in ihm jedoch schnell. Ein Boden mit hohem Tongehalt dagegen vermag Wasser gut zu speichern; seine Poren sind jedoch so klein, daß es darin sehr stark festgehalten wird und den Pflanzenwurzeln nicht zur Verfügung steht. Entsprechend schlecht ist die Luftzufuhr tonreicher Böden, die sich zudem schwer bearbeiten lassen. Optimal ist ein **Lehmboden**, der sich zu je etwa einem Drittel aus Sand, Schluff und Ton zusammensetzt: Er bietet Pflanzen einen idealen Standort. Im Garten kann der Sandanteil mit bis zu 60 % etwas höher als beim reinen Lehmboden sein, man spricht dann von sandigem Lehm.

Die Zusammensetzung Ihres Gartenbodens können Sie selbst feststellen, indem Sie eine einfache **Fingerprobe** durchführen. Dazu stechen Sie mit dem Spaten ein Stück der Bodenscholle aus, nehmen

jeweils von einer farblich einheitlichen Schicht etwas Boden in die Hand und feuchten ihn leicht an (etwa mit einem Zerstäuber). Nun versuchen Sie, die Probe zu einer fingerdicken Wurst auszurollen. Wenn dies gelingt, ist der Boden ziemlich tonreich. Falls die Probe zerfällt, reiben Sie die Erde zwischen den Fingern. Sind dabei deutlich die einzelnen Körner zu spüren, dann läßt dies auf einen hohen Sandanteil schließen, dessen Körner relativ grob sind (etwa 0,1–1 mm). Wenn dagegen ein recht feiner, mehliger Belag zwischen den Fingerrillen hängenbleibt, handelt es sich um Schluff, die Bodenart mit mittlerer Korngröße. Das Ergebnis dieser einfachen Probe kann schon einen Hinweis geben, wie der Boden behandelt und eventuell verbessert werden sollte. Für eine genaue Beurteilung Ihres Bodens sind natürlich exaktere Methoden notwendig, mit denen man den Anteil der einzelnen Bodenarten in den verschiedenen Schichten bzw. Tiefen feststellen kann.

Solche Untersuchungen sind Bestandteil einer Bodenanalyse (siehe Hinweis am Ende dieses Kapitels).

Bodenhorizonte

Wenn Sie eine Scholle Ihres Bodens mit dem Spaten abstechen und genau betrachten, werden Ihnen in der Regel zwei Schichten mit unterschiedlicher Färbung auffallen: oben ein sehr dunkler, schwärzlicher Bereich, der sogenannte **Oberboden**, darunter eine eher braune Schicht, der **Unterboden**. Diese Schichten bezeichnet man auch als Horizonte. Zum dritten, zuunterst liegenden Horizont wird man mit dem Spaten kaum vorstoßen: Er wird vom steinigen Untergrund gebildet, der meist erst ab 80–100 cm Tiefe ansteht. Von diesem **Ausgangsgestein** kann man zuweilen auch einige Brocken im Unterboden finden.

Während der braune Unterboden den Wurzeln vorwiegend zur Verankerung und Wasserversorgung dient, sorgt der schwarze Oberboden vor allem für die nötigen Nährstoffe. Die schwarze Färbung wird durch Humusbestandteile verursacht, die von oben eingeschwemmt werden. Zuoberst liegt als nur wenige Zentimeter dicke, tiefschwarze Schicht der Humus, in dem man meist noch einige zersetzte Pflanzenreste erkennen kann. Er entsteht durch die sehr komplexen Vorgänge der Verwesung, Zersetzung und Humifizierung, bei der die Pflanzenreste mit Hilfe unzähliger kleiner Bodenlebewesen, Bakterien, Strahlenpilze und Pilze in wertvollen Humus umgewandelt werden.

Prinzipiell zeigen die meisten Böden eine ähnliche Schichtung: Unter einer dünnen, tiefschwarzen Humusauflage findet sich der humose Oberboden ①, darunter der oft bräunliche Unterboden ② oder ein hellbrauner Übergangshorizont. Zuunterst liegt das Ausgangsgestein ③

Bodenverbesserung

Wenn der Boden in Ihrem Garten entweder zu leicht, also zu sandig, oder aber zu tonig bzw. zu schwer ist, müssen Sie sich damit keinesfalls einfach abfinden, denn es stehen einige Methoden zur Verbesserung zur Verfügung. Am einfachsten läßt sich ein leichter Boden aufwerten, indem man Lehm oder tonreiche Erde untermischt. Da Sandböden meist recht humusarm sind, ist auch das „Allheilmittel" Kompost sehr gut zur Verbesserung und gleichzeitigen Humusanreicherung geeignet. Durch das reiche Bodenleben, das ein reifer Kompost mitbringt, wird im Boden die Streuumsetzung und Nährstoffnachlieferung angekurbelt, die Struktur wird krümelig, wodurch sich auch die Durchlüftung verbessert. Auf den für

281

Bodenverbesserung vielfach empfohlenen Torf sollten Sie zugunsten der wenigen noch intakten Moorreste verzichten und statt dessen Kompost verwenden, der das gleiche bewirkt und notfalls auch zugekauft werden kann.

Das „Gold des Gärtners" macht man sich auch bei der Verbesserung schwerer, tonreicher Böden zunutze, die man außer mit Sand ebenfalls mit Kompost versetzt. Zuvor werden allerdings die meist groben Schollen gebrochen und mit der Grabgabel oder dem Spaten zerkleinert. Eine sehr mühsame Arbeit, die am besten im Herbst verrichtet wird, da dann zusätzlich der Frost etwas in die Tiefe eindringen kann und die Schollen zerkleinert. Im Frühjahr mischt man dann den Sand und Kompost unter. Auch Kalkgaben helfen bei tonreichen Böden, denn sie vermindern das Verkleben der Bodenteilchen und verbessern dadurch die Struktur.

Staunasse Böden, die Sie an einer orangen oder gar bläulichgrünen, fleckigen Färbung des Unterbodens erkennen, müssen vor einer Verbesserung häufig drainiert und tief gelockert werden, womit man einen Fachmann mit geeigneter Ausrüstung beauftragen sollte. Solche Böden sind oft stark verdichtet, was bei Neubaugrundstücken manchmal einfach die Folge des Befahrens mit schweren Baumaschinen ist. Die verdichteten Bereiche stellen dann für die Wurzeln ein ernsthaftes Hindernis dar. Das Pflanzen von Staunässe ertragenden Gehölzen wie

Weiden oder Erlen wirkt sich günstig aus, denn sie können durch den ständigen Wasserverbrauch die Bodennässe verringern.

Eine andere Methode, Böden zu verbessern, ist die Gründüngung, die außerdem sehr viel weniger Arbeitsaufwand als andere Maßnahmen erfordert. Hierüber informiert Sie ein gesondertcs Kapitel im „September". Allerdings dauert es etwas länger, bis sich die verbessernde Wirkung einstellt, da man zunächst das Aufwachsen der Pflanzen und nach dem Einarbeiten das Verrotten abwarten muß. Es kann also nicht gleich etwas gepflanzt oder angebaut werden. Eine Grüneinsaat kann jedoch durchaus attraktiv aussehen und so über die Wartezeit hinwegtrösten.

Säuregrad und pH-Wert

Ein wichtiger Punkt zur Beurteilung eines Bodens ist der pH-Wert, der Aufschluß über den Säuregrad gibt. Er wird auf einer 14teiligen Skala angegeben, wobei die Werte unter 7 einen sauren, diejenigen über 7 einen basischen (alkalischen) Boden kennzeichnen. Die Säure enthält nicht der Boden selbst, sondern das Bodenwasser, das die Pflanzen aufnehmen und in dem die Nährstoffe gelöst sind. Hierbei spielt nun der Säuregrad eine entscheidende Rolle, denn je nach pH-Wert sind die Nährsalze unterschiedlich gut löslich. Beispielsweise sind Eisen und Phosphat nur im sauren Be-

Auf kalkhaltigem, basischem Boden kann es bei manchen Pflanzen – hier bei Birne, zu Eisenmangelerscheinungen kommen

reich für die Pflanzen verfügbar, in einem basischen Bodenmilieu dagegen fest gebunden, was bei empfindlichen Pflanzen wie der Weinrebe zu einer Mangelkrankheit mit starken Blattaufhellungen (Chlorose) führen kann. Der pH-Wert hängt indirekt mit dem Kalkgehalt des Bodens zusammen: Saure Böden sind in der Regel kalkarm, basische Böden kalkreich.

Rhododendren und viele Moorbeetpflanzen brauchen einen sauren pH-Wert, etwa um 5, da sie keinen Kalk vertragen, andere Arten dagegen gedeihen nur, wenn der Kalkgehalt genügend hoch ist. Der ideale pH-Wert für die meisten Gartenpflanzen liegt bei etwa 6,5.

Auskunft über den pH-Wert geben einfache Schnelltests (Calcitest, Hellige-Pehameter), die man im Gartenfachhandel erhält. Gerade bei Gartenneuanlagen ist jedoch eine umfangreiche Bodenanalyse empfehlenswert, die zugleich eine ausführliche Düngeempfehlung umfaßt. Bodenanalysen werden sowohl von staatlichen und städtischen Bodenuntersuchungsanstalten als auch von vielen privaten Labors durchgefährt. Adressen findet man im Branchenbuch („Gelbe Seiten") oder kann man bei Landwirtschaftskammern oder auch Landratsämtern erfragen. Mit im Schnitt etwa 50 DM ist eine solche Analyse durchaus erschwinglich, zumal sich die Kosten häufig durch Einsparung von Dünger schnell bezahlt machen. Sie tun außerdem der Umwelt einen Gefallen, denn in privaten Kleingärten wird leider immer noch oft zuviel gedüngt.

ZIERGARTEN

Farne

Farne spielen wie Gräser in Gärten meist eine untergeordnete Rolle, sie können noch weniger als diese mit auffälligen Blüten aufwarten. Blüten, wie wir sie von den anderen Gartenpflanzen kennen, werden bei ihnen nicht gebildet; Farne vermehren sich statt dessen durch Sporen, die in kleinen Häufchen auf der Unterseite der Blattwedel oder, wie beim Strauß- oder Königsfarn, auf eigenen Sporenwedeln bzw. Wedelteilen gebildet werden.

Wegen dieser Vermehrungsart zählen die Farne auch, anders als die sonstigen Gartenpflanzen, nicht zu den Samen- oder Blütenpflanzen, sondern stellen ein Relikt aus der langen Entwicklungsgeschichte pflanzlichen Lebens dar. Seit der Steinkohlenzeit haben sie

Farne bringen ein ganz besonderes Flair in den Garten und sind vielseitig einsetzbar

283

Die Mauerraute (Asplenium ruta-muraria) ist auch im Steingarten gut aufgehoben

sich nur wenig verändert. Sie bringen daher mit ihren anmutigen Wedeln eine ganz besondere, „urzeitliche" Stimmung in den Garten.

Der etwas „altertümliche" Aufbau der Farnpflanzen bringt es mit sich , daß viele Arten bezüglich der Wasserversorgung relativ anspruchsvoll sind. Dies liegt an der im Vergleich zu den Blütenpflanzen unvollständig ausgebildeten Schutzschicht der Blätter und am eher primitiven Wurzelsystem. Ihre Hauptverbreitungsgebiete liegen daher in den feuchten Tropen. Bei uns besiedeln Farne von Natur aus vorwiegend Standorte, die eine hohe Luftfeuchtigkeit aufweisen, wie schattige Schluchtwälder oder quellfeuchte Hänge. Trotz dieser Einschränkung sind sie aber im Garten recht vielseitig verwendbar.

Hauptsächlich eignen sich Farne für die Lebensbereiche unter Gehölzen und am Gehölzrand. Hier lassen sie sich sehr schön mit schattenverträglichen Blütenstauden wie Silberkerze (Cimicifuga-Arten), Funkien (Hosta-Arten), Japanischer Anemone (Anemone japonica), Kaukasusvergißmeinnicht (Brunnera macrophylla), Astilben (Astilbe-Arten), Elfenblume (Epimedium-Arten) kombinieren. Gerade am Gehölzrand passen auch Zwiebelpflanzen wie Puschkinien (Puschkinia), Narzissen (Narcissus) oder auch Tulpen (Tulipa), die nach der Frühjahrsblüte einziehen, sehr gut zu ihnen, da Farne eher spät austreiben. Vor allem die verschiedenen Arten des Wurmfarn (Dryopteris) und des Schildfarn (Polystichum) sowie der zarte Frauenfarn (Athyrium filix-femina) kommen hierfür in Frage.

Einige Arten lassen sich jedoch auch im Steingarten verwenden, beispielsweise die Steinfeder (Asplenium trichomanes) oder andere Streifenfarne (Asplenium-Arten). Diese kommen von Natur aus an mehr oder weniger schattigen Felspartien sowie in Mauerritzen vor und lassen sich hübsch mit kleinen Polsterstauden kombinieren, die für die entsprechenden Farbtupfer sorgen.

Nur wenige Farne eignen sich so gut zum Verwildern wie der Straußfarn (Matteuccia struthiopteris) mit seinen 1 m hohen, trichterartigen Wedelrosetten. Durch unterirdische Rhizome kann er sich in günstigen Lagen ausbreiten und am Gehölzrand oder in einem nicht zu sonnigen Rasenstück ganze Flächen besiedeln. Er läßt sich auch sehr gut in eine Pflanzung mit Rhododendren einfügen.

Schattenspezialisten: der gefiederte Frauenfarn (Athyrium filix-femina) und der Hirschzungenfarn (Phyllitis scolopendrium) mit leicht glänzenden, glatten Blättern

Den Straußfarn (Matteuccia struthiopteris) kann man gut verwildern lassen

Einen besonders attraktiven Blickfang stellt der leider selten gepflanzte Königsfarn *(Osmunda regalis)* mit seinem ebenmäßig gefiederten Laub dar. Bei guter Wasserversorgung kann man ihn auch an sonnigere Stellen setzen, beispielsweise an einen Gewässerrand, wo er sich ausgesprochen wohl fühlt und mächtige, bis 2 m hohe Horste bilden kann. Zur „Blütezeit" treibt er die ganz anders gestalteten, braunen Sporenwedel, die sich sehr schön vom kräftigen Grün der Blätter abheben. Zum Überwintern benötigt er eine leichte Reisigdecke.
Alle Farne sind für einen humosen Boden dankbar. Besonders günstig wirken Laubmulch und eine jährliche Kompostgabe; so erhalten die Farne unter allmählicher Freisetzung und längerfristig die Nährstoffe, die sie benötigen. Die abgestorbenen Wedel sollten erst im Frühjahr abgeschnitten werden, da sie die Pflanze im Winter vor Kälte schützen.

Vermehren kann man viele Farne einfach durch Teilung ihrer Rhizome, so den Straußfarn *(Matteuccia)*, den Wurmfarn *(Dryopteris)*, den Königsfarn *(Osmunda)*, den Perlfarn *(Onoclea sensibilis)* und den Schildfarn *(Polystichum)*. Für das erfolgreiche Anwachsen der Teilstücke ist eine hohe Luftfeuchtigkeit wichtig. Viele Arten lassen sich auch durch die staubfeinen Sporen vermehren. Man sät sie in Torf

aus; nach etwa drei Wochen bilden sich bei genügend Wärme und Feuchte die daumennagelgroßen Vorkeime, die mit einer feinen Brause beregnet werden, um die Geschlechtszellen zu übertragen. Bei einigen Pflänzchen gelingt dies sicher auch, sie wachsen dann zu neuen, jungen Farnen heran und können ausgepflanzt werden.

Trockenblumen
Dauerblüher

Getrocknet kann sich die Blütenherrlichkeit des Gartens noch einmal für lange Zeit als Strauß oder Gesteck im Zimmer entfalten. Nicht umsonst nennt man viele zum Trocknen geeignete Arten „Immortellen", also „Unsterbliche" – schließlich ließen sie sich unbegrenzt erhalten. Neben der Formenvielfalt geben die verhaltenen, dezenten Farbtöne den Trockenblumen einen eigenen Charme. Grund genug, im Garten rechtzeitig für den lang haltenden Schmuck zu sorgen, indem man geeignete Sommerblumen, Stauden und Gräser sät bzw. pflanzt. Blüten zum Trocknen werden am besten geschnitten, wenn sie gerade eben erblüht sind. Man entfernt alle Blätter von den Stengeln, bündelt sie und hängt sie kopfüber an einem schattigen, luftigen Ort für mehrere Tage bis Wochen auf. Bei einigen Arten, zum Beispiel bei Strohblumen, entfernt man die Stengel und zieht statt dessen einen Draht durch die Blüten.

Blütenschmuck für alle Jahreszeiten: Trockenblumenstrauß in gedämpften Farben

Blumen und Gräser zum Trocknen

Deutscher Name	Botanischer Name	Schnitt; Hinweise
Edelgarbe	*Achillea*-Hybriden	knospig schneiden
Sternkugellauch	*Allium christophii*	Blüten oder Samenstände
Perlpfötchen	*Anaphalis*-Arten	knospig schneiden
Zittergras	*Briza*-Arten	ausgereifte Blütenstände
Silberdistel	*Carlina acaulis*	gerade erblüht schneiden
Pampasgras	*Cortaderia selloana*	voll erblüht schneiden
Kugeldistel	*Echinops*-Arten	gerade erblüht schneiden
Edeldistel	*Eryngium*-Arten	bei voll ausgefärbten Hochblättern schneiden
Kugelamarant	*Gomphrena globosa*	voll erblüht schneiden
Schleierkraut	*Gypsophila*-Arten	voll erblüht schneiden
Strohblume	*Helichrysum bracteatum*	knospig schneiden, Blüten drahten
Sonnenflügel	*Helipterum*-Arten	voll erblüht schneiden
Hasenschwanzgras	*Lagurus ovatus*	ausgereifte Blütenstände
Meerlavendel	*Limonium*-Arten	voll erblüht schneiden
Silberling	*Lunaria annua*	Fruchtstände, Fruchthäute entfernen
Lampenputzergras	*Pennisetum*-Arten	ausgereifte Blütenstände
Lampionblume	*Physalis alkekengi*	voll ausgefärbte Fruchtstände
Fetthenne	*Sedum telephium*	knospige Blütenstände
Federgras	*Stipa*-Arten	ausgereifte Blütenstände

Edeldistel (Eryngium alpinum)

Meerlavendel (Limonium sinuatum)

Silberling (Lunaria annua)

Strohblume (Helichrysum bracteatum; vorn)

GEMÜSEGARTEN

Zwiebelgemüse
Lauch
Allium porrum

Lauch oder Porree gehört zu den Liliengewächsen *(Liliaceae)* und stammt von der Perlzwiebel *(Allium ampeloprasum)* ab; anders als diese bildet er jedoch keine Zwiebel, sondern einen dicken, kräftigen Schaft. Die langen Stangen mit dem milden Zwiebelaroma waren schon im Altertum bekannt. Als Suppenwürze wie als Kochgemüse bildet der Lauch eine wesentliche Ergänzung vor allem des winterlichen Speiseplans. Dementsprechend wird er im Garten hauptsächlich in Winterkultur angebaut.

Standort: sonnig; nährstoffreiche, lockere, tiefgründige Böden mit guter Wasserversorgung.

Aussaat/Pflanzung: Sommerlauch ab Februar unter Glas (ungeheizt) vorziehen; bleistiftstarke Setzlinge ab Mai in Reihen auspflanzen, Reihenabstand 30 cm, Abstand innerhalb der Reihe 15–20 cm. Winterlauch ab April aussäen, Pflanzung ab Ende Juni. Vor der Pflanzung 15–20 cm tiefe Furchen ziehen, mit einem Pflanzholz Pflanzlöcher stechen, Lauch hineinsetzen und gründlich mit Wasser einschlämmen.

Kultur: gleichmäßig feucht halten, Unkraut bekämpfen. Die Stangen nach und nach anhäufeln, dadurch bleiben sie

Lauch in Mischkultur mit Roten Beten

schön weiß. Verfrühung beim Sommeranbau durch Folie oder Vlies möglich. Mulchen. Winterlauch bei starken Frösten eventuell mit Folie schützen.

Ernte: Stangen je nach Bedarf ernten; Sommerlauch ab Ende Juni bis Ende September, Winterlauch kann den ganzen Winter hindurch frisch geerntet werden. Stangen mit der Hand aus der Erde ziehen, eventuell mit dem Spaten oder der Grabgabel vorher lockern. Gut lagerfähig.

Kulturfolge/Mischanbau: Starkzehrer. Mögliche Vorkulturen: Salat, Erbsen, Kohlrabi, Spinat, Frühkartoffeln. Mischanbau günstig mit Endivien, Kartoffeln, Sellerie, Schwarzwurzeln, Tomaten und Zwiebeln. Nachkultur nach Sommerlauch mit Winterkohl oder Endivien möglich. Winterlauch ist eine ausgezeichnete Vorkultur für alle anderen Gemüse.

Anbau unter Glas: Aussaat ab Dezember, Pflanzung im März mit 10 x 20 cm Abstand. Ernte ab Mai.

Hinweis: Zarten Lauch von zwar geringerem Durchmesser, aber milderem Geschmack bekommt man, wenn jeweils zwei Pflanzen pro Pflanzloch gesetzt werden.

Zwiebel
Allium cepa

Die Küchenzwiebel, wie der Lauch ein Liliengewächs, entstand aus wilden Zwiebeln, die schon seit Urzeiten als Speisewürze und Gemüse dienten. Zwiebeln können weiß, gelb, braun oder rot gefärbt sein und haben schon so manchen durch ihre beißenden ätherischen Öle zum Weinen gebracht. Sie sind jedoch sehr gesund, da sie viele Vitamine und Mineralstoffe enthalten. Ihre ätherischen Öle machen Zwiebeln auch zu einem Heilmittel für die Hausapotheke: Sie gelten als verdauungs- und

Gemüsezwiebeln werden größer als Speisezwiebeln und sind bei weitem nicht so scharf

Bei gut gelockertem Boden und genügend großem Reihenabstand können sich die Zwiebeln gut entwickeln

OBSTGARTEN

Seltene Obstarten
Quitte
Cydonia oblonga

durchblutungsfördernd sowie als herzstärkend. Mit Zwiebelsirup kann man Husten lindern, und aufgelegte frische Zwiebelscheiben helfen bei Insektenstichen.

Man unterscheidet zwischen den scharf-würzigen Speisezwiebeln und den milden bis leicht süßen Gemüsezwiebeln. Lauch- oder Bundzwiebeln sind frühzeitig geerntete Zwiebeln, die wegen ihres frischen Laubes (den „Schlotten" oder „Schluten") geschätzt werden. Man kann Zwiebeln säen oder als Steckzwiebeln pflanzen.

Standort: sonnig; warme, tiefgründige, möglichst mittelschwere Humusböden.

Aussaat/Pflanzung: Steckzwiebeln ab März/April 2–3 cm tief in Reihen setzen, Reihenabstand 20 cm, in der Reihe 10 cm. Saatzwiebeln ab Februar im Frühbeet aussäen oder für Überwinterung ab Mitte August direkt ins Freiland. Lauchzwiebeln ab August in Reihen mit 20 cm Abstand säen, auf 5 cm Abstand in der Reihe vereinzeln.

Kultur: gleichmäßig feucht halten, Unkraut entfernen, Boden mehrfach leicht hacken. Überwinternde Lauchzwiebeln eventuell abdecken.

Ernte: Zwiebeln sind erntereif, wenn das Laub von allein umknickt und vergilbt; dann herausziehen und noch einige Tage auf dem Beet abtrocknen lassen. Im Frühjahr gesäte Zwiebeln werden ab August, überwinterte Saatzwiebeln ab Juni, Steckzwiebeln ab Juli geerntet. Lauchzwiebeln von April bis Mai ernten.

Kulturfolge/Mischanbau: Mittelzehrer. Als Vorkulturen keine anderen Liliengewächse (Schalotten, Lauch) anbauen. Mischanbau günstig mit Möhren, Gurken, Salat, Tomaten, Erdbeeren; ungünstig mit Erbsen und Bohnen. Nachkultur mit Feldsalat und Spinat möglich.

Anbau unter Glas: Lauchzwiebeln werden ab August ausgesät und können ab März geerntet werden.

Hinweis: Ähnlich in der Kultur sind Schalotte (*Allium cepa* var. *ascalonicum*) und Perlzwiebel (*A. ampeloprasum*), die beide kleine Zwiebeln mit mildem Geschmack liefern.

Die Quitte zählt zu den etwas altmodischen, weniger verbreiteten Obstarten, kann jedoch mit einer sehr langen Tradition aufwarten. Wie die meisten unserer Kernobstgehölze gehört auch sie zu den Rosengewächsen und stammt aus den trockenen, gebirgigen Gegenden des Vorderen Orients. Schon in der Antike waren die leuchtendgelb gefärbten Früchte sehr begehrt, galten sie doch als Sinnbild der Venus und stellten wohl auch die sagenumwobenen „goldenen Früchte" aus den Gärten der Hesperiden dar. Von der traditionsreichen Kultur zeugen noch heute die vielen verwilderten Quittenbäume im Mittelmeergebiet und in Nordafrika.

Auch wenn die flaumigen, im Oktober erntereifen Früchte nur gekocht genießbar sind, schwören Liebhaber wegen des unvergleichlich würzigen Aromas auf hausgemachtes Quittengelee. Doch auch aus anderen Obstarten bereitete Marmeladen, Gelees und Kompotte gewinnen durch den erfrischenden Quittengeschmack, Birnen- und Apfelsäfte können gar mit einem bis zu 50 %igen Quittenanteil geschmacklich abgerundet werden. Man unterscheidet längliche Birnquitten, die meist bevorzugt werden, weil ihr

Die birnenförmigen Quittensorten werden wegen ihres weicheren Fruchtfleisches gegenüber den Apfelquitten oft bevorzugt

Fruchtfleisch weicher ist, und die etwas breiteren Apfelquitten. Bewährt haben sich die birnenfrüchtigen Sorten 'Bereczki-Quitte', 'Portugiesische Quitte' (beide frostempfindlich) und 'Champion' sowie die apfelfrüchtigen Sorten 'Riesenquitte von Lescovac', mit tatsächlich sehr großen Früchten, und 'Konstantinopeler Quitte', die ausgesprochen frosthart ist.

Im Anbau haben Quitten einige Vorzüge gegenüber anderen Obstarten: So bleiben sie mit etwa 2 m Wuchshöhe angenehm klein und erreichen nur selten ihre Maximalgröße von 6 m. Ein Baum im Garten genügt, denn im Unterschied zu ihren Verwandten Apfel und Birne können sie sich selbst befruchten. Auch die Boden- und Klimaansprüche sind denkbar gering, doch ziehen Quitten eher warme, sonnige und trockenere Plätze den feuchten, schweren Böden vor. Sogar mit relativ steinigem Untergrund geben sie sich noch zufrieden. Sonne ist vor allem zum Ausreifen der Früchte notwendig, die vor dem ersten Frost geerntet werden und vor der Verarbeitung meist noch etwas nachreifen müssen.

Einzig die Frostempfindlichkeit des Holzes kann manchmal Schwierigkeiten bereiten, sie ist, wie bereits erwähnt, bei den einzelnen Sorten etwas unterschiedlich ausgeprägt. Erfrorene Triebe können im Frühjahr bis ins alte Holz zurückgeschnitten werden und treiben dann meist gut nach. Die erforderlichen Schnittmaßnahmen sind ansonsten gering und beschränken sich auf das Auslichten der zu dicht gewordenen Krone.

Besonders schön wirken die Quitten im Mai, wenn sie sich mit den für Obstgehölze sehr großen, weißen, zartrosa überhauchten Blüten schmücken. Sie tragen dann bereits ihre ledrig wirkenden Blätter, die den ganzen Sommer über in kräftigem Grün das Quittenbäumchen zu einer echten Zierde im Garten machen. Wegen ihrer Kleinheit eignen sie sich nicht nur als Solitär, sondern lassen sich wie kein anderer Obstbaum mit anderen Ziergehölzen kombinieren. Veredelt werden Quitten meist auf Weiß- oder Rotdorn oder auf die arteigene Unterlage 'Quitte MA', die auch als Birnenunterlage Verwendung findet. Die letztgenannte Kombination hat zwar den Nachteil höherer Frostempfindlichkeit, Weißdorn jedoch ist sehr anfällig für den gefährlichen Feuerbrand, der auch andere Kernobstbäume anstecken kann. Deshalb kommt man von dieser Unterlage mehr und mehr ab. Neuerdings verwendet man auch Eberesche, die viel robuster und außerdem noch anspruchsloser als 'Quitte MA' ist.

Kiwi
Actinidia chinensis

Für Liebhaber exotischer Früchte stellen Kiwis einen erfüllbaren Traum dar. Sie sind nicht nur hübsch anzusehen, sondern leisten mit ihrem hohen Vitamin-C-Gehalt – er soll bis zu 13mal so hoch wie der von Zitronen sein – auch einen wichtigen Beitrag zur gesunden Ernährung. Ursprünglich in China beheimatet (daher auch der Name „Chinesische Stachelbeere") und dort zur Gewinnung von Wein kultiviert, werden die Kiwis heute vor allem in Plantagen auf Neuseeland, in zunehmendem Maße aber auch im Mittelmeergebiet angebaut. In geschützter Lage gedeihen sie aber auch bei uns und können ab dem zweiten oder dritten Jahr fruchten. Ihrer dünnen, weichen Triebe wegen muß man Kiwis unbedingt an einem Klettergerüst hochziehen, sonst knicken sie sehr leicht.

Kiwis sind zweihäusig, das bedeutet, daß es nur Exemplare mit entweder rein männlichen Blüten, die sehr viele Staubblätter und nur verkümmerte Fruchtknoten haben, oder solche mit rein weiblichen Blüten gibt, die einen strahlenförmigen Kranz aus vielen Griffeln besitzen. Die ausgesprochen hübschen, weißen Blüten sind bis zu 3 cm groß, duften herrlich und erscheinen im Mai/Juni. Um Früchte zu erhalten, muß man also jeweils weibliche und männliche Pflanzen nebeneinander setzen, sonst gibt es keinen Fruchtansatz. Ein männliches Exemplar reicht jedoch aus, um bei bis zu acht weiblichen für ausreichende Bestäubung zu sorgen. Dies gilt für die bewährten großfrüchtigen Sorten wie 'Hayword', 'Abbot', 'Monty' und 'Zealand'. Mittlerweile ist es allerdings gelungen, auch

Wegen ihrer großen, ansehnlichen Blätter werden Kiwipflanzen gerne auch als zierende Kletterpflanzen eingesetzt

Kiwis reifen meist im Oktober, zuweilen erst Anfang November

einhäusige Sorten zu züchten, bei denen männliche und weibliche Blüte auf einer Pflanze sitzen: Bei der großfrüchtigen 'Jenny' und der glattschaligen, kleinfrüchtigen 'Weiki' kann man sich deshalb mit einem Exemplar begnügen. 'Weiki' stellt auch in anderer Beziehung eine Ausnahme dar: Sie ist recht frostverträglich. Die Pflanzen benötigen einen gut wasserhaltenden, aber nicht staunassen, humosen Boden und stellen hohe Ansprüche an die Nährstoffversorgung. Sie werden zum Austrieb gedüngt und dann nochmals zur Blütezeit mit einer Nachdüngung versorgt. Geeignet sind nur leicht saure Böden (pH-Wert ca. 6), denn Kiwis vertragen keinen Kalk. Verwenden Sie daher auch möglichst kalkfreie Dünger. Um die wichtigen Nährstoffe auch den richtigen Pflanzenteilen, nämlich den Früchten, zukommen zu lassen, wird ein sommerlicher Schnitt vorgenommen. Hierzu schneidet

man die fruchttragenden Seitenzweige nach dem fünften bis sechsten Blatt ab. Im Frühjahr wird ausgelichtet, die letztjährigen Fruchttriebe werden bis auf drei Augen eingekürzt. Nach drei bis vier Jahren des Fruchtens nimmt man die verholzten Triebe ganz weg, um Platz für jüngere zu schaffen und dem Vergreisen vorzubeugen.

Kiwis mit ihren üppig wuchernden Schlingtrieben und großen, herzförmigen Blättern können sehr gut zum Begrünen von Wänden, Pergolen und Spalieren eingesetzt werden. Sie benötigen hierbei eine geschützte Lage und vertragen weder eine zu kühle Nordseite noch allzuviel sengende Sonne. Ausreichende Wärme ist jedoch notwendig, sonst gibt es keinen Fruchtansatz. Einige Probleme bereiten kann Frost, der vor allem als Spätfrost die Blüten und Jungtriebe stark zu schädigen vermag. Deshalb muß für ausreichenden Schutz gesorgt werden. Zum Überwintern der sommergrünen Pflanzen empfiehlt sich das Ausbringen einer Reisig- oder Strohdecke, vor allem in den ersten Jahren; gerade der Wechsel zwischen Frost und relativ warmen Tagen kann leicht das Holz schädigen. Falls Sie in einem rauhen Klimagebiet wohnen und es dennoch mit eigenen Kiwis versuchen möchten, sei ein kleines Gewächshaus angeraten, das nicht beheizt sein muß. Darin gedeihen die subtropischen Schlinger ausgezeichnet, allerdings ist auch hier auf Spätfröste zu achten.

291

GESTALTUNG

Schnittblumenbeet
Schmuck für die Vase

Schon im November kann man sich ein paar Gedanken über Neuanlagen im Garten machen. Lieben Sie Blumensträuße? Wer oft und gerne Sträuße bindet, sollte ein gesondertes Schnittblumenbeet anlegen, um stets genügend Material zur Verfügung zu haben. Selbstverständlich können viele Blumen aus einem sowieso vorhandenen Staudenbeet ebenfalls für die Vase geschnitten werden, aber durch zu große „Plünderei" würde das Zierbeet schnell unansehnlich werden.

Neben vielen Stauden eignen sich vor allem einjährige Sommerblumen für den Schnitt.

Alle Arten mit langen, kräftigen Stielen und haltbaren Blüten ergeben schöne Sträuße. Ein Beet für den Schnitt sollte eine große Vielfalt an verschiedenen Blumen enthalten, damit immer neue Kompositionen geschaffen werden können. Bei der Planung des Schnittblumenbeetes sollte aber auch berücksichtigt werden, daß Farben und Formen der Pflanzen zueinander passen und schon auf dem Beet einen harmonischen Eindruck erwecken. Planen Sie auch gleich sogenanntes Schnittgrün (groß- und buntlaubige Pflanzen, Gräser) mit ein, das die Sträuße optisch abrundet. Ein Schnittblumenbeet braucht ähnlich einem Gemüsebeet

volle Sonne und nahrhaften Humusboden. Es muß von allen Seiten gut zugänglich sein und sollte eine maximale Breite von 1,5 m haben. Aufgebaut wird eine Schnittblumenpflanzung in Etagen: Vorne stehen niedrige Arten, in der Mitte mittelhohe und im Hintergrund hochwüchsige Pflanzen. So können alle Blumen gut „geerntet" werden. Stauden bilden das Gerüst, einige Grashorste tragen schwingende Halme bei, einjährige Blumen füllen die Lücken.

Unser Beetvorschlag liefert vor allem im Früh- und Hochsommer viel Material für Sträuße.

292

Als ausdauernde Stauden für den Schnitt werden Frühlingsmargerite, Sommermargerite, Knäuelglockenblume, Phlox und Feinstrahl gepflanzt. Kurzlebig dagegen sind Marienglockenblume, Mädchenauge, Levkoje und Atlasblume. Schmückendes Beiwerk für Sträuße liefern Lampenputzergras, Frauenmantel (Blatt und Blüte!) und Schleierkraut. Im Herbst können dann zwischen die Stauden Zwiebeln und Knollen gelegt werden, etwa Triumph- oder Darwintulpen, Trompetennarzissen und Hollandiris. Abgeerntete oder abgeblühte Sommerblumen lassen sich durch Dahlien ersetzen, die man über den Sommer vorkultiviert und im Herbst pflanzt.

① Frühlingsmargerite (Tanacetum coccineum)
② Sommermargerite (Leucanthemum maximum)
③ Knäuelglockenblume (Campanula glomerata)
④ Staudenphlox (Phlox paniculata)
⑤ Lampenputzergras (Pennisetum alopecuroides)
⑥ Marienglockenblume (Campanula medium)
⑦ Mädchenauge (Coreopsis tinctoria)
⑧ Frauenmantel (Alchemilla mollis)
⑨ Schleierkraut (Gypsophila paniculata)
⑩ Levkoje (Matthiola incana)
⑪ Feinstrahl (Erigeron-Hybride)
⑫ Atlasblume (Clarkia amoena ssp. lindleyi)

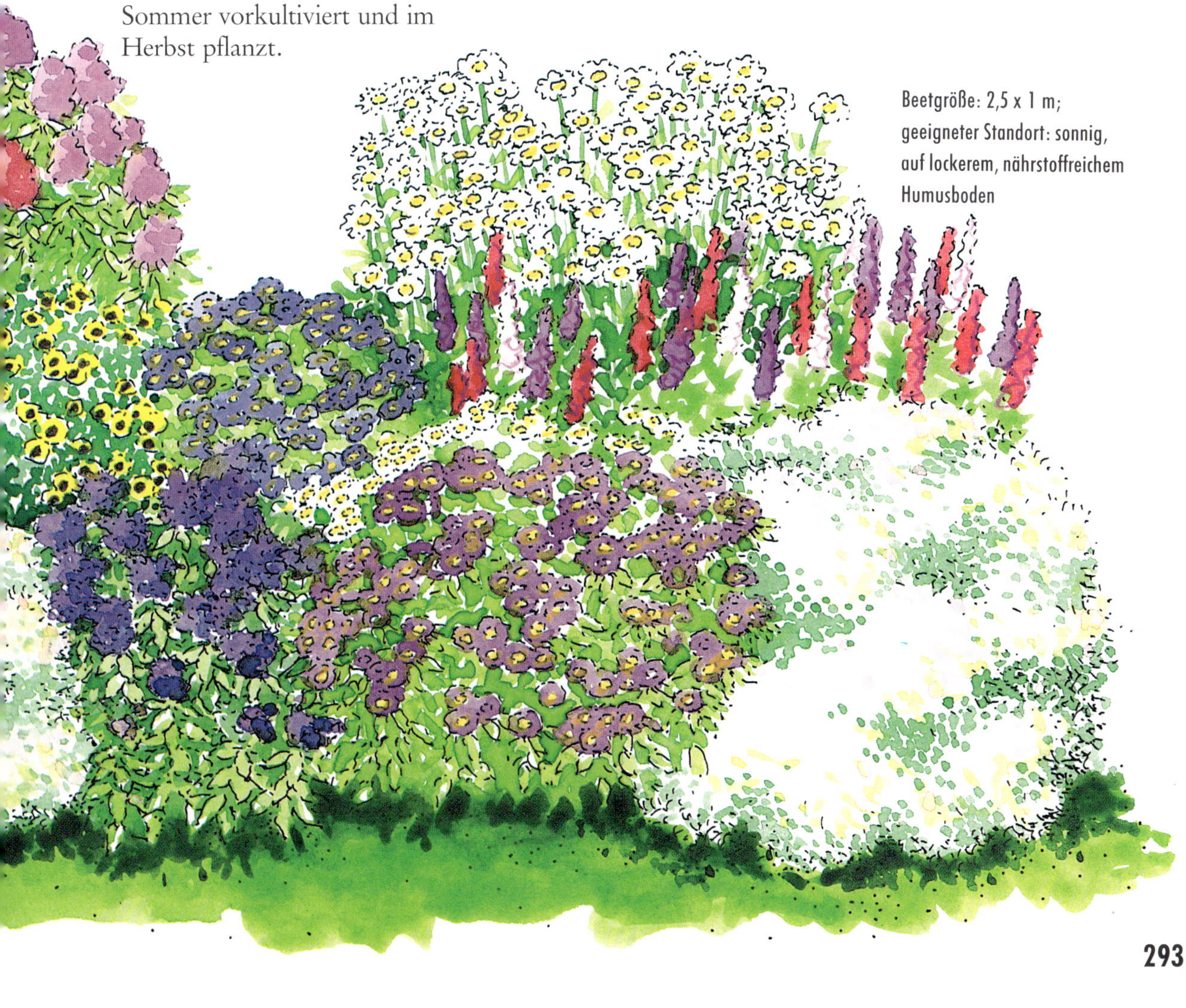

Beetgröße: 2,5 x 1 m; geeigneter Standort: sonnig, auf lockerem, nährstoffreichem Humusboden

NOVEMBER

293

DEZEMBER

Kleine Wetterkunde
Schnee und Eis

Je kälter es wird, desto mehr geht Regen in Eis und Schnee über. Liegt am Boden eine Kaltluftschicht, kühlen die Regentropfen ab und frieren am Boden sofort fest, es bildet sich tückisches Glatteis. Sehr kalte Luft in höheren Schichten führt dagegen zu anderen Formen von Niederschlägen: Graupel nennt man kleine Eiskörner mit Lufteinschlüssen; sie ähneln dem Hagel. Grießel entsteht, wenn stark abgekühlte Wassertröpfchen zusammenfrieren und sich zu kleinen, weißen Eiskörnchen formieren.

Schnee fällt erst, wenn die Luft um 0°C kalt ist und sich Eiskristalle zu einer Flocke zusammenhaken. Je größer die Flocken sind, desto deutlicher zeigt sich der Einfluß einer heranziehenden Warmfront, der Schnee wird dann wahrscheinlich bald wieder schmelzen. Die zierlichen und regelmäßigen Schneekristalle bilden sich nur in einem Temperaturbereich zwischen -12 und -16°C, bei anderen Temperaturen entstehen Formen wie Plättchen, Nadeln oder Prismen.

DEZEMBER

Temperatur und Wetterlage entscheiden, ob sich gefrorene Niederschläge als Graupel, Grießel oder Schnee präsentieren

Häufig wiederkehrende Wetterereignisse

Der Dezember beginnt meist mit trübem, niederschlagsreichem Wetter, dem sich eine Periode kalter, trockener Witterung anschließt. Um den 20.12. tritt häufig eine Kältewelle mit Schneefall ein. Meist ist jedoch die heiß ersehnte weiße Pracht zu Weihnachten wieder dahin, wenn schließlich – mit großer Regelmäßigkeit – das Weihnachtstauwetter einsetzt, das oft bis zum neuen Jahr anhält.

Weißtannen – malerische Wintergestalten, leider im Bestand bedroht

Wissenswertes: immergrüne Nadelgehölze

Die meisten Nadelgehölze, ebenso mehrere Laubgehölze, behalten ihr Blätterkleid auch während des Winters, sie sind immergrün. Durch spezielle Anpassung können sie die Widrigkeiten der kalten Jahreszeit mit ihren Nadelblättern überstehen. Allerdings bleiben die Nadeln nicht ein ganzes Baumleben lang an den Zweigen; je nach Art werden sie alle drei bis neun Jahre abgestoßen und durch neue ersetzt.

Bewährtes Wissen
Bauernregeln

So kalt wie im Dezember, so heiß wird's im Juni.
Kalter Dezember, zeitiger Frühling.
Die Erde muß ihr Bettuch haben, / soll sie der Winterschlummer laben.

Lostage

6. Dezember: Regnet's an St. Nikolaus, / wird der Winter streng und graus.
21. Dezember: Wenn St. Thomas dunkel war, / gibt's ein schönes neues Jahr.
25. Dezember: Weihnacht im Klee – / Ostern im Schnee.

Zeichen der Natur

Der Winter hat die Natur fest im Griff, außer einigen frühen Christrosen und noch an den Zweigen haftenden Wildfrüchten zeigt sich kaum eine Abwechslung.

Pflanze des Monats
Weißtanne
Abies alba

Der klassische Weihnachtsbaum, die Edel- oder Weißtanne, ist im Bestand sehr stark zurückgegangen. Der mächtige Baum mit den weichen Nadeln leidet unter der zunehmenden Luft- und Bodenbelastung sowie unter Wildverbiß und Frostschäden und mußte zudem in der Forstwirtschaft immer mehr den ertragreicheren Fichten weichen. Heute sind gesunde Weißtannen leider eine Seltenheit.

Die Natur hält weitgehend Winterschlaf, an kalten Dezembertagen zuweilen durch eine Schneedecke geschützt

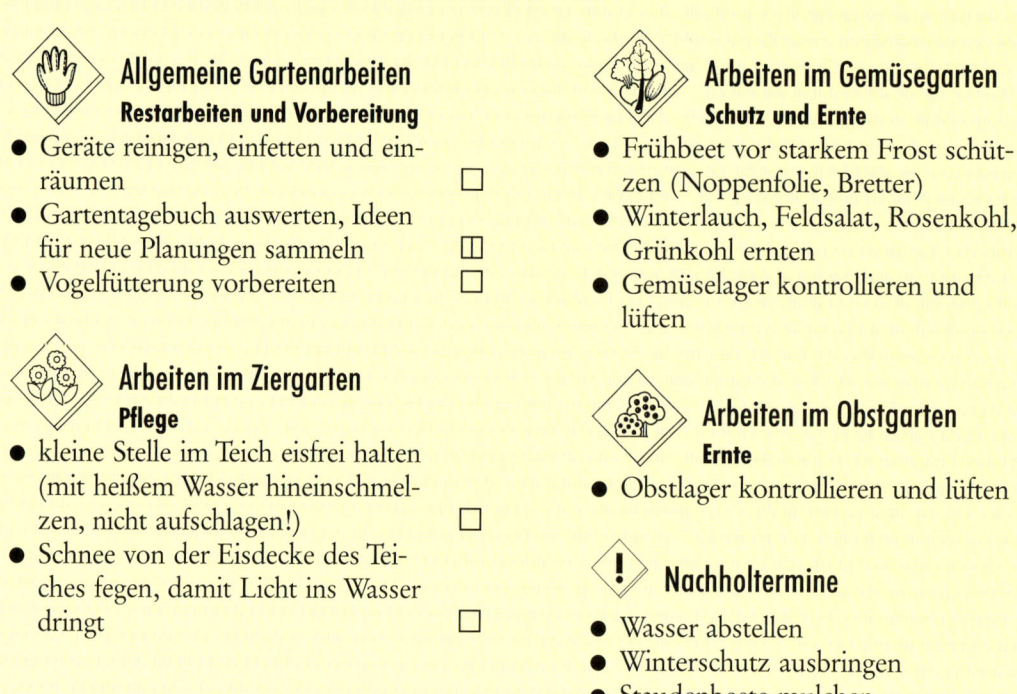

ALLE ARBEITEN AUF EINEN BLICK

Allgemeine Gartenarbeiten
Restarbeiten und Vorbereitung
- Geräte reinigen, einfetten und ein-räumen ☐
- Gartentagebuch auswerten, Ideen für neue Planungen sammeln ☐
- Vogelfütterung vorbereiten ☐

Arbeiten im Ziergarten
Pflege
- kleine Stelle im Teich eisfrei halten (mit heißem Wasser hineinschmel-zen, nicht aufschlagen!) ☐
- Schnee von der Eisdecke des Tei-ches fegen, damit Licht ins Wasser dringt ☐

Arbeiten im Gemüsegarten
Schutz und Ernte
- Frühbeet vor starkem Frost schüt-zen (Noppenfolie, Bretter) ☐
- Winterlauch, Feldsalat, Rosenkohl, Grünkohl ernten ☐
- Gemüselager kontrollieren und lüften ☐

Arbeiten im Obstgarten
Ernte
- Obstlager kontrollieren und lüften ☐

! Nachholtermine
- Wasser abstellen ☐
- Winterschutz ausbringen ☐
- Staudenbeete mulchen ☐
- Baumscheiben mulchen ☐

QUER DURCH DEN GARTEN

Die stille oder „staade" Zeit vor Weihnachten weckt Kind-heitsträume. Liebliche Ge-würzdürfte der Adventsbäcke-rei durchziehen das Haus, der herbe, anheimelnde Geruch von Weihnachtsbaum und Nadelzweigen füllt die Räume – Inspiration und passender Hintergrund, um vielleicht auch über kommende „Dufter-eignisse" im Garten nachzu-denken. Deshalb stellen wir Ihnen in diesem Monatskapitel einige Duftpflanzen vor und zeigen, wie sich mit diesen eine Attraktion für Nase und Auge gestalten läßt.

Zur Weihnachtszeit kommen die immergrünen Gehölze zu großen Ehren, sie liefern Schnittgrün für Kränze und Gestecke und natürlich auch den Christbaum. Im zu dieser Zeit sonst kahlen Garten bil-den sie ein beständiges, attrak-tives Gerüst, das jetzt für etwas Farbe sorgt.

Gartengeräte
Wichtige Hilfsmittel

Wenn die Zeit gekommen ist, auch Gartengeräte „winterfest" zu machen, bietet sich zugleich eine gute Gelegenheit, die Ausstattung mit geeigneten Hilfsmitteln zu überprüfen und eventuelle Ergänzungen ins Auge zu fassen. Das rich-

tige Handwerkszeug macht die Gartenarbeit leichter, ob es um die Bodenbearbeitung geht oder um die Rasenpflege, um Pflanzung oder Bewässerung. Ein wichtiger Aspekt im Zu-sammenhang mit Gartenge-räten ist die Sicherheit: Schon beim Kauf sollte man sich vergewissern, daß Geräte ein seriöses Prüfsiegel aufweisen (zum Beispiel das GS-Sicher-heitszeichen des TÜV). Auch bei der Aufbewahrung der Ge-räte sollte Sicherheit an ober-ster Stelle stehen: In einem Gerätehäuschen oder in der Garage ordentlich unterge-bracht, können Spaten oder Rechen nicht zur gefährlichen Stolperfalle werden. Damit Werkzeuge und Hilfs-mittel sicher zu benutzen sind und optimal funktionieren, müssen sie natürlich regelmäßig gepflegt werden. Auch während der Hochsaison im Garten sollte man es sich zur Gewohnheit machen, Geräte nach Gebrauch grundsätzlich zu reinigen. Die Lebensdauer motorbetriebener Geräte läßt sich durch regelmäßige Wartung (ab und zu auch in einer Werkstatt) deutlich verlängern, Betriebsstoffe und Funktionsteile (Öl, Zündkerzen usw.) müssen von Zeit zu Zeit überprüft werden. Messer von Rasenmäher und Schneidwerkzeuge sind selbstverständlich immer scharf zu halten. Metallgeräte wie Spaten und Grabgabel werden gelegentlich, auf jeden Fall jedoch vor dem Winter, eingeölt oder eingefettet, um sie vor Rost zu schützen. Vorhandenen Flugrost entfernt man vor dem Einfetten mit einer Stahlbürste.

Grundausstattung für jeden Garten

Die nachfolgende kurze Auflistung kann Ihnen einige Hinweise geben, wie sich Ihr Gerätebestand sinnvoll ergänzen läßt und worauf man bei einer Neuanschaffung achten sollte.

Rasenmäher: nach Bedarf mit Benzin- oder Elektromotor. Elektromäher sind leiser, aber oft nur für kleinere Flächen geeignet, für die auch ein Handmäher ohne Motor genügen kann. Einteilung nach Schnittprinzip: Walzenmäher (Messer spiralig auf einer Walze angeordnet) oder Sichelmäher (rotierende Sicheln), bei beiden Schnitthöhenverstellung möglich. Schnittbreite je nach Rasenfläche wählen.

Schubkarre: nützlich für die verschiedensten Transporte. Ein- oder zweirädrig mit Wanne aus verzinktem Blech oder aus kräftigem Kunststoff.

Spaten, Schaufel, Grabgabel: Grundausstattung für Boden- und Erdarbeiten. Spaten zum Umgraben, Ballenstechen; Schaufel für Erdbewegungen; Grabgabel für schonende Bodenbelüftung und Erntearbeiten, auch zum Umgraben geeignet. Geräte sollten stabil sein, Metallteil aus einem Stück geschmiedet, mit auswechselbarem Holzstiel.

Kultivator, Hacke, Sauzahn: ideale Kombination für Bodenbearbeitung, vor allem Lockerung und Unkrautbekämpfung. Kultivator (auch Krümmer und Grubber) mit drei bis fünf Zinken; Hacke als Zug- oder Schlaghacke (auch Doppelhacken erhältlich); sichelförmiger Sauzahn. Auch hier gilt: stabil, Metallteil aus einem Stück geschmiedet, mit auswechselbarem Holzstiel.

Handgeräte, die viele Arbeiten erleichtern: ① Spaten (links mit T-Griff, rechts mit D-Griff), ② Schaufel, ③ Grabgabel, ④ Kompostgabel, ⑤ kräftiger Eisenrechen, ⑥ feinzinkiger Eisenrechen, ⑦ Schlaghacke, ⑧ Ziehhacke, ⑨ Kultivator, ⑩ Sauzahn, ⑪ Fächerbesen zum Abrechen von Laub, ⑫ Pikierholz, ⑬ Pflanzkelle

Rechen (Harke): Eisenrechen mit zehn oder zwölf Zinken zur Bodenbearbeitung. Holz- oder feinzinkiger Eisenrechen zum Sammeln von Grasschnitt und Laub.

Gabel: dreizinkige Gabel mit auswechselbarem Holzstiel, für das Umsetzen von Kompost, Laub oder Grasschnitt und ähnliche Arbeiten.

Pflanzkelle (Pflanzschaufel): geschmiedetes Handgerät mit integriertem oder auswechselbarem Griff zum Ausheben von Pflanzlöchern.

Pikierholz: Holzstab mit dickerem und dünnerem Ende für Pikierarbeiten.

Messer: stabiles, klappbares Handmesser mit Edelstahlklinge, zum Beispiel für Stecklingsschnitt und Rückschnitt. Hippe mit geschwungener Klinge für kleinere Schnittarbeiten und Nachbehandlung von Schnittwunden.

Baumschere: auch Rosen-, Reb-, Gartenschere. Kräftige Schere, wählbar in verschiedenen Formen (Schwalbenschwanz-, Amboßschere) und Ausführungen (zum Beispiel auch für Linkshänder) mit nachstellbaren Edelstahlklingen für Schnittarbeiten an Zier- und Obstgehölzen.

Baumsäge: Bügelsäge mit verstellbarem Blatt für grobe Schnittarbeiten.

Heckenschere: je nach Bedarf bzw. Heckengröße große Handschere mit nachstellbaren Klingen und massiven Griffen oder Motorheckenschere, beidseitig schneidend und unbedingt sicherheitsgeprüft.

Gießkanne: Metall- oder Kunststoffkanne mit abnehmbarem Brausenkopf. Wahl des Volumens je nach Kraft und Gartengröße.

Schlauch: witterungsbeständiger und flexibler Gummi- oder Kunststoffschlauch mit Kupplungen für den Wasseranschluß und Düse oder Brause.

Leiter: Steh-, Anlege-, Schiebe- oder Mehrzweckleiter für Ernte- und Schnittarbeiten in entsprechender Länge; mit stabilen Holmen und Sprossen, rutschfesten Leiterschuhen und -sprossen sowie mit Sicherungsbügeln und/oder -ketten.

ZIERGARTEN

Immergrüne Gehölze
Zierde rund ums Jahr

Wenn im Herbst die Blütenpracht der Gartenpflanzen vergangen ist und die sommergrünen Bäume und Sträucher ihre Blätter abgeworfen haben, beginnt der große Auftritt der immergrünen Gehölze. Natürlich haben immergrüne Laubhölzer und Nadelbäume auch im Sommer ihren Reiz, aber besonders auffällig sind sie während der kalten Jahreszeit, wenn der Garten sonst trist und farblos wirkt. Stechpalme (*Ilex aquifolium*), Mahonien (*Mahonia*) oder Berberitzen (*Berberis*) beleben den Garten zusätzlich mit ihren bunten Früchten (siehe auch Kapitel „Herbst- und winterschöne Gehölze" in „Oktober"). Ebenso wie die anderen Gehölze haben auch Immergrüne ihre Vor- und Nachteile. Für sie spricht natürlich vor allem, daß sie, wie der Name schon sagt, das ganze Jahr über ihre Blätter behalten und selbst im Winter ansprechendes Grün und Sichtschutz bieten. Aber auch in den anderen Jahreszeiten können sie eine wichtige Rolle spielen: Geschickt eingesetzt, sorgen sie für optischen Ausgleich, bringen Ruhe ins Farbenspiel der Blütenpflanzen oder bilden eine Kulisse, vor der zum Beispiel Rosen gut zur Geltung kommen. Allerdings wirken vor allem Nadelgehölze oft steif und langweilig, besonders, wenn sie zu mehreren gepflanzt werden. Einen lebendigeren Eindruck erzielt man, wenn man Immergrüne mit blühenden sommergrünen Gehölzen kombiniert; solche Pflanzungen haben das ganze Jahr über etwas zu bieten. Vorsicht ist auch bei der Farbkombination geboten: Nadelbäume gibt es inzwischen in so vielen Schattierungen, von allen Grüntönen bis zu blauen, grauen und

Stechpalme (Ilex aquifolium)

300

gelben Varianten, daß bei der Zusammenpflanzung auf jeden Fall Zurückhaltung geübt werden sollte. Ein Sammelsurium buntblättriger Gehölze ist in den wenigsten Fällen schön oder gelungen zu nennen. Übrigens behalten die Immergrünen ihre Blätter nicht das ganze Leben lang, wie der Name vermuten läßt. Alle paar Jahre, je nach Art und Sorte verschieden, werfen die Gehölze ihre Blätter ab, um sie zu ersetzen. Dieser Vorgang ist nur weniger auffällig als bei den sommergrünen Arten, da der immergrüne Baum oder Strauch die Blätter nicht alle gleichzeitig verliert. Nadelgehölze und immergrüne Laubgehölze werden normalerweise nicht geschnitten. Bei Bedarf nimmt man lediglich abgestorbenes Holz heraus. Da die Pflanzen auch während des Winters Wasser über die Blätter verdunsten, müssen sie im Spätherbst noch ausgiebig gewässert werden, bevor der Boden friert. Sobald im Spätwinter oder zeitigen Frühjahr der Boden nicht mehr gefroren ist, wird dann erneut gründlich gegossen. Gerade bei den Nadelgehölzen ist die sorgfältige Auswahl der Sorte wichtig. Bei derselben Art finden sich Riesen und Zwerge, breitwachsende und säulenförmige – eine Verwechslung kann vor allem im kleinen Garten oft unangenehme Folgen haben. So wird zum Beispiel die reine Art der Fichte *(Picea abies)* bis zu 50 m hoch, die Sorte *P. abies* 'Echiniformis' dagegen nur etwa 30 cm, *P. abies* 'Aurea' wieder-

um erreicht bis zu 10 m Höhe. Wenn Sie sich nicht sicher sind, erkundigen Sie sich lieber in einer guten Baumschule nach einer geeigneten Sorte für Ihren Garten, um vor Überraschungen sicher zu sein.

Kleine Auswahl für den Garten

Wegen der bei den Nadelgehölzen ungeheuren Vielfalt an Arten und Sorten und des regional recht unterschiedlichen Angebotes werden in der folgenden Auswahl nur die gängigsten Arten genannt. Vor dem Kauf empfiehlt sich auf jeden Fall ein Blick in die Kataloge renommierter Baumschulen, worauf, wie erwähnt, am besten nochmals eine Beratung in der Baumschule selbst folgt.

Koreatanne (Abies koreana)

Neben den nachfolgend genannten Gehölzen gibt es eine große Anzahl weiterer Arten, die für den Garten immer größere Bedeutung erlangen, zum Teil wegen ihrer Schönheit, einige aber auch aufgrund ihrer Robustheit, Rauchhärte und Eignung für innerstädtisches Klima. Zunehmend beliebter werden zum Beispiel die Sicheltanne *(Cryptomeria*

Scheinzypresse (Chamaecyparis-Sorte)

Zederwacholder (Juniperus squamata 'Blue Star')

japonica), die Bastardzypresse (x *Cupressocyparis leylandii)*, der Fächerblätterbaum *(Ginkgo biloba)*, der Urwelt-mammutbaum *(Metasequoia glyptostroboides)*, die Schirm-tanne *(Sciadopitys verticillata)*, die Sumpfzypresse *(Taxodium distichum)*, der Hiba-Lebens-baum *(Thujopsis dolabrata)*.

Nadelgehölze

Tanne *(Abies):* Koloradotanne *(A. concolor)*, Balsamtanne *(A. balsamea)*, Nikkotanne *(A. homolepis)*, Koreatanne *(A. koreana)*, Nordmann-tanne *(A. nordmanniana)*, Edeltanne *(A. procera);* Zeder *(Cedrus):* Atlaszeder *(C. atlantica)*, Himalajazeder *(C. deodara);* Scheinzypresse *(Chamaecyparis):* Lawson-Scheinzypresse *(C. lawso-niana)*, Nutka-Scheinzypresse *(C. nootkatensis)*, Hinoki-Scheinzypresse *(C. obtusa)*, Sawara-Scheinzypresse *(C. pi-sifera);* Wacholder *(Juniperus):* Chinesischer Wacholder *(J. chi-nensis)*, Gemeiner Wacholder *(J. communis)*, Kriechwachol-der *(J. horizontalis)*, Sadebaum

(J. sabina), Zederwacholder *(J. squamata)*, Virginiawachol-der *(J. virginiana);* Lärche *(Larix):* Europäische Lärche *(L. decidua)*, Japanische Lärche *(L. kaempferi);* Fichte *(Picea):* Rotfichte *(P. abies)*, Mähnen-fichte *(P. breweriana)*, Schim-melfichte *(P. glauca)*, Serbische Fichte *(P. omorika)*, Oriental-ische Fichte *(P. orientalis)*, Stechfichte *(P. pungens)*, Sitka-fichte *(P. sitchensis);* Kiefer *(Pinus):* Zirbelkiefer *(P. cem-bra)*, Drehkiefer *(P. contorta)*, Schlangenhautkiefer *(P. leuco-dermis)*, Bergkiefer *(P. mugo)*, Schwarzkiefer *(P. nigra)*, Mädchenkiefer *(P. parviflora)*, Weymouthskiefer *(P. strobus)*, Gemeine Kiefer, Föhre *(P. syl-vestris);* Douglasie *(Pseudotsuga menziesii);* Eibe *(Taxus):* Gemeine Eibe *(T. baccata)*, Japanische Eibe *(T. cuspidata);* Lebensbaum *(Thuja):* Abend-ländischer Lebensbaum *(T. oc-cidentalis)*, Morgenländischer Lebensbaum *(T. orientalis)*, Riesenlebensbaum *(T. plicata);* Kanadische Hemlockstanne *(Tsuga canadensis)*

Immergrüne Laubgehölze

Berberitze *(Berberis)*, zum Bei-spiel *B. buxifolia* 'Nana', 50 cm Wuchshöhe, *B. candidula*, 60 cm, *B. julianae*, bis 300 cm; Buchsbaum *(Buxus semper-virens)*, je nach Sorte 200–300 cm hoch, *B. sempervirens* 'Suffruticosa' 80–100 cm; Besenheide *(Calluna vulgaris* und Hybriden), 50–80 cm; Fel-senmispel *(Cotoneaster-*Arten und Sorten), je nach Sorte 20–50 cm; Winterheide *(Erica carnea-*Sorten), 20 cm; Spindelstrauch *(Euonymus*

*fortunci-*Sorten), 20–60 cm; Stechpalme *(Ilex aquifolium* und Sorten), Art bis 10 m, Sorten 200–300 cm; Mahonie *(Mahonia-*Arten und Sorten), 100–150 cm; Kirschlorbeer *(Prunus laurocerasus-*Sorten), 100–300 cm; Feuerdorn *(Pyra-cantha-*Sorten), 150–300 cm; Immergrün *(Vinca minor)*, 20 cm

Duftpflanzen

Prüfen Sie doch einmal Ihr Gedächtnis – welche Düfte scheinen Ihnen die Nase zu kitzeln, wenn Sie an das ver-gangene Gartenjahr zurück-denken? Und zu welchen Pflanzen passen sie? Wenn Ihr Garten keinen bleibenden Dufteindruck hinterlassen hat, lohnt es sich, schon jetzt an die kommende Gartensaison zu denken und duftende Ak-zente zu planen. Ein Beispiel dafür finden Sie im Gestal-tungsvorschlag dieses Monats-kapitels.
Schon seit mehreren Jahren verbreitet sich der Trend zum „Garten für alle Sinne". Der Mensch hat seine Nase wieder entdeckt und erkannt, was

Schwarzkiefer (Pinus nigra)

Wohlgeruch im Steingarten: Felsensteinkraut
(Alyssum saxatile)

Frisch-blumiger Frühjahrsduft: Hyazinthe
(Hyacinthus orientalis)

Der Duft war namengebend: Duftsteinrich
(Lobularia maritima)

Erlebnis für Auge und Nase: Levkoje
(Matthiola incana)

Düfte für das Wohlbefinden bedeuten. Sie umschmeicheln nicht nur die Seele, sondern werden sogar therapeutisch eingesetzt. Verschiedene Aromen wirken vorbeugend oder heilend gegen Kopfschmerzen, Konzentrationsmangel, Erkältung und viele andere Beschwerden.

Düfte werden von jedem etwas anders interpretiert; was dem einen aufdringlich erscheint, ist dem anderen eine Wohltat für die Nase. Die meisten als angenehm empfundenen Düfte stammen von Pflanzen: aus Blüten, Blättern, Früchten, Rinden und sogar Wurzeln. „Eine Blume ohne Duft ist wie ein Vogel ohne Gesang", heißt es; wohl deshalb werden duftende Pflanzen für Garten, Terrasse und Balkon wieder so häufig gesucht und angeboten.

Für die Kübelpflanzung empfehlen sich als „Duftspender" zum Beispiel Engelstrompete (*Datura*-Arten) und Lorbeer (*Laurus nobilis*), für Balkonkästen die noch wenig bekannte Tuberose (*Polianthes tuberosa*) und das Wandelröschen (*Lantana-Camara*-Hybriden). Für den Garten ist die Auswahl schier unüberschaubar. Bereits im Nutzgarten ist man von vielen Düften umgeben, die man vielleicht gar nicht richtig wahrnimmt, denken Sie nur an die verschiedenen aromatischen Gewürzkräuter, an Erdbeeren, Fenchel und Möhrenlaub. Unter den Zierpflanzen fallen einem natürlich zuallererst die Rosen ein. Daß zahlreiche andere weitere Gattungen und Arten gleichzeitig für

Schmuck und Wohlgeruch sorgen können, zeigt die nachfolgende kleine Auswahl prägnant duftender Pflanzen.

Duftende Zierpflanzen
● **Gehölze:** Seidelbast (*Daphne*-Arten), Jelängerjelieber (*Lonicera caprifolium*), Magnolien (*Magnolia*-Arten), Balsampappel (*Populus balsamifera*), Flieder (*Syringa*-Arten), Duftschneeball (*Viburnum farreri*), Glyzine (*Wisteria sinensis*)
● **Halbsträucher und Stauden:** Felsensteinkraut (*Alyssum saxatile*), Maiglöckchen (*Convallaria majalis*), mehrjährige Nelken (*Dianthus*-Arten), Diptam (*Dictamnus albus*), Waldmeister (*Galium odoratum*), Lavendel (*Lavandula angustifolia*), Moschusmalve (*Malva moschata*), Indianernessel (*Monarda*-Hybriden), Katzenminze (*Nepeta* x *faassenii*), Pfingstrosen (*Paeonia*-Arten; nicht alle Sorten), Perovskie (*Perovskia*-Arten), Heiligenkraut (*Santolina chamaecyparissus*), Duftveilchen (*Viola odorata*)
● **Zwiebel- und Knollenpflanzen:** Herzenskelch (*Eucharis*-Arten), Freesien (*Freesia*-Hybriden), Hyazinthe (*Hyacinthus orientalis*), Lilien (*Lilium*-Arten)
● **Sommerblumen:** Goldlack (*Cheiranthus cheiri*), einjährige Nelken (*Dianthus*-Arten), Vanilleblume (*Heliotropium arborescens*), Nachtviole (*Hesperis matronalis*), Duftwicke (*Lathyrus odoratus*), Duftsteinrich (*Lobularia maritima*), Levkoje (*Matthiola incana*), Resede (*Reseda odorata*)

Schön, aber giftig – die Engelstrompete (Datura suaveolens) ist ein typisches, bekanntes Beispiel für diese zuweilen gefährliche Kombination von Eigenschaften

Giftpflanzen
Gefahren vorbeugen

Viele unserer Gartenpflanzen bergen ein großes Risiko in sich – sie sind teilweise oder auch in allen Teilen giftig. Selbst wenn sie noch so angenehm duften oder prächtig blühen, enthalten einige Pflanzen Reiz- und Giftstoffe, die schnell zu unangenehmen oder gar tragischen Unfällen führen können. Besonders gefährdet sind Kinder, die sich durch ihren Entdeckerdrang rasch dazu verleiten lassen, von verführerisch leuchtenden Früchten zu naschen oder Blätter und Blüten abzuzupfen, und so unabsichtlich mit giftigen Pflanzensäften in Kontakt kommen. Laut geltendem Recht ist der Gartenbesitzer verpflichtet, für die Sicherheit in seinem Garten zu sorgen und Gefahrenquellen zu beseitigen. Das bedeutet nun nicht, daß grundsätzlich keine giftigen Pflanzen im Garten Verwendung finden dürfen, aber man sollte sie beispielsweise nicht gerade am Zaun setzen, der zum Spielplatz hin weist. Wer Giftpflanzen sicher erkennt und um ihre Giftigkeit weiß, kann entsprechend Vorsorge treffen und sich vor unliebsamen Folgen schützen. Auch wenn manche Pflanzen erst bei Aufnahme von hohen Mengen schädliche Folgen zeigen, ist gerade im Hinblick auf Kinder Vorsicht geboten.

Bei **Verdacht auf eine Vergiftung** muß sofort der Notarzt oder die Giftnotrufzentrale (Nummer im Telefonbuch) verständigt werden. Eventuell noch vorhandene Pflanzenteile sollte man aufbewahren, damit der Arzt im Zweifelsfall leichter auf die Art des Giftes schließen kann. Bis zum Eintreffen des Arztes bringt man den Patienten in eine stabile Seitenlage und versucht, Erbrechen auszulösen, zum Beispiel indem man einen Finger, einen Löffel oder ähnliches in den Hals steckt. Erwachsenen kann man lauwarmes Salzwasser zum Trinken geben, Kinder bekommen nur lauwarmes Wasser, eventuell mit Fruchtsaft vermischt. Das erste Erbrochene sollte ebenfalls aufbewahrt und dem Arzt gezeigt werden.

Weitere Informationen zu Giftpflanzen erhalten Sie durch Landratsämter, Stadtverwaltungen und Umweltberatungsstellen sowie aus entsprechender Fachliteratur.

Weniger auffällig als die Engelstrompete blüht das ebenfalls giftige Schöllkraut (Chelidonium majus), eine Wildpflanze, die sich oft auch in Gärten ansiedelt

Roter Fingerhut (Digitalis purpurea)

Wolfsmilch (Euphorbia amygdaloides)

Rosmarinheide (Pieris japonica) (s. S. 306)

Lebensbaum (Thuja plicata) (s. S. 306)

Häufig vorkommende Giftpflanzen im Überblick

Deutscher Name	Botanischer Name	Giftige Pflanzenteile
Eisenhut	*Aconitum*-Arten	alle (besonders die Wurzeln)
Hundspetersilie	*Aethusa cynapium*	alle
Aronstab	*Arum maculatum*	alle (besonders die Früchte)
Tollkirsche	*Atropa belladonna*	alle (besonders die Früchte)
Schlangenwurz	*Calla palustris*	alle
Schöllkraut	*Chelidonium majus*	alle
Herbstzeitlose	*Colchicum*-Arten	alle
Maiglöckchen	*Convallaria majalis*	alle
Seidelbast	*Daphne mezereum*	alle (besonders die Früchte)
Engelstrompete, Stechapfel	*Datura*-Arten	alle
Rittersporn	*Delphinium*-Arten	alle
Fingerhut	*Digitalis*-Arten	alle
Pfaffenhütchen	*Euonymus europaea*	alle (besonders die Früchte)
Wolfsmilch	*Euphorbia*-Arten	alle
Christrose	*Helleborus niger*	alle
Bilsenkraut	*Hyoscyamus niger*	alle
Wacholder	*Juniperus*-Arten	alle (besonders die Triebspitzen)
Goldregen	*Laburnum anagyroides*	alle (besonders die Samen)

Häufig vorkommende Giftpflanzen im Überblick (Fortsetzung)

Deutscher Name	Botanischer Name	Giftige Pflanzenteile
Liguster	*Ligustrum vulgare*	alle (besonders die Früchte)
Oleander	*Nerium oleander*	alle
Tabak	*Nicotiana tabacum*	alle
Rosmarinheide	*Pieris*-Arten	Blätter, Blüten
Wunderbaum	*Ricinus communis*	Samen
Nachtschatten	*Solanum*-Arten	alle
Kartoffel	*Solanum tuberosum*	Blüten, grüne Beeren, grüne Knollenteile
Eibe	*Taxus*-Arten	alle (bis auf den roten Samenmantel)
Lebensbaum	*Thuja*-Arten	alle (besonders die Triebspitzen und Zapfen)

Oleander (Nerium oleander)

GEMÜSEGARTEN

Wintersalate
Endivie
Cichorium endivia

Ein typischer Wintersalat mit zart-bitterem Aroma ist der Endiviensalat oder Eskariol aus der Familie der Korbblütler *(Compositae)*. Wie der Feldsalat wird die Endivie hauptsächlich als Wintergemüse angebaut, das reichlich Vitamine und Mineralstoffe liefert. Man unterscheidet ganzblättrige und geschlitztblättrige Sorten, letztere werden auch als eigentlicher Eskariol oder Frisée-Salat bezeichnet.

Standort: sonnig; nährstoffreiche, kalkhaltige Böden mit hoher Feuchtigkeit.

Aussaat/Pflanzung: von Juni bis Juli im Frühbeet oder Freiland aussäen, nach vier bis fünf Wochen mit 25–30 cm Abstand auspflanzen.

Kultur: gleichmäßig feucht halten, Unkraut entfernen. Verträgt leichten Frost, bei starken Frösten jedoch die Rosette mit Folie oder Folientunnel schützen oder abernten und einschlagen; sie halten bei Lagerung um 0 °C bis Januar.

Ernte: von September bis November kräftige Rosetten dicht über der Erdoberfläche abschneiden.

Kulturfolge/Mischanbau: Mittelzehrer. Als Vorkulturen eignen sich Frühkartoffeln, Möhren, Erbsen, Bohnen, Kohl. Mischanbau günstig mit Bohnen, Erbsen, Fenchel, Kohl, Tomaten, Salaten.

Glattblättriger Endiviensalat

Feldsalat liefert vitaminreiche Winterkost

Anbau unter Glas: Aussaat für den Frühanbau Ende Dezember bis Mitte Februar, Pflanzung von Februar bis März, Ernte von April bis Juni. Aussaat für den Spätanbau von August bis September, Pflanzung im September, Ernte von November bis Dezember.

Hinweis: Etwa zwei Wochen vor der Ernte kann man trockene Rosetten mit einem Gummiband zusammenbinden, das Herz wird dadurch gebleicht und besonders zart.

Feldsalat
Valerianella locusta

Schon die vielen volkstümlichen Namen des Feldsalats zeugen von seiner Beliebtheit. Die bei uns auch wild vorkommende Pflanze gehört zu den Baldriangewächsen *(Valerianaceae)* und wird je nach Land und Region Rapunzel, Rapünzchen, Ackersalat, Vogerlsalat und Nüsslisalat genannt. Die Blattrosetten mit dem zarten Nußaroma werden als vitaminreicher Salat geschätzt. Feldsalat läßt sich nur im Winter mit Erfolg anbauen,

da die kurzen Tage das Blattwachstum begünstigen. Erhält er täglich mehr als zwölf Stunden Helligkeit, kommt es schnell zur Blütenbildung.

Standort: hell auf allen normalen Gartenböden, sehr anspruchslos. Boden vorher lockern und Unkraut gründlich entfernen.

Aussaat/Pflanzung: ab August bis September breitwürfig oder in Reihen mit 15–20 cm Abstand säen. Dünn mit Erde abdecken, Feldsalat ist ein Dunkelkeimer.

Kultur: bis zur Keimung auf gleichmäßige Feuchtigkeit achten. Zu dicht stehende Pflanzen etwas ausdünnen. Bei strengen Frösten eventuell mit Reisig oder Folie abdecken.

Ernte: ab Oktober laufend kräftige Blattrosetten mit einem Messer dicht über dem Boden abschneiden.

Kulturfolge/Mischanbau: Mittelzehrer. Gute Nachkultur nach allen anderen Gemüsen. Mischkultur mit Lauchzwiebeln möglich.

Anbau unter Glas: ab Oktober bis Februar breitwürfig oder in Reihen im Frühbeet oder im ungeheizten Gewächshaus aussäen (bei später

Saat auf geeignete Sorten achten). Kühl kultivieren, ab November bis April ernten.

Hinweis: Da der Feldsalat mehltauanfällig ist, sollte man möglichst Sorten wählen, die gegen diese Pilzkrankheit resistent sind.

OBSTGARTEN

Nüsse
Besondere Genüsse

Nüsse sind schon seit langer Zeit geschätzte Nahrungsmittel. Sie enthalten vor allem Öle und Eiweiß, daneben Vitamine und Mineralstoffe. Für Nüsse spricht auch die Vielfalt der Verwendungsmöglichkeiten: Sie werden gerne zum Kochen und Backen sowie für Süßspeisen genommen, zum Knabbern direkt aus der Schale sind sie natürlich ebenso beliebt. Und was wäre die Weihnachtszeit ohne Nüsse! Von den vielen inzwischen angebotenen Nüssen kann man bei uns nur die Haselnüsse und in milden Gegenden die Walnüsse ernten. Die Früchte anderer Arten, wie Para-, Pekan-, Erd-, Cashew- und Hikkorynüsse, müssen importiert werden. Übrigens zählen, botanisch gesehen, lange nicht alle der genannten Früchte tatsächlich zu den Nüssen. Bei der Walnuß zum Beispiel handelt es sich wie bei der Pekannuß und der Pistazie um eine Steinfrucht, während die Haselnuß eine echte Nußfrucht ist (vergleiche auch „Pflanze des Monats; Wissenswertes" im „September").

Haselnuß
Corylus-Arten

Die Haselnüsse (Gattung *Corylus*) sind in ganz Europa bis nach Kleinasien weit verbreitet. Sie wachsen meist strauchartig und erreichen eine Höhe von 4–6 m. Nur die Baumhasel *(Corylus colurna)* hat, wie der Name schon sagt, Baumform und wird bis zu 20 m hoch. Sie stammt aus dem Balkan und aus Kleinasien. Alle Haselnußarten sind ein-

häusig getrenntgeschlechtlich, das heißt, es werden getrennte männliche und weibliche Blüten gebildet, die aber an einer Pflanze sitzen. Bereits im Februar erscheinen noch vor dem Laubaustrieb die hängenden, männlichen Kätzchen und die unscheinbaren weiblichen Blüten. Allerdings können sich die Blüten eines Strauches nicht selbst befruchten, denn die weiblichen werden erst geschlechtsreif, wenn die männlichen Pollen mit dem Wind ausgeschüttelt sind. Deshalb sollten immer mindestens zwei Sträucher gepflanzt werden, die sich gegenseitig bestäuben können. Bis zum Herbst entwickeln sich dann die braunen Nüsse, die in einer blattartigen, zerschlitzten Hülle sitzen. Haselnüsse mögen einen sonnigen bis halbschattigen Platz mit frischem bis mäßig trockenem, humosem Lehmboden. Eine gute Gartenerde ist auf jeden Fall ausreichend. Ansonsten stellt die Pflanze keine besonderen Ansprüche. Wegen der frühen Blütezeit pflanzt

man Haselnüsse am besten im Herbst. Ein Rückschnitt ist im allgemeinen nicht nötig, wird aber gut vertragen. Meist genügt es, überaltertes und abgestorbenes Holz an der Basis herauszunehmen. Wildtriebe sollten immer gleich entfernt werden.

Haselnüsse werden grob in zwei Sortengruppen eingeteilt. Neben dem eigentlichen Haselstrauch *(Corylus avellana)* gibt es die Zellernüsse und die Lambertsnüsse. Zellernüsse besitzen offene, kurze Fruchthülsen, aus denen die Nüsse leicht herausfallen. Gute Sorten sind zum Beispiel 'Cosford' oder 'Halle'sche Riesen'. Lambertsnüsse sind aus der Lambertsnuß, *Corylus maxima*, gezüchtet. Sie zeichnen sich durch besonders große Früchte mit einer eng anliegenden Fruchthülle aus, was die Ernte etwas erschwert. Empfehlenswerte Sorten sind beispielsweise 'Rotblättrige Lambertsnuß' oder 'Webbs Preisnuß'.

Die Lambertsnuß (Corylus maxima) liefert längliche Nußfrüchte, die etwas größer sind als die des Haselstrauches (C. avellana)

Walnuß
Juglans regia

Die Walnuß ist ursprünglich in Regionen von Südeuropa über Kleinasien und im Himalaya bis Hinterindien beheimatet. Die Römer brachten den bis zu 25 m hoch werdenden Baum zu uns, wo er sich vor allem in milden Klimaten ausbreiten konnte. Er wird nicht nur wegen der wohlschmeckenden Früchte angepflanzt, das Holz ist für wertvolle Tischlerarbeiten sehr beliebt.

Selbst noch junge Walnußbäume machen durch ihre Wuchsform einen majestätischen Eindruck

Im Herbst platzt die Fruchtschale auf und gibt die braunen, harten Steinfrüchte frei

Ebenso wie die Haselnuß ist die Walnuß einhäusig getrenntgeschlechtlich. Die Blüten erscheinen im Juni, wobei die langen, männlichen Kätzchen am zweijährigen Holz gebildet werden, die unscheinbaren weiblichen Blüten dagegen zu zweit oder dritt an der Spitze der Jungtriebe sitzen. Achten Sie bei der Auswahl der Sorte unbedingt auf den Blühzeitpunkt. Bei manchen Sorten blühen nämlich die weiblichen und männlichen Blüten zur gleichen Zeit, eine Selbstbestäubung ist also möglich. Bei den meisten Sorten blühen jedoch die männlichen Blüten zuerst, das heißt, es ist noch ein zweiter Baum als Fremdbestäuber nötig. Die kugeligen Früchte besitzen eine fleischige, grüne Schale, die zur Reifezeit im Herbst aufplatzt; sie

fallen dann von selbst vom Baum und werden aufgelesen. Der Baum liebt einen sonnigen, geschützten Standort und sollte vor allem in rauheren Lagen an einer warmen Süd- oder Südostwand gepflanzt werden. Der Boden sollte tiefgründig locker, durchlässig und nahrhaft sein und einen hohen Kalkgehalt aufweisen. Staunässe verträgt die Walnuß, die eine kräftige Pfahlwurzel ausbildet, ebensowenig wie verdichteten Boden. Für die Pflanzung, die vorzugsweise im Herbst erfolgt, muß die Erde deshalb gründlich und tief gelockert werden. Die Wurzeln und die Triebe werden bei der Pflanzung nicht angeschnitten. Im allgemeinen werden die Bäumchen als Hochstämme mit Krone angeboten. Walnußbäume schneidet man im

Gegensatz zu den meisten anderen Obstbäumen nicht im Frühjahr, sondern erst im Herbst, da sie zum einen an den diesjährigen Trieben tragen und zum anderen sehr stark bluten. Umfangreiche Schnittmaßnahmen sind kaum nötig, außer wenn man selbst einen Sämling heranzieht. Meist genügt es, altes oder erfrorenes Holz herauszunehmen.
Um den großen Nährstoffbedarf zu decken, wird im Herbst mit abgelagertem Stallmist oder Kompost gedüngt. Vorsicht ist bei Stickstoff geboten, ein Zuviel hindert das Holz am Ausreifen, so daß es frostanfällig wird.
Walnüsse können sehr leicht durch Samen vermehrt werden. Die Sämlinge wachsen jedoch sehr stark, für den Hausgarten sind die schwachwüchsigeren Veredelungen besser geeignet. Wichtig für den Ertrag sind die Anzucht und die Veredelung. Kaufen Sie das Gehölz deshalb auf jeden Fall in einer guten Baumschule und lassen Sie sich aus dem großen Sortenangebot den für Ihre Verhältnisse passenden Baum empfehlen.

DEZEMBER

GESTALTUNG

Duftpflanzenbeet
Geruchserlebnis im Garten

Im Garten verstreute kleinere „Duftquellen", wie ein Kräutereckchen oder eine einzelne duftende Rose, haben durchaus ihre Reize. Wer jedoch gerne in Wohlgerüchen schwelgt, sollte die Möglichkeit nutzen, entsprechende Pflanzen fein abgestimmt in einem Beet zusammenzufassen, das gleichzeitig auch etwas fürs Auge bietet. Pflanzen Sie duftende Arten in die Nähe des Sitzplatzes oder an andere vielgenutzte Stellen, um den Wohlgeruch ausgiebig genießen zu können. Viele Arten entfalten den stärksten Duft abends, plazieren Sie sie deshalb dort, wo Ihr bevorzugter Aufenthalt in den späten Stunden des Tages liegt. Eine Pflanzung mit ausschließlich duftenden Arten folgt natürlich denselben Prinzipien wie die Anlage eines „normalen" Beetes. Nicht nur Farben und Formen müssen aufeinander abgestimmt sein, hier wollen außerdem noch die unterschiedlichen Düfte zu einem harmonischen „Gesamtparfum" komponiert werden. Stark duftende Pflanzen bekommen eine Begleitung durch im Geruch zurückhaltendere Blumen, würzige

Aromen werden durch liebliche Düfte ergänzt.

Das Vorschlagbeet wird teilweise von einem Strauch überspannt, zum Beispiel von einem ebenfalls duftenden Flieder (*Syringa*, ungefüllte Sorte) oder einem Schneeball (*Viburnum opulus*). Prunkstücke der Pflanzung sind zwei Edelrosenstöcke der Sorte 'Duftwolke', umgeben von Lavendelbüschen. Strahlend weiße Madonnenlilien ergeben nicht nur einen schönen Duft-, sondern auch Farbkontrast. Silbergraues Heiligenkraut, graugüne Raute und kleinbütiges Mutterkraut sowie einjährige Vanilleblumen und Duftsteinrich untermalen die Wirkung der prächtigen Rosen. Unter dem

Strauch bilden Duftveilchen, Maiglöckchen und Waldmeister eine wohlriechende Bodendecke. Im Frühjahr sorgen Hyazinthen und Jonquillen zwischen dem zartgrünen Austrieb der Stauden für einen hübschen Anblick und für erste Duftimpressionen.

① Edelrose 'Duftwolke' (Duft: stark aromatisch)
② Lavendel (Lavandula angustifolia) (herb-würzig)
③ Maiglöckchen (Convallaria majalis) (lieblich)
④ Mutterkraut (Tanacetum parthenium) (leicht süßlich)
⑤ Madonnenlilie (Lilium candidum) (intensiv aromatisch)
⑥ Weinraute (Ruta graveolens) (weinähnlich)
⑦ Duftveilchen (Viola odorata) (lieblich)
⑧ Heiligenkraut (Santolina chamaecyparissus) (würzig)
⑨ Waldmeister (Galium odoratum) (ähnlich frischem Heu)
⑩ Duftsteinrich (Lobularia maritima) (honigähnlich)
⑪ Vanilleblume (Heliotropium arborescens)
● Jonquillen (Narcissus jonquilla) (süßlich)
▲ Hyazinthen (Hyacinthus orientalis) (frisch-blumig)

Beetgröße: 2,5 x 1,5 m;
geeigneter Standort: sonnig,
teilweise halbschattig, auf
humosem, nahrhaftem Lehmboden

Phänologischer Gartenkalender

Die wichtigsten Arbeiten im Laufe der natürlichen Jahreszeiten

Die nachfolgende Aufstellung läßt sich als Ergänzung oder als Alternative zu den monatlichen Arbeitsübersichten nutzen, um unabhängig vom Kalenderdatum standort- und klimagerecht zu gärtnern.

Grundsätzliches zum Vorgehen nach dem phänologischen Kalender wurde bereits in der Einleitung auf den Seiten 18 bis 24 beschrieben. Dort sind die Kennpflanzen genannt, die den Eintritt der jeweiligen Jahreszeit ankündigen. Die Farben der Kästchen geben an:

🟧 = zu dieser Jahreszeit günstig bzw. nötig

🟩 = zu dieser Jahreszeit mögl.

⬜ = zu dieser Jahreszeit ungünstig bzw. nicht nötig

Legende: 🟧 = günstig/nötig, 🟩 = möglich, (leer) = ungünstig/nicht nötig

Allgemeine Gartenarbeiten	Vorfrühling	Erstfrühling	Vollfrühling	Frühsommer	Hochsommer	Spätsommer	Frühherbst	Vollherbst	Spätherbst	Winter
Nistkästen anbringen/reinigen	🟧	🟧						🟧	🟩	🟧
Vogelfütterung durchführen	🟧								🟩	🟧
Kleinstbiotope anlegen		🟧	🟩	🟩	🟧	🟩	🟩	🟧	🟧	🟧
Gartengeräte reinigen/instandsetzen	🟩	🟩		🟧	🟧	🟧	🟧	🟧	🟩	🟩
Bodenanalysen durchführen lassen	🟧	🟧					🟧	🟧	🟩	
Beete vorbereiten	🟩	🟩	🟩	🟧			🟧	🟩	🟩	
Boden lockern	🟧	🟩	🟩				🟩	🟧	🟩	
Bodenverbesserungen durchführen	🟩	🟩					🟧	🟧	🟩	🟩
Mulchen	🟧	🟩	🟩	🟩	🟧	🟧	🟧	🟩	🟩	
Gründüngung aussäen			🟩	🟧	🟧	🟧	🟧			
Kompost aufbringen		🟩	🟩	🟧	🟧	🟩	🟧	🟧	🟧	
Wuchsfördernde Pflanzenjauchen ausbringen			🟩	🟧	🟧	🟧	🟩			
Unkraut bekämpfen			🟧	🟧	🟩	🟩	🟧	🟩		
Gießen/bewässern				🟧	🟧	🟧	🟩			
Winterschutz vornehmen	🟩							🟩	🟩	🟩
Arbeiten im Ziergarten										
Stauden aussäen				🟧	🟧		🟧	🟩		
Stauden vermehren		🟩	🟩	🟩	🟧			🟧		
Stauden pflanzen			🟩	🟧			🟧	🟧	🟩	
Stauden zurückschneiden				🟧	🟩	🟧	🟩	🟧	🟩	
Zwiebeln und Knollen pflanzen						🟩	🟧	🟧	🟧	
Einjährige Sommerblumen vorkultivieren	🟩	🟩	🟩							

Jahreszeit

Legende: G = grün, O = orange

Arbeit	Vorfrühling	Erstfrühling	Vollfrühling	Frühsommer	Hochsommer	Spätsommer	Frühherbst	Vollherbst	Spätherbst	Winter
Allgemeine im Ziergarten (Fortsetzung)										
Einjährige Sommerblumen direkt aussäen		O	G	O						
Zweijährige Sommerblumen aussäen				G	G					
Vorkultivierte Sommerblumen pflanzen		O	G	O	O					
Balkon bepflanzen		O	G	O		O	G	O		
Gehölze vermehren	O	G	O				G	O	O	O
Gehölze pflanzen	G	G	O				O	G	G	O
Sommergrüne Hecken schneiden				G	G		G	O		
Immergrüne Hecken schneiden						G	G	O		
Rosen schneiden	G	G	O	O			O			
Rasen anlegen			G	O			O	O		
Rasenpflege, -ausbesserung durchführen			G	O	O	O	O	O		
Steingarten anlegen			G	O				O	O	
Teich anlegen		O	G	G	O	O	O	O	O	
Arbeiten im Gemüsegarten										
Gemüse vorkultivieren	G	G	O	O						
Gemüse direkt aussäen			O	G	G	G	O			
Gemüse mit Folien abdecken	O	G	G			G	G	O		
Frühbeetnutzung	O	G	G				G	G	O	
Kalthausnutzung	O	G	G				G	G	O	O
Hügel- und Hochbeet anlegen			O				G	G	O	
Arbeiten im Obstgarten										
Beerensträucher pflanzen		G	O				G	O		
Beerensträucher schneiden	G								O	
Beerensträucher vermehren					G			O		
Obstbäume pflanzen	G	O					O	G	G	
Erziehungsschnitt bei Bäumen durchführen	G	O	O				O	G	G	
Kernobst schneiden	O						G			O
Steinobst schneiden	O	O			G					O
Obstspaliere schneiden	O	O								O
Baumscheiben mulchen			G	G	G	G	G	G	G	G
Obstgehölze mit Weißanstrich versehen, schattieren	G	O							O	G
Leimringe anbringen	G	O							O	G

313

ANHANG

Kleines Pflanzen-namenlexikon

Wie bereits in der Einleitung erwähnt, existieren häufig für ein und dieselbe Pflanze mehrere Bezeichnungen, die zum einen in Deutschland, Österreich und der Schweiz, zum andern auch in verschiedenen Regionen unterschiedlich verwendet werden. Das kleine Lexikon auf diesen Seiten kann ein wenig helfen, sich im Namenswirrwarr – der gerade bei Gemüse und Obst besonders groß ist – besser zurechtzufinden. Die am weitesten verbreitete Bezeichnung wurde jeweils in halbfetter Schrift vorangestellt, zum Schluß folgt der botanische Name, der die Pflanze zweifelsfrei benennt.

Gemüse

Aubergine: Eierfrucht, Melanzani, Spanische Eier (*Solanum melongena*)

Bindesalat: Kasseler Strünkchen, Römischer Salat, Sommerendivie, Kochsalat, Spargelsalat, Lattich (*Lactuca sativa* var. *longifolia*)

Blumenkohl: Karfiol, Kauli, Käsekohl (*Brassica oleracea* var. *botrytis*)

Bohnen: Fisole (*Phaseolus vulgaris*)

Brokkoli: Spargelkohl, Sprossenbrokkoli (*Brassica oleracea* var. *italica*)

Chicorée: Treibzichorie, Hindlauf, Witlof, Brüsseler Spitzen (*Cichorium intybus* var. *foliosum*)

Chinakohl: Jägersalat, Schantungkohl (*Brassica rapa* ssp. *pekinensis*)

Dicke Bohnen: Saubohnen, Pferdebohnen, Dicke Bohnen, Puffbohnen (*Vicia faba* var. *major*)

Eissalat: Krachsalat, Krauthäuptel, Bummerlsalat (*Lactuca sativa* var. *capitata*)

Endivie: Kraussalat, Eskariol, Andivi, Divi (*Cichorium endivia*)

Feldsalat: Rapunzelsalat, Rapünzchen, Vogerlsalat, Nisslsalat, Nüssli-salat, Ackersalat, Sunnewirbele, Schlafmaul (*Valerianella locusta*)

Feuerbohne: Prunkbohne, Käferbohne, Fischlerbohne (*Phaseolus coccineus*)

Fleischkraut: Salatzichorie, Zuckerhut (*Cichorium intybus* var. *foliosum*)

Gewürzgurke: Einlegegurke, Salzgurke, Essiggurke, Cornichon, Murke (*Cucumis sativus*)

Grünkohl: Braunkohl, Krauskohl, Blätterkohl, Federkohl, Winterkohl (*Brassica oleracea* var. *sabellica*)

Herbstrübe: Stoppelrübe (*Brassica rapa* var. *rapa*)

Kartoffel: Erdapfel, Erdbirne (*Solanum tuberosum*)

Knollensellerie: Zeller, Eppich (*Apium graveolens* var. *rapaceum*)

Kopfsalat: Gartensalat, Buttersalat, Häuptelsalat, Hapelsalat (*Lactuca sativa* var. *capitata*)

Lauch: Porree, Breitlauch (*Allium porrum*)

Mangold: Römischkohl, Beißkohl, Stenzelmangold, Römische Bete, Cardonen-Bete (*Beta vulgaris* ssp. *vulgaris*)

Möhre: Gelbe Rübe, Karotte, Mohrrübe (*Daucus carota*)

Paprika: Spanischer Pfeffer, Roter Pfeffer, Peperoni, Pfefferoni (*Capsicum annuum*)

Radicchio: Rosettenzichorie (*Cichorium intybus* var. *foliosum*)

Rettich: Radi (*Raphanus sativus* var. *niger*)

Rosenkohl: Sprossenkohl, Brockelkohl, Rosenwirsing (*Brassica oleracea* var. *gemmifera*)

Rote Bete: Rote Rübe, Salatrübe, Rande (*Beta vulgaris* var. *vulgaris*)

Rotkohl: Blaukraut, Rotkraut (*Brassica oleracea* var. *capitata* f. *rubra*)

Rübstiel: Stielmus (*Brassica rapa* var. *rapa*)

Salatgurke: Schlangengurke, Feldgurke, Schälgurke (*Cucumis sativus*)

Schalotte: Eschlauch (*Allium cepa* var. *ascalonicum*)

Speiserübe: Weiße Rübe, Wasserrübe, Räbe, Turnip (*Brassica rapa* var. *rapa*)

Spitzkohl: Spitzkraut, Filderkraut (*Brassica oleracea* var. *capitata*)

Tomate: Paradeiser, Paradiesapfel, Liebesapfel (*Lycopersicon esculentum*)

Weißkohl: Weißkraut, Kabis, Kappus (*Brassica oleracea* var. *capitata* f. *alba*)

Wirsing: Welschkohl, Welschkraut (*Brassica oleracea* var. *sabauda*)

Zucchini: Zucchetti, Gourgettes, Cocozelle (*Cucurbita pepo* convar. *giromontiina*)

Zuckererbse: Kaiserschote (*Pisum sativum* convar. *axiphium*)

Zwiebel: Bolle, Zippel (*Allium cepa*)

Obst

Aprikose: Marille (*Prunus armeniaca*)

Brombeere: Kroatzbeere (*Rubus fruticosus*)

Eberesche: Vogelbeere, Moschbeere, Gimpelbeere, Kreienbeer, Güütsch, Quitschbeere, Stinkesche (*Sorbus aucuparia*)

Erdbeere: Ananas, Gartenananas (*Fragaria* x *ananassa*)

Heidelbeere: Blaubeere, Schwarzbeere, Bickbeere, Heubeere, Waldbeere (*Vaccinium corymbosum*, *V. myrtillus*)

Herzkirsche: Fleischkirsche, Trenkle (*Prunus avium*)

Holunder: Holder, Holler, Husholder, Fliederbeere (*Sambucus nigra*)

Johannisbeere: Ribisl, Cassis, Mehrtrübli, Träuble (*Ribes rubrum*, *R. nigrum*)

Kirschpflaume: Myrobalane (*Prunus cerasifera*)

Kiwi: Chinesische Stachelbeere, Chinesischer Strahlengriffel (*Actinidia chinensis*)

Knorpelkirsche: Kracherkirsche, Kneller, Klöpfer, Bigarreau (*Prunus avium*)

Kornelkirsche: Herlitze (*Cornus mas*)

Mispel: Nespel, Mospel, Nespoli (*Mespilus germanicus*)

Preiselbeere: Kranichbeere, Moosbeere (*Vaccinium vitis-idaea*)

Quitte: Schmeckbirä, Küttene, Schabaöpfel (*Cydonia oblonga*)

Reineclaude: Reneklode, Ringlo, Ringlotte, Reinklau (*Prunus domestica* ssp. *italica*)

Sanddorn: Fasanbeere, Weidendorn, Korallenstrauch, Stranddorn (*Hippophaë rhamnoides*)

Sauerkirsche: Morelle, Süßweichsel, Glaskirsche, Amarelle, Baumweichsel (*Prunus cerasus*)

Schlehe: Schwarzdorn, Hagdorn, Krietschpflaume (*Prunus spinosa*)

Wacholder: Reckholder, Kranewit, Hagedorn, Machandel, Kranichbeer (*Juniperus communis*)

Walnuß: Welschnuß, Baumnuß (*Juglans regia*)

Zwetschge: Zwetsche, Zwetschke, Quetsche (*Prunus domestica*)